普 通 高 等 学 校 教 材

食品化学

FOOD
CHEMISTRY

周裔彬　主编

化学工业出版社

·北京·

食品化学是食品学科重要的专业基础课程之一，《食品化学》主要内容包括绪论、水分、碳水化合物、脂类、蛋白质、酶、维生素和矿物质元素等8章。以食品六大营养成分为基础，比较系统地介绍了在食品加工、食品贮藏、食品运销等过程中，食品中内源性和外添加成分所产生化学变化的基础理论问题。书中图文并茂，并有关键性分子结构式和已报道结果的图表；每章开始均有学习提要，每章后有思考题，便于理解和自学。

《食品化学》可作为高等院校食品科学与工程、食品质量与安全专业的师生教学用书，也可供从事食品科研、管理人员阅读参考。

图书在版编目（CIP）数据

食品化学/周裔彬主编. —北京：化学工业出版社，2020.2

普通高等学校教材

ISBN 978-7-122-35597-3

Ⅰ.①食… Ⅱ.①周… Ⅲ.①食品化学-高等学校-教材 Ⅳ.①TS201.2

中国版本图书馆CIP数据核字（2019）第286312号

责任编辑：尤彩霞　赵玉清　　文字编辑：陈小滔

责任校对：边　涛　　装帧设计：史利平

出版发行：化学工业出版社有限公司（北京市东城区青年湖南街13号　邮政编码100011）

印　　装：三河市延风印装有限公司

787mm×1092mm　1/16　印张16¼　字数420千字　2020年4月北京第1版第1次印刷

购书咨询：010-64518888　　售后服务：010-64518899

网　　址：http://www.cip.com.cn

凡购买本书，如有缺损质量问题，本社销售中心负责调换。

定　　价：49.00元

《食品化学》编写人员

主　编：周裔彬

副主编：王文君　张　宾　王向红　李　峰

编　者（按姓氏笔画排序）：

王乃富（安徽农业大学）

王文君（江西农业大学）

王向红（河北农业大学）

李　峰（山东农业大学）

李大鹏（山东农业大学）

张　宾（浙江海洋大学）

周裔彬（安徽农业大学）

桑亚新（河北农业大学）

前言

食品化学是食品学科重要的专业基础课程之一，也是教育部高等学校食品科学与工程类专业教学指导委员会规定的主干课程之一，是食品专业教材体系中不可或缺的组成部分。在食品专业建设和发展过程中，食品化学兼有普及基础理论和加工技术的功能作用，这就是食品化学成为专业基础课程的原因。食品化学是从化学角度和分子水平研究食品的化学组成、结构、理化性质、营养与安全，以及在食品加工、贮藏和运销过程中发生的变化及其对食品品质影响的科学。组成食品的化学成分复杂，既有内源性、外源性及加工、贮藏中产生的，又有通过分子间相互作用新产生的，涉及的内容极为广泛。然而，由于课程的改革，课时压缩，食品化学在各高校食品专业课程体系所列课时一般在 40~54 学时之间，要在短时间内从组成、结构、性质、功能到营养与安全、风味性、添加剂、色泽、有害成分的产生与成因等方面，详细地、系统地学习食品化学，这是相当困难的，而且课堂上短时间内很难清楚地讲透每个知识点，只能是蜻蜓点水，很难保证食品化学的教学质量。因此，基于目前各类食品化学教材的编写特点、课堂内教学所需完成的知识点内容，及教育部高等学校食品科学与工程类专业指导委员会对食品化学课程教学内容要点的规定，本教材体现的主要特点有以下几点。①压实内容，细化基础。以水、碳水化合物、脂类、蛋白质、维生素和矿物质六大食品营养素为主要内容进行编写，并对基础化学知识点进行较为详细的叙述，如糖、蛋白质、脂类等的功能性；对食品色素、风味、添加剂、安全与营养等内容未编写，因这些内容与食品营养与卫生、食品分析、食品添加剂等课程内容交叉重复。②力求达到系统性和科学性。对于成分间的相互作用、影响的关联性进行了较为系统的叙述，如糖与氨基酸、脂类与金属离子、大分子与离子等物质间的相互作用对食品品质的影响，水分对食品贮藏品质的影响等。③突出食品化学作为专业基础课的作用。在尽可能详实地介绍每个基础理论知识点的同时，尽可能列出这些理论知识点在食品加工、贮藏、最新技术等方面所起的作用，或对食品品质的影响。④便于自学。每章开始均有学习提要，结合章节重点内容和当代食品发展趋势，每章后面列有思考题。

本书由周裔彬教授主编，并单独编写了第 1 章、第 4 章、第 6 章，参与了其余各章节的编写；第 2 章由张宾教授编写；第 3 章由王文君教授编写；第 5 章由王乃富副研究员编写；第 7 章由王向红教授编写；第 8 章由李峰副教授编写。桑亚新教授、李大鹏教授参与了本书大纲的制订及第 1 章、第 7 章、第 8 章部分内容的编写工作。博士研究生曹川、杨丽萍及硕士研究生隋棠、韦冬梅、许莉、蒋丽君等参与了材料整理工作；王永丽、刘卫华、周士瑜参与了部分材料整理和文字录入工作。

本书得到了安徽农业大学教务处和化学工业出版社的大力支持，在此表示感谢！由于编者水平有限，书中难免有错误之处，敬请读者批评指正。

编　者

2019 年 12 月

目录

第1章 绪论

学习提要

熟悉和掌握食品化学的概念、内涵，了解食物原料及其加工制品的化学成分，领会食品是由多种化学成分组成的复合物。了解食品化学发展史与食品研究的关系，学习食品化学的重要性及食品化学对食品工业的支撑作用。

1.1 食品化学的概念

食品都是由有机物和无机物组成的，其内含的有机物分子和无机物分子的比例、分子间的相互作用与构成决定食品内在的品质特色；依据有机分子和无机分子的结构特性，通过不同的物理和化学加工方式能改变食品制成品的组织形态。因此，要从本质上掌握食品的不同特点、影响因素，就要从科学的角度对组成其化学成分中分子间的相互作用、构成和分子结构等分子属性进行全面解析。所以，食品化学就是从化学角度和分子水平研究食品的化学组成、结构、理化性质、营养和安全性质以及食品在加工、贮藏和运销过程中发生的变化及其对食品品质（色、香、味、质构、营养）和食品安全性影响的科学。作为食品学科的专业基础学科之一，食品化学是为改善食品品质、开发食品新资源、革新食品加工工艺和贮运技术、科学调整人类膳食结构、改进食品包装、加强食品质量控制及提高食品原料加工和综合利用水平奠定基础的专业理论学科。

食品化学是食品学科的支柱学科之一，其研究的对象是生物物质，确切地说，主要是关注已经死去或正在死去的生物物质（植物的采后生理学和动物的宰后生理学）和它们在很宽泛的环境条件下经受的变化。食品的化学成分包括天然成分和非天然成分。天然成分主要是指食物原料的无机和有机成分，无机成分包括水和矿物质（有益和有害物质），有机成分包括碳水化合物、脂类、蛋白质、维生素、膳食纤维、酶、有机酸、色素、风味物质、激素、有害物质等；非天然成分包括食品添加剂（含天然来源的和人工合成的物质）和污染物（加工产生的、环境污染的有害物质）。

从食品所涉及的化学组成来看，食品化学研究的内涵和要素极为广泛，涉及化学、生物化学、物理化学、植物学、动物学、生理学、营养学、毒理学、分子生物学、高分子化学、环境化学等诸多学科与领域，显然是一门交叉应用学科。其中化学、生物化学与食品化学内涵关系比较紧密，在食品方面的具体应用非常广泛，但食品化学与化学、生物化学研究的内容和侧重点又有明显的差别。化学侧重研究物质的分子构成、性质及分子间的反应，生物化学侧重研究生命体内各成分在生命的适宜条件或较适宜条件下的变化，而食品化学侧重于研究动植物及微生物中各成分在生命不适宜的条件下（如冰藏、加热、干燥等）各成分的变化，以及各成分的变化和成分间的相互作用与食品的营养、安全及感官享受（色、香、味、形）之间的关系。

1.2 食品化学的发展史

食品化学研究的确切起源目前尚无定论，为了清楚地了解食品化学的研究历史，依据与食品化学有关的、历史上发生的一些重要的科学研究事件，按照时间先后顺序简要总结如表1-1 所示。

表 1-1 食品化学发展史

学者	国别	贡献
Antoine Laurent Lavoisier	法国	建立了燃烧有机分析原理，首先测定了乙酸的元素成分
Carl Wilhelm Scheele	瑞典	发现了氯气、甘油、氧气，分离乳酸并研究了乳酸的性质；1782 年发明加热保藏法；1784 年从柠檬中分离出柠檬酸，从苹果中分离出苹果酸，并检验了 20 种水果中的柠檬酸、苹果酸和酒石酸
Nicolas Theodore de Saussure	法国	用灰化的方法测定植物中矿物质的含量，将 Lavoisier 提出的农业和食品化学原理进行了确认和澄清
Michel Fugene Chevreul	法国	在动物脂肪成分上的经典研究促进了硬脂酸和油酸的发现和命名
Humphrey Davy	英国	分离了元素 K、Na、Ba、Sr、Ca 和 Mg，编写第一本 *Elements of Agricultural Chemistry*（《农业化学元素》）
Joseph Louis Gay-Lussac，Louis-Jacques Thenard	法国	发明了在干蔬菜物质中定量测定碳、氢和氮的含量的第一个方法
Justus Von Liebig	德国	1842 年将食品分为含氮的（植物纤维蛋白、白蛋白、酪蛋白以及动物的肉和血）和不含氮的（脂肪、碳水化合物和含酒精饮料），1847 年出版了 *Researches on the Chemistry of Food*（《食品化学研究》）
Arthur Hill Hassall	英国	绘制了显示纯净食品材料和掺杂食品材料的微观形象的示意图，将食品的微观分析提高至一个重要地位
W. Hanneberg，F. Stohman	德国	发明了一种用来常规测定食品中水分、粗脂肪、灰分、粗纤维、碳水化合物的重要方法
Jean Baptiste Duman	法国	仅由蛋白质、碳水化合物和脂肪组成的膳食不足以维持人类的生命

1.3 食品化学的研究内容

从宏观上说，食品是由无机物和有机物构成，在微观上食品是由各种无机分子和有机分子组成的复合体系，在对人体营养和生理作用方面，食品成分可分为有益营养成分和有害成分。食品成分可以是天然食物中已存在的，也可以是外添成分，或者是加工和贮藏过程中所产生的成分，所有这些成分均属于食品化学研究的内容。食品化学研究的目的是如何保护好食品中有益的营养成分，减少有害成分，减缓不良变化，提高食品的品质。食物的化学组成如图 1-1 所示。

组成食品的化学成分比较复杂，每种成分在食品体系中的作用及其对人体的营养功能性以及摄食性、商业运销性不同，因而，对食品比较精确的研究就是要从单独的每种成分的作用开始，分类分析研究才能掌握其在食品中的作用。

(1) 食品中的水

水是食品中最重要的成分，在食品原料及其制品中普遍存在，占植物、动物质量或食品质量的 4%～95%，有时甚至更高。水不仅是生命存在的必要成分，也是许多化学反应、新陈代谢的介质。含水量的多少决定食品的特性、质构、形态、可口程度、消费者可接受性、品控和新鲜程度，是许多食品法定标准中的重要指标。

(2) 食品中的碳水化合物

食品中的碳水化合物是指单糖或者是相同、不同的单糖组成的一类化合物，主要来自植物。碳水化合物是人类食品中热量的主要来源之一，还赋予了食物风味、健康功能性，而多糖还是植物类食品主要的组织结构成分。200多年来，碳水化合物及其衍生物的结构和功能性一直是研究的热点之一。

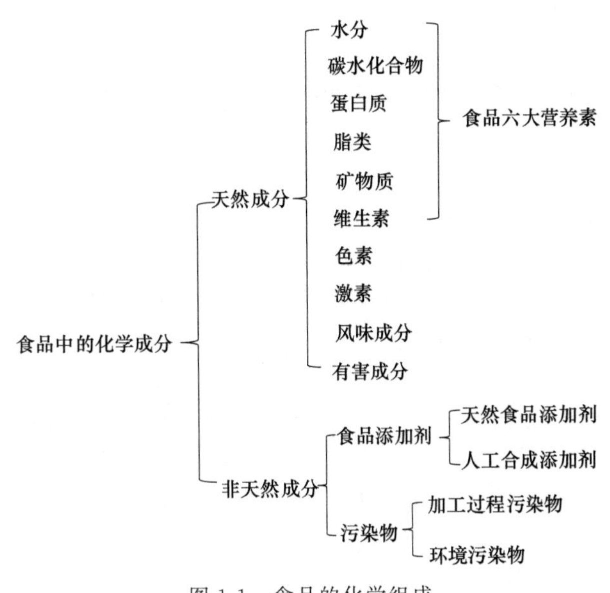

图1-1 食品的化学组成

(3) 食品中的脂类

食品中的脂类主要来自动植物。食用油脂不仅提供热量和必需脂肪酸，而且能改善食物的口味，是重要的营养成分，主要分为从动植物中提取的脂类或衍生物和已存在于食物中的脂类成分。天然油脂中既有非极性长短适当的碳链，又有许多可以参加化学反应的羧基活性基团和不饱和键，通过加成、氢化、氧化、聚合、分解、酸碱等反应，可以按照食品加工的目的和要求进行改性，并对其物化性质、食用功能性进行开发研究。

(4) 食品中的蛋白质

食品中的蛋白质主要来自动植物和微生物等食物原料，是食品中重要的营养成分，具有重要的生理功能和食用价值，也是组成食品组织结构的重要成分。必需氨基酸、活性肽和蛋白质的改性长期成为食品研究的热点之一。氨基酸、低聚肽、蛋白质及其衍生物对食品的理化性质、结构、功能性、风味和膳食营养等产生的影响，在贮藏、加工中产生的有害物，或内源性有害成分等均是食品化学研究的内容。

(5) 食品中的酶

食品中的酶主要来自动植物组织细胞和微生物分泌的代谢产物。食品中酶促反应的发生，可以改善或降低食物或食品的品质。依据酶的性质和反应特点可以保鲜食品、改善食品的品质、水解产生目标产物，或者抑制酶的活性延缓果蔬的成熟、肉和乳制品老化；同时，食品质构、色泽和风味与内、外源酶间的关系、酶的固定化及其应用等，均是食品加工与贮藏的基础理论问题。

(6) 食品中的维生素

食品中的维生素按照溶解性质分为脂溶性维生素和水溶性维生素，存在于动植物、微生物等组织和细胞中。维生素不直接参与组织结构的构成，但对人体的新陈代谢活动至关重要。没有维生素，人体的新陈代谢活动就会停止或出现异常的病症。因而，对人来说，维生素是营养素。食品中维生素的含量，除与食物原料的种类、组织器官、成熟度等有关外，更多的是受加工的精度、加工的温度和酸碱性、贮藏的温度和避光性等的影响。

(7) 食品中的矿物质

人体必须从食物中摄入各种矿物质元素，人体新陈代谢活动才能正常进行，缺少矿物质元素生命将会出现异常病症或停止。根据人体活动对矿物质元素需求量大小可分为常量元素和微量元素，从营养健康方面可分为有益元素、有害元素、有毒元素。例如有些矿物质元素，摄入适量有益健康，摄入过量即有毒性或致病性。食品中矿物质元素含量和种类的多少，除与食物原料有关外，还与加工的精度有关。

1.4 食品化学对食品工业发展的作用

食品的营养性及其加工、贮藏、运销方式对营养成分的影响，食品中内源性和外源性有害物的存在与否及含量，减少有害因素的方式，提高食品的品质及延长所需品质等，均是食品化学所涉及的内容。食品化学对食品工业的基础性理论指导作用，最终表现为食品工业能够健康持续发展。如表 1-2 所示，食品化学在现代食品研究、食品加工业、贮藏与运销、摄食与美味享受中起着重要的作用。

表 1-2 食品化学对各食品工业技术进步的影响

食品工业	影　响
基础食品工业	面粉改良剂、改性淀粉、新型可食用材料、高果糖浆、食品酶制剂等的研制，开发新型甜味剂及其他天然食品添加剂，生产新型低聚糖，改性油脂，分离植物蛋白质，生产功能性肽，开发微生物多糖和单细胞蛋白质，野生、海洋和药食两用资源的开发利用，等
果蔬加工贮藏	化学去皮，护色，质构控制，维生素保留，脱涩脱苦，打蜡涂膜，化学保鲜，气调贮藏，活性包装，酶促榨汁，过滤、澄清及化学防腐，等
肉品加工贮藏	宰后处理，保汁和嫩化，护色和发色，提高肉糜乳化力、凝胶性和黏弹性，蛋白质的冷冻变性，超市鲜肉包装，烟熏剂的生产和应用，人造肉的生产，内脏的综合利用，等
饮料工业	固体物的速溶，克服上浮、下沉，稳定蛋白质饮料，水质处理，稳定带肉果汁，果汁护色，控制澄清，提高风味，白酒降度，啤酒澄清，啤酒泡沫和苦味改善，啤酒的非生物稳定性改善，啤酒异味，果汁脱涩，大豆饮料脱腥，等
乳品工业	稳定酸乳和果汁乳，开发凝乳酶代用品及再制乳酪，乳清的利用，乳品的营养强化，等
焙烤工业	生产高效膨松剂，增加酥脆性，改善面包呈色和质构，防止产品老化和霉变，等
食用油脂工业	炼油，油脂改性，二十二碳六烯酸(DHA)、二十碳五烯酸(EPA)及中链甘油三酯(MCT)的开发利用，食用乳化剂和抗氧化剂生产，减少油炸食品吸油量，等
调味品工业	生产肉味汤料、核苷酸鲜味剂、碘盐和有机硒盐，等
发酵食品工业	发酵产品的后处理，后发酵期间的风味变化，菌体和残渣的综合利用，等
食品安全	食品中外源性有害成分来源分析及防范，食品中内源性有害成分消除，等
食品检验	检验标准的制定，快速分析，生物传感器的研制，绘制不同产品的指纹图谱，等

1.5 食品化学研究的发展趋势及其学习方法

1.5.1 食品化学研究发展趋势

机械理论、智能化技术、生物技术等及其在食品学科领域中的应用，推动食品学科的快速发展，特别是现代分析手段、方法等的应用，促使食品研究从宏观推进到微观分子水平，同时，把食品科研转向高、深、新的理论和技术方向，为食品化学的发展创造了条件。随着经济的发展和生活水平的提高，人们对食品的营养、安全、美味、享受等要求越来越高，健康加工和健康产品已成为食品加工业发展的必然趋势。基于食物原料的多样性、广泛性，以及不同人群对食物的要求不同，食品化学所研究的方向主要体现在以下几个方面。

① 食品资源丰富而复杂，加工技术存在多样性，因此，继续深入研究不同原料和不同食品的组成、性质及其在食品加工与贮藏中的变化依然是今后食品化学的主要内容。

② 开发新的食品资源，特别是新的食用蛋白质资源，发现并脱除新食源中的有害成分，同时保护有益的营养与功能特性是今后食品化学学科重要的内容之一。

③ 现有的食品工业生产中还存在各种各样的问题，如食品变色变味、质地粗糙、货架

期短、风味不自然等，这些问题有待食品化学家与工艺技术人员相配合，从理论和实践上加以解决。

④ 运用现代科学与技术手段对功能性食品中功能因子的组成、含量、结构、生理活性、保健作用、提取、分离、纯化方法及应用加以深入研究。

⑤ 现代贮藏保鲜技术中辅助性的化学处理剂或被膜剂的研究和应用仍将是食品化学家义不容辞的责任。

⑥ 利用现代分析手段和高新技术深入研究食品的风味化学和加工工艺学。

⑦ 新的食品添加剂的开发、生产和应用研究任务将加重。生物技术和化学改性技术将成为食品化学家担此重任的有力手段。

⑧ 快速和精确分析、检验食品成分（特别是有害成分）的方法或技术研究规模将扩大。

⑨ 食品深加工和资源综合利用虽然是整个食品科学与工程的重大任务，但重中之重的是高经济价值成分的确立、资源转化中的化学变化及转化产物的提取分离技术等研究。

1.5.2 食品化学的学习方法

对于食品化学这门课程来说，要掌握其内容，先要从宏观把握其本质规律性的东西，就会达到事半功倍的效果。对此，提出以下几个要点。

(1) 打牢化学基础

食品是由有机成分和无机成分构成，食品化学的形成是基于基础化学、生物化学及其化学变化等理论，因而要求学生在学习食品化学前，要有无机化学、有机化学、分析化学、生物化学等化学基础，基础越扎实对食品化学的内容理解越深刻。

(2) 掌握成分的属性及影响因素

食品是由多种化学成分构成的复杂体系。对于天然植物类食物原料来说，各成分按照自然生长规律形成有序的成分分布，大分子和小分子成分间相互作用构成有机体，但加工的方式、精度、温度、环境及贮藏条件和外添物等对原有成分的影响，导致食品中成分组成、分布和含量发生变化。对天然动物类食物原料来说，皮层、肌肉组织、内脏器官中的蛋白质、脂肪、矿物质、维生素等成分的分子结构和含量差别较大，加之加工方式、温度、外添物及贮藏条件等对其成分的影响，导致食品组织结构变化，各成分的含量发生变化；对于配制食品来说，所选择组成食品的成分不同，分子间的相互作用方式存在明显的差别，导致食品的组织结构、形态、风味等千差万别。因此，学习食品化学时要了解食物原料的化学成分及其加工与贮藏方式等一些工艺知识，才能认识到食品基础理论学习的重要性。

(3) 弄清有害成分的来源

食品中存在内源性和外源性的有害成分是不可避免的，但弄清楚产生的原因是关键。内源有害物的来源主要是食物原料生产环境和人为农投物；外源性有害物主要是由加工方式和条件不当、非法添加剂的添加和添加剂的添加不当、包装材料中有害物的迁移、贮藏和运销不合理导致的。因而学习时，要了解有害物的来源，才能准确选择适当加工方式确保食品的安全性和营养性。

(4) 拓宽视野，积累知识

多看食品专业及与食品相关的营养与健康方面的书籍和期刊；关注中外饮食文化和类似《舌尖上的中国》等相关资料，做好食品课外知识收集功课；条件允许，参加食品有关活动，利用假期、课余时间到食品公司参观学习等。

(5) 多动手，善观察

多动手做食品相关的实验，如食物原料成分分离纯化、性质分析，比较相同原料不同食品的加工方式，参加各种食品类的比赛，比较不同食品产品特色等。通过对食品的色、香、软、硬、酥、脆、咸、酸、甜、苦、辣、臭、黏、稠等进行研究和评价，利用食品化学原理进行解释，并加强总结和知识点记录。

思考题

1. 简述食品化学的概念。
2. 食品包含哪些营养成分？食品的化学成分如何分类？
3. 不同食物原料其化学组成有什么差别？
4. 食品化学对食品工业有哪些支撑作用？
5. 食品化学在食品学科中的作用是什么？
6. 食品化学研究的主要内容是什么？
7. 食品化学的发展史对我们有什么启示？
8. 怎样学好食品化学？
9. 你对我国食品工业有什么看法？
10. 你认为食品化学未来新的起点在哪里？

第2章 水分

学习提要

通过本章学习，掌握水和冰的结构及其理化性质，食品中水分与非水溶质之间的相互作用关系。重点掌握水在食品中的存在状态及其基本特性；水分活度、水分吸附等温线的内涵及意义；水分活度对食品品质稳定性的影响机制。了解水分子流动性基本理论，熟悉食品中水分的相态转变及状态图，以及其与食品品质稳定性之间的关系。

水分是食品的重要组成成分，其在食品体系中可直接参与水解反应，还可作为酶促、氧化等诸多反应的介质，食品中水分含量的多少对许多反应都有重要影响。在天然食品中，水分含量一般在50%～95%范围内，通过与蛋白质、糖类、脂类、盐类等之间的相互作用，对食品风味、质构、外观、新鲜程度及安全特性等有重要的影响。

在食品加工、贮藏和流通过程中所开发的诸多技术与措施，很多都是针对食品中的水分进行的。如：新鲜蔬菜的脱水、水果加糖制成蜜饯等，就是降低水分活度以延长产品货架期，或者期望获得所需要的品质；多数新鲜食品和液态食品中水分含量较高，多需要采取有效的贮藏方式限制水分参与各类反应，或降低水分活度以延长保藏期；面包加工过程中加水是利用水作为介质，与淀粉、蛋白质等成分作用生产出所需的产品。不同的食物原料，水分的含量差别较大，如表2-1所示。水分含量决定食品的新鲜度、形态特点及组织结构特性。

表2-1 部分食品的含水量

食品名称	含水量/%(质量分数)	食品名称	含水量/%(质量分数)
猪肉(瘦)	53～60	全粒谷物	10～12
牛肉(碎块)	50～70	面粉	10～13
鸡肉(无皮肉)	74	饼干	5～8
鱼肉	65～81	香蕉	75
新鲜蛋类	74	面包	35～45
甘蓝、甜菜、马铃薯、胡萝卜	80～85	樱桃、梨、葡萄、猕猴桃、菠萝、柿子	80～90
液体奶制品	87～91	苹果、桃、柑橘、甜橙、李子、无花果	90～95
奶油	16～18	蔗糖、硬糖、纯巧克力	≤1
奶酪、沙拉酱	38～40	蜂蜜及糖浆	20～40
奶粉	4	冰激凌	65～68
食用油	0	果冻、果酱	≤35

在食品安全国家标准中，水分也是一项重要的质量评价指标。此外，水分也是生物体的重要成分，水虽无直接的营养价值，但水不仅是构成机体的主要成分，而且是维持机体生命活动、调节代谢过程不可或缺的重要物质。断水比断食物对机体的危害和影响更为严重。

水的作用有：①水使人体体温保持稳定，因为水的热容量大，一旦人体内热量增多或减少不致引起体温出现太大的波动，水的蒸发潜热大，因而蒸发少量汗水即可散发大量热量，通过血液流动使全身体温平衡；②水是一种溶剂，能够作为体内营养运输、吸收和代谢运转的载体，也可作为体内化学和生物化学的反应物和反应介质；③水是天然的润滑剂，可润滑摩擦面，减少损伤；④水是优良的增塑剂，同时也是生物大分子聚合物构象的稳定剂，以及包括酶催化剂在内的大分子动力学行为的促进剂。因此，生物体活动不断需要水分，除直接通过饮水补充外，日常饮食获取水分对人体更为重要。

水分作为食品的营养素之一，还对食品的加工、贮藏及产品品质，微生物繁殖等有重要的作用。本章主要介绍水和冰的理化特性、食品中水分的存在状态以及水分状态对食品质量和稳定性的影响。

2.1 水的理化性质

2.1.1 水的物理特性

(1) 比热容、汽化热和熔化热

水分子具有形成三维氢键的能力，从而可产生较强的氢键缔合作用，导致水分发生相转变时（如汽化、熔化等），必须提供额外的能量来破坏水分子之间的氢键作用，因此水具有较高的沸点和较大的比热容、汽化热、熔化热。

(2) 密度

液态水的密度和水分子间的氢键键合程度、水分子之间的距离有关，而这两个因素又与温度密切相关。随着温度的升高，水分子的配位数增多，同时水分子的布朗运动也加剧，此时水分子之间的距离增加，体积膨胀，水的密度发生变化。在0～4℃范围内，水分子之间以配位数的影响占据主要作用，温度升高，水的密度增加；温度继续升高（>4℃），水分子的布朗运动起主要作用，水的密度减小。在0℃时，水的密度为$0.99987\times10^3kg/m^3$；在3.98℃时，水的密度达到最大为$1\times10^3kg/m^3$。

(3) 介电常数和溶剂性

由于水的氢键缔合作用较强，而生成较为庞大的水分子簇，产生了多分子偶极子，从而使得水的介电常数较高。因此，水的介电常数同样受到氢键键合的影响，20℃时水的介电常数为80.36。由于水的介电常数较大，致使离子型化合物在水中的溶解度较大。对于非离子极性化合物，如糖类、醇类、醛类等可与水分子形成氢键而溶解于水中。即使不溶于水的物质，如脂肪和部分蛋白质，也能在适当条件下分散在水中形成胶体溶液或乳浊液。

(4) 导热性

导热性通常用热导率和热扩散系数表示。在0℃时，水的热导率是冰的1/4，热扩散系数是冰的1/9。水的导热性远低于冰，从而导致了在相同温度下食品冻结的速度比解冻的速度快得多。

(5) 水的黏度

常温下，液态水以水分子的缔合体$(H_2O)_n$形式存在，主要依靠水分子之间的静电力和氢键作用维持，导致形成的缔合体结构不稳定；同时，水分子之间形成的氢键网络是动态的，短时间内邻近水分子间的氢键键合关系易发生变化，致使多分子的缔合体也是动态变化的，因此水分子的流动性较强，黏度较低。

2.1.2 水与冰的关系

(1) 单水分子的结构

从水分子（H_2O）的结构来看，水分子中氧原子外层有 6 个价电子，其构型为 $2s^22p^4$，参与杂化形成 4 个杂化的 sp^3 轨道，2 个氢原子的 s 轨道与氧原子的 2 个 sp^3 成键轨道，形成 2 个 σ 键而构成水分子（另两个杂化轨道呈未键合电子对）。单水分子的结构，如图 2-1 所示，具有近似四面体结构，氧原子位于四面体中心，四面体的四个顶点中有两个为氢原子占据，其余两个为氧原子的非共用电子对占有，是典型的极性分子。

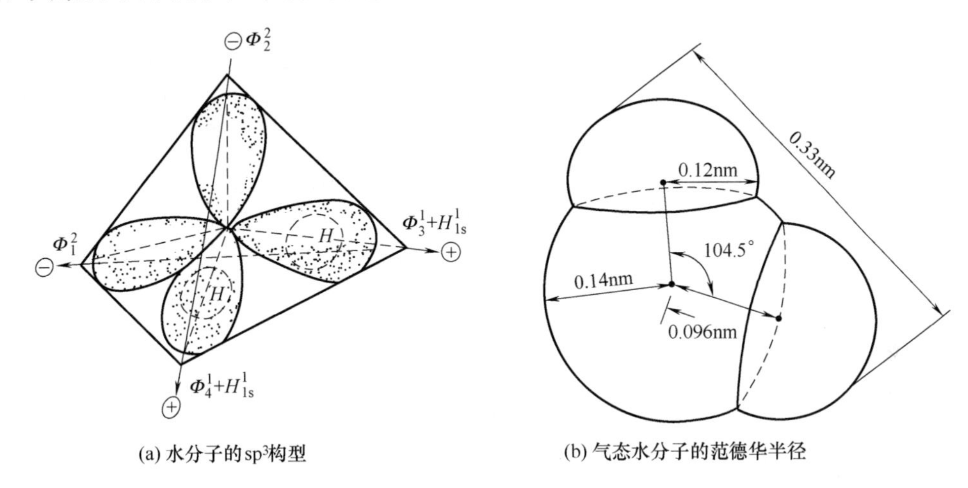

(a) 水分子的sp³构型　　(b) 气态水分子的范德华半径

图 2-1 单水分子的结构

由于氧原子的高电负性，致使 O—H 键具有部分的离子特性，所以水中含有微量的氢离子（H_3O^+）和羟基离子。水分子中 O—H 键的离解能为 460kJ/mol，O—H 核间距离为 0.096nm，氧和氢原子的范德瓦尔斯（van der Waals，又称为范德华）半径分别为 0.14nm 和 0.12nm。水分子中 2 个 H—O—H 键的夹角为 104.5°，与典型的四面体夹角（109°28′）很接近，键角之所以小了约 5°，主要是由于受到氧原子的两对孤对电子排斥的影响。

(2) 水分子的缔合结构

水分子中的氢氧原子呈 V 字形排列，氧原子电负性大，O—H 键的共用电子对强烈偏向氧原子一端，使得氢原子带正电，氧原子端带负电，整个分子发生偶极化，形成偶极分子。偶极分子之间通过静电吸引力，使水分子相互靠近而产生氢键，然后通过氢键作用与另 4 个水分子配位结合形成正四面体结构，具体是水分子氧原子上 2 个未配对的电子与其他 2 个水分子上的氢形成氢键，水分子上 2 个氢再与另外 2 个水分子上的氧形成氢键（图 2-2）。在水分子形成的配位结构中，由于同时存在 2 个氢键的给体和受体，可形成 4 个氢键，能够在三维空间形成较稳定的网络多分子缔合结构。三维空间结构中，形成氢键的离解能约为 25kJ/mol。

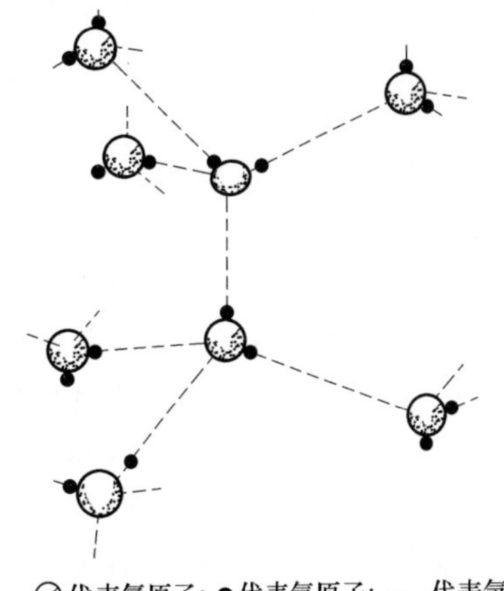

图 2-2 水分子的缔合结构

水分子中 O—H 键的极化作用，可通过氢键使电子产生位移。因此，含有较多水分子复合物的瞬时偶极较高，使其稳定性提高。由于质子可通过“氢键桥”（H-bridges）的转移，水分子中的质子也可转移到另一个水分子上。通过这一途径形成氢化 H_3O^+，其氢键的离解能增大，约为100kJ/mol。

水分子具有形成三维空间多重氢键的能力，可用来解释水的一些特殊的性质，如水具有较大的热容量、高沸点、高相变热、高介电常数等特性，均与分子间形成的氢键有关。水分子与同样能形成多氢键的分子（如 NH_3、HF）相比，O—H 键的极性、多重氢键作用，能提供氢的给体和受体，使得水分子间的相互吸引力较大，因此更易形成三维稳定的网状氢键多分子缔合体系。

(3) 冰的结构

冰是由水分子间靠氢键有序排列而形成的晶体，它具有较为疏松的（低密度）刚性结构（图 2-3），而液态水则是一种短而有序的结构，因此冰的比热容较大。冰晶体的基本组成单元为晶胞，在晶胞中每个水分子的配位数为 4，均与最邻近的 4 个水分子（即 1，2，3 和 W）缔合，形成四面体结构。在晶胞中相邻近的水分子 O—O 核间距为 0.452nm，相邻的不直接结合的 O—O 核间距最大达 0.737nm，O—O—O 键的夹角约为 109°，十分接近理想四面体键角 109°28′。

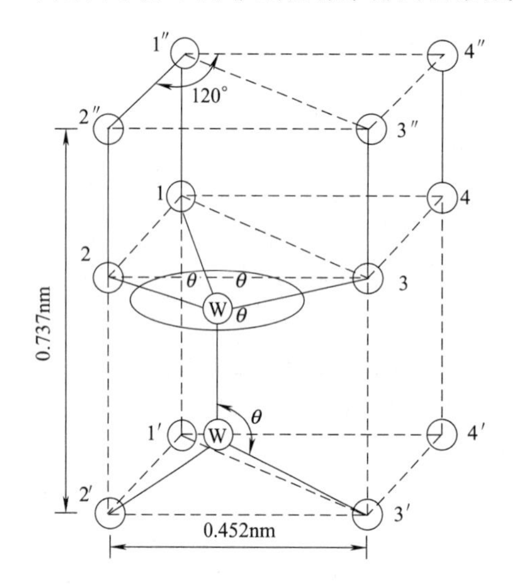

图 2-3　普通冰的晶胞结构

在食品中，水分是与溶质紧密联系的，因而食品中纯水结冰是不存在的。食品中的溶质（如蛋白质、糖类、脂类等）种类、浓度等，对冰晶大小、结构、数量、分布及位置等都有影响；此外，降温速率及程度，对冰晶状态的影响也较大。当溶质存在时，结晶形成的冰晶相态往往不同，如六方形、不规则树枝状、粗糙球状、易消失的球晶，以及各种中间状态的冰晶体结构等。其中，六方形是大多数冷冻食品中重要的冰晶形式，它是一种高度有序的普通结构。只有当冻结速度较慢，且溶质（如糖、甘油、蛋白质等）的性质与浓度对水分子的流动干扰不大时，六方形晶体才有可能形成。随着冷冻速度的加快或亲水胶体（如明胶、琼脂等）浓度的增加，则形成较无序的冰晶形态。

(4) 水的过冷与冻结

在冰点温度（0℃）时，水并不一定结冰，其原因包括溶质（如蛋白质、多羟基碳水化合物等）可以降低水的冰点，还有就是水的过冷现象。所谓过冷（supercooling）是由于无晶核存在，水的温度降到冰点以下仍不析出固体冰晶的现象，即纯水被冷却到低于冰点的某一温度时开始冻结的现象。食品的冻结也会出现过冷现象，过冷点温度与 0℃的差值常称为过冷度。当食品中未冻结液浓度增加到一种溶质的过饱和状态时，溶质的晶体将和冰晶一起析出，这种现象称共晶现象（eutectic phenomenon），此时的温度称为共晶温度，或称为低共熔点温度。若向过冷水中投入一粒冰晶、晶核或摩擦器壁产生冰晶，过冷现象立即消失，在这些晶核的周围则会逐渐形成长大的结晶，这种现象称为异相成核（heterogeneous nucleation），异相成核不必达到过冷温度时就能结冰。

冰晶（ice crystal）的大小与晶核数目有关，形成的晶核越多则生成的冰晶越小。食品冷冻过程中，若温度维持在冰点和过冷点（温度）之间时，只能产生少量的晶核，并且每个晶核会很快生长为大的冰晶。如果缓慢除去冷冻过程中放出的相变热，温度会始终保持在过冷点（温度）以上，也会产生大的冰晶；如果快速除去相变热，使温度始终保持在过冷点以下，即晶核的形成占优势，结果产生许多较小的结晶。

食品冻结过程中形成的冰晶以及贮藏过程中冰晶的生长，都会对食品的感官特性、理化性质及组织结构造成严重的损伤作用。冷冻过程中，食品中冰晶的形成，具体分为成核和晶体生长两个阶段：①温度逐渐降低，致使水分子运动减慢，其内部结构在定向排列引力下，逐渐倾向于形成类似结晶体的稳定性聚合体；继续降温过程中，当出现稳定性晶核时，水分子聚集体向冰晶逐渐转化；②成核之后继续进行降温冻结，冰晶颗粒逐渐形成。此外，在冻结过程中，会继续以微小冰晶为晶核，发生重结晶（recrystallization）而使冰晶不断生长。随着冻藏时间延长，即使在微小温度波动甚至恒定温度条件下，食品中冰晶仍会有重结晶及生长现象的发生，其原因是冰晶表面的水分子由于表面自由能较高而不能被牢固地束缚，这些水分子会从小冰晶表面扩散并沉积到大冰晶表面上，导致较大冰晶不断形成，从而致使食品组织损伤作用加剧。当食品中大量的水慢慢冷却时（缓冻），由于有足够的时间在冰点温度产生异相成核，因而形成的晶体结构较为粗大；若冷却速度较快，则很快形成晶核，但由于晶核增长速度相对较慢，因而就会形成微细的结晶结构。食品速冻后形成的冰晶数量较多且体积较小，不会大幅度损伤食物的细胞壁及组织结构，进而解冻时不会造成内部营养物质（如可溶性色素、糖类、蛋白肽及其它小分子物质等）的大量流失。因此，食品的速冻效果要远好于缓慢冻结。

根据冻结速度的快慢可将冷冻食品分为普通冷冻食品和速冻食品。通常以食品中心温度降低至－5℃所需时间或－5℃冻结面的推进速度来区分普通冷冻和速冻。若食品中心温度从0℃降至－5℃所用时间在30min之内，即为速冻，否则为普通冷冻；或者，若食品－5℃冻结面推进速度处于5～20cm/h，即为速冻，低于此速度则为普通冷冻。

2.2 食品中的水分

2.2.1 食品中水的分类

各种食品或食品原料都是由水分和非水组分（溶质：无机成分和有机成分）构成，它们的含水量各不相同，而且其中水分与非水组分间以多种形式相互作用后，便形成了不同的存在状态，性质也各异，对食品的贮藏性、加工特性也产生不同的影响，所以区分食品中水分不同存在状态的形式是必要的。一般可将食品中的水分分为自由水（又称游离水、体相水）和结合水（又称束缚水、固定水）两部分，它们的区别在于同食品中亲水性物质的缔合程度不同。

(1) 结合水

结合水（bound water）又称固定水（immobilized water），是指存在于溶质或其它非水成分邻近的、与溶质分子之间通过化学键结合的那部分水。结合水具有非常低的流动性，难挥发，在－40℃不结冰，不能作为所加入溶质的溶剂，不能被微生物利用，在高水分食品中结合水所占比较低。在质子核磁共振（PMR）中，使氢的谱线变宽。依据与非水成分结合的牢固程度，结合水又可细分为以下几种形式。

① 化合水（compound water） 又称组成水，是指那些结合最牢固的并构成非水物质组成的那部分水。如，存在于蛋白质空隙区域内或者成为化学水合物的一部分。

② 邻近水（vicinal water） 又称单层水，包括单分子层水和微毛细管（<0.1μm 直径）中的水，是指在非水成分中与亲水基团周围结合的第一层水。邻近水通过水-离子和水-偶极作用力，与亲水的离子或离子基团发生缔合。相比于化合水，它们与非水组分的结合作用要弱一些。

③ 多层水（multilayer water） 是指位于以上第一层水的剩余位置和邻近水以外的几层水。多层水的形成主要靠水-水、水-溶质间的氢键作用，而与周围及溶质发生结合。尽管多层水不像邻近水那样牢固结合，但仍然与非水组分结合得较为紧密，以至于其原有性质发生了明显的变化。

因此，这里所指的结合水包括化合水、邻近水以及几乎全部多层水，即包含了存在于溶质或其它非水组分附近的那部分水。它与同一体系中的自由水相比，分子运动减小，并且水的其它性质也明显发生改变。同时，结合水也不是完全静止不变的，它们同邻近水分子之间的位置交换作用，会随着水结合程度的增加而降低。

(2) 自由水

自由水是指那些没有被非水物质化学结合的水，主要是通过一些物理作用结合的那部分水。根据这部分水在食品中的物理作用方式，可细分为以下几种形式。

① 滞化水（entrapped water） 是指被组织中显微和亚显微结构及膜所阻留的水。这部分水不能自由流动，所以称为滞化水或不移动水。例如，100g 动物肌肉组织中，总含水量为 70～75g，含蛋白质 20g，除去近 10g 结合水之外，还有 60～65g 水，这部分水中极大部分是滞化水。

② 毛细管水（capillary water） 是指生物组织的细胞间隙或食品结构组织中存在的一些毛细管所阻留的水。这部分水在生物组织中又称为细胞间水，其与滞化水有相似的理化性质，如流动性降低、蒸汽压下降等。

③ 自由流动水（free flow water） 是指动物的血浆、淋巴及尿液，植物的导管和细胞液泡中的水，因为都可以自由流动，所以称为自由流动水。

自由水具有普通水的性质，容易结冰，可作为溶剂，利用加热方式可从食品中分离，可被微生物利用，与食品腐败变质有重要的关系，因而直接影响食品的加工及贮藏特性。食品是否被微生物污染并不取决于食品中水分的总含量，而是取决于食品中自由水的含量。

(3) 结合水与自由水对比

食品中结合水与自由水之间的界限，很难定量区分，只能依据物理、化学性质做定性区分（表 2-2）。

表 2-2 食品中结合水与自由水的性质

性质	结合水	自由水
一般描述	存在于溶质或其它非水组分附近的水，包括化合水、邻近水及几乎全部多层水	位置远离非水组分，以水-水氢键作用存在
冰点	大为降低，甚至在－40℃不结冰	能结冰，冰点略有降低
溶剂能力	无	大
分子水平运动	大为降低，甚至无	变化较小
蒸发焓	增大	基本无变化
高水分食品中占比	<3%	～96%
微生物利用	不能	能

① 结合水的量与食品中有机大分子极性基团的数量，有比较固定的比例关系。例如，每 100g 蛋白质平均可结合水分约 50g，每 100g 淀粉的持水能力在 30～40g。

② 结合水与非水成分缔合强度大，其蒸汽压比自由水低得多，要想从食品中分离出来，

需要的能量比去除自由水要多得多。

③ 结合水不易结冰。由于这种性质，植物种子、微生物孢子等（几乎不含自由水）可在很低温度下仍保持其生命力；新鲜果蔬、动物肌肉等中含有较多的自由水，在冻结后细胞结构往往被冰晶所破坏，解冻后组织发生不同程度的崩解。

④ 结合水不能作为溶剂，而自由水可以作为溶剂。

⑤ 自由水可被微生物利用，而结合水绝大部分不能被利用，因此，自由水含量较高的食品更易腐败。

(4) 持水力

持水力（water holding capacity），是描述由分子（通常以低浓度构成的大分子体系）构成的机体通过物理方式截留大量的水而阻止水渗出的能力，例如果胶、淀粉凝胶、动物细胞截留水等。物理截留的水甚至当组织化食品被切割或剁碎时仍不会流出。在食品加工时表现出来的性质几乎与纯水相同，如在干燥时易被除去，在冻结时易转变成冰，可以作为溶剂。物理截留的水整体流动被严格限制，但个别分子的运动基本上与稀盐溶液中水分子的运动相同。食品持水力的损害会严重影响食品品质，如凝胶食品脱水收缩，冷冻食品解冻时渗水，动物宰后生理变化使肌肉 pH 下降导致香肠质量变差等。

2.2.2 水与溶质间的相互作用

在食品加工过程中，会添加各种不同的添加物，这些添加物有些是亲水性的，有些是疏水性的。食品中的水会与添加物（溶质）间产生多种作用。

(1) 水与离子/离子基团的相互作用

离子/离子基团在阻碍水分子流动的程度上，超过任何其它类型的溶质。当向纯水中添加可解离的溶质时，纯水靠氢键键合形成的四面体结构遭到破坏。离子或离子基团（如 Na^+、Cl^-、$—COO^-$、$—NH_4^+$ 等）中电荷与水分子偶极子之间产生离子-偶极的极性结合，这种作用方式通常称为离子水合作用，这部分也是食品中结合紧密的一部分水。水-离子键的强度，大于水-水氢键的强度，而低于共价键的强度。例如，水分子同 Na^+ 的水合作用能约为 83kJ/mol，是水分子间氢键结合能（约 20kJ/mol）的 4 倍（图 2-4）。此外，溶液 pH 的变化会影响溶质分子的解离，结合水也会因溶质分子的解离程度增大而大幅增加。

离子电荷与水分子的偶极子之间的相互作用，对食品体系的影响表现在改变水的结构、介电常数，以及食品体系和生物活性大分子的稳定性。不同的离子对水结构的影响也不同。如 K^+、Rb^+、Cs^+、NH_4^+、Cl^-、Br^-、I^-、NO_3^-、BrO_3^-、IO_3^- 和 ClO_4^- 等离子，半径大、电场强度弱，破坏了水的网络结构，所以溶液比纯水的流动性更大。而半径小、电场强度强的离子或多价离子，有助于水形成网络结构，溶液中或食品基质中的水比纯水的流动性小，如 Li^+、Na^+、H_3O^+、Ca^{2+}、Ba^{2+}、Mg^{2+}、Al^{3+} 和 OH^- 等。从实际情况来看，所有离子对水的结构都有破坏作用，因为均能阻止水在 0℃ 结冰，从而使得水的冰点下降。

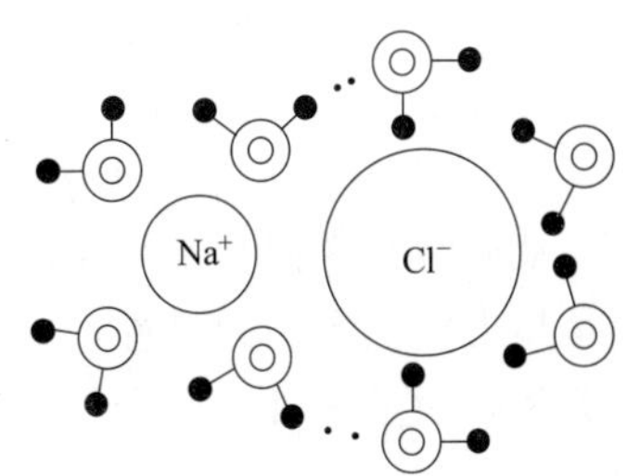

图 2-4 离子的水合作用和水分子取向

离子/离子基团除显著影响水的结构外，还可通过不同的水合能力，来改变水的结构和水溶液的介电常数。胶体周围双电层的离子就能明显影响介质、其它非水溶质和悬浮物的相容程度。该理论可解释蛋白质的构象变化，以及胶体稳定性（如盐溶、盐析）受体系中存在的离子种类及数量的影响。

(2) 水与极性基团的相互作用

水与羟基、氨基、巯基、羧基及酰胺基等极性基团形成氢键，形成的氢键作用力比水与离子间的相互作用要弱，但与分子间的氢键强度相近。不同的极性基团与水形成氢键的牢固程度有所不同。如，蛋白质多肽链上的赖氨酸和精氨酸侧链上的氨基、天冬氨酸和谷氨酸侧链上的羧基、肽链两端的羧基和氨基等，在溶液中均呈离解或离子团形式，这些基团与水形成氢键的键能大，结合牢固；蛋白质中的酰氨基以及淀粉、果胶质、纤维素等分子中的羰基、羟基，与水也能形成氢键，但键能较小，结合的牢固程度也差些。

水与极性基团形成氢键键合作用，其键合的部位及取向在几何构型上，与正常水的氢键部位是不相容的。因此，这些含有极性基团的物质对水的正常结构也会产生破坏作用，像尿素这种小的氢键键合溶质，就对水的正常结构有明显的破坏作用，即都会阻碍水结冰。但当体系中添加具有氢键键合能力的溶质时，溶液中氢键的总数一般不会明显地改变，这可能是由于所断裂的水-水氢键，被形成的水-溶质氢键所代替的结果。

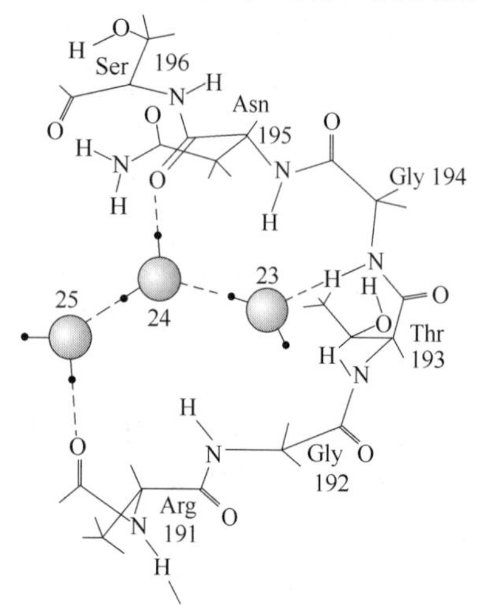

图 2-5　水与木瓜蛋白酶肽链间形成的“水桥”

在部分生物大分子的两个部位或两个大分子之间，可通过几个水分子与大分子间形成“水桥”结构，以维持大分子的特定构象。图 2-5 表示水与木瓜蛋白酶肽链间存在 1 个三分子的“水桥”结构。

(3) 水与非极性基团的相互作用

① 疏水水合作用　向水溶液中加入疏水性物质，如烷烃、稀有气体及引入氨基酸、脂肪酸和蛋白质等非极性疏水基团，由于其与水分子间产生的斥力，从而使得疏水基团附近的水分子之间的氢键键合增强，结构更为有序，而疏水基团之间相互聚集，减少了它们与水的接触面积，导致自由水分子增多。处于该状态下的水与纯水结构相似，甚至比纯水的结构更加有序，该过程称为疏水水合作用（hydrophobic hydration）［图 2-6（a）］。疏水水合作用是体系的熵下降引起的，在热力学上是不利的（$\Delta G>0$），因此，水分子倾向于尽可能少地与疏水性基团缔合。非极性物质具有两种特殊的性质：一种是蛋白质分子间产生的疏水相互作用（hydrophobic interaction），另一种是极性物质和水形成笼形水合物（clathrate hydrate）。

② 疏水相互作用　水溶液体系中存在多个疏水性基团时，会促使疏水基团之间相互聚集，从而减少它们与水的接触面积，此过程称为疏水相互作用［图 2-6（b）］。疏水相互作用是热力学上有利的过程，因此这一过程会自发地进行。由于水与非极性基团之间存在的对抗关系，为了尽可能减少与非极性基团的接触，也使得邻近非极性基团的水的结构发生一定的变化。

疏水相互作用对维持生物大分子（如蛋白质、酶）的结构及功能发挥重要的作用。大多数球蛋白质中，40%～50%的氨基酸带有非极性侧链，如丙氨酸的甲基、苯丙氨酸的苯基、缬氨酸的异丙基、半胱氨酸的巯基、异亮氨酸的第二丁基和亮氨酸的异丁基等，均可与水产生疏水相互作用，对蛋白质的构象和功能均产生影响。而其他化合物如醇、脂肪酸、游离氨基酸的非极性基团都能参与疏水相互作用，但后者的疏水相互作用不如蛋白质的疏水相互作用。蛋白质在水溶液中暴露的疏水基团除与邻近的水分子产生微弱的范德瓦尔斯力外，它们相互之间并无吸引力。疏水基团周围的水分子对正离子产生排斥，而吸引负离子［图 2-6（c）］。蛋白质的疏水基团受周围水分子的排斥作用，靠范德瓦尔斯力或疏水键键合作用而更

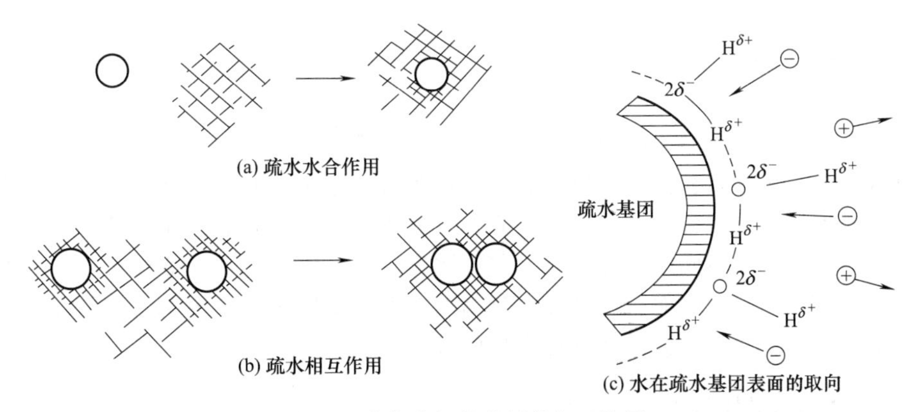

图 2-6　水与非极性基团的相互作用

加紧密，如蛋白质暴露的非极性基团太多，易造成蛋白质结构变化及相互聚集并产生沉淀。

③ 笼形水合物　水通过氢键形成像笼一样的结构，通过物理作用方式将非极性物质截留在笼中。通常水称为“宿主”，一般由 20～74 个水分子形成笼形结构；被截留的物质（非极性化合物）称为“客体”，其分子量一般较小，只有其形状和大小适合于“宿主”时才能被截留。“宿主”与“客体”之间的相互作用力一般是弱的范德瓦尔斯力，也存在静电相互作用。典型的“客体”如小分子量的烃类、稀有气体、烷基铵盐、卤烃、二氧化碳、二氧化硫、环氧乙烷等。此外，分子量较大的“客体”如蛋白质、糖类、脂类和生物细胞内的其它物质，也能与水形成笼形水合物，使得水合物的凝固点降低。

笼形水合物的微结晶与冰的晶体很相似，但当形成大的晶体时，原来的四面体结构逐渐变成多面体结构。笼形水合物晶体在 0℃以上和适当压力下仍然保持稳定的晶体结构。生物物质中天然存在类似晶体的笼形水合物结构，对蛋白质等生物大分子的构象、反应及稳定性等都有重要作用。

(4) 水与双亲分子的相互作用

水能作为双亲分子的分散介质。在食品体系中，这些双亲分子，主要包括脂肪酸盐、蛋白脂质、糖脂、极性脂类和核酸等。双亲分子的特征是在同一分子中同时存在亲水和疏水基团，如图 2-7 所示。水与双亲分子亲水部位羧基、羟基、磷酸基、羰基或一些含氮基团的缔合导致双亲分子的表观“增溶”。双亲分子可在水中形成大分子聚合体，即胶团。参与形成胶团的双亲分子数可由几百到几千［图 2-7（b)］。从胶团结构示意图可知，双亲分子的非极性部分指向胶团的内部，而极性部分定向到水环境。

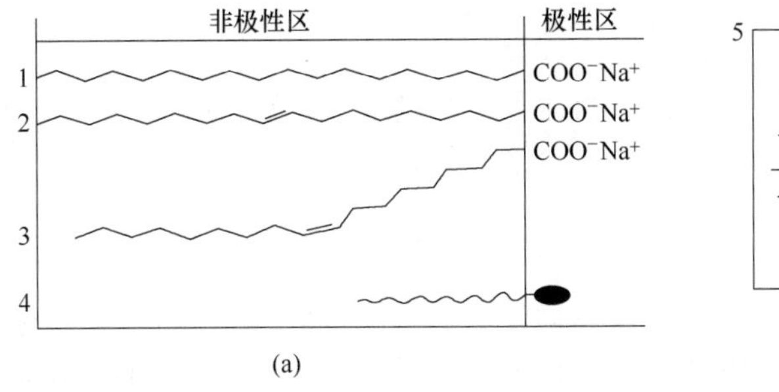

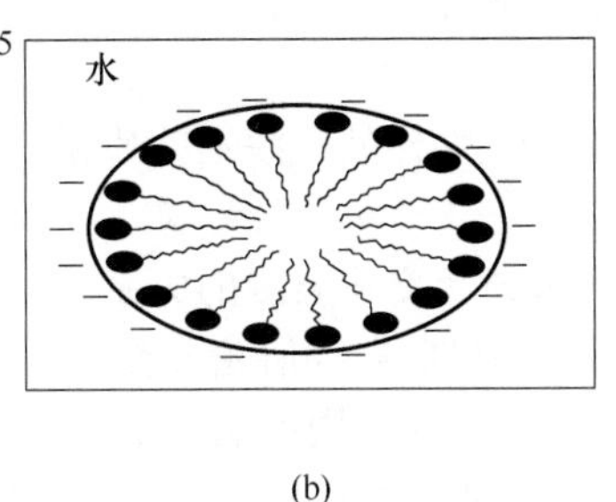

图 2-7　水与双亲分子作用示意图

1～3—双亲脂肪酸盐的各结构；4—双亲分子的一般结构；
5—双亲分子在水中形成的胶团结构

2.3 水分活度

食品中水分含量与食品的腐败变质存在一定的关系，而食品的腐败变质与微生物的生长及食品中的化学变化密切相关，仅以水分含量作为食品稳定性的判断指标是不全面的。因为种类不同但含水量相同的食品，其腐败变质的难易程度存在显著的差异；另外，水与食品中的非水组分作用后处于不同的存在状态，与非水组分结合牢固的水（结合水）被微生物或化学反应利用的程度很低，因而自由水分对食品的腐败变质影响更显著。因此，人们逐渐认识到食品的品质和贮藏性与水分活度有更密切的关系。

2.3.1 水分活度的内涵

(1) 水分活度的定义

水分活度（water activity，a_w）是指食品中水的蒸汽压与该温度下纯水的饱和蒸汽压之比。a_w 能反映水与各种非水组分缔合的强度，其值越小，说明水分与食品的结合度越高。食品中水分含量越高，一般其 a_w 值也越大，但不同食品即使水分含量相同，而往往 a_w 值也不同。一般来说，在相同的条件下，a_w 越大，食品中水与非水组分作用力越小；相反，a_w 越小，表明食品中水与非水组分作用力越大，它们之间结合越紧密。a_w 比水分含量更能可靠地预示食品的稳定性、安全性和其它性质。a_w 的定义可用下式表示：

$$a_w = p/p_0 = \mathrm{ERH}/100$$

式中，p 为食品在密闭容器中达到平衡状态时的水蒸气分压（p 随食品中易被蒸发的游离水含量的增多而增大）；p_0 为同一温度下纯水的饱和蒸汽压；ERH（equilibrium relative humidity）为食品样品周围的空气平衡相对湿度。

严格地说，以上 a_w 计算公式仅适用于理想溶液和热力学平衡体系。然而，食品体系与理想溶液和热力学平衡体系有一定的差别，该计算公式应为一个近似值，即 $a_w \approx p/p_0$。因此，可通过相对湿度传感器测定方法，测定样品的 p 和 p_0，从而计算 a_w 值。若把纯水作为食品来看，其水蒸气分压 p 和 p_0 值相等，故 $a_w = p/p_0 = 1$。然而，食品中不仅含有水，还含有非水成分，食品的蒸汽压比纯水小，因此 $0 < a_w < 1$。

根据拉乌尔（Raoult）定律，对于理想溶液而言，也可以推导出水分活度的以下表达式：

$$a_w = N = n_1/(n_1 + n_2)$$

式中，N 为溶剂（水）的摩尔分数；n_1 为溶剂的物质的量；n_2 为溶质的物质的量。n_2 可以通过以下公式计算：

$$n_2 = G \times \Delta T_f/(1000k_f)$$

式中，G 为样品中溶剂的质量，g；ΔT_f 为冰点下降的温度，℃；k_f 为水的摩尔冰点下降常数。

(2) 水分活度与温度的关系

① 克劳修斯-克拉伯龙方程

相同的 a_w 在不同的温度下测定，其结果不同。因此，测定样品 a_w 时，必须标明温度，a_w 随着温度的不同而改变。可通过修订的克劳修斯-克拉伯龙（Clausius-Clapeyron）方程，精确地表示 a_w 与绝对温度的关系，具体如下式：

$$d(\ln a_w)/d(1/T) = -\Delta H/R$$

式中，T 为绝对温度，R 为气体常数，ΔH 为样品中水分的等量净吸附热。

经整理推导，可得出下式：

$$\ln a_w = -\kappa(\Delta H/R)(1/T)$$

式中，a_w、R 和 T 的意义同上，ΔH 为纯水的汽化潜热（40.5372kJ/mol），κ 的意义可由下式表示：

κ=(样品的绝对温度－纯水的蒸汽压为 p 时的绝对温度)/纯水的蒸汽压为 p 时的绝对温度

当水分含量一定时，以 a_w 对 $1/T$ 作图，应为一条直线（线性关系），即在一定温度范围内，a_w 随着温度的升高而增加（图 2-8）。a_w 起始值为 0.5 时，在 2～40℃范围内，温度系数为 0.0034/℃。一般说来，温度每变化 10℃，a_w 变化值为 0.03～0.20。

当温度范围较大时，以 $\lg a_w$ 对 $1/T$ 作图并非始终是一条直线。当温度下降到结冰温度时，曲线一般会出现断点（图 2-9）。因此，在冰点温度以下时，食品的 a_w 按照下式：

$$a_w = p_{ff}/p_0(\text{SCW}) = p(\text{ice})/p_0(\text{SCW})$$

式中，p_{ff} 为未完全冷冻的食品中水的蒸汽压；p_0(SCW) 为过冷的纯水的蒸汽压；p(ice) 为纯冰的蒸汽压。

p_0（SCW）为过冷的纯水的蒸汽压，是因为如果用冰的蒸汽压，那么含有冰晶的样品在冰点温度以下时是没有意义的（冰点以下 a_w 值是相同的）。另一方面，冷冻食品中水的蒸汽压与同一温度下冰的蒸汽压相等。由图 2-9 也可发现，在低于冰点温度时，变化曲线也是线性关系；温度对 a_w 的影响在低于冰点温度时，远比在高于冰点温度时要大得多；样品在冰点温度时，直线出现明显的折断。

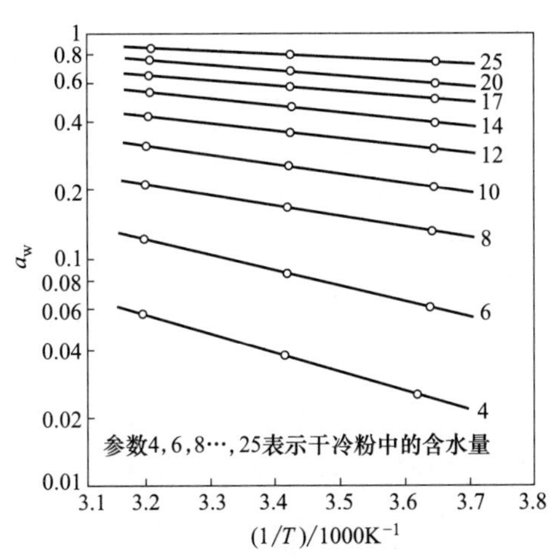

图 2-8 马铃薯淀粉的 a_w 和温度之间的关系

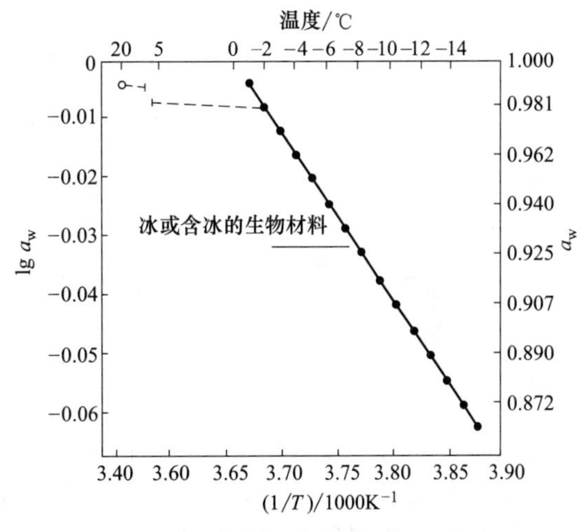

图 2-9 高于或低于冻结温度时样品的 a_w 与温度之间的关系

表 2-3 列举了 0℃以下纯水和过冷水的蒸汽压以及由此求得的冻结食品在不同温度时的 a_w 值。所以在冰点温度以下时，食品体系的 a_w 改变主要受温度影响，受体系组成影响很小。

② 冰点（冻结点）温度与 a_w 值

在分析冰点温度与 a_w 之间的相互关系时，还需注意以下几点。a. 在冰点温度以上时，a_w 是样品成分和温度的函数，食品成分是影响 a_w 的主要因素；在冰点温度以下时，a_w 与食品中的成分无关，只取决于温度，即有冰相存在时，a_w 不受体系中所含溶质种类和比例的影响。b. 食品温度在冰点温度以上及以下时，食品的稳定性是不同的。如，食品在－15℃和 a_w 为 0.86 时，微生物不生长，化学反应进行缓慢；但在 20℃和 a_w 为 0.86 时，则出现相反的情况，有些化学反应将迅速进行，某些微生物也会生长。c. 低于食品冰点温度时的 a_w，不能用来预测冰点温度以上的同一种食品的 a_w。因为低于冻结温度时，a_w 值与样品的组成无关，而只取决于温度。a_w 一般应用于冻结温度以上的体系中，表示其对各种变化的影响行为。

表 2-3　水、冰和含冰食品在低于冰点的不同温度时的蒸汽压和水分活度

温度/℃	液态水的蒸汽压①/kPa	冰和含冰食品的蒸汽压/kPa	a_w
0	0.6104②	0.6104	1.004③
−5	0.4216②	0.4016	0.953
−10	0.2865②	0.2599	0.907
−15	0.1914③	0.1654	0.864
−20	0.1254④	0.1034	0.82
−25	0.0806④	0.0635	0.79
−30	0.0509④	0.0381	0.75
−35	0.0189④	0.0129	0.68
−40	0.0064④	0.0039	0.62

①除 0℃外为所有温度下的过冷水；②观察数据；③仅适用于纯水；④计算的数据。

2.3.2 水分的吸附等温线

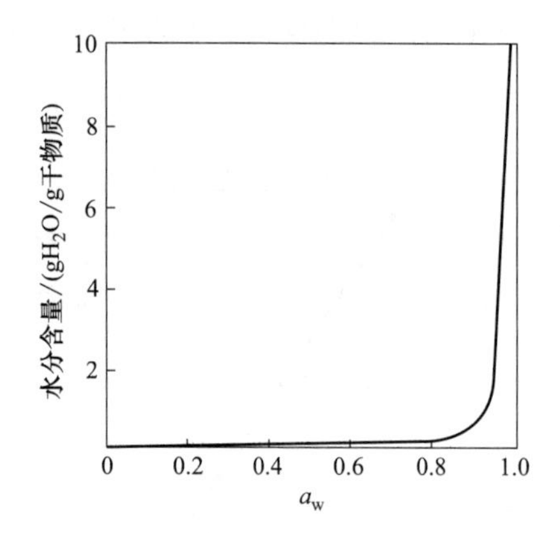

图 2-10　食品的水分吸附等温线

(1) 水分吸附等温线的定义

水分吸附等温线（moisture sorption isotherms，MSI）是指在恒定温度条件下，食品水分含量与水分活度之间的关系曲线（图 2-10）。高水分含量食品的 MSI，包括从正常至干燥的整个水分含量范围。这个 MSI 没有详细区分低水分区的数据情况，而这部分数据对于食品研究来说是至关重要的。

MSI 对于食品的加工及贮藏具有十分重要的意义：①在干燥和浓缩过程中，食品脱水的难易程度与相对蒸汽压之间的关系，即与水分活度有关；②在配制混合食品中，如何防止水分在组合食品中各配料之间的转移；③测定食品包装材料的阻湿性；④预测多少的水分含量才能抑制微生物生长；⑤预测食品的化学和物理性质的稳定性与水分含量之间的关系；⑥分析食品中非水组分与水结合能力的强弱等。

(2) 水分吸附等温线的分区

依据图 2-10，低水分含量时，含水量的微小变化，其 a_w 的变化无法十分详细地表示出来。为此，扩大低水分含量范围，获得图 2-11 所示的更为实用的 MSI 示意图。为深入理解 a_w 与水分含量的关系，可将图 2-11 中的曲线分为以下三个区间。

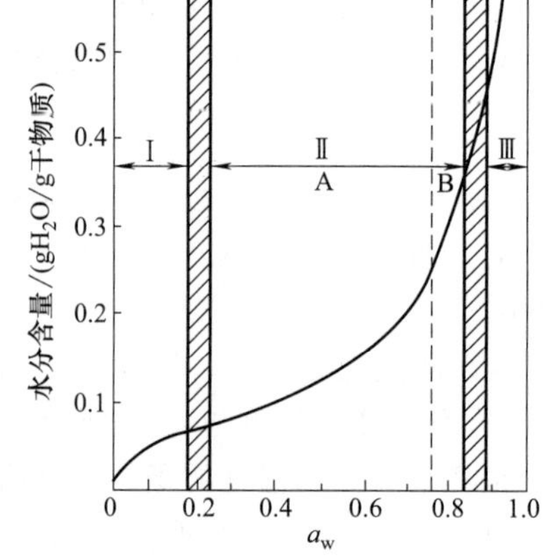

图 2-11　低水分含量范围食品的水分吸附等温线（20℃）

① Ⅰ区　a_w 一般在 0～0.25，相当于 0～7%的含水量。水分含量增加，而 a_w 增加较少。该区间的水是食品中吸附最牢固和最不容易移动的水，这部分水通过水-离子或水-偶极相互作用与溶质极性部位缔合。该部分水在−40℃时不结冰，不能作为溶剂，没有溶解溶质的能力，对食品的固形物不产生增塑效应，可看作是非

水组分的组成部分。在Ⅰ区的低水分端，其 a_w 近似等于0；食品的稳定性较好，但能引起脂肪的自动氧化；在Ⅰ区的高水分端（区间Ⅰ和区间Ⅱ的分界线）的这部分水，相当于食品中“单分子层水”水含量，即在非水组分的强亲水基团周围形成的单层水分子的近似量。对于淀粉，此量相当于每个脱水葡萄糖残基结合1个 H_2O 分子。在高水分食品中，属于区间Ⅰ的水通常占食品原料中总水量的很小一部分。

② Ⅱ区　a_w 一般在0.25～0.85，相当于7%～27.5%的含水量。该区间的水占据固形物表面单层水未占据的剩余位置，以及溶质表面强亲水基团邻近水外层的空间，构成多分子层水，主要通过氢键或偶极键与邻近水和溶质表面分子进行缔合，同时还包括直径小于1μm毛细管中的水。该部分水的流动性比自由水差，蒸发焓比纯水大，其中大部分在－40℃时不结冰，冰点大大降低，同时具有弱溶剂能力和反应活性；Ⅱ区的高水分端开始有溶解作用，并具有增塑剂和促进基质膨胀的作用。Ⅰ区和Ⅱ区边界线之间的区域称为“真实单层”，这部分水能引发溶解过程，促使食品基质出现初期溶胀，起增塑作用，引起体系中反应物流动，加速大多数反应的速率。在高水分含量食品中，这部分水占食品中总水分含量的5%以下。

③ Ⅲ区　a_w 一般在0.85～0.99，相当于大于27.5%的含水量。该区间的水在食品中以水-水氢键为主，其与非水物质结合最不牢固，流动性较大，一般为自由水。该部分水距离非水组分位置最远，起到溶解和稀释的作用，冻结时可以结冰；与稀盐溶液中水的性质相似，蒸发焓基本上与纯水相同，利于化学反应和微生物的生长。Ⅲ区内的游离水在高水分含量的食品中一般占总水量的95%以上。

虽然等温线划分为3个区间，但还不能准确地确定区间的分界线，而且除化合水外，等温线每个区间内和区间与区间之间的水都能发生交换。另外，向干燥物质中增加水，虽然能够稍微改变原来所含水的性质，即基质的溶胀和溶解过程，但是当Ⅱ区增加水时，Ⅰ区内水的性质几乎保持不变。同样，在Ⅲ区内增加水，Ⅱ区中水的性质也几乎保持不变。从而可以说明食品中结合最不牢固的那部分水即游离水对食品的稳定性起着重要作用。

④ 单分子层吸附理论（BET）的概念　1938年Brunauer、Emett及Teller提出了单分子层吸附理论，简称BET理论。固体表面吸附一层气体分子后，由于气体本身的范德华引力，还可以继续发生多分子层吸附。由于第一层吸附的是气体分子和固体表面的直接作用，从第二层起的以后各层中被吸附气体同各种分子之间相互作用。在食物中，非水组分或强极性基团，如氨基、羧基等直接以离子键或氢键结合的第一水分子层的水，即为第一单分子层水，是结合水的一部分，其含量约为总水量的0.5%，主要的结合力是水-离子和水-偶极间的缔结作用。用BET能够准确预测食物产品干燥后，产生最大的稳定性时的含水量，因而对干燥食物在预测贮藏货架寿命方面有实际的意义。根据动力学、热力学和统计力学假设，利用吸附等温线数据按布仑奥尔（Brunauer）等提出的下述方程可以计算出食品的单分子层水值，其表达如下：

$$\frac{a_w}{m(1-a_w)}=\frac{1}{m_1c}+\frac{c-1}{m_1c}a_w$$

式中，a_w 为水分活度；m 为水含量，gH_2O/g 干物质；m_1 为单分子层值；c 为常数。

根据此方程，显然以 $a_w/[m(1-a_w)]$ 对 a_w 作图应得到一条直线，称为BET直线。图2-12所示为马铃薯淀粉的BET直线。在 a_w 值大于0.35时，线性关系开始出现偏差。BET单层值按下式计算：

$$\text{BET单层值}=m_1=\frac{1}{Y\text{截距}+\text{斜率}}$$

根据图2-12查得，Y 截距为0.6，斜率等于10.7，于是可求出（此例中，BET单层值

相当于 a_w 为 0.2)。

$$m_1=\frac{1}{0.6+10.7}=0.088(gH_2O/g\ 干物质)$$

(3) 水分吸附等温线与温度的关系

MSI 与温度也密切相关，图 2-13 是不同温度下马铃薯切片的水分吸附等温线。一般情况下，水分含量相同时，温度升高导致 a_w 增加，符合 Clausius-Clapeyron 方程，这也符合食品中发生的各种变化规律。

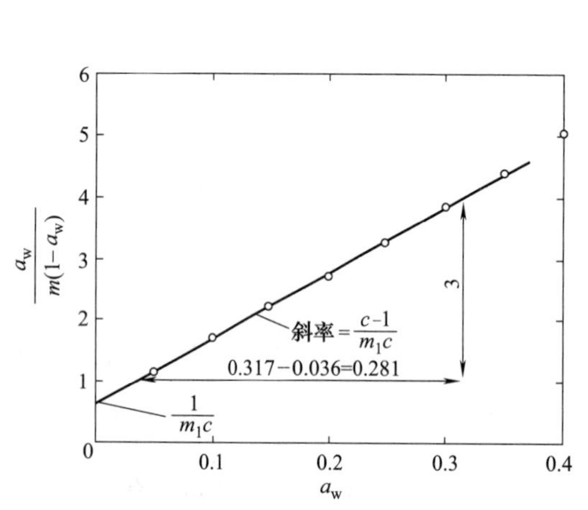

图 2-12 马铃薯淀粉的 BET 图（回吸数据，20℃）

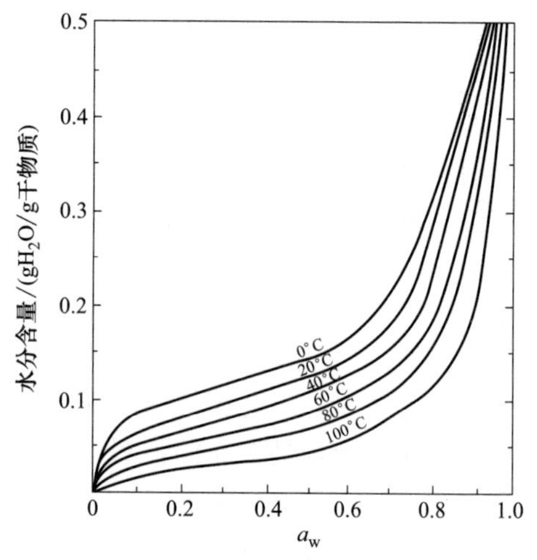

图 2-13 不同温度下马铃薯切片的水分吸附等温线

(4) 滞后现象

MSI 的绘制有两种方法，即采用回吸（resorption）和解吸（desorption）的方式，但即使是同一食品按照这两种方式绘制的 MSI 图形也并不一致，无法互相重叠，这种现象就称为滞后（hysteresis）现象（图 2-14）。回吸等温线是把完全干燥的样品，放置在相对湿度不断增加的环境中，然后根据样品质量的增加数绘制而成；解吸等温线是把潮湿的样品，放置在同一相对湿度下，通过测定样品质量的减少数绘制而成。

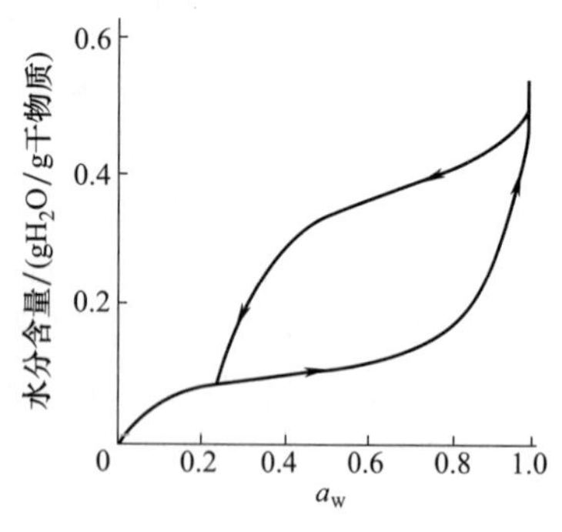

图 2-14 食品 MSI 的滞后现象

一般不能依据水分回吸等温线，预测解吸等温线。在一定的 a_w 时，解吸过程中食品的水分含量大于回吸过程中的水分含量，造成这种滞后现象的原因主要有：①解吸过程中一些水分与非水组分结合紧密而无法释放出水分；②不规则形状产生毛细管现象的部位，填满或排出水分需要不同的蒸汽压，排出需要 $p_{内}>p_{外}$，而填满需要 $p_{内}<p_{外}$；③解吸作用时，因组织改变，当再吸水时不呈紧密结合水，由此可导致回吸相同水分含量时处于较高的 a_w，即在给定水分含量时，回吸的样品比解吸的样品具有更高的 a_w 值；④温度、解吸的速度和程度等都对 MSI 滞后曲线的形状产生影响。正是由于滞后现象的存在，由解吸制得的食品需保持更低的 a_w 值，才能与回吸制得的食品保持相同的稳定性。

此外，食品种类及其组成成分不同，滞后作用的大小、曲线的形状和滞后曲线（hysteresis loop）的起始点和终止点也都不同。如图 2-15 所示，高糖-高果胶食品，如图 2-15（a）干燥的苹果片的滞后现象主要出现在单分子层水区间，当 a_w 超过 0.65 时就不存在滞后现象；高蛋白质食品，如图 2-15（b）冷冻干燥的熟猪肉，当 a_w 低于 0.85 时一直存在滞

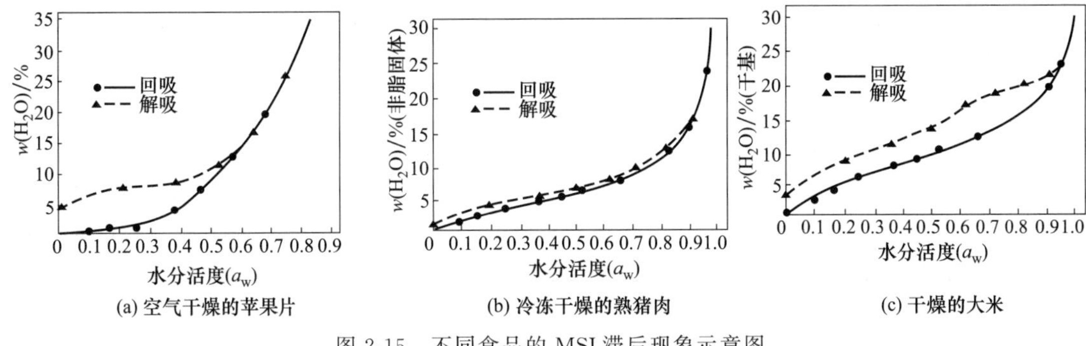

(a) 空气干燥的苹果片　(b) 冷冻干燥的熟猪肉　(c) 干燥的大米

图 2-15　不同食品的 MSI 滞后现象示意图

后现象；高淀粉质食品，如图 2-15（c）干燥的大米，存在一个较明显的滞后现象。

2.3.3　水分活度与食品稳定性之间的关系

食品的种类、组成成分及新鲜度等因素会使食品的 a_w 有所不同。食品中的微生物生长、酶促反应、非酶褐变、脂类氧化及理化特性等，都与 a_w 值大小有密切的关系，即食品稳定性与 a_w 有着重要的联系。

(1) 水分活度与微生物生长的关系

食品中微生物的生长繁殖与 a_w 密切相关，即 a_w 决定微生物在食品中萌发的时间、生长速率及死亡代谢情况等。一般来讲，只有当食品的 a_w 大于某一临界值时，特定的微生物才能生长［图 2-16（a)］。不同微生物（主要是细菌、酵母菌和霉菌）的生长繁殖，对 a_w 要求也有所不同。

食品中 a_w 与微生物生长之间的关系见表 2-4。a_w>0.91 时，引起食品腐败变质的细菌生长繁殖占优势；a_w<0.91 时，大多数细菌的生长繁殖受到抑制，如在食品中添加食盐、糖后，食品中 a_w 下降，除了部分嗜盐细菌外其它细菌不生长；a_w 在 0.87～0.91 范围时，引起食品腐败变质的酵母菌和霉菌生长占优势；如 a_w<0.80 时，焦糖、蜂蜜的腐败主要是由酵母菌引起的。此外，a_w<0.60 时，食品中绝大多数微生物都无法生长。同时，微生物的不同生长阶段，其对 a_w 的要求也有所变化，如细菌形成芽孢时需要的 a_w 比繁殖生长时要高。

表 2-4　食品中水分活度与微生物生长之间的关系

a_w	此 a_w 范围能抑制的微生物	食品种类
1.0～0.95	假单胞菌、大肠杆菌变形菌、志贺菌属、克雷伯菌属、芽孢杆菌、产气荚膜梭状芽孢杆菌、部分酵母	极易腐败食品、蔬菜、肉、鱼、牛乳、罐头水果、香肠和面包、含 40%蔗糖或 7%食盐的食品
0.95～0.91	沙门菌属、肉毒梭状芽孢杆菌、副溶血红蛋白弧菌、沙雷杆菌、乳酸杆菌属、部分霉菌、红酵母、毕赤酵母	部分干酪、腌制肉、浓缩果汁、含 55%蔗糖或 12%食盐的食品
0.91～0.87	许多酵母菌(如假丝酵母菌、球拟酵母菌、汉逊酵母菌)、小球菌	发酵香肠、干的干酪、人造奶油、含 65%蔗糖或 15%食盐的食品
0.87～0.80	大多数霉菌(如产毒素的青霉素)、金黄色葡萄球菌、大多数酵母菌、德巴利酵母菌	大多数浓缩果汁、甜炼乳、糖浆、面粉、米、含 15%～17%水分含量的豆类食品，家庭自制火腿
0.80～0.75	大多数嗜盐细菌、产真菌毒素的曲霉	果酱、糖渍水果、杏仁酥糖
0.75～0.65	嗜旱霉菌、二孢酵母菌	含 10%水分含量的燕麦片、果干、坚果、粗蔗糖、棉花糖、牛轧糖
0.65～0.60	耐渗透压酵母菌(如鲁酵母菌)、少数霉菌(如刺孢曲霉、二孢红曲霉)	含 15%～20%水分含量的果干、太妃糖、焦糖、蜂蜜

续表

a_w	此 a_w 范围能抑制的微生物	食品种类
0.50	微生物不繁殖	含 12%水分含量的酱、含 10%水分含量的调料
0.40	微生物不繁殖	含 5%水分含量的全蛋粉
0.30	微生物不繁殖	饼干、曲奇饼、面包硬皮
0.20	微生物不繁殖	含 2%～3%水分含量的全脂乳粉、含 5%水分含量的脱水蔬菜或玉米片、家庭自制饼干

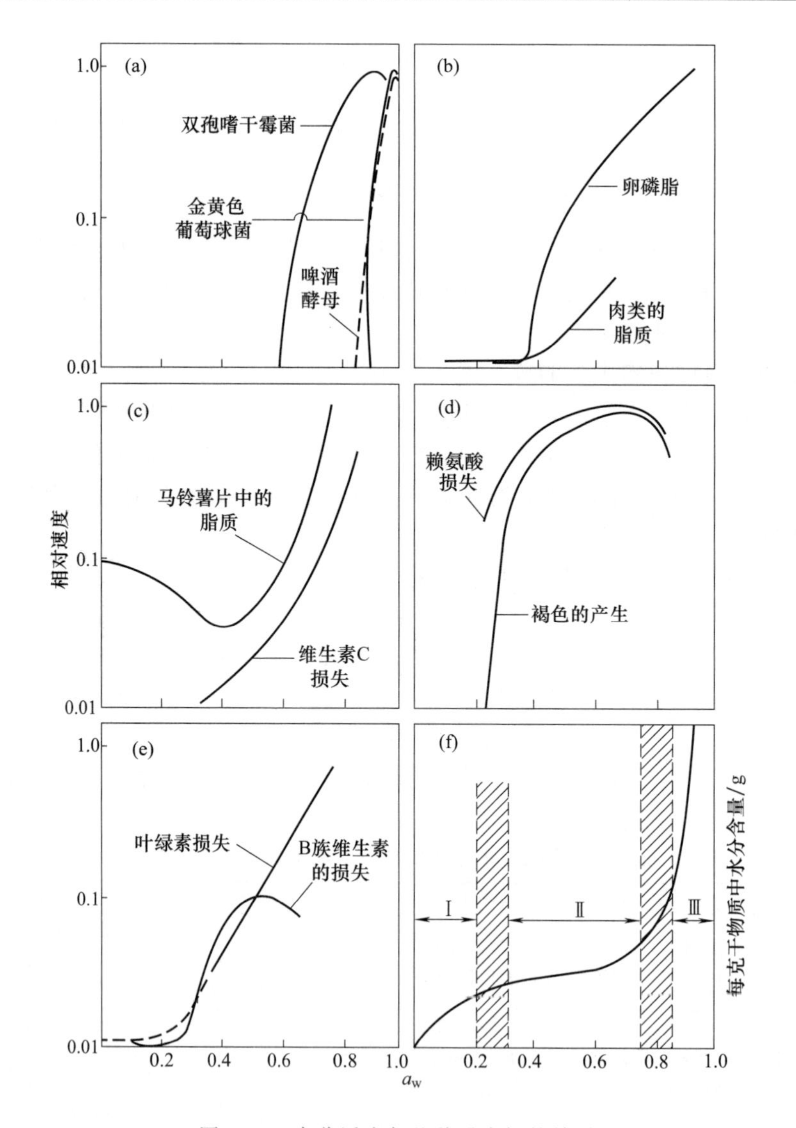

图 2-16 水分活度与几种反应间的关系

(a) 微生物生长与 a_w 的关系；(b) 酶水解与 a_w 的关系；(c) 氧化（非酶）与 a_w 的关系；(d) 美拉德褐变与 a_w 的关系；(e) 其他的反应速度与 a_w 的关系；(f) 水分含量与 a_w 的关系。除 (f) 外所有的纵坐标都是代表相对速度

一般情况下，如要提高食品的贮藏性，就要降低食品的 a_w 到一定范围以下。而对于发酵食品，加工时需提高 a_w 到一定值才有利于酵母菌的生长繁殖及分泌代谢产物。此外，微

生物对水分的需要，还受到食品 pH、营养物质及氧气等多种因素的影响。因此，在选定食品的水分活度时应根据具体情况进行适当的调整。

(2) 水分活度与食品化学变化的关系

食品中的脂类自动氧化、非酶褐变、微生物生长、酶促反应等都与 a_w 有很大关系，即食品的稳定性与水分活度有密切的联系。图 2-16 给出了几个典型的变化与水分活度之间的关系。

低 a_w 能稳定食品的品质，是因为低 a_w 抑制了食品中化学反应的进行（图 2-16），其影响机制表现为：①大多数化学反应须在水溶液中才能进行，如果降低食品的 a_w，则食品中水的存在状态发生了变化，自由水有所减少，而结合水又不能作为反应溶剂，因此抑制了诸多可能发生的化学反应；②很多生化反应需要水分参与（如水解反应），a_w 的降低就减少了参加反应的水分子的有效数量，致使生化反应减缓；③多数化学反应为离子反应，反应物在水溶液中进行离子水合作用后才能进行，而自由水的降低限制了离子反应；④许多以酶作为催化剂的酶促反应，水分子有时除了具有底物作用外，还能作为输送介质，通过水化促使酶和底物活化。当 $a_w<0.8$ 时，大多数酶的活力就受到限制；若 a_w 降到 0.25～0.30 的范围，则食品中的淀粉酶、多酚氧化酶和过氧化物酶就会受到强烈的抑制或丧失其活力（脂肪酶除外），a_w 在 0.1～0.5 时，脂肪酶仍然保持活力。

食品中的化学反应的最小反应速度，一般首先出现在吸附等温线Ⅰ区间与Ⅱ区间之间的边界，即 a_w 为 0.2～0.3 范围内（单分子层水）。当 a_w 进一步降低时（$a_w<0.2$），除了氧化反应外，全部保持在最低值；a_w 在中等和较高范围内（$0.7<a_w<0.9$），脂类氧化、美拉德反应、维生素降解、叶绿素损失和酶促反应等均表现出最大反应速率，这并不利于食品的耐贮藏性（图 2-16）。此外，在此范围内，随着 a_w 的增加，部分反应速率反而下降，主要是因为水分含量的增加，阻碍了部分反应的进行，导致反应速率降低；水分含量的增加，对反应中各组分产生一定的稀释效应，影响了反应物之间相互接近的程度，结果导致体系的反应速率反而降低。

对于脂质氧化反应，水分对其既有促进作用，又有抑制作用。当食品中水分处于单分子层水时，可抑制氧化作用，其可能是单分子层水覆盖了氧化发生部位，阻止其与氧气接触；水分与金属离子发生水合作用，降低了由金属离子引发的氧化反应等。当 a_w 高于 0.35 后，促进了脂质氧化发生，其原因可能是水分的溶剂化作用，使反应物和产物便于移动，利于氧化反应进行；水分对生物大分子的溶胀作用，暴露了新的氧化部位，有利于氧化反应的进行。

对于非酶褐变反应，a_w 低于 0.2 时，反应几乎停止；随着 a_w 增加，反应速率随之增加；当 a_w 增加到 0.6～0.7 之间时，褐变速率最快；随后，a_w 继续增加，由于溶质浓度下降而导致褐变速率再次减慢。

对于酶促反应，食品中大多数的酶类物质在 a_w 小于 0.85 时，活性会大幅度降低，如淀粉酶、酚氧化酶等。但也有部分酶制剂例外，如酯酶在 a_w 为 0.1～0.3 时，也能引起甘油三酯或甘油二酯的水解反应等。

(3) 水分活度与食品物理质构的关系

a_w 除影响食品中化学反应和微生物生长繁殖外，对食品的物理质构也有重要的影响。例如，想要保持饼干、膨化玉米花、油炸马铃薯片的脆性，防止砂糖、奶粉和速溶咖啡的结块，以及控制硬糖果、蜜饯等的黏结，均需保持适当低的 a_w 值。干燥食品不出现较大质构特性损失的 a_w 为 0.35～0.50 范围。而对于软质构的食品（水分含量较高的食品），为了避免失水变硬现象的出现，需要保持食品中相当高的 a_w 范围。

2.4 冷冻对食品稳定性的影响

冷冻常被认为是保藏食品的一种好方法，其保藏优点在于低温下微生物代谢抑制，导致微生物不易繁殖，此外很多化学反应在低温下反应速度常数降低或趋近零，从而延长了冷冻中食品的货架期。但是，对于具有细胞结构的食品和食品凝胶中的水结冰时，将出现两种不利的结果。①水转化为冰后，其体积相应增加 9%，体积的膨胀会产生局部压力，使细胞状食品受到机械性损伤，造成食品解冻后汁液的流失，或者使细胞内的酶与细胞外的底物产生接触，导致不良反应的发生。②冰冻浓缩效应。在冷冻过程中，食品中非水组分的浓度提高，引起食品体系的理化性质如非冻结相的 pH、可滴定酸度、离子强度、黏度、冰点、表面和界面张力、氧化-还原电位等发生改变。此外，还将形成低共熔混合物，溶液中有氧和二氧化碳逸出，水的结构和水与溶质间的相互作用也剧烈地改变，同时大分子更紧密地聚集在一起，使相互作用的可能性增大。

在冷冻条件下，食品体系中化学反应带来的影响有相反的两方面：降低温度，反应速度减慢；溶质的浓度增加，又加快了反应速度。另外，冷冻时食品体系的自由水冻结膨胀，生物大分子失去水分后脆性增加，也对食品质量造成影响。采用速冻、添加抗冻剂等方法可降低食品在冻结中产生的不利影响，有利于保持冷冻食品原有的色、香、味和质构品质。

在食品冻藏过程中，冰晶体大小、数量、形状的改变也会引起食品劣变，而且可能是冷冻食品品质劣变最重要的原因。由于冻藏过程中温度出现波动，温度升高时已冻结的小冰晶融化，温度再次降低时，原先未冻结的水或先前小冰晶融化的水将会扩散并附着在较大的冰晶体表面，造成再结晶的冰晶体积增大，这样对组织结构的破坏性很大。因此，在食品冻藏时，要尽量控制温度的变化，保持恒定。

食品冻藏有缓冻和速冻两种方法。速冻的肉，由于冻结速率快，形成的冰晶数量多、颗粒小，在肉组织中分布比较均匀，又由于小冰晶的膨胀力小，对肌肉组织的破坏很小，解冻融化后的水可以渗透到肌肉组织内部，因而基本上能保持原有的风味和营养价值；而缓冻的肉，结果则相反。速冻的肉解冻时，一定要采取缓慢解冻的方法，使冻结肉中的冰晶逐渐融化成水，并基本上全部渗透到肌肉中去，尽量不使肉汁流失，以保持肉的营养和风味。

2.5 分子流动性与食品稳定性的关系

利用 a_w 来预测与控制食品稳定性已在食品生产中得以广泛应用，而且是一种十分有效的方法。除此之外，水的分子流动性与食品的品质稳定性之间也密切相关。

2.5.1 基本概念

水的存在状态有液态、固态和气态 3 种形式，在热力学上均属于稳定态，其中水分在固态时是以稳定的结晶态存在。食品体系十分复杂，与其它生物大分子一样，往往以无定形状态存在。

所谓无定形（amorphous）是指物质所处的一种非平衡、非结晶状态，若饱和条件占优势且溶质保持非结晶，此时形成的固体就是无定形态。食品虽处于无定形态，其稳定性不会很高，但却具有优良的食品品质。因此，食品加工的任务就是在保证食品品质的同时，使食品处于亚稳态或处于相对于其他非平衡态来说比较稳定的非平衡态。

分子流动性（molecular mobility，M_m），也称分子移动性，与食品的一些重要的扩散控制性质有关，因此对食品稳定性也是一个重要的影响参数。目前多基于纯化学成分或纯食品原料（如蛋白质、核酸、多糖等原料）为对象的研究结果，对于复杂成分的食品研究较少。通常，食品的 M_m 是指与食品贮藏期间的稳定性和加工的性能有关的分子运动形式，涵盖了以下运动形式：由分子的液态移动或机械拉伸作用导致其分子的移动或变形；由化学电位势或电场的差异所造成的液剂或溶质的移动；由分子扩散所产生的布朗运动或原子基团的移动；在食品体系中或容器中，分子间的交联、化学反应或酶促反应所产生的分子运动与变化。M_m 与分子的黏度、质构、力学性能等也密切相关。当食品或食物处于完全且完整的结晶状态下，M_m 值为 0；物质处于完全的玻璃态（无定形态）时，M_m 值几乎为 0，但对于绝大多数食品的 M_m 值并不等于 0。

玻璃态（glassy state）是物质的一种存在状态，此时的物质就像固体一样具有一定的形状和体积，又像液体一样分子之间的排列只是近似有序，因此是非晶态或无定形态。处于此状态的大分子聚合物的链段运动被冻结，只允许小尺度空间的运动（即自由体积很小），所以形态很小，类似坚硬的玻璃，因此称为玻璃态。

橡胶态（rubbery state）是指大分子聚合物转变为柔软而具有弹性的固体时的状态（此时还未熔化），分子具有相当的形变，它也是一种无定形态。根据形态的不同，橡胶态的转变可分为玻璃态转化区（glassy transition region）、橡胶态平台区（rubbery plateau region）和胶态流动区（rubbery flow region）等 3 个区域。

黏流态（viscous state）是指大分子聚合物能自由运动，出现类似一般液体的黏性流动的状态。

玻璃转化温度（glass transition temperature，T_g）是指非晶态食品从玻璃态到橡胶态的转变时的温度；T_g'(特殊的 T_g）是指食品体系在冰形成时具有最大冷冻浓缩效应的玻璃化转变温度。

随着温度由低到高，无定形聚合物的分子运动能量可经历 3 个状态（不同的分子运动模式）：玻璃态、橡胶态和黏流态。

① 当 $T<T_g$ 时，大分子聚合物的分子运动能量很低，此时大分子链段不能运动，大分子聚合物呈玻璃态。

② 当 $T=T_g$ 时，分子热运动能增加，链段运动开始被激发，玻璃态开始逐渐转变到橡胶态，此时大分子聚合物处于玻璃转化区域。玻璃化转变发生在一个温度区间内，而不是某个特定的单一温度处。发生玻璃化转变时，食品体系不放出潜热、不发生一级相变、宏观上表现为一系列物理和化学性质的急剧变化，如食品体系的比容、比热、膨胀系数、热导率、折射率、黏度、自由体积、介电常数、红外吸收谱线和核磁共振谱线宽度等都发生突变或不连续变化。

③ 当 $T_m<T<T_g$ 时（T_m 为熔化温度），分子的热运动能量足以使链段自由运动，但由于邻近分子链之间存在较强局部性的相互作用，整个分子链的运动仍受到很大抑制。此时聚合物柔软而具有弹性，动力黏度约为 10^7 Pa·s，处于橡胶态平台区。橡胶态平台区的宽度取决于聚合物的分子量，分子量越大，该区域的温度范围越宽。

④ 当 $T=T_m$ 时，分子热运动能量可使大分子聚合物整链开始滑动，此时橡胶态开始向黏流态转变，除了具有弹性外，出现明显的无定形流动性。此时，大分子聚合物处于橡胶态流动区。

⑤ 当 $T>T_m$ 时，大分子聚合物链能自由运动，出现类似一般液态的黏性流动，大分子聚合物处于黏流态。

2.5.2 状态图

水分子流动性与食品稳定性之间的关系，可以用状态图（state diagram）形式表示。在恒压条件下，以溶质的质量分数为横坐标、以温度为纵坐标，做出二元物质体系状态图，如图 2-17 所示，图中的粗实线和粗虚线均代表亚稳态，如果食品状态处于玻璃化曲线（T_g 线）的左上方又不在其他亚稳态线上，食品就处于不平衡状态。

由图 2-17 中熔化平衡曲线可知，食品在低温冷冻过程中，水不断以冰晶形式析出，未冻结相溶质的浓度不断提高，冰点逐渐降低，直到食品中的非水组分也开始结晶，这时的温度为 T_E（共晶温度，eutectic temperature），这个温度也是食品体系从未冻结的橡胶态转变为玻璃态的温度。

当食品温度低于冰点而高于 T_E 时，食品中部分水结冰而非水组分未结冰，此时食品可维持较长时间的黏稠液体过饱和状态，而黏度又未显著增加，这时的状态为橡胶态。处于该状态下，食品的物理、化学及生物化学反应依然存在，并导致食品腐败。当食品温度低于 T_E 时，食品非水组分开始结冰，未冻结相的高浓度溶质的黏度开始显著增加，冰限制了溶质晶核的分子移动与水分的扩散。

玻璃态下的未冻结水，不是按前述的氢键方式结合，其分子被束缚在具有极高黏度的玻璃态下，这种水分不具有反应活性，从而使整个食品体系以不具有反应活性的非结晶性固体形式存在。在 T_g 以下，食品具有高度的稳定性。故低温冷冻食品的稳定性，可以用该食品的 T_g 与贮藏温度 t 的差（$t-T_g$）决定，差值越大，食品的贮藏稳定性就越差。因此，为保持食品的品质稳定性，尽量让食品贮藏于接近 T_g 的温度。

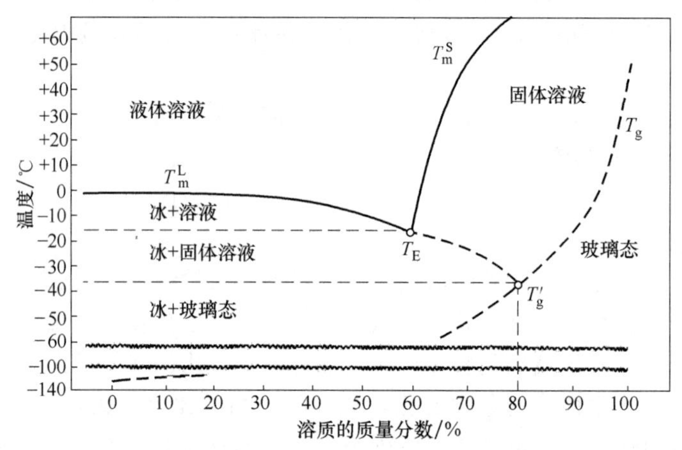

T_m^L—熔化平衡曲线；T_E—共熔点；T_m^S—溶解平衡曲线；T_g—玻璃化曲线；

T_g'—特定溶质的最大冷冻浓缩的玻璃化转变温度

图 2-17 二元物质体系状态图

食品中的水分含量和溶质种类显著地影响食品的 T_g。碳水化合物对无定形的干燥食品的 T_g 影响很大，常见的糖如果糖、葡萄糖的 T_g 很低。因此，在高糖食品中，它们显著地降低了食品的 T_g。一般来说，蛋白质和脂肪对 T_g 的影响并不显著。在没有其他外界因素影响下，水分含量是影响食品体系玻璃化转变温度的主要因素。通常每增加 1%的水，T_g 降低 5～10℃。食品的 T_g 随溶质分子量的增加而成比例增加，但当溶质分子量大于 3000 时，T_g 就不再依赖其分子量。对于具有相同分子量的同一类聚合物来说，化学结构的微小变化也会导致 T_g 的显著变化。对淀粉而言，结晶区虽然不参与玻璃化转变，但限制淀粉主链的活动，因此随淀粉结晶度的增大 T_g 增大。天然淀粉中含有15%～35%的结晶区，而预糊化淀粉无结晶区，所以天然淀粉的 T_g 在水分含量相同的情况下明显高于后者；当水分含量在0.221g/g干物质左右时，天然淀粉的 T_g 为40℃，而预糊化淀粉的 T_g 仅为28℃。不同种类的淀粉，支链淀粉分子侧链数量越多，T_g 相应越低。如小麦支链淀粉与大米支链淀粉相比，小麦支链淀粉的侧链数量多且短，所以在水分含量相近时其 T_g 也比大米淀粉的 T_g 小。虽然 T_g 十分依赖溶质类别和水分含量，但 T'_g 只依赖溶质的种类。

表2-5给出了部分食品的 T'_g 值。蔬菜、肉类的 T'_g 值一般高于果汁、水果的 T'_g 值，所以冷藏或冻藏时，前几类食品的贮藏稳定性相对高于后者。但是在动物食品中，大部分脂肪和肌纤维蛋白质同时存在，在低温下并不被玻璃态物质保护，因此，即使在冻藏温度下动物食品的脂类仍具有较高的不稳定性。

表2-5 部分食品的 T'_g 值 单位：℃

食品名称	T'_g	食品名称	T'_g
橘子汁	−37.5±1.0	菜花	−25
菠萝汁	−37	冻菜豆	−2.5
梨汁、苹果汁	−40	青刀豆	−27
桃	−36	菠菜	−17
香蕉	−35	冰激凌	−37～−33
苹果	−42～−41	干酪	−24
甜玉米	−15～−8	牛肌肉	−11.7±0.6
鲜马铃薯	−12	鳕鱼肉	−12.0±0.3

2.5.3 分子流动性对食品稳定性的影响

除了 a_w 可作为预测与控制食品品质稳定性的重要指标外，用 M_m 也可以预测食品体系的化学反应速率。这些化学反应包括如蛋白质折叠反应、酶催化反应、质子转移变化、自由基结合反应等。此外，大多数食品都是以亚稳态或非平衡状态存在，其中大多数物理变化和部分化学变化均由 M_m 值控制。决定食品 M_m 值的主要成分是水和食品占优势的非水组分。水分子体积小，常温下为液态，黏度也很低，所以在食品体系温度处于 T_g 时，水分子仍然可以转动和移动；而作为食品主要成分的蛋白质、碳水化合物等大分子聚合物，不仅是食品品质的决定因素，还影响食品的黏度、扩散性质等，所以它们也决定食品的分子移动性。故绝大多数食品的 M_m 值不等于0。

部分食品的性质和行为特征由 M_m 决定，如冷冻干燥中发生的食品结构塌陷、淀粉的糊化、微生物孢子的热灭活、巧克力表面起糖霜、乳糖的结晶、酶活力的冷冻保存等。

2.5.4 水分活度和分子流动性预测食品稳定性的比较

a_w 是判断食品稳定性的有效指标，主要研究食品中水的有效性及利用程度等。M_m 评估食品稳定性，主要依据食品的微观黏度和化学组分的扩散能力。而 T_g 是从食品的物理特性变化方面来评价食品的稳定性。

一般来说，在估计不含冰的食品中，非扩散限制的化学反应速度和微生物生长方面，应用 a_w 效果较好些，而 M_m 法效果较差，甚至不可靠。在估计接近室温贮藏的食品品质稳定性时，运用 a_w 和 M_m 效果基本相当。在估计扩散限制的性质，如冷冻食品的理化性质，冷冻干燥的最佳条件，包括结晶作用、凝胶作用和淀粉老化等物理变化时，应用 M_m 法效果较为有效，而 a_w 在预测冷冻食品的物理或化学性质是无用的。

思考题

1. 从水和冰的结构上来分析，它们有哪些独特的物理性质?
2. 什么是吸附等温线和吸附滞后现象?
3. 解释食品的过冷现象及冻结过程。
4. 阐述水与溶质间的相互作用机制。
5. 什么是水分活度? 它与食品品质稳定性间的关系如何?
6. 食品在冰点以上贮藏和冰点以下贮藏中，水分活度所产生的意义有何不同?
7. 食品中水分的存在状态有哪些? 并说明有哪些特点。
8. 降低水分活度对食品的贮藏有哪些影响? 其机理是什么?
9. 简述 T_g 在预测食品稳定性方面的作用。
10. 阐述玻璃态、玻璃转化温度、分子流动性和状态图的含义。
11. 解析食品的水分吸附等温线，指明各区间代表的含义。
12. 什么是分子流动? 举例说明，并用分子流动原理解释食品品质的变化过程。

第3章 碳水化合物

学习提要

学习和掌握食品中碳水化合物的基本概念及来源；单糖的结构与性质、功能；寡糖的结构与功能；功能性低聚糖；多糖的结构与分类及在食品加工中的应用；淀粉的糊化与老化及其影响与控制因素；糖类在食品加工和贮藏中的变化；美拉德反应及其影响因素；焦糖化反应；膳食纤维的分类和作用；食品多糖加工化学等内容。

3.1 概述

3.1.1 碳水化合物的基本概念

碳水化合物（carbohydrate）普遍存在于谷物、水果、蔬菜及其他人类能食用的植物中，是植物通过光合作用将 CO_2 和 H_2O 转变成天然有机化合物，并将能量贮存在分子中。因而早期认为，碳水化合物的分子组成一般以 $C_n(H_2O)_m$ 的通式表示，但后来发现有些糖，如鼠李糖（$C_6H_{12}O_5$）和脱氧核糖（$C_5H_{10}O_4$）并不符合上述通式，并且有些糖还含有氮、硫、磷等成分。显然用碳水化合物的名称来代替糖类名称已不合适，应将它们称为糖类化合物，但由于沿用已久，至今还在使用这个名称。

糖类化合物可以定义为多羟基的醛类、酮类化合物及其衍生物和缩合物。按其结构中含有基本结构单元的多少，糖类化合物可以分为单糖、低聚糖和多糖三种类型；单糖类化合物是低聚糖及多糖基本的结构单元，常见的有含 4～7 个 C 原子的单糖分子，结构中具有多个手性 C 原子，因此这类化合物具有众多的同分异构体，即既有构造异构体，也有复杂的构型异构体。低聚糖及多糖是单糖的聚合物，聚合是通过糖苷键的形式进行缩合而成。对于多糖类化合物的研究，是目前糖类化合物研究中的热点。与蛋白质、核酸等生物大分子一样，多糖类化合物也有复杂的高级结构形式，属多官能团有机化合物。单糖中含有酮基、醛基和数个羟基，可以发生醛酮类、醇类所具有的化学反应，例如容易被氧化、酰化、胺化、发生亲核加成反应等。半缩醛的形成使得单糖类化合物既可以开链结构存在，也可以环状结构存在；半缩醛的形成使得单糖类化合物可以和其它成分或单糖以糖苷键相互结合而形成在自然界广泛存在的低聚糖、多糖和苷类化合物。

单糖是指不能再水解的最简单的多羟基醛或多羟基酮及其衍生物，按所含碳原子数目的不同，称为丙糖（triose）、丁糖（tetrose）、戊糖（pentose）、己糖（hexose）、庚糖（heptose）等，或称为三、四、五、六、七碳糖等，其中以戊糖、己糖最为重要。低聚糖（寡糖）是指聚合度在 2～20 间（有些教科书认为是 2～10 个糖单位）的糖类。按水解后所生成单糖分子的数目，低聚糖分为二糖、三糖、四糖、五糖等，其中以二糖最为重要，如蔗糖

(sucrose saccharose)、麦芽糖 (maltose) 等；低聚糖又分为均一低聚糖和杂低聚糖，前者是由同一种单糖聚合而成的，如麦芽糖、常见的糊精，后者由不同种类的单糖聚合而成，如蔗糖、棉子糖等；按低聚糖还原性质也可分为还原性低聚糖和非还原性低聚糖。多糖又称为多聚糖，是指聚合度大于 20 的糖类，分为均一多糖（如纤维素、淀粉）和杂多糖［如阿(拉伯) 木聚糖］；根据多糖的来源又可分为植物多糖、动物多糖、海洋多糖和微生物多糖。单糖的衍生物氨基糖和糖醛酸也组成多糖，如虾、蟹等甲壳动物的甲壳组成物质，称为甲壳质，为氨基葡萄糖组成的多糖，海藻中的藻朊酸为 D-甘露糖醛酸组成的多糖。

碳水化合物的意义在于，它是生物体维持生命活动所需能量的主要来源，是合成其他化合物的基本原料，同时也是生物体的主要结构成分。碳水化合物的功能主要有：①碳水化合物是基本的营养物质之一；②形成一定色泽和风味；③游离糖本身有甜度，对食品口感有重要作用；④食品的黏弹性也与碳水化合物有很大关系，如果胶、卡拉胶等；⑤食品中纤维素、果胶等不易被人体吸收，还是膳食纤维的构成成分；⑥某些多糖或寡糖具有特定的生理功能，是保健食品的主要活性成分。

3.1.2 食物中的碳水化合物

大多数植物性食物中，碳水化合物占干重的 80%以上，只含有少量的游离糖。如表 3-1 所示，香蕉、桃子、甜菜、温州蜜橘等中含游离蔗糖在 6%以上，而葡萄、樱桃、甜柿肉中 D-葡萄糖和 D-果糖均超过 5%，其余果实和蔬菜中只含有少量蔗糖、D-葡萄糖和 D-果糖。常见的谷物食品中主要以碳水化合物为主（表 3-2），还含有纤维素等成分。蔗糖来源简单，目前膳食中大量的蔗糖来自于加工中添加的，且量较多，部分食品中蔗糖含量如表 3-3 所示。

随着对糖类化合物研究的不断深入，这类物质许多以前不为人所熟悉的组成、结构、生物功能等方面的问题引起了人们的极大关注及研究的兴趣，为药学、人类保健学、食品科学及生命科学的研究提供了大量的素材。

表 3-1 部分水果及蔬菜中游离糖含量（鲜重计）

名称	D-葡萄糖/%	D-果糖/%	蔗糖/%	名称	D-葡萄糖/%	D-果糖/%	蔗糖/%
葡萄	6.86	7.84	2.25	甜菜	0.18	0.16	6.11
桃子	0.91	1.18	6.92	硬花甘蓝	0.73	0.67	0.42
生梨	0.95	6.77	1.61	胡萝卜	0.85	0.85	4.24
樱桃	6.49	7.38	0.22	黄瓜	0.86	0.86	0.06
草莓	2.09	2.40	1.03	莴苣	0.07	0.16	0.07
苹果	1.17	6.04	3.78	洋葱	2.07	1.09	0.89
温州蜜橘	1.50	1.10	6.01	菠菜	0.09	0.04	0.06
甜柿肉	6.20	5.41	0.81	甜玉米	0.34	0.31	3.03
枇杷肉	3.52	3.60	1.32	甘薯	0.33	0.30	3.37
杏	4.03	2.00	3.04	番茄	1.12	1.12	0.12
香蕉	6.04	2.01	10.03	嫩荚青刀豆	1.08	1.20	0.25
西瓜	0.74	3.42	3.11	青豌豆	0.32	0.23	5.27

表 3-2 部分谷物食品原料中碳水化合物含量（按每 100g 可食部分计）

谷物食品名称	碳水化合物/g	纤维素/g	谷物食品名称	碳水化合物/g	纤维素/g
全粒小麦	69.3	2.1	小麦中力粉	73.4	0.3
小麦强力粉	70.2	0.3	小麦薄力粉	74.3	0.3

续表

谷物食品名称	碳水化合物/g	纤维素/g	谷物食品名称	碳水化合物/g	纤维素/g
黑麦全粉	68.5	1.9	精白米	75.5	0.3
黑麦粉	75.0	0.7	全粒玉米	68.6	2.0
全粒大麦	69.4	1.4	玉米糁	75.9	0.5
大麦片	73.5	0.7	玉米粗粉	71.1	1.4
全粒燕麦	54.7	10.6	玉米细粉	75.3	0.7
燕麦片	66.5	1.1	精小米	72.4	0.5
全粒稻谷	71.8	1.0	精黄米	71.7	0.8
糙米	73.9	0.6	高粱米	69.5	1.7

表3-3 普通食品中蔗糖含量

食　品	蔗糖含量/%	食　品	蔗糖含量/%
可口可乐	9	蛋糕(干)	36
脆点心	12	番茄酱	29
冰淇淋	18	果冻(干)	20
橙汁	9	韧性饼干	83

3.2 单糖

3.2.1 单糖的结构和构象

(1) 单糖的结构

单糖是糖类化合物中最简单、不能再水解为更小单位的糖类，具有分子量小、结构不对称和旋光性的特点。从分子结构看，单糖是含有一个自由醛基或酮基的多羟基的醛类或多羟基的酮类化合物，而五碳以上的糖具有开链式和环式结构。如图3-1所示，根据单糖分子中碳原子数目可将单糖按碳原子的多少分类；按分子中含羰基的特点又可分为醛糖构型和酮糖构型；按平面偏振光右旋和左旋可分为D型和L型。这些分类有利于糖分子结构特性的研究。自然界中最简单的单糖是丙醛糖（甘油醛）和丙酮糖，而最重要的也是最常见的单糖则是葡萄糖和果糖。单糖若含有另一个羰基则称为二醛糖（二个醛基）或二酮糖（二个酮基）。糖的羟基被氢原子或氨基取代，可分别生成脱氧糖和氨基脱氧糖。此外，单糖的衍生物有糖脂、糖苷、糖酸、糖醇和糖胺等。单糖溶解于水时，开链式与环状半缩醛逐渐达到平衡状态，溶液中有很少量的开链式单糖存在。

(2) 单糖的构象

吡喃糖具有两种不同的构象，椅式或船式（图3-2）。

许多己糖主要以相当坚硬的椅式构象存在，如葡萄糖的四种椅式构象，其中以β-D-葡萄糖（$^4C_1$）和α-D-葡萄糖（$^1C_4$）最为稳定。以船式存在的己糖较少，因为船式结构较易变形并且能量较高。还有其他形式，例如半椅式和扭曲排列，但这些形式都具有较高的能量，不常遇到。

呋喃糖是一种比吡喃糖稳定性差的环状体系，它是以所谓的信封形式和扭转形式的快速平衡混合物存在的。图3-3列出了几种常见单糖开环式结构，图中显示，分子量相同，开环后结构差异明显，即产生差向异构体。

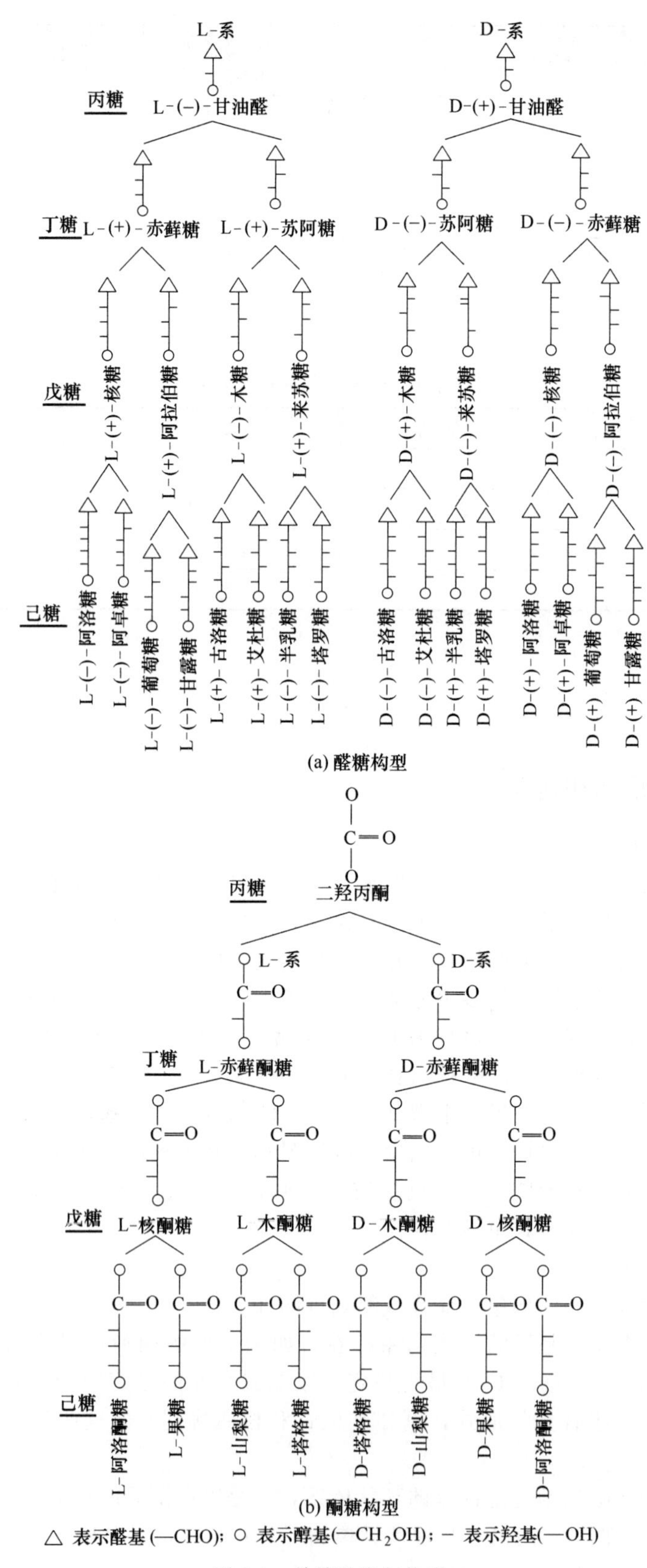
L-系
D-系
丙糖
L-(−)-甘油醛
D-(+)-甘油醛
丁糖
L-(+)-赤藓糖
L-(+)-苏阿糖
D-(−)-苏阿糖
D-(−)-赤藓糖
戊糖
L-(+)-核糖
L-(+)-阿拉伯糖
L-(−)-木糖
L-(+)-来苏糖
D-(+)-木糖
D-(−)-来苏糖
D-(−)-核糖
D-(−)-阿拉伯糖
己糖
L-(−)-阿洛糖
L-(−)-阿卓糖
L-(−)-葡萄糖
L-(−)-甘露糖
L-(+)-古洛糖
L-(+)-艾杜糖
L-(−)-半乳糖
L-(−)-塔罗糖
D-(−)-古洛糖
D-(−)-艾杜糖
D-(+)-半乳糖
D-(+)-塔罗糖
D-(+)-阿洛糖
D-(+)-阿卓糖
D-(+) 葡萄糖
D-(+) 甘露糖
(a) 醛糖构型
丙糖
二羟丙酮
L-系
D-系
丁糖
L-赤藓酮糖
D-赤藓酮糖
戊糖
L-核酮糖
L 木酮糖
D-木酮糖
D-核酮糖
己糖
L-阿洛酮糖
L-果糖
L-山梨糖
L-塔格糖
D-塔格糖
D-山梨糖
D-果糖
D-阿洛酮糖
(b) 酮糖构型
△ 表示醛基(—CHO)；○ 表示醇基(—CH₂OH)；− 表示羟基(—OH)

图 3-1　单糖种类与构型

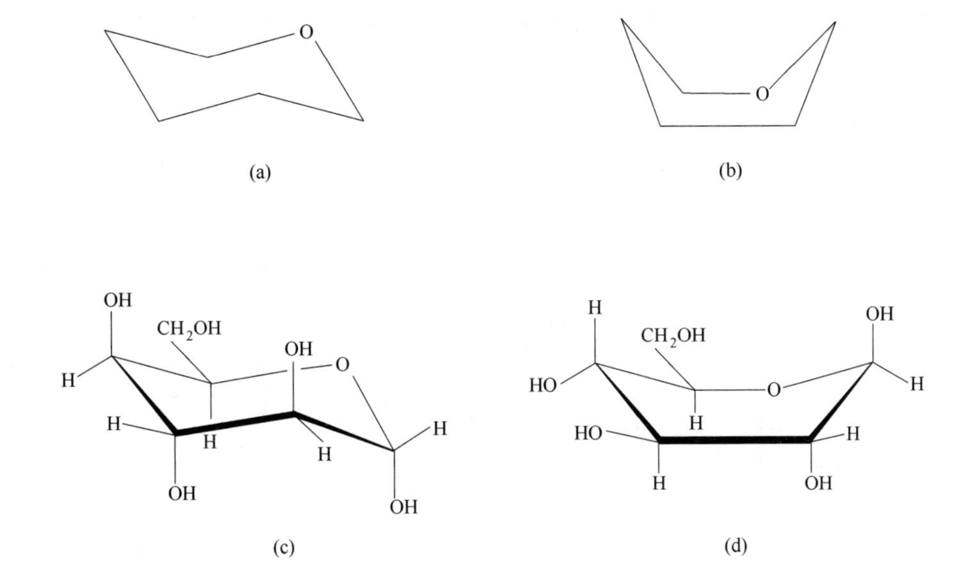

图 3-2　吡喃糖的椅式构象（a）、（c）和船式构象（b）、（d）

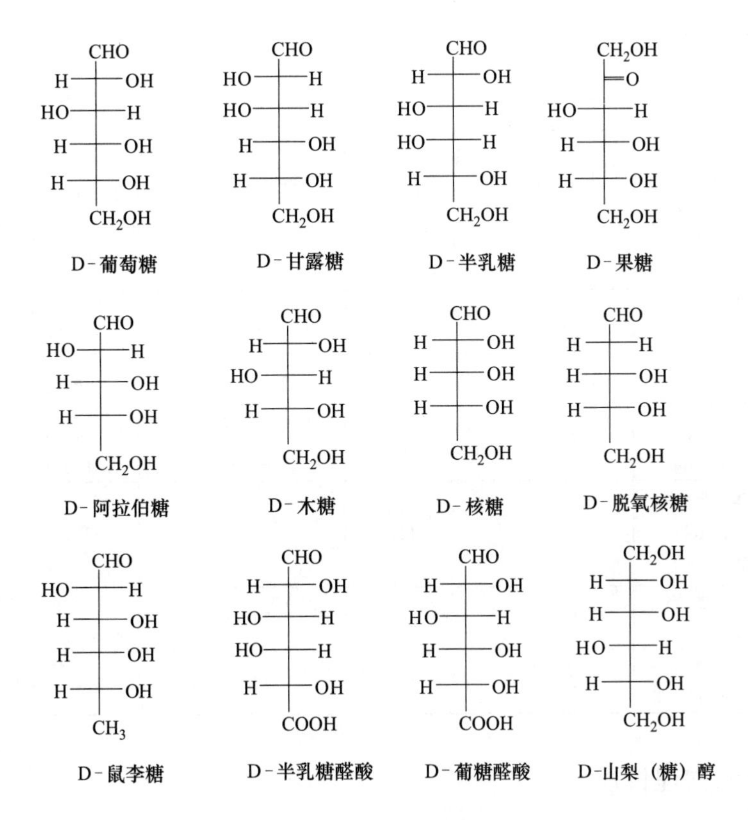

图 3-3　几种常见单糖的结构示意图

表 3-4 显示，分子量相同，结构不同，单糖的熔点、$[\alpha]_D$ 存在明显的差异；从单糖来源来看，不同植物体中，含有相同结构的单糖，但熔点、$[\alpha]_D$ 也存在一些差别。

表 3-4 食品中常见单糖的理化性质

糖种类	单糖名称	分子量	熔点/℃	$[\alpha]_D$	来源
戊糖	L-阿拉伯糖 (L-arabinose)	150.1	158(α) 160(β)	+190.6(α) →+104.5	植物树胶中戊聚糖的结构单糖
	D-木糖 (D-xylose)	150.1	145.8	+93.6(α) →+18.8	竹笋、木聚糖(秸秆、玉米)、植物黏性物质中结构单糖
	D-核糖 (D-ribose)	150.1	86～87	−23.1→+23.7	核糖核酸(RNA)、腺苷三磷酸(ATP)
己糖	D-半乳糖 (D-galactose)	180.1	168(无水) 118～120 (含结晶水)	+150.7(α) +52.5(β) →+80.2	广泛存在于动植物中,多糖和乳糖的结构单糖
	D-葡萄糖 (D-glucose)	180.1	83(α,含结晶水) 146(无水) 148～150(β)	+113.4(α) +19.0(β) →+52.5	以单糖、低聚糖、多糖、糖苷形式广泛存在于自然界
	D-甘露糖 (D-mannose)	180.1	133(α)	+29.3(α) +17.0(β) →+14.2	棕榈、象牙果(ivory nut)、椰子、魔芋等多糖
	D-果糖 (D-fructose)	180.1	102～104 (分解)	−132(β) →−92	蔗糖、菊糖(inulin)的结构单糖、果实、蜂蜜、植物体
	L-山梨糖 (L-sorbose) (L-木己酮糖)	180.1	165	−43.4	由弱氧化醋酸杆菌(*A. suboxydans*)作用于山梨糖醇而得到,为果胶的结构单糖
	L-岩藻糖 (L-fucose) (6-脱氧-L-半乳糖)	164.2	145	−152.6→−75.9	海藻多糖、黄蓍糖、树胶、糖胺聚糖、人乳中的低聚糖
	L-鼠李糖 (L-rhamnose) (6-脱氧-L-甘露糖)	164.2	123～128(β) (无水)	+38.4(β)→+8.91	主要以糖苷的形式存在于黄酮类化合物、植物糖胺聚糖中
	D-半乳糖醛酸 (D-galacturonic acid)	194.1	160(β) (分解)	+31(β)→+56.7	果胶、植物糖胺聚糖
	D-葡糖醛酸 (D-glucuronic acid)	194.1	165(分解)	+11.7(β)→ +36.3	糖苷、植物树胶、半纤维素、糖胺聚糖等
	D-甘露糖醛酸 (D-mannuronic acid)	194.1	165→167(β)	−47.9(β)→ +23.9	海藻酸、微生物多糖
	D-葡糖胺 (D-glucosamine)	179.2	88(α)、110(β)	+100(α) +28(β)→ +47.5	大多作为甲壳素、肝素、透明质酸、乳汁低聚糖的单糖组成
糖醇类	D-山梨(糖)醇 (D-sorbitol) (葡糖醇)	182.1	110～112	−2.0	浆果、果实、海藻类
	D-甘露(糖)醇 (D-mannitol)	182.1	166～168	+23～+24	广泛存在于植物的渗出液甘露聚糖、海藻类
	半乳糖醇 (galactitol)	182.1	188～189	+23～+24	马达加斯加甘露聚糖

3.2.2 单糖的物理性质

(1) 单糖的甜度

单糖类化合物均有甜味，甜味的强弱用甜度来区分，不同的甜味物质其甜度不同。甜度是食品鉴评学中的单位，这是因为甜度目前还难以通过化学或物理的方法进行测定，只能通过感官比较法来得出相对的差别，所以甜度是一个相对值。一般以10%或15%的蔗糖水溶液在20℃时的甜度为1.0来确定其它甜味物质的甜度，因此又把甜度称为比甜度。表3-5所示为几种单糖的比甜度。

表3-5 几种单糖的比甜度

单糖	比甜度	单糖	比甜度	单糖	比甜度
蔗糖	1.00	α-D-甘露糖	0.59	β-D-呋喃果糖	1.50
α-D-葡萄糖	0.70	α-D-半乳糖	0.27	α-D-木糖	0.50

不同的单糖其甜度不同，这种差别与分子量及构型有关，一般来讲，分子量越大，在水中的溶解度越小，甜度越小。环状结构的构型不同，甜度亦有差别，如葡萄糖的α-构型甜度较大，而果糖的β-构型甜度较大。

(2) 旋光性和变旋光

旋光性是一种物质使直线偏振光的振动平面发生旋转的特性。旋光方向以符号表示：右旋为D-或（+），左旋为L-或（－）。即编号最大的手性碳原子上—OH在右边的为D型，—OH在左边的为L型。除丙糖外，其它所有的单糖均有旋光性。旋光性是鉴定糖的一个重要指标。

糖的比旋光度是指1mL含有1g糖的溶液于20℃，在0.1m长的旋光管内使偏振光旋转的角度。通常用$[\alpha]_{\lambda}^{t}$表示。t为测定时的温度，λ为测定时光的波长。常见单糖的比旋光度（20℃，钠光）如表3-6所示。当单糖溶解在水中的时候，由于开链式结构和环状结构之间的互相转化，因此会出现变旋现象（mutarotation）。在通过测定比旋光度确定单糖种类时，一定要注意静置一段时间（一般24h）。

表3-6 常见单糖的比旋光度

糖类名称	比旋光度/(°)	糖类名称	比旋光度/(°)
D-葡萄糖	+52.2	D-甘露糖	+14.2
D-果糖	−92.4	D-阿拉伯糖	−105.0
D-半乳糖	+80.2	D-木糖	+18.8

(3) 溶解度

单糖分子中的多个羟基增加了它的水溶性，尤其是在热水中的溶解度，但单糖不能溶于乙醚、丙酮等有机溶剂。单糖类化合物在水中都有比较大的溶解度。溶解过程是以水的偶极性为基础的，温度对溶解过程和溶解速度具有决定性影响。

表3-7 两种单糖的溶解度

糖类	20℃		30℃		40℃		50℃	
	浓度/%	溶解度/(g/100g水)	浓度/%	溶解度/(g/100g水)	浓度/%	溶解度/(g/100g水)	浓度/%	溶解度/(g/100g水)
果糖	78.94	374.78	81.54	441.70	84.34	538.63	86.94	665.58
葡萄糖	46.71	87.67	54.64	120.46	61.89	162.38	70.91	243.76

不同的单糖在水中的溶解度不同，其中果糖最大，其次是葡萄糖。如表3-7所示，20℃时，果糖在水中的溶解度为374.78g/100g，而葡萄糖为87.67g/100g。随着温度的变化，单糖在水中的溶解度亦有明显的变化，如温度由20℃提高到40℃，葡萄糖的溶解度则变为162.38g/100g。糖的溶解度大小还与其水溶液的渗透压密切相关。果糖的溶解度在糖类中最高，在20～50℃的温度内，它的溶解度为蔗糖的1.88～3.1倍。利用糖类化合物较大的溶解度及对微生物渗透压的改变，可以抑制其活性，从而达到延长食品保质期的目的，要做到这一点，糖的浓度必须达到70%以上。常温下（20～25℃），单糖中只有果糖可以达到如此高的浓度，其它单糖及蔗糖均不能，而含有果糖的果葡糖浆可以达到所需要的浓度。果葡

糖浆的浓度因其果糖含量不同而有所差异，果糖含量为42%、55%和90%，其浓度分别为71%、77%和80%。因此，果糖含量较高的果葡糖浆，其保存性能较好。

(4) 吸湿性、保湿性与结晶性

吸湿性和保湿性反映了单糖和水之间的关系，吸湿性是指糖在较高空气湿度条件下吸收水分的能力，而保湿性是指糖在较低空气湿度下保持水分的能力。这两种性质对于保持食品的柔软性、弹性，食品的贮存及加工都有重要的意义。不同的糖吸湿性不一样，在所有的糖中，果糖吸湿性最强，葡萄糖次之。所有用果糖或果葡糖浆生产的面包、糕点、软糖等食品，效果较好，但也正是因为其吸湿性，不能用于生产硬糖、酥糖及酥性食品。常见单糖、双糖的吸湿性排序：果糖和转化糖＞葡萄糖、麦芽糖＞蔗糖。生产硬糖需要吸湿性低的原料糖，而软糖则相反。

不同的单糖其结晶形成的难易程度不同：蔗糖＞葡萄糖＞果糖和转化糖。如生产硬糖时要防止结晶，就不能完全使用蔗糖，要添加30%～40%的淀粉糖浆（淀粉糖浆是葡萄糖、低聚糖和糊精的混合物，自身不结晶并能防止蔗糖结晶）。

(5) 其它性质

单糖与食品有关的其它物理学性质包括黏度、冰点降低及抗氧化性等。单糖的黏度很低，比蔗糖低，通常糖的黏度是随着温度的升高而下降，但葡萄糖的黏度则随温度的升高而增大。在食品生产中，可借助调节糖的黏度来改善食品的稠度和口感。

单糖的水溶液与其他溶液一样，具有冰点降低、渗透压增大的特点。糖溶液冰点的降低、渗透压的增大，与其浓度和分子量有关。糖溶液浓度增高，分子量变小，则其冰点降低得多，而渗透压增大。

3.2.3 单糖的化学性质

(1) 碱的作用

糖在碱性溶液中不稳定，易发生异构化和分解等反应。碱性溶液中糖的稳定性与温度的关系很大，在低温时比较稳定，随温度增高，很快发生异构化和分解反应。这些反应发生的程度和产物的比例受诸多因素的影响。如糖的种类和结构、碱的种类和浓度、作用时间和温度等。

① 烯醇化作用和异构化作用

用稀碱处理单糖，能形成某些差向异构体的平衡体系，例如，用稀碱处理D-葡萄糖，可通过烯醇式中间体的转化得到D-葡萄糖、D-甘露糖和D-果糖三种差向异构体的平衡混合物。同时，用稀碱处理D-果糖或D-甘露糖，也可以得到相同的平衡混合物（图3-4）。未使用酶解以前，果葡糖浆的生产即利用这些反应处理葡萄糖溶液。

由于果糖的甜度超过葡萄糖的一倍，故可利用异构化反应，用碱性物质处理葡萄糖溶液或淀粉糖浆，使一部分葡萄糖转变成果糖，提高其甜度，这种糖液称为果葡糖浆。但是用稀碱进行异构化，转化率较低，只有21%～27%，糖分约损失10%～15%，同时还生成有色的副产物，影响颜色和风味，精制也较困难，所以工业上未采用。

1957年发现异构酶能催化葡萄糖发生异构化反应而转变成果糖，这为工业生产果葡糖浆开辟了新途径。

② 糖精酸的生成

碱的浓度增高、加热或作用时间延长，糖便发生分子内氧化还原反应与重排作用生成羧酸，此羧酸的总组成与原来糖的组成没有差异，此酸称为糖精酸类化合物。糖精酸有多种异构体，因碱浓度不同，产生不同的糖精酸。此分解反应因有无氧气或其他氧化剂的存在而各

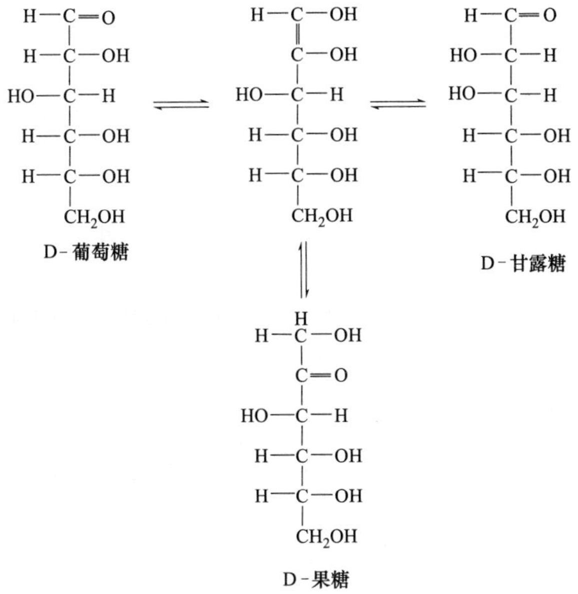

图 3-4　单糖在碱的作用下发生的烯醇化作用和异构化作用

不相同。在有氧化剂存在的条件下，己糖受碱作用，先发生连续烯醇化，然后从双键处裂开，生成含 1～5 个碳原子的分解物；若没有氧化剂存在，则碳链断裂的位置为距离双键的第二个单键上（图 3-5）。

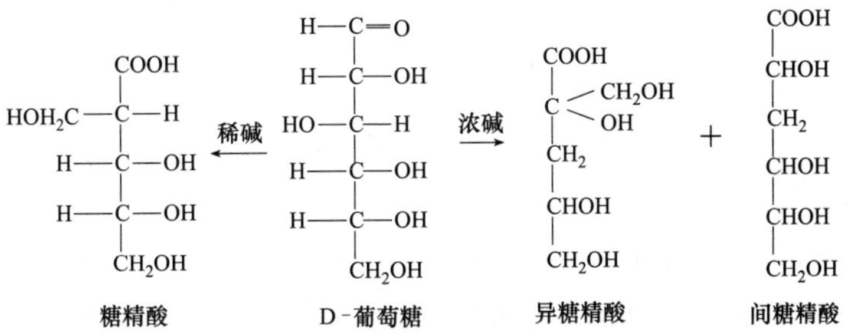

图 3-5　单糖在碱作用下形成糖精酸及其他物质

③ 分解反应

在浓碱作用下，糖发生分解反应，产生较小分子的糖、酸、醇和醛等化合物。

(2) 酸的作用

① 强酸中的反应

单糖在稀无机酸作用下发生糖苷水解逆反应生成糖苷，即分子间脱水反应，产物为二糖和其他低聚糖，如葡萄糖主要生成异麦芽糖和龙胆二糖（图 3-6）。这个反应是很复杂的，除要生成 α-和 β-1,6 键二糖外，还有微量的其他二糖生成。

② 弱酸（有机酸）中的反应

糖受弱酸和热的作用，易发生分子内脱水反应，生成环状结构体，如戊糖生成糠醛，己糖生成 5-羟甲基糠醛（HMF），己酮糖较己醛糖更易发生这种反应。戊糖经酸作用生成糠醛的反应如图 3-7 所示。戊糖经酸作用脱掉三个分子的水，生产糠醛的反应进行得比较完全，同时产物也相当稳定。

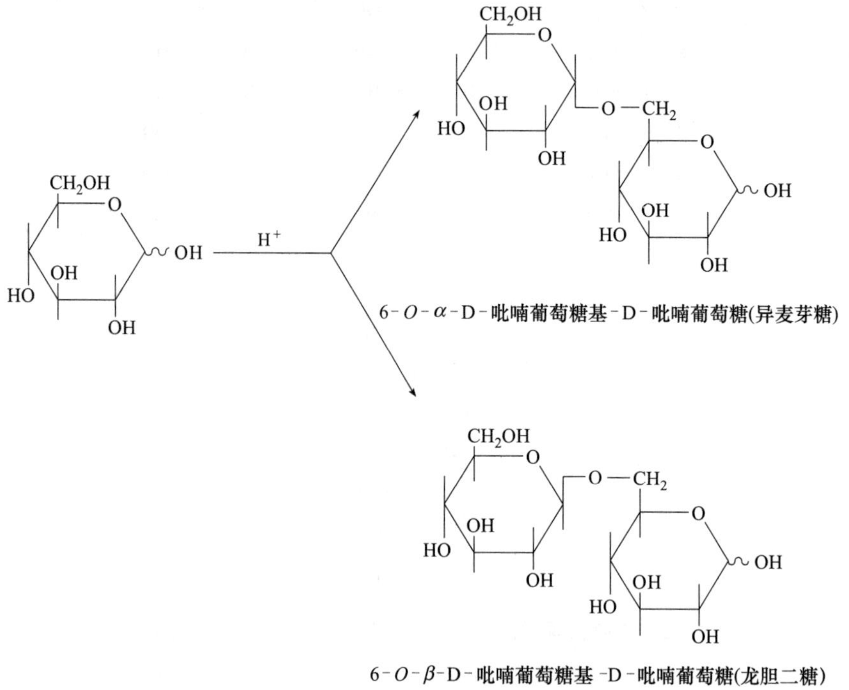

6-*O*-*α*-D-吡喃葡萄糖基-D-吡喃葡萄糖(异麦芽糖)

6-*O*-*β*-D-吡喃葡萄糖基-D-吡喃葡萄糖(龙胆二糖)

图 3-6　单糖在强酸作用下的反应

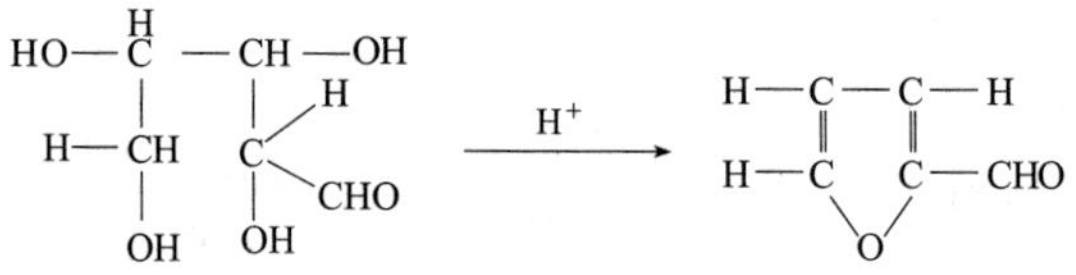

图 3-7　单糖在弱酸作用下的反应

(3) 氧化反应

单糖含有游离羰基，即醛基或酮基，因此，在不同氧化条件下，糖类可被氧化成各种不同的产物。如含有醛基可被氧化成酸，又可被还原成醇；而在弱氧化剂如多伦试剂、斐林试剂中可被氧化成糖酸。

在溴水中醛糖的醛基会被氧化成羧基而生成糖酸。糖酸加热很容易失水而得到 γ-内酯或 δ-内酯。例如 D-葡萄糖酸和 D-葡萄糖酸-δ-内酯（D-葡萄糖-1,5-内酯），后者是一种酸味剂，适用于肉制品与乳制品，特别在焙烤食品中可以作为膨松剂的一个组分。葡萄糖酸与钙离子形成葡萄糖酸钙，葡萄糖酸钙可作为口服钙的饮食补充剂。酮糖与溴水不起作用，利用这个反应可以区别醛糖与酮糖。

用浓硝酸这种强氧化剂与醛糖作用时，它的醛基和伯醇基都被氧化，生成具有相同碳原子数的二元酸，如半乳糖氧化后生成半乳糖二酸。半乳糖二酸不溶于酸性溶液，而其他己醛糖氧化后生成的二元酸都能溶于酸性溶液，利用这个反应可以区别半乳糖与其他己醛糖。酮糖在强氧化剂作用下，在酮基处裂解，生成草酸和酒石酸。

葡萄糖在氧化酶作用下，可以保持醛基不被氧化，仅第六个碳原子上的伯醇基被氧化生成羧基而形成葡萄糖醛酸。生物体内某些有毒物质，可以和 D-葡萄糖醛酸结合，随尿排出体外，从而起到解毒作用，人体内过多的激素和芳香物质也能与葡萄糖醛酸生成苷类并从体内排出。

分子中含有自由醛基或半缩醛基的糖都具有还原性，故被称为还原糖。单糖与部分低聚糖是还原糖。与醛、酮相似，单糖分子中的醛基或酮基也能被还原剂还原为醇，如葡萄糖可被还原为山梨醇，果糖可被还原为山梨醇和甘露醇的混合物，木糖可被还原为木糖醇。山梨醇的甜度为蔗糖的 50%，可用作糕点、糖果、香烟、调味品及化妆品的保湿剂，亦可用于制取抗坏血酸。木糖醇的甜度为蔗糖的 70%，可以替代糖尿病患者的疗效食品或抗龋齿的胶姆的甜味剂，目前木糖醇已被广泛用于制造糖果、果酱、饮料等食品。

3.2.4　食品中单糖及其衍生物

自然界已发现的单糖主要是戊糖和己糖。常见的戊糖有 D-(－)-核糖、D-(－)-2-脱氧核糖、D-(＋)-木糖和 L-(＋)-阿拉伯糖。它们都是醛糖，以多糖或苷的形式存在于动植物中。常见的己糖有 D-(＋)-葡萄糖、D-(＋)-甘露糖、D-(＋)-半乳糖和 D-(－)-果糖，后者为酮糖。己糖以游离或结合的形式存在于动植物中。

(1) D-(－)-核糖和 D-(－)-2-脱氧核糖

核糖以糖苷的形式存在于酵母和细胞中，是核酸以及某些酶和维生素的组成成分。核酸中除核糖外，还有 2-脱氧核糖（简称为脱氧核糖）。核糖和脱氧核糖的环为呋喃环，故称为呋喃糖。

β-D-(－)-呋喃核糖、β-D-(－)-呋喃脱氧核糖核酸中的核糖或脱氧核糖 C1 上的 β-糖苷键结合成核糖核苷或脱氧核糖核苷，统称为核苷。

核苷中的核糖或脱氧核糖，再以 C5 或 C3 上的羟基与磷酸以酯键结合即成为核苷酸。含核糖的核苷酸统称为核糖核苷酸，是 RNA 的基本组成单位；含脱氧核糖的核苷酸统称为脱氧核糖核苷酸，是 DNA 的基本组成单位。其链式结构和环状结构如图 3-8 所示。

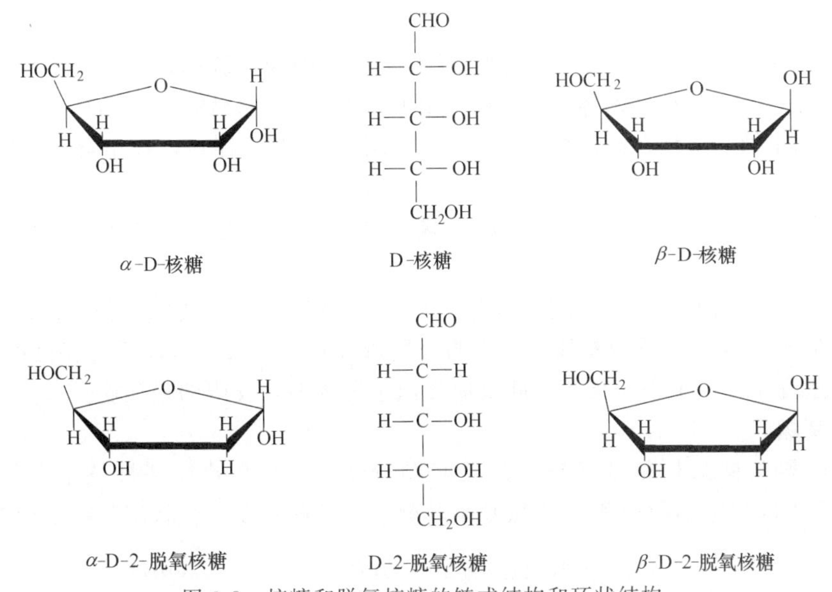

图 3-8　核糖和脱氧核糖的链式结构和环状结构

(2) D-(＋)-葡萄糖

D-(＋)-葡萄糖在自然界中分布极广，尤以葡萄中含量较多，因此叫葡萄糖。葡萄糖也存在于人的血液中（389～555μmol/L）叫作血糖。糖尿病患者的尿中含有葡萄糖，含糖量随病情的轻重而不同。葡萄糖是许多糖如蔗糖、麦芽糖、乳糖、淀粉、糖原、纤维素等的组成单元。

葡萄糖是无色晶体或白色结晶性粉末，熔点 146℃，有甜味，易溶于水，难溶于酒精，不溶于乙醚和烃类。D-葡萄糖是自然界中分布最广的己糖，天然的葡萄糖具有右旋性，故又称右旋糖。

在肝脏内，葡萄糖在酶作用下氧化成葡萄糖醛酸，即葡萄糖末端上的羟甲基被氧化生成羧基。葡萄糖醛酸在肝中可与有毒物质如醇、酚等结合变成无毒化合物由尿排出体外，可达到解毒作用。葡萄糖在医学上可用作营养剂，并有强心、利尿、解毒等作用。在食品工业中用以制作糖果、糖浆等。在印染工业中用作染料。

(3) D-(+)-半乳糖

半乳糖是乳糖和棉子糖的组成成分，也是组成脑髓中某些结构复杂的脑苷脂的重要物质之一。它以多糖的形式存在于许多植物的种子或树胶中。另外，它的衍生物也广泛存在于植物界，如，半乳糖醛酸是植物黏液的主要成分，石花菜胶（也叫琼脂）的主要成分是半乳糖衍生物的高聚体。半乳糖与葡萄糖结合成乳糖，存在于哺乳动物的乳汁中。

半乳糖是己醛糖，是葡萄糖的非对映体。两者不同之处仅在于C4上的构型正好相反，故两者为C4的差向异构体。半乳糖也有环状结构，C1上也有α-和β-两种构型，即α-D-吡喃半乳糖和β-D-吡喃半乳糖。

半乳糖是无色晶体，熔点165～166℃，半乳糖有还原性，也有变旋现象，平衡时的比旋光度为+83.3°。

人体内的半乳糖是摄入食物中乳糖的水解产物。在酶的催化下半乳糖能转变为葡萄糖。

(4) D-(−)-果糖

D-果糖以游离状态存在于水果和蜂蜜中，是蔗糖的一个组成单元，在动物的前列腺和精液中也含有果糖。

果糖为无色晶体，易溶于水，熔点为105℃。D-果糖为左旋糖，也有变旋现象，平衡时的比旋光度为−92°。这种平衡体系是开链式和环式果糖的混合物，即β-D-(−)-吡喃果糖和β-D-(−)-呋喃果糖。果糖在游离状态时，主要以吡喃环形式存在，在结合状态时则多以呋喃环形式存在。

果糖也可以形成磷酸酯，体内有果糖-6-磷酸酯（用F-6表示）和果糖-1,6-二磷酸（用F-1,6-二表示）。

果糖磷酸酯是体内糖代谢的重要中间产物，在糖代谢中有重要的地位。F-1,6-二在酶的催化下，可生成甘油醛-3-磷酸酯和二羟基的丙酮磷酸酯。体内通过此反应将己糖变为丙糖，这是糖代谢过程中的一个中间步骤。此反应类似于羟醛缩合反应的逆反应。

(5) 氨基糖

自然界的氨基糖都是氨基己糖，是己醛糖分子中C2上的羟基被氨基取代的衍生物（图3-9）。即β-D-氨基葡萄糖和β-D-氨基半乳糖。氨基糖常以结合状态存在于杂多糖如黏蛋

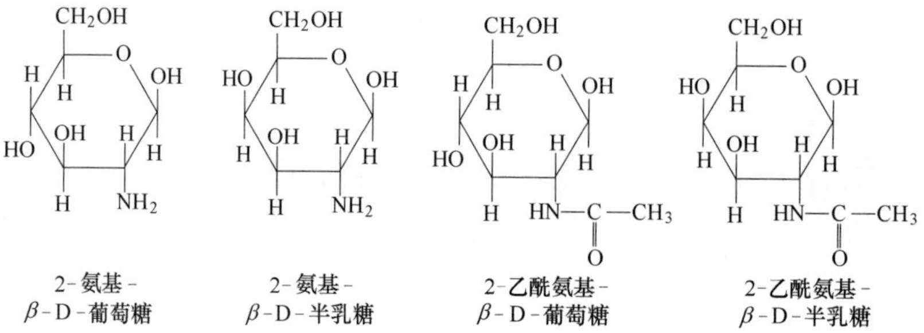

2-氨基-β-D-葡萄糖　2-氨基-β-D-半乳糖　2-乙酰氨基-β-D-葡萄糖　2-乙酰氨基-β-D-半乳糖

图3-9　氨基糖及其衍生物

白和糖蛋白中。例如，2-氨基-β-D-葡萄糖或 2-乙酰氨基-β-D-葡萄糖，是昆虫贝壳质的结构基本单元。2-乙酰氨基-β-D-半乳糖是软骨素中所含多糖的基本单位。但游离的氨基半乳糖对肝脏有毒性。

此外，还有单糖环结构中的苷羟基被氨或胺取代而生成的含氮糖苷，称为糖基胺。例如：

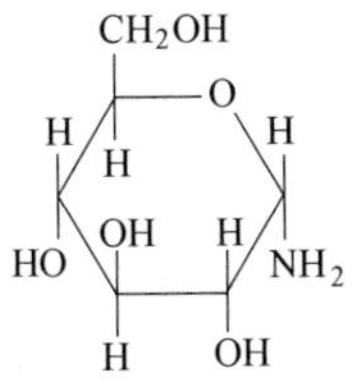

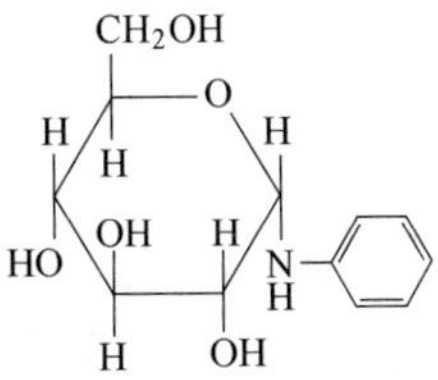

重要的糖胺还有胞壁酸、N-乙酰胞壁酸和唾液酸等。

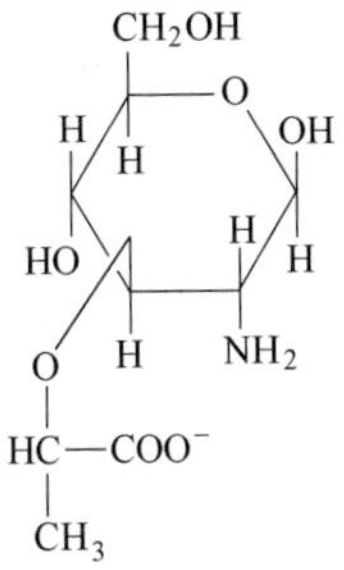

胞壁酸 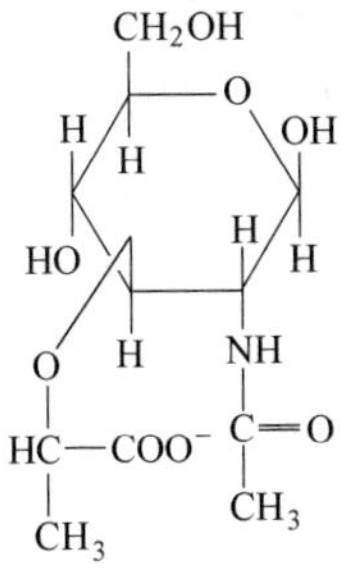　　N-乙酰胞壁酸 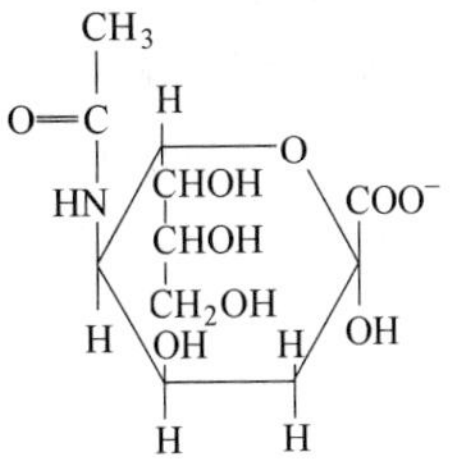　　N-乙酰神经氨酸（唾液酸）

(6) 维生素 C

在结构上，维生素 C 可以看作是一个不饱和的糖酸内酯，分子中烯醇式羟基上的氢较易离解，故呈酸性。

由于维生素 C 有抗维生素 C 缺乏症（俗称坏血病）的功能，所以在医药上常叫作抗坏血酸。维生素 C 容易氧化形成脱氢抗坏血酸，而脱氢抗坏血酸还原又重新生成抗坏血酸（图 3-10），所以在动植物体内的氧化过程中具有传递质子和电子的作用。它是一种较强的还原剂，故可用作食品的抗氧化剂。在工业上它是由葡萄糖合成的。因维生素 C 在氧存在时，能被氧化形成脱氢抗坏血酸，再脱水形成 2,3-二酮古洛糖酸，经脱羧产生木酮糖（xylulose），最终产生还原酮，还原酮会参与美拉德反应的中间及最终阶段，生成含氮的褐色聚合物或共聚物类，所以，维生素 C 能发生褐变反应。

维生素 C 是白色结晶，易溶于水，为 L 型，比旋光度为 $+21°$。它广泛存在于植物体内，尤以新鲜的水果和蔬菜中的含量最多。人体自身不能合成维生素 C，必须从食物获取。如果人体缺乏维生素 C，则易患坏血病。

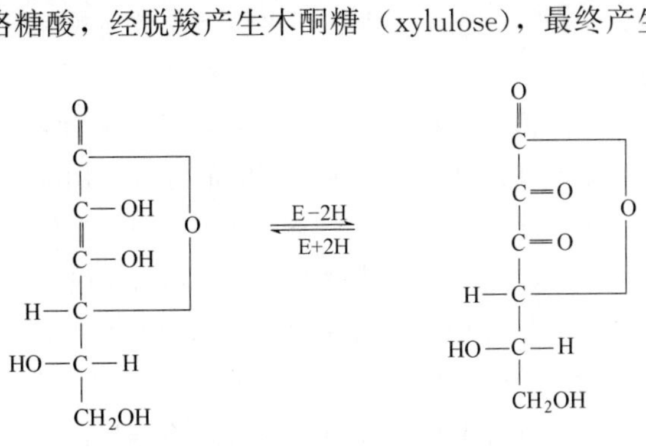

抗坏血酸　$\underset{E+2H}{\overset{E-2H}{\rightleftharpoons}}$　脱氢抗坏血酸

图 3-10　抗坏血酸和脱氢抗坏血酸的互变

(7) 糖醛酸

糖醛酸（alduronic acid）是醛糖中距

醛基最远的羟基被氧化成羧基而成的糖酸。天然存在的糖醛酸有D-葡萄糖、D-甘露糖和D-半乳糖衍生的3种己糖醛酸，它们分别是动物、植物和微生物中多糖的重要组分，其中只有半乳糖醛酸可以游离状态存在于植物果实中。在动物体内，D-葡萄糖醛酸有解毒的功能。能和D-葡萄糖醛酸结合的配糖基种类很多，一般都是小分子化合物，包括酚类、芳香酸、脂肪酸、芳香烃等。通常配糖基与D-葡萄糖醛酸保持1∶1的比例，很少有例外，结合过程主要在肝脏部位。有研究表明，糖醛酸含量的多少与多糖抗氧化的活性有直接的关系。

3.3 低聚糖

低聚糖（oligosaccharide）又称寡糖，是由2～20个单糖残基以糖苷键连接而成的直链或带支链的低度聚合糖类。按水解后所生成单糖分子的数目，低聚糖分二糖、三糖、四糖、五糖等，其中以二糖（亦称双糖）最为常见。自然界存在的低聚糖其聚合度均不超过6个单糖残基，在食品中最重要的双糖是蔗糖、麦芽糖和乳糖。双糖分为还原性双糖和非还原性双糖。两个单糖分子的半缩醛羟基之间形成糖苷键，结合成非还原性双糖；一个单糖分子的半缩醛羟基与另一个单糖分子的醇羟基构成糖苷键则生成还原性双糖。前者称酮基苷，后者称为醛基糖。低聚糖根据组成它们的单体成分可以分为均一低聚糖和非均一低聚糖（杂低聚糖）。所谓均一低聚糖是指单糖体成分相同，如麦芽糖、环糊精；当单糖体成分不相同时则称为非均一低聚糖，如蔗糖、棉子糖。根据还原性质低聚糖又可分为还原性低聚糖和非还原性低聚糖。

目前已经报道的低聚糖种类繁多。有资料表明，具有一定化学结构的低聚糖，包括各种结晶衍生物，已有近600种，其中二糖314种、三糖157种、四糖52种、五糖23种、六糖23种、七糖12种、八糖7种等。

3.3.1 低聚糖的结构和构象

低聚糖通过糖苷键结合，即醛糖C1（酮糖则在C2）上半缩醛的羟基（—OH）和其他单糖的羟基经脱水，通过缩醛式结合而成。糖苷有α和β两种，结合的位置为1→2、1→3、1→4、1→6等，且参与聚合的单糖均是一种或两种以上。

低聚糖的糖残基单位几乎全部是己糖构成的，除果糖为呋喃环结构外，葡萄糖、甘露糖和半乳糖等均是吡喃环结构。低聚糖也存在分支，一个单糖分子同二个糖残基结合可形成三糖分子结构，它主要存在于多糖类支链淀粉和糖原的结构中。低聚糖的构象主要靠氢键维持稳定。

低聚糖的名称和结构式通常采用系统命名及构型。即用规定的符号D或L和α或β分别表示单糖残基的构型和糖苷键的方位；用阿拉伯数字和箭头（→）表示糖苷键连接的碳原子位置和连接方向，用O表示取代位置在羟基氧上。对于还原性低聚糖，其全称为某糖基某醛（酮）糖，如麦芽糖的系统名称为4-*O*-α-D-吡喃葡萄糖基-(1→4)-D-吡喃葡萄糖，乳糖的系统名称为*O*-β-D-吡喃半乳糖基-(1→4)-D-吡喃葡萄糖；对于非还原性低聚糖，其全称为某糖基某醛（酮）糖苷，如蔗糖系统名称为*O*-β-D-呋喃果糖基-(1→2)-α-D-吡喃葡萄糖苷。麦芽糖、蔗糖、乳糖的构象如图3-11。

除系统命名法外，因习惯名称使用简单方便，沿用已久，故目前仍然经常使用。如蔗糖、乳糖、海藻糖、棉子糖等。

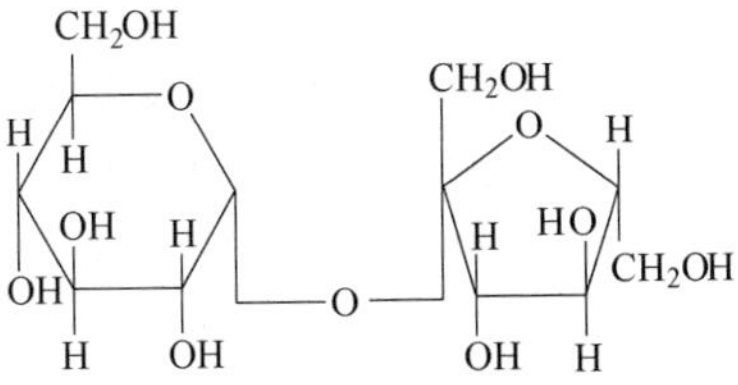

O-β-D-呋喃果糖基-(1→2)-α-D-吡喃葡萄糖苷(蔗糖)

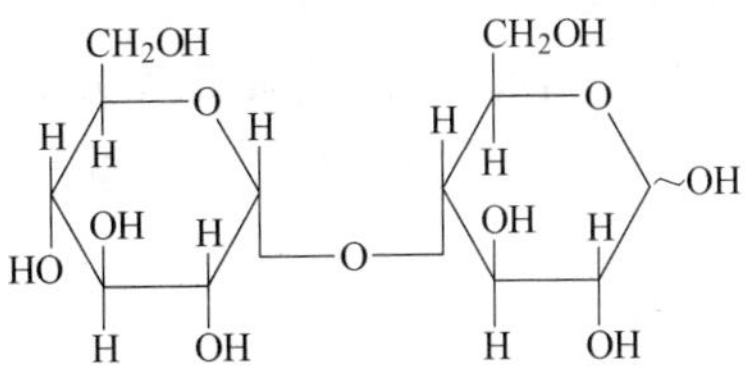

4-O-α-D-吡喃葡萄糖基-(1→4)-D-吡喃葡萄糖(麦芽糖)

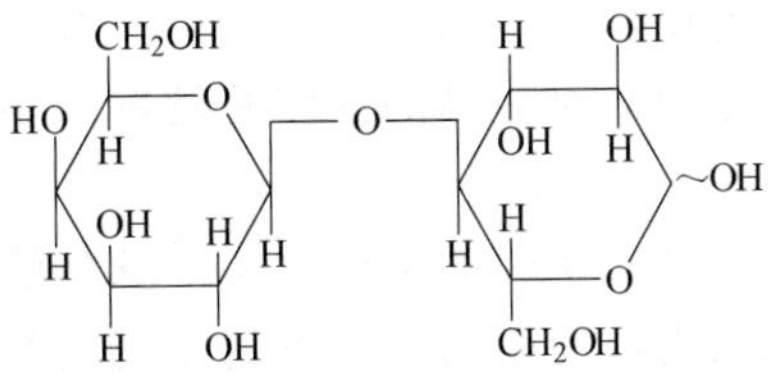

O-β-D-吡喃半乳糖基-(1→4)-D-吡喃葡萄糖(乳糖)

图 3-11　麦芽糖、蔗糖、乳糖的构象

3.3.2　低聚糖的性质

(1) 水解

低聚糖如同其他糖苷一样易被酸水解，但对碱较稳定。蔗糖水解叫作转化，生成等摩尔的葡萄糖和果糖的混合物称为转化糖（invert sugar，invertose）（图 3-12）。蔗糖的比旋光度为正值，经过水解后变成负值，因为水解产物葡萄糖的比旋光度为+52.2°，而果糖的比旋光度为−92.4°，蔗糖水解物的比旋光度为−19.9°。从还原性双糖水解引起的变旋光性可以知道异头碳的构型，因为α-异头物比β-异头物的旋光率大，β-糖苷裂解使旋光率增大，而α-糖苷裂解却降低旋光率。

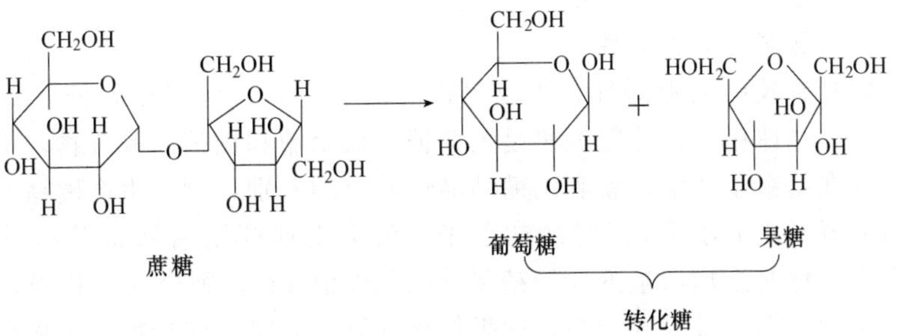

蔗糖　葡萄糖　果糖　转化糖

图 3-12　蔗糖水解为葡萄糖和果糖

(2) 氧化还原性

还原性低聚糖，由于其含有半缩醛羟基，因此，可以被氧化剂氧化生成糖酸，也可被还原剂还原成醇。而非还原性的低聚糖，如蔗糖、半乳糖，则不具有氧化还原性。

(3) 褐变反应

食品在加热处理中常发生色泽与风味的变化，如蛋白饮料、焙烤食品、油炸食品、酿造食品中的褐变现象，均与食品中的糖类，尤其是单糖与氨基酸、蛋白质之间发生的美拉德反应及糖在高温下产生的焦糖化反应密切相关。低聚糖相对来说，发生褐变的程度，尤其是参与美拉德反应的程度相对单糖较小。

某些食品如烘烤食品、酿造食品等为了增加色泽和香味，适当的褐变是必要的。但某些食品，如牛奶、豆奶等蛋白饮料，果蔬脆片则需要对褐变加以控制，以防止变色对品质产生不良影响。

(4) 抗氧化性

糖液具有抗氧化性，因为氧气在糖溶液中的溶解度大大减少，如 20℃时，60%的蔗糖溶液中，氧气溶解度约为纯水的 1/6。糖液可延缓糕点、饼类中油脂的氧化酸败，也可以用于防止果蔬氧化，它可阻隔水果与大气中氧的接触，使氧化作用大为降低，同时防止水果挥发性酯类的损失。若在糖液中加入少许抗坏血酸和柠檬酸则可以增加其抗氧化效果。

此外，糖和氨基酸产生的美拉德反应的中间产物也具有明显的抗氧化作用。如将葡萄酒与赖氨酸的混合物加入焙烤食品中，对成品的油脂有较好的稳定作用。

(5) 黏度

糖浆的黏度特性对食品加工具有实际的生产意义。蔗糖的黏度比单糖高，低聚糖的黏度大多比蔗糖高。在一定黏度范围内可使由糖浆熬煮的糖膏具有可塑性，以适合糖果工艺中的拉条和成型的需要。在搅拌蛋糕蛋白时，加入熬好的糖浆，就是利用其黏度来包裹稳定蛋白中的气泡。

(6) 渗透压

高浓度的糖浆具有较高的渗透压，食品加工中常利用此性质来降低食品中的水分，抑制微生物的生长繁殖，从而提高食品的耐贮藏性并改善风味。

(7) 发酵性

糖类发酵对食品生产具有重要意义。酵母菌能使葡萄糖、果糖、麦芽糖、蔗糖、甘露糖等发酵生成酒精，同时产生 CO_2，这是酿酒生产及面包疏松的基础。但各种糖的发酵速度不一样，大多数酵母发酵糖的顺序为：葡萄糖＞果糖＞蔗糖＞麦芽糖。乳酸菌除可发酵上述糖类外，还可以发酵乳糖产生乳酸。但大多数低聚糖却不能被酵母菌和乳酸菌等直接发酵，低聚糖要在水解后产生单糖才能被发酵。

由于蔗糖具有发酵性，故在某些食品的生产中，可用其他甜味剂代替，以避免微生物生长繁殖而引起食品变质或汤汁混浊现象的发生。

(8) 吸湿性、保湿性与结晶性

低聚糖多数具有较低的吸湿性，因此可作为糖衣材料，可用作硬糖、酥性饼干的甜味剂。蔗糖易结晶，晶体粗大；淀粉糖浆是葡萄糖、低聚糖和糊精的混合物，不能结晶，并可防止蔗糖结晶。在糖果生产中，就利用糖结晶性质上的差别，例如生产硬糖不能单独使用蔗糖，否则，当熬煮到水分小于 3%时冷却下来，就会出现蔗糖结晶而得不到透明坚韧的产品。如果在生产硬糖时添加适量的淀粉糖浆（酯化度值 42），则会得到相当好的效果。这是因为淀粉糖浆不含果糖，吸湿性较小，糖果保存性好，同时因淀粉糖浆中糊精不结晶，能增加糖果的黏性、韧性和强度，糖果不易破裂。

蜜饯需要高糖浓度，若使用蔗糖易产生返砂现象，不仅影响外观且防腐效果降低，因此可利用果糖及果葡糖浆的不易结晶性，适当添加果糖或果葡糖浆替代蔗糖，可大大改善产品的品质。

3.3.3 食品中重要的低聚糖

低聚糖存在于多种天然的食物中，尤其以植物性食物为多，如果蔬、谷物、豆科类等，此外还存在于牛奶、蜂蜜中。在食品加工中最常见的也是最重要的低聚糖是双糖，如蔗糖、麦芽糖、乳糖，但它们的生理功能性质一般，属于普通低聚糖。此外，大多数低聚糖，因其具有重要的生理功能，在机体胃肠道内不被消化吸收而直接进入大肠内且优先被双歧杆菌所利用，是双歧杆菌的增殖因子，属于功能性低聚糖，近些年来倍受营养学家的重视，并得到了广泛的关注。

双糖是低聚糖中最重要的一类，它们均溶于水，有甜味、旋光性，可结晶。根据还原性质，双糖可分为还原性双糖和非还原性双糖。

(1) 蔗糖

蔗糖（sucrose，cane sugar）是 α-D-葡萄糖的 C1 与 β-D-果糖的 C2 通过糖苷键结合的非还原性糖。在自然界中，蔗糖广泛存在于植物的果实、根、茎、叶、花及种子内，尤以甘蔗、甜菜中含量最多。蔗糖是人类需求最大，也是食品工业中最重要的能量型甜味剂，在人类营养上起着重要的作用。制糖工业常用甘蔗（sugarcane）、甜菜（sugar beet）为原料提取。

纯净蔗糖为无色透明的单斜晶体，相对密度 1.588，熔点 160℃，加热到熔点，便形成玻璃样晶体，加热到 200℃以上时形成棕色的焦糖。蔗糖的味很甜，易溶于水，溶解度随温度的上升而增加。此外，还受盐类如 NaCl、K_3PO_4、KCl 等影响，其溶解度增加，但加 $CaCl_2$ 时，反而减少。蔗糖在乙醇、氯仿、醚等有机溶剂中难以溶解。

蔗糖的比旋光度为＋66.5°，当其水解后，因所生成的果糖的比旋光度为－92.4°，葡萄糖的比旋光度为＋52.2°，最终平衡时，蔗糖水解液的比旋光度为－19.9°，这种变化称为转化（inversion），蔗糖水解液因此被称为转化糖浆。

蔗糖无变旋光性，不能参与成脎反应，但可与碱土金属的氢氧化物结合，生成蔗糖盐。工业上利用此特性可从废糖蜜中回收蔗糖。

蔗糖广泛存在于含糖的食品加工中。高浓度蔗糖溶液对微生物有抑制作用，可大规模用于蜜饯、果酱和糖果的生产。蔗糖衍生物——三氯蔗糖是一种强力甜味剂，蔗糖脂肪酸酯可用作乳化剂。

(2) 麦芽糖

麦芽糖（maltose，malt sugar）又称为饴糖，是由 2 分子的葡萄糖通过 α-1,4 糖苷键结合而成的双糖，是淀粉在 β-淀粉酶作用下的最终水解产物。麦芽糖存在于麦芽、花粉、花蜜、树蜜及大豆植物的叶柄、茎和根部。面团发酵和甘薯蒸烤时也有麦芽糖生成，生产啤酒所用的麦芽汁中所含的主要成分就是麦芽糖。麦芽糖易消化，在糖类中营养最为丰富。

常温下，纯麦芽糖为透明针状晶体，易溶于水，微溶于酒精，不溶于醚。其溶点为 102～103℃，相对密度 1.540，甜度为蔗糖的 1/3，味爽，口感柔和，不像蔗糖会刺激胃黏膜。

麦芽糖具有还原性，能与过量的苯肼形成糖脎，工业上将淀粉用淀粉酶糖化后加酒精使糊精沉淀除去，再结晶即可制得纯净的麦芽糖。

(3) 乳糖

乳糖（lactose，milk sugar）是哺乳动物乳汁中主要的糖成分，牛乳中含乳糖 4.5%～6.0%，人乳含 5%～7%。乳糖在植物中十分罕见，但曾发现连翘属（*Forsythia*）的花药中含有。乳糖分子是由 β-半乳糖和葡萄糖以 β-1,4 糖苷键结合而成。其溶解度小，甜味仅为蔗糖的 1/6，具有还原性，能形成脎，含有 α 和 β 两种立体异构体，α 型乳糖的熔点为 223℃，β 型乳糖的熔点为 252℃。有旋光性，其比旋光度为＋55.4°，常温下，乳糖为白色固体。

乳糖有助于机体内钙的代谢和吸收，但对体内缺乳糖酶的人群，它可导致乳糖不耐受症。

(4) 纤维二糖和海藻糖

纤维二糖（cellobiose）是纤维素的基本结构组分，在自然界无游离状态，由两分子的葡萄糖以 β-1,4 糖苷键结合（图 3-13），是典型的 β 型葡萄糖苷。有 α 和 β 两种立体异构体，其化学性质类似于麦芽糖。

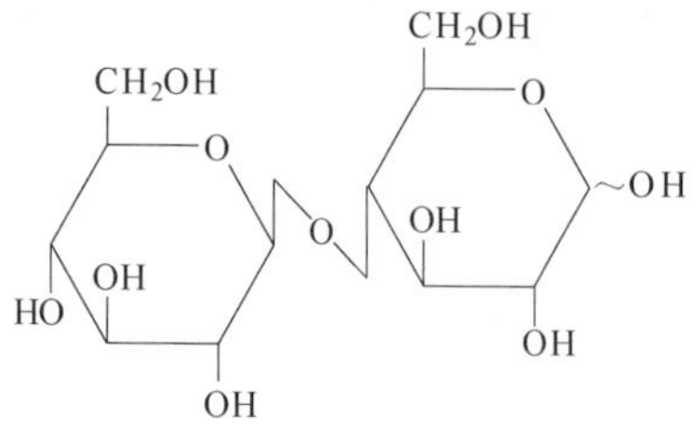

图 3-13　纤维二糖结构示意图

海藻糖（trehalose），旧称茧蜜糖，是 D-葡萄糖基-D-葡萄糖苷三种异构体的共同名称。它们属于非还原性二糖。由两个葡萄糖残基以半缩醛羟基相结合，组成相应的三种海藻糖。分别称为：海藻糖（α、α）、异海藻糖（β、β）和新海藻糖（α、β）。其中葡萄糖残基均是吡喃糖环。

海藻糖具有如下特性：甜度适中、甜质淡爽。海藻糖的甜度是蔗糖的 45%，其甜度恰到好处，并具有独特的清爽味质，经与原材料调和后，可使产品保持清爽的低甜度，性质稳定不褐变。在食品加工过程中，由于糖的存在而产生的色度加深甚至褐变而影响产品的外观形象，一直是困扰食品加工业界的问题。海藻糖因为是非还原性的，在与氨基酸、蛋白质共存时，即使加热也不会产生褐变（美拉德反应），因而非常适用于需加热处理或高温保存的食品、饮料等。海藻糖具有极佳的耐热性、耐酸性，是天然双糖中最稳定的糖。因为不着色和性质稳定，故能广泛应用于各种食品加工工业。与蔗糖相比，海藻糖对水的溶解度较低，有优异的结晶性，很容易制得吸湿性低的糖块、糖衣、软糖、法式糖等。有些食品本身并不吸湿，但一旦加入糖类物质如蔗糖，吸湿性便大幅度增加，影响了食品本身的风味和贮藏期。海藻糖不同，吸湿性低，即使相对湿度达到 95%，海藻糖仍然不吸湿，是日常稳定的糖质。因此，在食品加工中作为甜味剂使用海藻糖，完全不必担心产品会因为含有糖类而受潮。

(5) 果葡糖浆

果葡糖浆（fructose syrups），又称高果糖浆或异构糖浆。它是以酶法糖化淀粉所得的糖化液经葡萄糖异构酶的异构化，将其中一部分葡萄糖异构成果糖，即由果糖和葡萄糖为主要成分组成的混合糖浆。

果葡糖浆根据其所含果糖（fructose，FE）的多少，分为果糖含量为 42%、55%、90% 三种产品，其甜度分别为蔗糖的 1.0、1.4、1.7 倍。

果葡糖浆作为一种新型的食用糖，其最大的优点就是含有相当数量的果糖，而果糖具有多方面的独特性质，如甜度的协同增效、冷甜爽口性、高溶解度、高渗透压、高保湿性、抗结晶性、优越的发酵性、加工贮藏稳定性、显著的褐变反应等。而且这些性质随果糖含量的增加而更加突出。由于其独特的优越性，目前作为蔗糖的替代品在食品加工领域中的应用日趋广泛。果葡糖浆一般以玉米淀粉为原料，是重要的天然甜味剂，有着广阔的发展空间。

(6) 其他低聚糖

① 棉子糖

棉子糖（raffinose）又称蜜三糖（图 3-14），与水苏糖一起组成大豆低聚糖的主要成分，是除蔗糖外的另一种广泛存在于植物界的低聚糖。它的来源包括：棉籽、甜菜、豆科植物种子、马铃薯、各种谷物粮食、蜂蜜及酵母等。

棉子糖是由 α-D-吡喃半乳糖、(1→6)-α-D-吡喃葡萄糖、(1→2)-β-D-呋喃果糖组成。纯净棉子糖为白色或淡黄色长针状结晶体，结晶体一般带有 5 分子结晶水，其水溶液的比旋光度为＋105°，无水棉子糖比旋光度为＋123.1°；带结晶水的棉子糖熔点为 80℃，不带结晶水的为 118～119℃。棉子糖易溶于水，甜度为蔗糖的 20%～40%，微溶于乙醇，不溶于石油醚。其黏度、吸湿性在所有的低聚糖中是最低的，即使在相对湿度为 90%的环境中也不吸水结块。棉子糖属于非还原糖，参与美拉德反应的程度小，热稳定性较好。

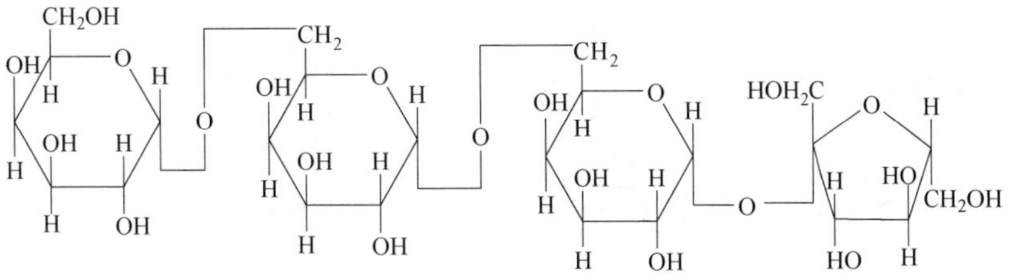

水苏糖

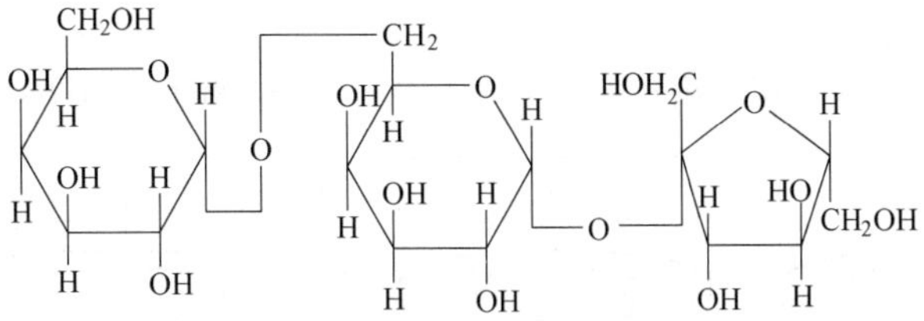

棉子糖

图 3-14　水苏糖和棉子糖结构示意图

工业生产棉子糖的方法主要有两种：一种是从甜菜糖蜜中提取，另一种是从脱毒棉籽中提取。

② 环糊精

a. 环糊精的结构。环糊精（cyclodextrin，CD），又名沙丁格糊精（schardinger dextrin）或环状淀粉，是由 D-葡萄糖以 α-(1→4) 糖苷键连接而成的环状低聚糖［图 3-15 (a)］。通常是直链淀粉在由芽孢杆菌产生的环糊精葡萄糖基转移酶作用下生成的一系列环状低聚糖的总称。一般由 6、7、8 个葡萄糖单元或聚合度（degree of polymerization，DP）连接而成的内疏水外亲水的环结构称为小环糊精（small cyclodextrin）或环糊精。目前研究得较多且具有重要实际意义，分别称为 α-、β-和 γ-环糊精，它们的截锥型内径、外径、高的大小均已测出［图 3-15 (c)］。β-环糊精是食品、医药等领域中应用较多的一种。将聚合度 DP 不小于 9 的葡萄糖单元连接成的内疏水外亲水的环糊精称为大环糊精（large cyclodextrin）。大环糊精与小环糊精一样，均是由葡萄糖单元通过 α-1,4 糖苷键连接而成的环状结构，其空腔更大，包埋能力更强，但在溶液中空腔环易变形。根据 X-射线晶体衍射、红外光谱和核磁共振波谱分析的结果，确定构成环糊精分子的每个 D（+）-吡喃葡萄糖都是椅式构象。由于连接葡萄糖单元的糖苷键不能自由旋转，环糊精不是圆筒状分子而是略呈锥形的圆环，如图 3-15（b）所示，环糊精的伯羟基（C6-OH）围成了锥形的小口，而其仲羟基（C2-OH，C3-OH）围成了锥形的大口，内腔由 C3 和 C5 上的氢原子与 C4 上的氧原子组成，因而有疏水性。

b. 环糊精的作用。由于环糊精内疏水外亲水的结构特性，除用于医药包埋药物成分外，广泛应用于食品加工和保藏中，涉及用作保香、保色及减少维生素损失，对油脂起乳化作用，对易氧化和易光解的物质起保护作用，如萜烯类香料、天然易挥发和光解的化合物，若添加环糊精进行包埋，则可起到保护作用。环糊精还可去苦味和异味，如对柑橘罐头中橙皮苷的抑制等等。

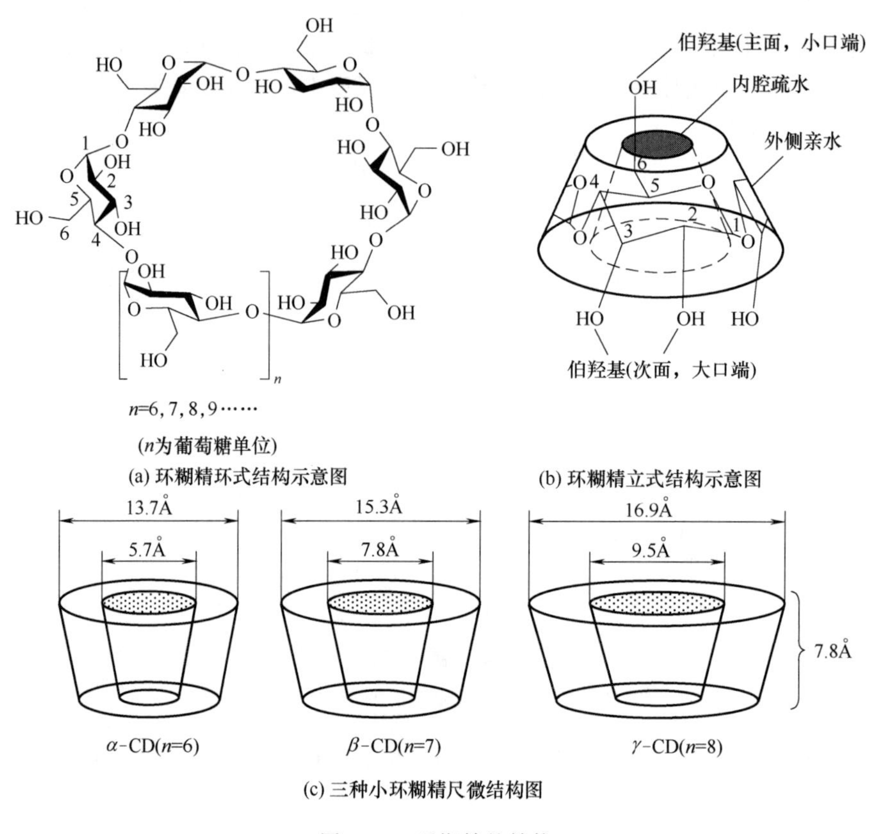

(a) 环糊精环式结构示意图

(b) 环糊精立式结构示意图

(c) 三种小环糊精尺微结构图

图 3-15 环糊精的结构

1Å=0.1nm

由于环糊精的外缘亲水而内腔疏水，因而它能够像酶一样提供一个疏水的结合部位，作为主体（host）包络各种适当的客体（guest），如有机分子、无机离子以及气体分子等。环糊精内腔疏水而外部亲水的特性使其可依据范德华力、疏水相互作用力、主客体分子间的匹配作用等与许多有机分子和无机分子形成包络物及分子组装体系，成为化学和化工研究者感兴趣的研究对象。这种选择性的包络作用即通常所说的分子识别，其结果是形成主客体包络物（host-guest complex）。环糊精是迄今所发现的类似于酶的理想宿主分子，并且其本身就有酶模型的特性。因此，在催化、分离、食品以及药物等领域中，环糊精受到了极大的重视，得到了广泛应用。由于环糊精在水中的溶解度和包络能力，改变环糊精的理化特性已成为化学修饰环糊精的重要目的之 。

环糊精是一种安特拉归农类化学物。环糊精的复合物天然存在，也可以人工合成。工业上，不少染料都是以环糊精作基体；而不少有医疗功效的药用植物都含有环糊精复合物。例如芦荟的凝胶当中的环糊精复合物，有消炎、消肿、止痛、止痒及抑制细菌生长的作用，可作天然的治伤药物。

c. 环糊精在食品工业上的应用。利用环糊精的疏水空腔生成包络物的能力，可使食品工业上许多活性成分与环糊精生成复合物，来达到稳定包络物的理化性质，减少氧化，钝化光敏性及热敏性，降低挥发性的目的。因此，环糊精可以用来保护芳香物质和保持色素稳定。环糊精还可以脱除异味、去除有害成分，如去除蛋黄、稀奶油等食品中的大部分胆固醇；它可以改善食品工艺和品质，如在茶饮料的加工中，使用β-环糊精转溶法，既能有效抑制茶汤低温浑浊物的形成，又不会破坏茶多酚、氨基酸等赋型物质，对茶汤的色度、滋味影响最小。此外，环糊精还可以用来乳化增泡、防潮保湿、使脱水蔬菜复原等。

d. 环糊精的改性及应用。在环糊精外侧羟基上连接亲水性或疏水性基团，使其衍生物比母体环糊精具有更优良的特性，从而增大其应用范围和应用效果。水溶性环糊精衍生物具有更强的增溶能力，对于不溶性香料、亲脂性农药有非常好的增溶效果；不溶性环糊精衍生物可应用于环境监测和废水处理等环保方面，如将农药包络于不溶性环糊精聚合物中，在施用后就不会随雨水流失。环糊精交联聚合物能吸附水样中的微污染物。农业上用改性环糊精浸种可能会改变作物生长特性和产量。

小环糊精的改性在化工业和药物中的应用极为广泛，而它在食品工业中的应用虽刚刚起步，但已显现出较大的优越性及很高的理论研究和应用价值。特别值得提出的是，其作为酶模型以及自组装与分子识别的主体将有着不可估量的发展前景。然而，小环糊精因空腔小环结构呈刚性，应用有其局限性，因而开发大环糊精显得更有发展前景。

3.3.4　功能性低聚糖

(1) 低聚果糖

低聚果糖（fructo oligosaccharide），又称寡果糖或蔗果三糖族低聚糖，是指在蔗糖分子的果糖残基上通过 β-(1→2) 糖苷键连接 1～3 个果糖基而成的蔗果三糖、蔗果四糖以及蔗果五糖组成的混合物（图 3-16），结构如下：其结构式可表示为 G-F-Fn（G 为葡萄糖，F 为果糖，n=1～3），属于果糖与葡萄糖构成的直链杂低聚糖。

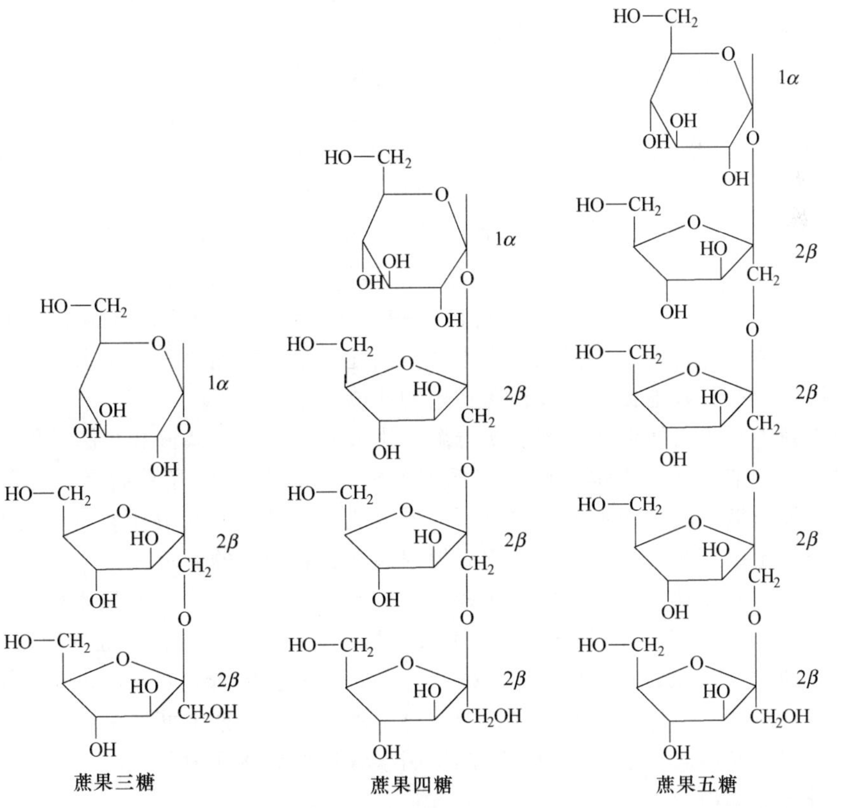

蔗果三糖　　蔗果四糖　　蔗果五糖

图 3-16　低聚果糖的结构式

低聚果糖多存在于天然植物中，如菊芋、芦笋、洋葱、香蕉、西红柿、大蒜、牛蒡及某些草本植物中。低聚果糖具有卓越的生理功能，包括作为双歧杆菌的增殖因子，属于人体难消化的低热值甜味剂，水溶性的膳食纤维，可促进肠胃功能及抗龋齿等。目前低聚果糖多采用适度酶解菊芋粉来获得。此外，也有以蔗糖为原料，采用β-D-呋喃果糖苷酶（β-D-fructofuranosidase）的转化糖基作用，在蔗糖分子上以β-(1→2) 糖苷键与1～3个果糖分子相结合而成，该酶多由微生物米曲霉和黑曲霉生产得到。

低聚果糖已广泛应用于乳制品、乳酸饮料、糖果、焙烤食品、膨化食品及冷饮食品中。

低聚果糖的黏度、保湿性、吸潮性、甜味特性及在中性条件下的热稳定性与蔗糖相似，甜度较蔗糖低。低聚果糖不具有还原性，参与美拉德反应程度小，但其有明显的抗淀粉回生的作用，这一特性应用于淀粉食品时效果非常突出。

(2) 低聚木糖

低聚木糖（xylo-oligosaccharide）是由2～7个木糖以β-(1→4) 糖苷键连接而成的低聚糖，其中以木二糖为主要有效成分，木二糖含量越多，其产品质量越好。低聚木糖的甜度为蔗糖的50%，甜味特性类似于蔗糖，其最大的特点是稳定性好，具有独特的耐酸、耐热及不分解特性；低聚木糖（包括单糖、木二糖、木三糖）有显著增殖双歧杆菌所需要的量最小的性质，此外，它对肠道菌群有明显的改善作用，还可以促进机体内钙的吸收，并有抗龋齿作用，它在体内的代谢不依赖于胰岛素。

含50%木二糖的低聚木糖产品甜度为蔗糖的30%，甜味纯正，无后味。它的耐热、耐酸性能很好，在pH 2.5～8.0的范围内相当稳定，在此pH范围100℃加热1小时，低聚木糖几乎不分解，而其他低聚糖在此条件下的稳定性要差很多。木二糖的水分活度比木糖高，但几乎与葡萄糖一致，是二糖中最低的。低聚木糖由日本率先研制成功，于1989年正式推向市场。目前从玉米芯等原料加酶水解获得的产品，已用于乳酸饮料和黑醋调味料的生产，并已获准作为保健食品在市场上销售。木二糖的化学结构如图3-17。

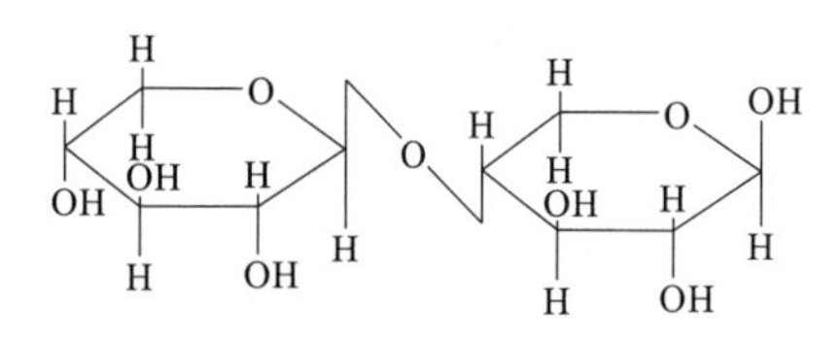

图3-17　木二糖的化学结构式

低聚木糖具有功能性，是聚合糖类中增殖双歧杆菌功能最强的一种，其功效性超出其他糖类的20倍，能够选择性促进双歧杆菌高增殖活性。麦芽低聚糖只在体外具有活性，在肠道内的活性很低甚至完全消失；乳酮糖虽能促进双歧杆菌的增长，但也同时促进大肠杆菌及梭状芽孢杆菌的增长，对肠道内菌群的增殖没有选择性。人体肠胃道内不能消化低聚木糖，因此低聚木糖能够直接进入大肠内优先为双歧杆菌所利用，具有极好地促进双歧杆菌增殖的功能。

低聚木糖不易为人体消化酶系统所分解。用唾液、胃液、胰液和小肠黏膜液进行的消化试验表明，各种消化液几乎都不能分解低聚木糖，它的能量值几乎为零，既不影响血糖浓度，也不增加血糖中胰岛素水平，并且不会形成脂肪沉积，故可在低能量食品中发挥作用，最大限度地满足了那些喜爱甜品而又担心糖尿病和肥胖的人的要求。

低聚木糖与其他功能性低聚糖相比较，每日摄取的有效剂量：低聚木糖0.7～1.4g；低聚果糖5.0～20.0g；低聚半乳糖8.0～10.0g；乳酮糖3.0～5.0g；大豆低聚糖3.0～10.0g；异麦芽低聚糖15.0～20.0g；棉子糖5.0～10.0g；低聚乳果糖3.0～6.0g。与其他聚合糖相比，低聚木糖对酸、热稳定性非常好，使用时不需要担心低聚木糖加工或贮藏过程中有效成分可能会分解，使用起来十分方便，可广泛用于各种食品体系中。

(3) 异麦芽酮糖

异麦芽酮糖（isomaltulose），又称为帕拉金糖（palatinose），其结构式为6-*O*-α-D-吡喃

葡萄糖基-D-果糖，是一种结晶状的还原性双糖，其结构式如图 3-18。

异麦芽酮糖为白色结晶，无臭、味甜，甜度约为蔗糖的 42%，甜味纯正，与蔗糖基本相同，无不良后味，熔点 122～124℃，耐酸，耐热，不易水解（20%溶液在 pH 2.0 时 100℃ 加热 60 min 仍不分解，蔗糖在同样条件下可全部水解），热稳定性比蔗糖低，有还原性，易溶于水，在水中的溶解度比蔗糖低，20℃时为 38.4%，40℃时为 78.2%，60℃为 133.7%，其水溶液的黏度亦比同等浓度的蔗糖略低。

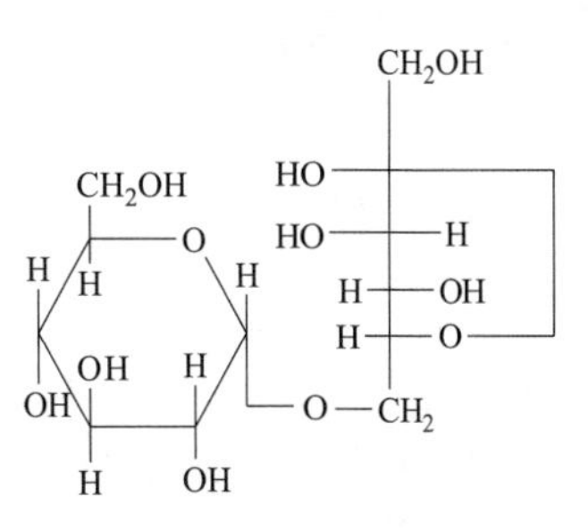

图 3-18 异麦芽酮糖结构式

异麦芽酮糖在肠道内可被酶解，由机体吸收利用，对血糖值影响不大，不致龋齿。低聚异麦芽糖浆与相同浓度蔗糖溶液黏度很接近，食品加工时比饴糖容易操作，对于糖果、糕点等食品的组织与特性无不良影响。低聚异麦芽糖耐热、耐酸性极佳。浓度为 50%的糖浆在 pH 3、120℃下长时间加热不会分解。应用到饮料、罐头及高温处理或低 pH 食品中可保持原有特性与功能。低聚异麦芽糖具有保湿性，水分不易蒸发，对各种食品的保湿与其品质的维持有较好的效果，并能抑制蔗糖与葡萄糖形成结晶。面包类、甜点心等以淀粉为主体的食品，往往稍加存放即会硬化，而添加低聚异麦芽糖就能防止淀粉老化，延长食品的保存时间。

(4) 其他功能性低聚糖

糖醇类是糖类的醛基或酮基被还原后的物质，重要的有木糖醇、山梨糖醇、甘露糖醇、麦芽糖醇、乳糖醇、异麦芽糖醇等。

① 麦芽糖醇（氢化麦芽糖醇）

麦芽糖醇具有调节血糖、进食后不升高血糖、不刺激胰岛素分泌等功能。因此，对糖尿病患者不会引起副作用，也不受胰液的分解，与脂肪同食时，可抑制人体脂肪的过度贮存，有减脂作用。当有胰岛素存在时，LPL（脂蛋白脂肪酶）活度相应提高，而刺激胰岛素的分泌，这是造成动物体内脂肪过度积聚的主要因素。经体外培养，麦芽糖醇不能被龋齿的变异链球菌所利用，故不会产酸，有防龋齿作用。

麦芽糖醇限量用在雪糕、冰棍、饮料、饼干、面包、糖果、酱菜、胶基糖果、豆制品、制糖及酿造工艺、鱼糜及其制品、糕点等产品中。

② 木糖醇

由于糖尿病人对饮食（尤其是含淀粉和糖类的食品）需进行控制，因此能量供应常感不足，引起体质虚弱，易引起各种并发症，食用木糖醇能克服这些缺点。木糖醇有蔗糖一样的热值和甜度，但在人体内的代谢途径不同于一般糖类，不需要胰岛素的促进，而能透过细胞膜，成为组织的营养成分，并能使肝脏中的糖原增加。因此，对糖尿病人来说，食用木糖醇不会增加血糖值，并能消除饥饿感、恢复能量和使体力上升。

以玉米芯、甘蔗渣、秸秆等为原料，采用纤维分解酶等酶技术和生物技术生产木糖醇，可解决化学生产法所存在的设备和操作费用高、产品纯化困难等问题，可安全用于食品，ADI（每日容许摄入量）不作特殊规定。

③ 山梨糖醇

山梨糖醇调节血糖的试验表明，在早餐中加入山梨糖醇 35g，餐后血糖值正常人 9.3mg/dL，Ⅱ型糖尿病人为 32.2mg/dL；而食用蔗糖的对照值，正常人 44.0mg/dL，Ⅱ型糖尿病人为 78.0mg/dL。因此，山梨糖醇缓和了餐后血糖值的波动。食用山梨糖醇后，既不会导致龋齿变形菌的增殖，也不会降低口腔 pH 值（pH 值低于 5.5 时可形成菌斑），具有防龋齿作用。

3.4 多糖

3.4.1 概述

多糖（polysaccharide）是糖单元连接在一起而形成的长链聚合物，多糖链结构可以是线状的或分支的。多糖的糖基单位数（也称为聚合度，DP）大多在100以上，甚至1000左右。在动物体内，过量的葡萄糖是以糖原的形式进行贮藏的，而大多数植物葡萄糖的多糖贮藏形式为淀粉，细菌和酵母葡萄糖的多糖贮藏形式为葡聚糖。多数情况下，这些多糖是动植物的营养储蓄库，当机体需要时可被降解，形成的单糖产物经代谢得到能量。纤维素是一种结构多糖，构成植物细胞壁。多糖的功能繁多，除作为贮藏物质、结构支持物质外，还具有许多生物活性，如细菌的荚膜多糖有抗原性，分布在肝脏、肠黏膜等组织的肝素中，对血液有抗凝作用，存在于眼球的玻璃体与脐带中的透明质酸是黏性较大的，为细胞间质黏合物质，还因其润滑性而对组织起保护作用。

多糖大分子结构与蛋白质一样，也可以分为一级、二级、三级和四级结构。多糖的一级结构是指多糖线性链中糖苷键连接单糖残基的顺序；多糖的二级结构是指多糖骨架链间以氢键结合所形成的各种聚合体，只关系到多糖分子主链的构象，不涉及侧链的空间排布。在多糖一级结构和二级结构的基础上形成的有规则而粗大的空间构象，就是多糖的三级结构。但应注意到，在多糖的一级结构和二级结构中，不规则的以及较大的分支结构，都会阻碍三级结构的形成，而外在的干扰，如溶液温度和离子强度的改变也影响三级结构。多糖的四级结构是指多糖链间以非共价键结合而形成的聚集体。这种聚集作用能在相同的多糖链之间进行，如纤维素链间的氢键相互作用；也可以在不同的多糖链间进行，如黄杆菌聚糖的多糖链与半乳甘露聚糖骨架中未取代区域之间的相互作用。此外，由相同的糖基单位组成的多糖称为均一多糖（homogenous polysaccharide）；由两种或以上不同的单糖单位组成的多糖称为杂多糖（heteropolysaccharide）。按功能将多糖分为结构多糖、储存多糖、抗原多糖。结构多糖是指植物中的纤维素、木聚糖、虾蟹外壳中的甲壳素、细菌的夹膜等，这类糖性质稳定，不溶于水，不易水解。储存多糖是指含有淀粉、糖原等的多糖。也可将一种糖基单位或由几种糖基单位构成的多糖，分别称为同聚糖和杂聚糖。单糖分子相互间可连接成线性结构（如纤维素和直链淀粉）或带支链结构（支链淀粉、糖原、瓜尔聚糖），支链多糖的分支位置和支链长度因种类不同存在很大差别。

(1) 多糖的构象

多糖的链构象是由单糖的结构单位构象、糖苷键的位置和类型来确定的。多糖的构象有多种，伸展或拉伸螺条型构象是1,4-糖苷键连接的β-D-吡喃葡萄糖残基的特征，例如纤维素，这是由于单糖残基的键呈锯齿形所引起的，而且链略微缩短或压缩，这样就会使邻近残基间形成氢键，以维持构象的稳定。而折叠螺条型构象，例如果胶和海藻酸盐，它们都以同样的折叠链段存在。果胶链段是由1,4-糖苷键连接的α-D-吡喃半乳糖醛酸单位组成，海藻酸盐链段由1,4-α-L-吡喃古洛糖醛酸单位构成，此结构因Ca^{2+}保持稳定构象。根据单糖的种类、构型等不同，多糖的构象大致可以分为以下几类。

① 延伸或拉伸的带状构象（extended or stretched ribbon-type conformation），主要是β-D-吡喃葡萄糖残基以1,4-糖苷键连接而成的多糖。也有一种链构象是强褶裥螺条构象，例如果胶和海藻酸中的糖单位构成糖链。

② 空心螺旋状构象（hollow helix-type conformation），是以1,3-糖苷键连接的β-D-吡

喃葡萄糖残基组成，如地衣多糖。这类型多糖包括笼形复合物、双螺旋多糖、三螺旋多糖、锯齿状。

③ 褶皱型构象（crumpled-type conformation），这种构型存在于 1,2-糖苷键连接的 β-D-吡喃葡萄糖残基中。

④ 松散结合构象（loosely-joined conformation），由 1,6-糖苷键连接的 β-D-吡喃葡萄糖残基单位构成的葡聚糖就是这种类型。

⑤ 杂多糖构象，主要是不同构型的单糖或不同碳原子数单糖所组成的多糖，如 ι-卡拉胶。

⑥ 链间的相互作用，即多糖中周期性排列的单糖可以被非周期性的片段中断，从而在有序的链状中存在无序的构象。这种构象一般是多糖链上某个非糖残基去除后所产生的无序片段。

(2) 多糖的性质

① 多糖的溶解性（solubility of polysaccharide）

多糖类物质由于其分子中含有大量的极性羟基，因此对于水分子具有较大的亲水力，易于水合和溶解。但是多糖的分子量一般都相当大，其疏水性也随之增大。因此分子量较小、分支程度低的多糖类在水中有一定的溶解度，加热情况下更容易溶解；而分子量大、分支程度高的多糖类在水中溶解度低。

多糖是分子量较大的大分子，它不会显著降低水的冰点，是一种冷冻稳定剂，例如淀粉溶液冷冻时，形成两相体系，一相是结晶水（即冰），另一相是由 70%淀粉分子与 30%非冷冻水组成的玻璃体。非冷冻水是高度浓缩的多糖溶液的组成部分，由于黏度较高，因而水分子的运动受到了限制，当大多数多糖处在冷冻浓缩状态时，水分子运动受到了极大的限制，水分子不能吸附到晶核或结晶扩大的动态位置，因而抑制了冰晶的长大，能有效地保护食品的结构与质构不受破坏，从而提高产品的品质与贮藏稳定性。

除了高度有序具有结晶的多糖不溶于水外，大部分多糖不能结晶，因而易于水合和溶解（在食品工业和其他工业中使用的水溶性多糖与改性多糖被称为胶或亲水胶体）。

② 多糖溶液的黏度与稳定性（viscosity and stability of polysaccharide solution）

正是由于多糖在溶解性能上的特殊性，多糖类化合物的水溶液具有比较大的黏度甚至形成凝胶。多糖溶液具有黏度的本质原因是多糖分子在溶液中以无规则线团的形式存在，其紧密程度与单糖的组成和连接形式有关，当这样的分子在溶液中旋转时需要占据大量的空间，这时分子间彼此碰撞的概率提高，分子间的摩擦力增大，因此具有很高的黏度，甚至浓度很低时也有很高的黏度。

当多糖分子的结构情况有差别时，其水溶液的黏度也有明显的不同。高度分支的多糖分子比具有相同分子量的直链多糖分子占据的空间体积小得多，因而相互碰撞的概率也要低得多，溶液的黏度也较低。带电荷的多糖分子由于同种电荷之间的静电斥力，导致链伸展、链长增加，溶液的黏度大大增加。

大多数亲水胶体溶液的黏度随着温度的升高而降低，这是因为温度提高导致水的流动性增加。而黄原胶是一个例外，其在 18～80℃内黏度基本保持不变。多糖形成的胶状溶液其稳定性与分子结构有较大的关系。不带电荷的直链多糖由于形成胶体溶液后分子间可以通过氢键而相互结合，随着时间的延长，缔合程度越来越大，因此在重力的作用下就可以沉淀或形成分子结晶。支链多糖胶体溶液也会因分子凝聚而变得不稳定，但速度较慢；带电荷的多糖由于分子间相同电荷的斥力，其胶状溶液具有相当高的稳定性。食品中常用的海藻酸钠、黄原胶及卡拉胶等均属于这样的多糖类化合物。

(3) 多糖的作用

多糖广泛且大量分布于自然界中，是构成动、植物体结构骨架的物质，如植物的纤维素、半纤维素和果胶，动物体内的几丁质、糖胺聚糖。某些多糖还可作为生物的代谢贮备物质而存在，像植物中的淀粉、糊精、菊糖，动物体内的糖原等。

多糖是水的结合物质，例如琼脂、果胶、海藻酸以及糖胺聚糖都能结合大量的水，其凝胶机理是：当多糖分子溶于水时，由于多糖分子之间氢键的作用（图 3-19），须经剧烈搅拌或加热处理，破坏多糖分子间氢键，使多糖分子上的羟基能与水分子作用，形成水层，从而达到溶解或分散的目的。当这种水合多糖分子在溶液中盘旋时，水层发生重新组合或被取代，结果多糖分子会形成环形、螺旋形甚至双螺旋形。若数个多糖分子链间部分形成氢键而成胶束（micelles），即多糖分子在多个不同的地方形成胶束，则成了包有水分的多糖三维构造，称为凝胶（gel）。多糖分子与水之间的这种作用，使其在食品加工中可作为增稠剂或凝胶凝结剂，如海藻酸盐、淀粉、果胶、瓜尔豆胶等便属于这一类多糖。多糖还可用作乳浊液和悬浮液的稳定剂，用以制成膜或防止食品变质的涂布层。

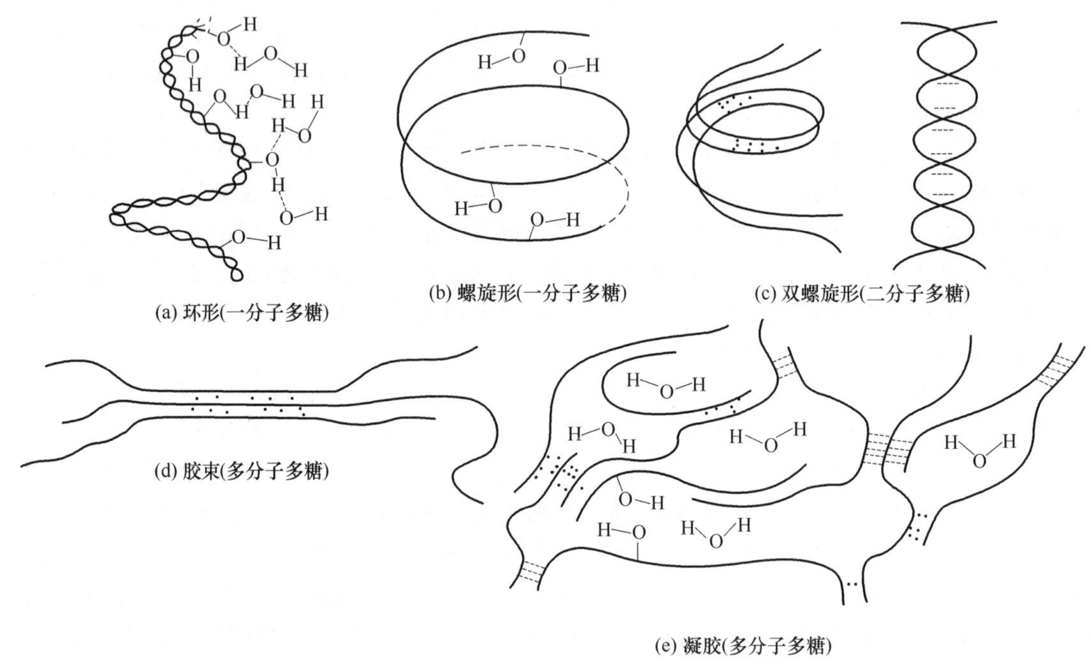

(a) 环形(一分子多糖)　(b) 螺旋形(一分子多糖)　(c) 双螺旋形(二分子多糖)

(d) 胶束(多分子多糖)　(e) 凝胶(多分子多糖)

图 3-19　多糖分子之间的氢键结合

3.4.2　淀粉

淀粉作为储能的碳水化合物，广泛分布于各种植物器官，是许多淀粉类食品的组成成分，也是人类营养最重要的碳水化合物来源。淀粉生产的原料常用玉米、小麦、马铃薯、甘薯等农作物，此外，粟、稻和藕也常用作淀粉加工的原料。

淀粉在植物组织中以独立的淀粉颗粒存在，在加工中，如磨粉、分离纯化及淀粉的化学修饰，皆能保持其完整；但淀粉糊化时颗粒被破坏。

淀粉粒由两种葡聚糖组成，即直链淀粉和支链淀粉。大多数淀粉含 20%～39%的直链淀粉，某些新玉米品种含直链淀粉可达 50%～80%，称为高直链淀粉玉米；普通淀粉含 70%～80%支链淀粉，而糯玉米或糯粟含支链淀粉近 100%。此外，糯米和糯高粱等谷物中支链淀粉的含量也很高，它们在水中加热可形成糊状，与根和块茎淀粉（如藕粉）的糊化相似。直链淀粉容易发生“老化”，糊化形成的糊化物不稳定，而由支链淀粉制成的糊是相对稳定的。

淀粉颗粒内有结晶区、亚晶区和无定形区之分。结晶区分子排列有序，无定形区分子呈无序排列。

(1) 淀粉颗粒

在植物的种子、根部及块茎中，淀粉以颗粒形状较独立地存在。淀粉的颗粒形状有椭圆形、圆形、三角形、多角形等形状（图 3-20），大小不同混合，其中籼米淀粉颗粒平均直径最小，马铃薯淀粉颗粒的平均直径最大（表 3-8）。每一种淀粉颗粒一般以一种形状为主，不同来源的淀粉颗粒形状间差别较大，借此可以对不同来源的淀粉进行光学显微的鉴别。因植物光合作用导致淀粉合成有昼夜之差（图 3-21），如马铃薯淀粉颗粒表面有明显的轮纹，在偏光显微镜下有明显的“十字”呈现，即产生双折射性，这种偏振光作用下有双折射显微结构，说明淀粉颗粒是球状结晶或球晶结构。淀粉颗粒是由直链淀粉分子和支链淀粉分子组成，其中支链淀粉分子的分支内及分支与分支间形成微晶束状，这些微晶束形成类似扇形结构进行排列，而直链淀粉分子存在于两个微晶束之间或穿过一个或几个微晶束，所有的淀粉颗粒在中部位置均显示出一个裂口，称为淀粉颗粒的脐点，大部分淀粉分子从脐点伸向边缘，甚至支链淀粉的主链和许多支链也是径向排列的（图 3-22）。天然状态的淀粉颗粒没有膜，表面简单地由紧密堆积的淀粉链端所组成，好似紧密压在一起的稻草扫帚表面一般。

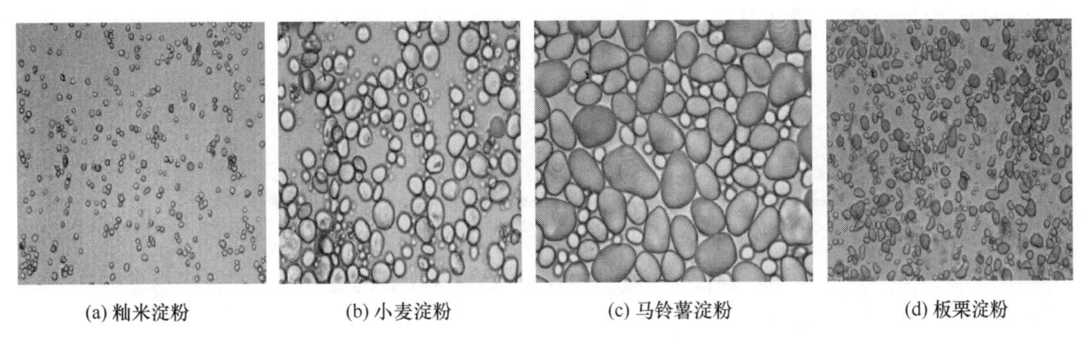

(a) 籼米淀粉　(b) 小麦淀粉　(c) 马铃薯淀粉　(d) 板栗淀粉

图 3-20　不同种类淀粉颗粒 SEM 图（×400）

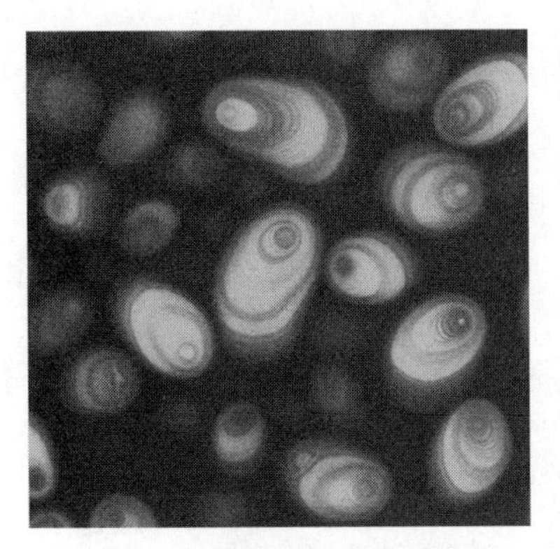

(a) 马铃薯淀粉颗粒轮纹结构

(b) 马铃薯淀粉颗粒偏光结构

图 3-21　马铃薯淀粉颗粒轮纹和偏光结构图

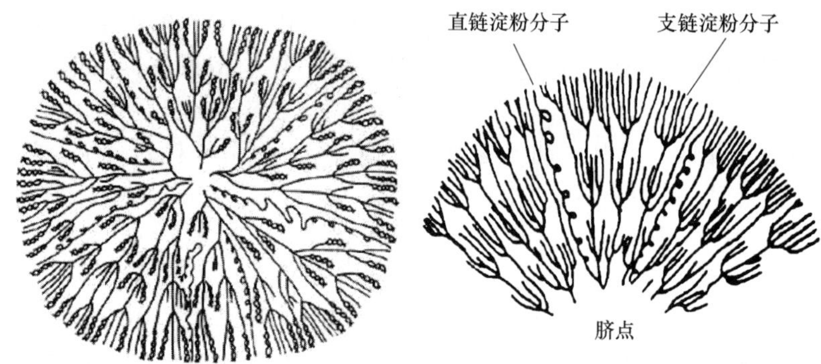

(a) 淀粉颗粒的组织结构示意图　(b) 淀粉颗粒中直链淀粉和支链淀粉排列示意图

图 3-22　淀粉颗粒组织结构示意图

表 3-8　淀粉颗粒特性

来源	淀粉颗粒		糊化温度/℃	来源	淀粉颗粒		糊化温度/℃
	直径/μm	结晶度/%			直径/μm	结晶度/%	
支链淀粉玉米	5～25	20～25	67～87	木薯	5～35	38	52～64
蜡质玉米	5～25	39	63～72	小麦	2～38	36	53～65
马铃薯	15～100	25	62～68	稻米	3～9	38	61～78
甘薯	15～55	25～50	82～83				

(2) 直链淀粉的结构

直链淀粉是由葡萄糖残基以 α-1,4 糖苷键缩合而成的线性大分子［图 3-23 (a)］，通常

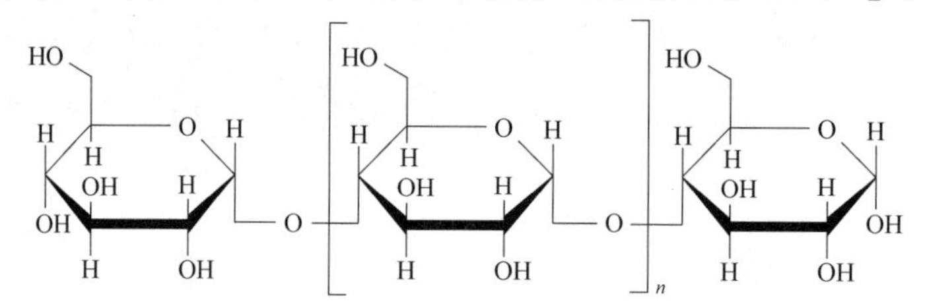

(a) α-1，4糖苷键连接环状糖单位的线性结构示意图

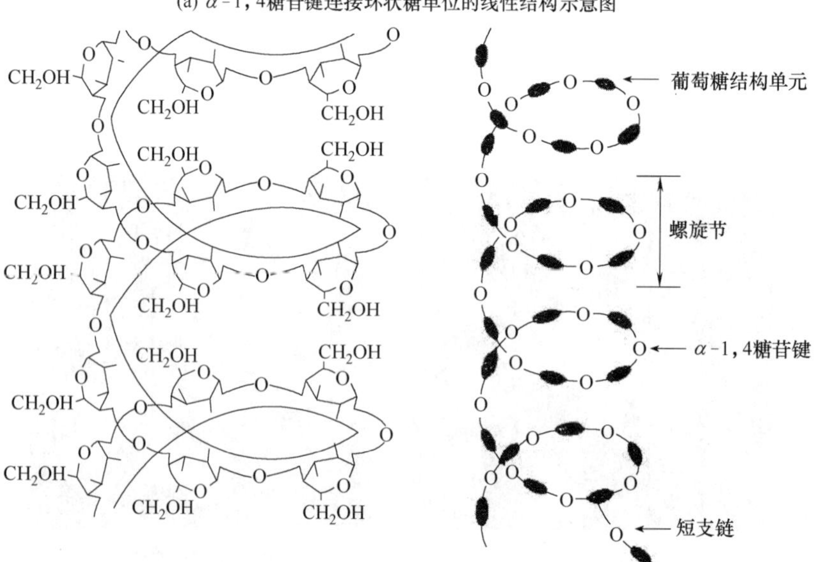

(b) α-1，4糖苷键连接环状糖单位的螺旋结构示意图　(c) 直链淀粉螺旋结构示意图

图 3-23　直链淀粉的结构

线性分子为多数，但也有少数直链淀粉分子链上带有少量的小分支链。用不同方法测得的直链淀粉的分子量为 3.2×10^4～1.6×10^5，甚至更大，聚合度为 100～6000 之间，一般为几百。直链淀粉在水溶液中并不是线型分子，而是由分子内的氢键作用使之卷曲成螺旋状［图 3-23（b）、（c）］，每个螺旋节含有 6 个葡萄糖残基，正好络合一个碘分子。

（3）支链淀粉的结构

支链淀粉也是由葡萄糖组成的，但葡萄糖的连接方式与直链淀粉有所不同，是“树枝”状的“枝杈”结构，支链淀粉具有 A、B 和 C 三种链（图 3-24，图 3-25），链的尾端具有一个非还原尾端基，A 链是外链，经由 α-1,6 键与 B 链连接，B 链又经由 α-1,6 键与 C 链连接，A 链和 B 链的数目及链长，不同来源的支链淀粉分子差别较大，有的支链淀粉包含 B1、B2…和 A1、A2…分支链。C 链是主链，每个支链淀粉只有一个 C 链，C 链的一端为非还原端基，另一端为还原端基，A 链和 B 链只有非还原端基。每个分支平均含 20～30 个葡萄糖残基，分支与分支之间相距一般有 11～12 个葡萄糖残基，各分支卷曲成螺旋状。支链淀粉分子是近似球形的大分子，分子量在 1×10^7～5×10^8 之间。直链淀粉和支链淀粉的主要性质如表 3-9 所示。

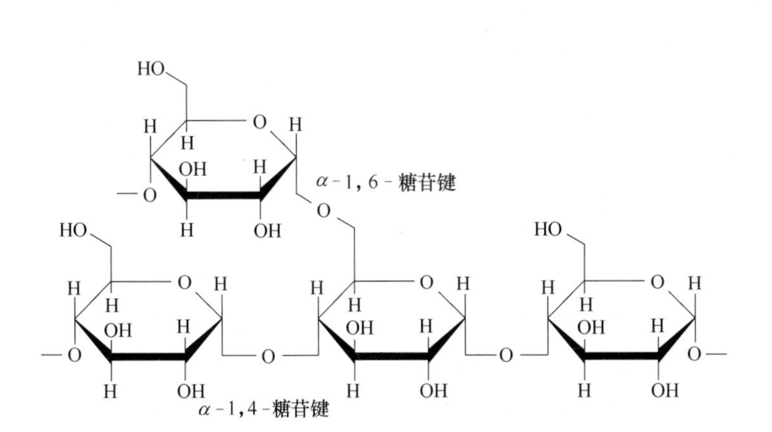

图 3-24 环状葡萄糖残基组成的支链分子结构示意图

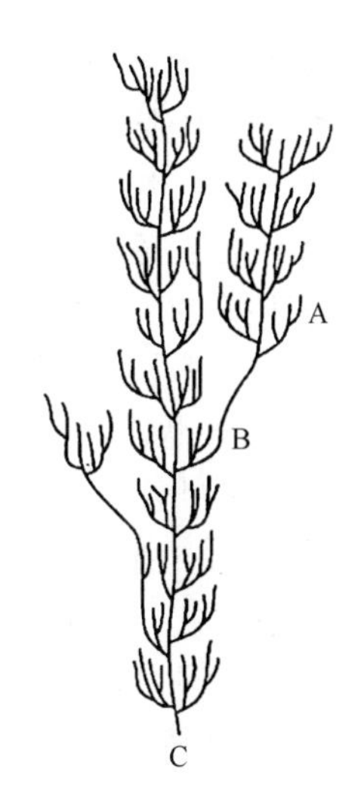

图 3-25 支链淀粉分子的 A、B、C 分支连接方式示意图

表 3-9 直链淀粉和支链淀粉的性质

性质	直链淀粉	支链淀粉
分子形状	基本为线型	分支型
糖苷键	主要是 α-D(1→4)	α-D(1→4)，α-D(1→6)
聚合度	300～1200	1200～36000
分子量	5 万～20 万	20 万～600 万
非还原性尾基葡萄糖残基数目	每分子 1 个	每 24～30 个葡萄糖残基就有 1 个
碘反应	深蓝色	红紫色
吸附碘量	19%～20%	<1%
在热水中的溶解情况	溶解，不成黏糊	不溶解，加热并加压下溶解成黏糊
在极性溶剂中的结晶情况	生成结晶性复合物	生成复合物但不结晶
在纤维素上面的吸附情况	全部被吸附	不被吸附

续表

性质	直链淀粉	支链淀粉
水溶液中的稳定性	不稳定，长期静置便有沉淀产生	稳定
X-衍射分子	高度结晶性结构	无定形结构
对老化的敏感性	高	低
β-淀粉酶作用的产物	麦芽糖	50%～60%的麦芽糖，β-极限糊精
葡萄糖淀粉酶作用的产物	D-葡萄糖	D-葡萄糖
乙酰衍生物	能制成强度很高的纤维素和薄膜	制成的薄膜很脆弱
磷酸含量	0.0086%	0.106%

(4) 淀粉的糊化和老化

① 糊化（gelatinization）

原淀粉靠分子间氢键结合而排列很紧密，形成晶束，彼此之间的间隙很小，即使水分子也难以渗入进去，因此，当淀粉混于冷水中搅拌后，经一定时间静置，则淀粉全部下沉，上部为清水，表明淀粉不溶于冷水，可用此性质分离纯化淀粉。通常将具有晶束结构的原淀粉称为β-淀粉或生淀粉。β-淀粉在水中经加热后，一部分晶束被溶解而形成空隙，于是水分子渗入内部，与余下的部分淀粉分子进行结合，解体的晶束逐渐扩大，淀粉粒也因吸水，体积膨胀数十倍，生淀粉的晶束即行消失，这种现象称为膨润现象。在食品加工中，将淀粉乳液加热至一定温度，淀粉粒吸水膨胀以至于淀粉颗粒破裂，最后乳液全部变成黏性很大的糊状物，停止搅拌，淀粉再也不会沉淀，这种现象称为淀粉的糊化，处于这种状态的淀粉称为α-淀粉。淀粉糊化的本质是淀粉粒中有序结构（晶体结构）因晶束间的氢键断裂转为无序（非晶体结构）状态，分散在水中成为亲水性胶体溶液。

糊化过程可分为三个阶段。

a. 可逆吸水阶段。水温未达到糊化温度时，水分子只是简单地进入淀粉粒的非晶质部分，与游离的亲水基相结合，淀粉粒慢慢地吸收少量的水分，产生有限的膨胀，悬浮液的黏度没有显著增加，此时冷却干燥，可以复原，双折射现象不变。

b. 不可逆阶段。随着温度升高到糊化温度，这时大量的水分子进入淀粉粒内部，与淀粉分子相结合，淀粉粒不可逆大量吸水，结晶“溶解”，淀粉粒突然膨胀达原来体积的50～100倍，双折射性很快失去，黏度增加。

c. 淀粉粒解体阶段。当糊化的淀粉糊继续加热时，更多的淀粉分子溶解于水中，淀粉粒全部失去原形，微晶束也相应解体，最后只剩下最外面的一个环层，即一个不成形的空囊，淀粉的黏度继续增加，若继续增加温度或保温（95℃）一定时间，则黏度下降，淀粉粒全部溶解。

各种淀粉的糊化温度不一，即使同一种淀粉因颗粒大小不同，其糊化温度也不一致，通常用糊化开始的温度和完全糊化的温度表示淀粉糊化温度。表3-10列出了一些淀粉的糊化温度。

表3-10 几种淀粉的糊化温度

淀粉	开始糊化的温度/℃	完全糊化的温度/℃	淀粉	开始糊化的温度/℃	完全糊化的温度/℃
粳米淀粉	59	61	玉米淀粉	63	72
糯米淀粉	58	63	荞麦淀粉	69	71
大麦淀粉	58	63	马铃薯淀粉	59	67
小麦淀粉	65	68	甘薯淀粉	70	76

② 影响淀粉糊化的因素

淀粉糊化，不仅与淀粉的种类、结构性质有关，而且受水分、温度的影响，在许多情况下，取决于共存物的种类和数量，如糖、蛋白质、脂肪酸、盐等物质。

a. 淀粉的晶体结构。淀粉分子间的结合程度、分子排列紧密程度、淀粉分子形成微晶区的大小等，影响淀粉糊化的难易程度。淀粉颗粒中，分子间的缔合程度大、分子排列紧密，破坏晶区结构所需的能量多，淀粉粒不易糊化或糊化温度较高。

b. 直链淀粉与支链淀粉的比例。直链淀粉在冷水中不易溶解、分散，但完整的淀粉粒完全溶胀时，直链淀粉从淀粉粒中渗出并分散在溶液中，形成黏稠的悬浮液。直链淀粉含量越高，淀粉越难糊化，糊化温度越高；相反，一些淀粉仅含有支链淀粉，这些淀粉一般产生清糊，淀粉糊也相当稳定。

c. 水分活度（水分含量）。水分含量低（30%以下），糊化就不能发生或糊化程度非常有限。这是因为在加热后，水分子很快进入到淀粉的无定形区中与淀粉分子的亲水基团键合，由于水分子少，进入晶区的水分子少或没有，携带热能进入晶区破坏晶间氢键的水分子就少，破坏晶间氢键所需的能量就高。研究显示，当淀粉的水分含量低于3%，加热至180℃也不会导致淀粉糊化。

d. 盐或糖类。盐在溶液中通常以离子存在，当在淀粉溶液中加入盐时，离子就与淀粉分子争夺水分子，由于离子键合水的强度大，淀粉糊化所需水分子少，从而间接降低了淀粉糊化所需的水分含量，提高了糊化温度。糖的添加也是如此。由于淀粉具有中性特征，低浓度的盐对糊化或凝胶的形成影响很小，而含有一些磷酸盐基团的马铃薯支链淀粉和人工离子化淀粉则受盐浓度的影响，对于一些盐敏感性淀粉，依条件的不同，盐可增加或降低淀粉膨胀。

e. 脂类。脂类包合淀粉颗粒或与淀粉分子形成复合物，均阻止了淀粉分子对水分的吸收，从而影响糊化温度。如三酰甘油以及脂类的衍生物（一酰甘油和二酰甘油乳化剂），也影响淀粉的糊化，能与直链淀粉形成复合物的脂肪推迟了淀粉颗粒的膨胀，如曲奇饼含有较多的脂肪和较少的水分，因此它含有高比例的未糊化淀粉。在糊化淀粉体系中加脂肪，如果不存在乳化剂，则对黏度无影响，但会降低达到最大黏度的温度。例如，在玉米淀粉-水悬乳液糊化过程中，在92℃达到最大黏度，如果存在9%～12%的脂肪，将在82℃时达到最大黏度。

f. pH值。强酸和强碱都会加速淀粉在溶液中糊化，降低糊化温度，有时可能使淀粉大分子降解。一般pH小于4或pH大于10，糊化速度加快，糊化温度降低。在pH 4～7，对淀粉的糊化没有影响。

g. 淀粉酶。在糊化开始而尚未达到糊化温度之前，如果向溶液中加入或溶液中含有淀粉酶，将会使淀粉颗粒中的晶体进行酶解，加速淀粉的糊化速度。例如新米中淀粉酶的活性较陈米中高，因而新米更易煮烂。

③ 老化

糊化的淀粉溶液或淀粉糊，在低温下静置，淀粉糊会变得不透明甚至凝结而沉淀，若是稀的淀粉溶液则有晶体析出，这种现象称为老化（retrogradation）或回生。淀粉老化的本质是糊化后的淀粉分子在低温下又自动排列成序，相邻分子间的氢键又逐步恢复，形成致密、高度有序的淀粉微束的缘故。

老化过程可看作是糊化的逆过程，但是老化不能使淀粉彻底复原到生淀粉（β-淀粉）的结构状态，它比生淀粉的晶化程度更低。影响淀粉老化的因素主要有以下几个方面。

a. 淀粉的种类。直链淀粉分子呈直链状结构，在溶液中空间障碍小，易于取向，特别是中等聚合度的直链分子在低温下老化速度极快，对淀粉短程老化的贡献最大。如果直链淀粉分子量极大，将如同支链淀粉分子一样，由于分子量大，运动速度慢，分子间缔合的速度慢，不易老化；若直链分子链太短，也不易老化。

b. 淀粉的浓度。淀粉的浓度太高（淀粉含量大于 60%）或太低（淀粉含量小于 20%），淀粉都不易老化。这是因为淀粉的浓度太高，水分含量少，淀粉老化缺少水分，分子间不易缔合或淀粉分子处于静置状态；淀粉浓度太低，分子间相距甚远，分子间也不易缔合，导致老化速度慢。一般淀粉的浓度在 30%～60%时较易老化，特别是在 40%左右最易老化。

c. 温度的高低。淀粉糊老化的最适温度是 2～4℃，60℃以上或－20℃以下都不易老化，但温度恢复至常温，老化仍会发生。

d. 无机盐的种类。无机盐离子有阻碍淀粉分子定向取向的作用，阻碍作用的大小顺序如下：$SCN^- > PO_4^{3-} > CO_3^{2-} > I^- > NO_3^- > Br^- > Cl^-$，$Ba^{2+} > Ca^{2+} > K^+ > Na^+$。

e. 食品中的 pH 值。溶液的 pH 值对淀粉老化有影响，pH 值在 5～7 时，老化速度快，而在偏酸性或偏碱性时，因带有同种电荷，老化减缓。

f. 冷冻速度。糊化的淀粉缓慢冷却时，淀粉分子有足够的时间取向排列，会加速老化，而速冻使淀粉分子间的水分迅速结晶，阻碍淀粉分子靠近，淀粉分子来不及取向，分子间的氢键结合不易产生，因而可降低老化速度。

g. 共存物的影响。脂类和乳化剂可抗老化，多糖（果胶除外）、蛋白质等亲水大分子可与淀粉竞争水分子，干扰淀粉分子平行靠拢，从而起到抗老化作用。表面活性剂或具有表面活性的极性脂，如单酰甘油及其衍生物硬脂酰-α-乳酸钠（SSL）添加到面包和其他食品中，可延长货架期。直链淀粉的疏水螺旋结构，使之可与极性脂分子的疏水部分相互作用形成配合物，从而影响淀粉糊化、抑制淀粉分子的重新排列，可推迟淀粉的老化过程。

老化后的淀粉与水失去亲和力，并且难以被淀粉酶水解，因而也不易被人体消化吸收。淀粉老化作用的控制在食品工业中有重要的意义。

防止淀粉老化，可将糊化后的 α-淀粉，在 80℃以下的高温迅速除去水分（水分含量最好达 10%）或冷却至 0℃以下迅速脱水。这样淀粉分子已不可能移动和相互靠近，成为固定的 α-淀粉。α-淀粉加水后，因无胶束结构，水易于浸入而将淀粉包围，不需要加热，亦易于糊化。这就是制备方便食品，如方便面、饼干、膨化食品等的原理。

3.4.3 食品中重要的多糖

(1) 果胶

果胶（pectin）物质存在于陆生植物的细胞中或间隙的胶层中，通常与纤维素结合在一起，形成植物细胞结构和骨架的主要部分。果胶质是果胶及其伴随物（阿拉伯聚糖、半乳聚糖、淀粉和蛋白质等）的混合物。商品果胶是用酸从苹果渣、柑橘皮中提取得到的天然果胶（原果胶），它是可溶性果胶，由柠檬皮制得的果胶最易分离，品质最高。果胶的组成与性质随来源不同有很大的差异。

① 果胶的化学结构与分类

果胶分子的主链是由 150～500 个 α-D-半乳糖醛酸基（分子量为 30000～100000）通过 1,4-糖苷键连接而成（图 3-26），在主链中相隔一定的距离，含有 α-L-鼠李吡喃糖基侧链（即部分被甲基化或胺基化的羧基），因此果胶的分子结构由均匀区与毛发区组成。均匀区是由 α-D-半乳糖醛酸基组成，毛发区是由高度支链 α-L-鼠李吡喃糖基组成。

天然果胶一般有两类：其中一类分子中超过一半的羧基是甲酯化（$—COOCH_3$）的，

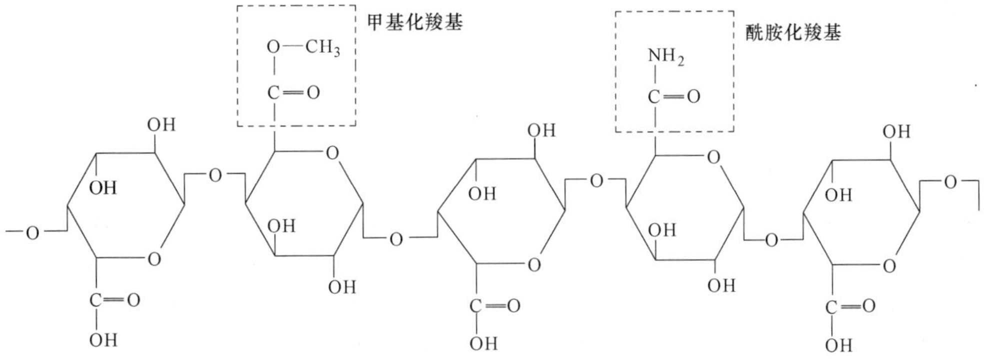

甲基化羧基

酰胺化羧基

图 3-26　果胶的结构

称为高甲氧基果胶（HM），余下的羧基以游离酸（—COOH）及盐（$—COO^{-}Na^{+}$）的形式存在；另一类分子中低于一半的羧基是甲酯化的，称为低甲氧基果胶（LM）。羧基酯化的百分数称为酯化度（DE），当果胶的 DE＞50％时，形成凝胶的条件是可溶性固形物含量（一般是糖）超过 55％，pH 为 2.0～3.5。当 DE＜50％时，通过加入 Ca^{2+} 形成凝胶，可溶性固形物为 10％～20％，pH 为 2.5～6.5。

② 果胶凝胶形成的机理

HM 与 LM 的凝胶机理不同。HM 必须在具有足够的糖和酸存在的条件下才能胶凝，又称为糖-酸-果胶凝胶。当果胶溶液 pH 足够低时，羧酸盐基团转化为羧酸基团，因此分子不再带电荷，分子之间斥力下降，水合程度降低，分子间缔合形成凝胶。糖的浓度越高，越有助于形成结合区，这是因为糖与果胶分子链竞争结合水，致使分子链的溶剂化程度大大下降，有利于分子链间相互作用，一般糖的浓度至少在 55％，最好在 65％。凝胶是由果胶分子形成的三维网状结构，同时水和溶质固定在网孔中，形成的凝胶具有一定的凝胶强度。有许多因素影响凝胶的形成和凝胶强度，最主要的因素是果胶分子的链长与结合区的化学性质。在相同条件下，分子量越大，形成的凝胶越强，如果果胶分子链降解，则形成的凝胶强度就比较弱。凝胶破裂强度与平均分子量具有很大的相关性，还与每个分子参与连接的点的数目有关。HM 的酯化度与凝胶的胶凝温度有关，因此根据胶凝时间和胶凝温度可以进一步将 HM 进行分类（表 3-11）。此外，凝胶形成的 pH 也与酯化度相关，快速胶凝的果胶（高酯化度）在 pH 3.3 可以胶凝，而慢速胶凝的果胶（低酯化度）在 pH 2.8 也可以胶凝。凝胶形成的条件同样还受到可溶性固形物（糖）的含量与 pH 的影响，固形物含量越高及 pH 越低，则可在较高温度下胶凝，因此制造果酱与糖果时必须选择 Brix（固形物含量）、pH 以及适合类型的果胶以达到所希望的胶凝温度。

LM（DE＜50％）必须在二价阳离子（如 Ca^{2+}）存在情况下形成凝胶，胶凝的机理是由不同分子链的均匀（均一的半乳糖醛酸）区间形成分子间结合区，胶凝能力随 DE 的减少而增加。正如其他高聚物一样，分子量越小，形成的凝胶越弱。胶凝过程也和外部因素如温度、pH 值、离子强度以及 Ca^{2+} 的浓度有关。凝胶的形成对 pH 非常敏感，pH 3.5，LM 胶凝所需的 Ca^{2+} 量超过中性条件。在一价盐 NaCl 存在条件下，果胶胶凝所需 Ca^{2+} 量可以少一些。由于 pH 与糖双重因素可以促进分子链间相互作用，因此，可以在 Ca^{2+} 浓度较低的情况下进行胶凝。

表 3-11 果胶分类与胶凝条件

果胶类型	酯化度/%	胶凝条件	胶凝速率	果胶类型	酯化度/%	胶凝条件	胶凝速率
高甲氧基	74～77	Brix>55 pH<3.5	超快速	高甲氧基	58～65	Brix>55 pH<3.5	慢速
	71～74	Brix>55 pH<3.5	快速	低甲氧基	40	Ca^{2+}	慢速
	66～69	Brix>55 pH<3.5	中速		30	Ca^{2+}	快速

果胶与海藻胶之间的相互作用主要同海藻胶的甘露糖醛酸与古洛糖醛酸的比例有关，也同果胶的 DE 和 pH 有关。由高甲氧基果胶与富含古洛糖醛酸的海藻胶制得的凝胶性能较好。pH 也非常重要，当 pH>4 时，完全妨碍胶凝。LM 与海藻胶形成凝胶时，必须在酸性条件下(pH<2.8)，这意味着两者相互作用前尽量不带电，也就是说需要酯化以减少静电斥力。

为了得到满意的质构，多糖与蛋白质的相互作用也是非常重要的。例如，pH 在明胶的等电点以上，以及 NaCl 浓度小于 0.2mol/L 时，果胶与明胶混合物可以得到稳定的单相体系；如果盐浓度提高，则产生不相容性，有利于明胶分子的自动缔合；pH 高于等电点，相容性增加。

果胶的主要用途是作为果酱与果冻的胶凝剂。果胶的类型很多，不同酯化程度的果胶能满足不同的需求。慢胶凝的 HM 与 LM 用于制造凝胶软糖。LM 特别适合在生产酸奶时用作水果基质。果胶还可以作为增稠剂与稳定剂。HM 可应用于乳制品，它在 pH 3.5～4.2 范围内能阻止加热时酪蛋白聚集，适用于巴氏杀菌或高温杀菌的酸奶、酸豆奶以及牛奶与果汁的混合物。HM 与 LM 也能应用于蛋黄酱、番茄酱、混浊型果汁、饮料以及冰淇淋，一般添加量<1%；但是在凝胶软糖中，它的添加量为 2%～5%。

(2) 纤维素和半纤维素

① 纤维素

纤维素（cellulose）与直链淀粉一样，是 D-葡萄糖呈直链状连接的，不同的是纤维素通过 β-1,4 糖苷键结合（图 3-27）。纤维素是自然界存在最广泛的多糖，通常和各种半纤维素及木质素结合在一起。人体没有分解纤维素的消化酶，所以无法利用。

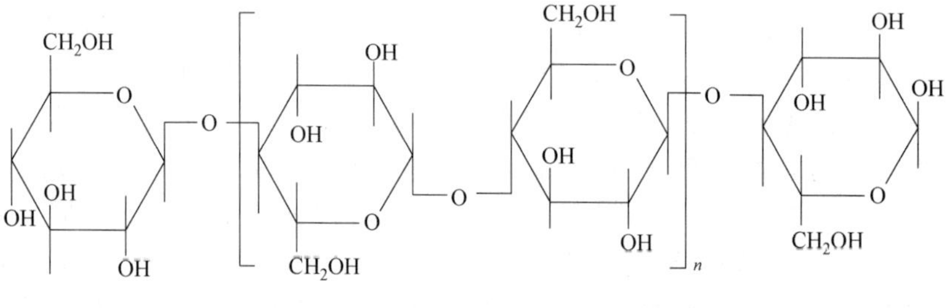

←纤维二糖基→

图 3-27 纤维素结构示意图

纤维素不溶于水，对稀酸和稀碱特别稳定，几乎不还原斐林试剂。只有用高浓度的酸（60%～70%硫酸或 41%盐酸）或稀酸在高温处理下才能分解，分解的最后产物是葡萄糖，这个反应用于从木材中直接生产葡萄糖（木材糖化），用针叶树糖化生产的是己糖，落叶树糖化生产戊糖。

纤维素用于造纸、纺织品、化学合成物、炸药、胶卷、医药和食品包装、发酵（酒精）、饲料生产（酵母蛋白和脂肪）、吸附剂和澄清剂等。它的长链中常有许多游离的羟基，具有羟基的各种特征反应，如成酯和成醚等。

② 半纤维素

半纤维素（hemicellulose）是含有D-木糖的一类杂聚多糖，一般以水解方式产生大量的戊糖、葡萄糖醛酸和一些脱氧糖而著称。它存在于所有陆地植物中，而且经常存在于植物木质化的部分。食品中最主要的半纤维素是由β-D-(1→4)-吡喃木糖残基单位组成的木聚糖为骨架。

粗制的半纤维素可分为一个中性组分（半纤维素A）和一个酸性组分（半纤维素B），半纤维素B在硬质木材中特别多。两种半纤维素都有β-D-(1→4）糖苷键结合成的木聚糖链。在半纤维素A中，主链上有许多由阿拉伯糖组成的短支链，还存在D-葡萄糖、D-半乳糖和D-半甘露糖。从小麦、大麦和燕麦粉得到的阿拉伯木聚糖是这类糖的典型例子。半纤维素B不含阿拉伯糖，它主要含有4-甲氧基-D-葡糖醛酸，因此它具有酸性。水溶性小麦面粉戊聚糖结构如图3-28。

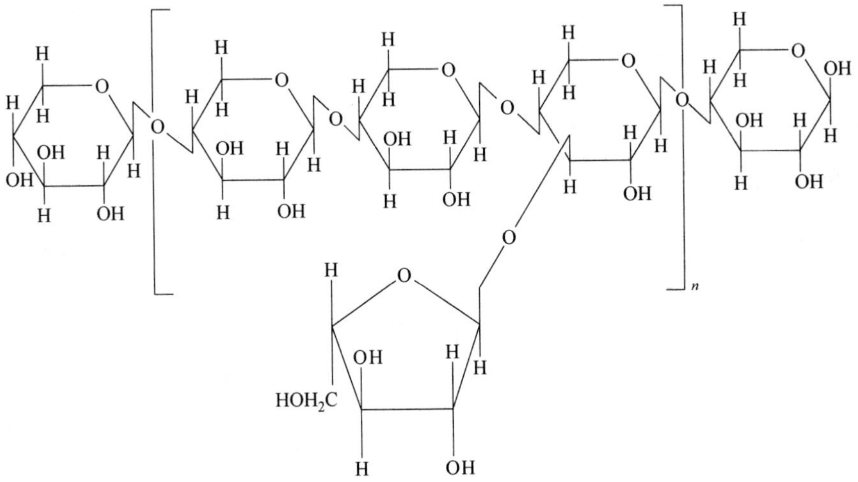

图3-28　水溶性小麦面粉戊聚糖的结构示意图

半纤维素在焙烤食品中作用很大，它能提高面粉结合水的能力。在面包面团中，加入一定量的半纤维素可以改进混合物的质量，降低混合物能量，有助于蛋白质的进入和增加面包的体积，并能延缓面包老化。

半纤维素是膳食纤维的一个重要来源，对肠蠕动、粪便量和粪便通过时间产生有益生理效应，对促进胆汁酸的消除和降低血液中的胆固醇方面也会产生有益的影响。研究表明，它可以减轻心血管疾病、结肠紊乱，特别是防止结肠癌。食用高纤维膳食的糖尿病病人可以减少对胰岛素的需求量，但是，多糖胶和纤维素在小肠内会减少某些维生素和必需微量元素的吸收。

(3) 魔芋胶

魔芋胶又称魔芋葡甘露聚糖（konjac glucomannan）是由D-甘露糖与D-葡萄糖通过β-1,4糖苷键连接而成的多糖，D-甘露糖与D-葡萄糖的比例为1∶1.6。在主链的D-甘露糖的C3位上存在由β-1，3糖苷键连接的支链，每32个糖基约有3个支链，支链由几个糖基组成。每19个糖基有1个酰基，酰基赋予其水溶性，每20个糖基含有1个葡萄糖醛酸，其结构如图3-29所示。魔芋葡甘露聚糖能溶于水，形成高黏度的假塑性溶液，它经碱处理脱乙酰后形成弹性凝胶，是一种热不可逆胶凝。当魔芋葡甘露聚糖与黄原胶混合时，能形成热可逆凝胶，黄原胶与魔芋葡甘露聚糖的比例为1∶1时得到的凝胶强度最大，凝胶的熔化温度为 30～63℃，凝胶的熔化温度同两种胶的比例与聚合物总浓度无关，但凝胶强度随聚合物浓度的增加而增加，并随盐浓度的增加而减少。

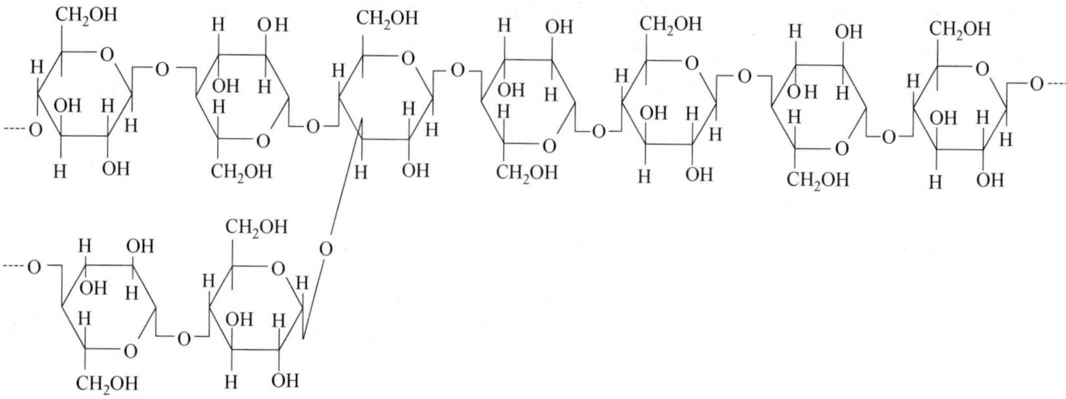

图 3-29　魔芋葡甘露聚糖最可能的结构示意图

利用魔芋葡甘露聚糖能形成热不可逆凝胶的特性可制作多种食品，如魔芋糕、魔芋豆腐、魔芋粉丝以及各种仿生食品（虾仁、腰花、肚片、蹄筋、鳅鱼、海参以及海蜇皮等）。

（4）瓜尔豆胶与刺槐豆胶

瓜尔豆胶（guar gum，GG）与刺槐豆胶（locust bean gum，LBG）是半乳甘露聚糖（图 3-30），它们是重要的增稠多糖，广泛用于食品工业及其他工业。瓜尔豆胶是所有商品胶中黏度最高的一种胶，它的主要组分是半乳糖与甘露糖，主链由 β-D-吡喃甘露糖通过 1，4-糖苷键连接而成，在 C6-OH 位连接 α-D-吡喃半乳糖侧链。

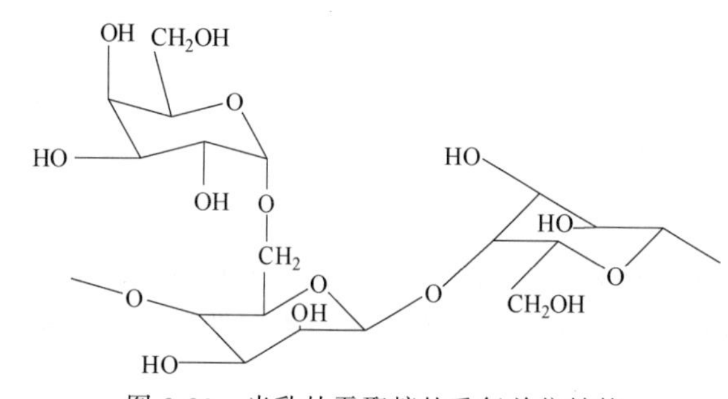

图 3-30　半乳甘露聚糖的重复单位结构

刺槐豆胶的半乳甘露聚糖的支链比瓜尔豆胶少，而且结构不太规则；瓜尔豆胶中半乳糖基均匀分布于主链中，在吡喃甘露糖主链中含有一半 D-吡喃半乳糖链侧链。LBG 分子含有的半乳糖侧链很少，它由具有长的光滑区（无侧链）与具有半乳糖侧链的毛发区组成。瓜尔豆胶中甘露糖与半乳糖的比为 1.6（即 M∶G＝1.6），而刺槐豆胶中 M∶G＝3.5，因此在刺槐豆胶中半乳糖含量很低。由于两者在结构上的差异，瓜尔豆胶与刺槐豆胶具有不同的物理性质。LBG 分子具有长的光滑区，能与其他多糖如黄原胶和卡拉胶的双螺旋相互作用，形成三维网状结构的黏弹性凝胶，但是瓜尔胶与黄原胶不能形成凝胶，半乳糖侧链越少，与其他多糖相互协同越强。因此半乳糖甘露聚糖功能与半乳糖含量和分布有关。

瓜尔豆胶主要用作增稠剂，它易于水合，可以产生很高的黏度，但也常与其他食用胶如 CMC（羟甲基纤维素）、卡拉胶以及黄原胶复合，应用于冰淇淋中。85％ LBG 产品应用于乳制品与冷冻甜食制品中，很少单独使用，一般和其他胶如 CMC、卡拉胶、黄原胶及瓜尔豆胶等复合使用，用量一般为 0.05％～0.25％。还可应用于肉制品工业如鱼、肉及其他海产品。

（5）阿拉伯胶

阿拉伯胶（gum arabic）的成分很复杂，由两种成分组成。阿拉伯胶中 70％是由不含 N 或含少量 N 的多糖组成，另一成分是具有高分子量的蛋白质结构，多糖是以共价键与蛋白质肽链中的羟脯氨酸或丝氨酸相结合的，总蛋白质含量约为2%，但是特殊部分含有高达25%的蛋白质。与蛋白质相连接的多糖是高度分支的酸性多糖，它具有如下组成：D-半乳糖44%，L-阿拉伯糖24%，D-葡萄糖醛酸14.5%，L-鼠李糖13%，4-*O*-甲基-D-葡萄糖醛酸1.5%。在主链中β-D-吡喃半乳糖是通过1,3-糖苷键相连接，而侧链是通过1,6-糖苷键相连接。

阿拉伯胶易溶于水，最独特的性质是溶解度高，溶液黏度低，溶解度甚至能达到50%，此时体系有些像凝胶。阿拉伯胶既是一种好的乳化剂，又是一种好的乳状液稳定剂，具有稳定的乳状液作用，这是因为阿拉伯胶具有表面活性，能在油滴周围形成一层厚的、具有空间稳定性的大分子层，防止油滴聚集。往往将香精油与阿拉伯胶制成乳状液，然后进行喷雾干燥得到固体香精，可以避免香精的挥发与氧化，而且在使用时能快速分散与释放风味，并且不会影响最终产品的黏度。阿拉伯胶的另一个特点是与高糖具有相容性，因此可广泛用于高糖含量和低水分含量糖果中，如太妃糖、果胶软糖以及软果糕等。它在糖果中的功能是阻止蔗糖结晶和乳化脂肪组分，防止脂肪从表面析出产生"白霜"。

(6) 琼脂

食品中重要的海藻胶包括琼脂（agar）、鹿角藻胶（carrageenan）和褐藻胶（algin）。琼脂作为培养基已被人们所熟知，它来自红藻类（rhondophyceae）的各种海藻，主要产于日本海岸。琼脂像普通淀粉一样可分离成为琼脂糖（agarose）和琼脂胶（agaropectin）两部分。琼脂糖的基本二糖重复单位，是由β-D-吡喃半乳糖（1→4）连接3，6-脱水α-L-吡喃半乳糖基单位构成，如图3-31所示。

琼脂胶的重复单位与琼脂糖相似，但含5%～10%的硫酸酯、部分D-葡萄糖醛酸残基和丙酮酸酯。琼脂凝胶最独特的性质是当温度大大超过胶凝起始温度时仍然保持稳定性，例如，1.5%琼脂的水分散液在温度30℃形成凝胶，熔点35℃，琼脂凝胶具有热可逆性，是一种稳定的凝胶。

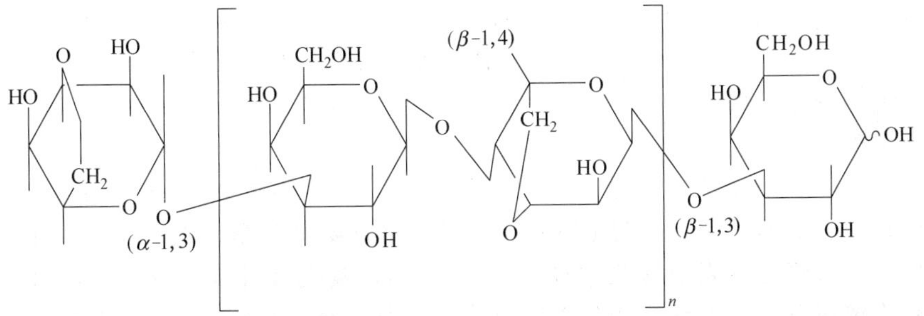

图3-31 琼脂的分子结构

琼脂在食品中的应用包括抑制冷冻食品脱水收缩和提供需要的质地，在加工干酪和奶油中提供稳定性和所需的质地，在焙烤食品和糖衣中可控制水分活度和推迟陈化。此外，还用于肉制品罐头。琼脂通常可与其他高聚物例如黄蓍胶、角豆胶或明胶合并使用。

(7) 海藻胶

海藻胶是从海藻中提取得到的，商品海藻胶大多是以海藻酸的钠盐形式存在。海藻酸是由β-1,4-D-甘露糖醛酸和α-1,4-L-古洛糖醛酸组成的线性高聚物（图3-32），商品海藻酸盐的聚合度为100～1000。D-甘露糖醛酸（M）与L-古洛糖醛酸（G）比例因来源不同而异，一般两者的比为1.5∶1，二者的比例对海藻胶的性质影响较大，它们按下列次序排列：

① 甘露糖醛酸块-M-M-M-M-M-。

② 古洛糖醛酸块-G-G-G-G-G-。

③ 交替块-M-G-M-G-M-。

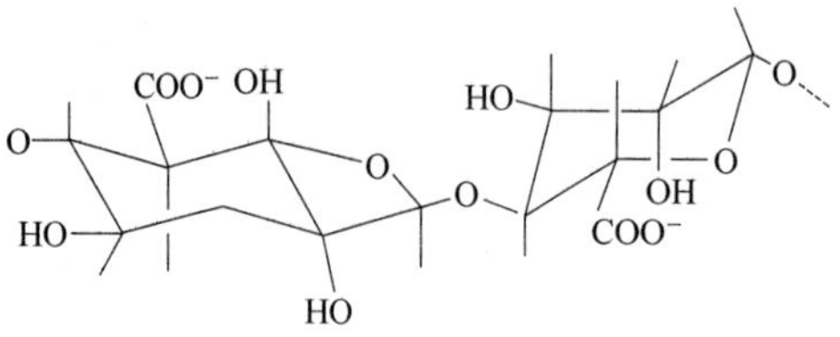

β-1,4-
D-甘露糖醛酸块

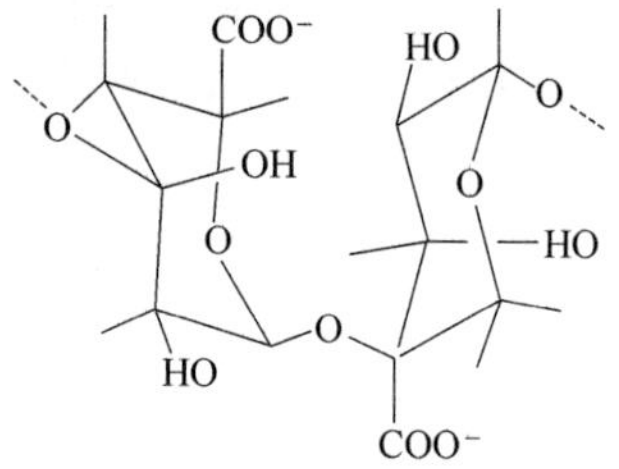

α-1,4-
L-古洛糖醛酸块

图 3-32 海藻酸的结构

海藻酸盐分子链中 G 块很容易与 Ca^{2+} 作用，两条分子链 G 块间形成一个洞，结合 Ca^{2+} 形成“蛋盒”模型，如图 3-33 所示。海藻酸盐与 Ca^{2+} 形成的凝胶是热不可逆凝胶。凝胶强度与海藻酸盐分子中 G 块的含量及 Ca^{2+} 浓度有关。海藻酸盐凝胶具有热稳定性，脱水收缩较少，因此可用于制造甜食凝胶。

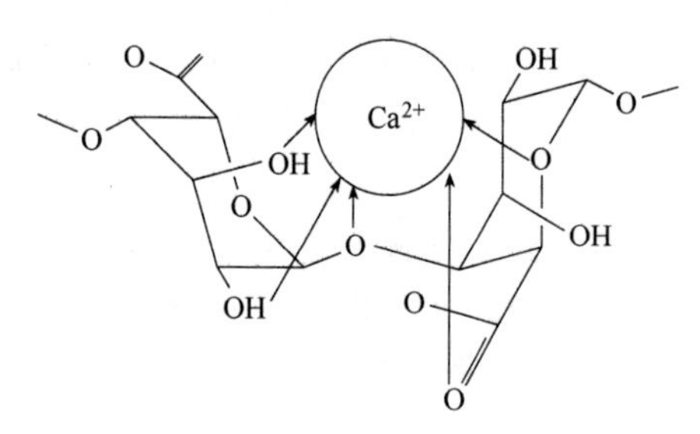

图 3-33 海藻酸盐与 Ca^{2+} 相互作用形成“蛋盒”模型

海藻酸盐还可与食品中其他组分如蛋白质或脂肪等相互作用。例如，海藻酸盐易与变性蛋白质中带正电氨基酸相互作用，用于重组肉制品的制造。高含量古洛糖醛酸的海藻酸盐与高酯化果胶之间协同胶凝应用于果酱、果冻等，所得到的凝胶结构与糖含量无关，是热可逆凝胶，应用于低热产品。

由于海藻酸盐能与 Ca^{2+} 形成热不可逆凝胶，它在食品中得到广泛应用，特别是常用于重组食品如仿水果、洋葱圈以及凝胶糖果等，也可用作汤料的增稠剂，或用作冰淇淋中抑制冰晶长大的稳定剂以及酸奶与牛奶的稳定剂。

(8) 壳聚糖

壳多糖（chitin）又称几丁质、甲壳素、甲壳质，是一类由 *N*-乙酰-D-氨基葡萄糖或 D-氨基葡萄糖以 β-1,4-糖苷键连接起来的低聚合度水溶性氨基多糖。主要存在于虾、蟹等动物的外骨骼中，在虾壳等软壳中含壳多糖 15%～30%，蟹壳等外壳中含壳多糖 15%～20%。一些霉菌细胞壁成分也含有它。其基本结构单位是壳二糖（chitobiose），如图 3-34 所示。

壳多糖脱去分子中的乙酰基后，转变为壳聚糖，其溶解性增加，称为可溶性壳多糖。因其分子中带有游离氨基，在酸性溶液中易成盐，呈阳离子性质，壳聚糖随其分子中含氨基酸数量的增多其氨基特性越显著，这正是其独特性质的所在，由此奠定了壳聚糖的许多生物学特性及加工特性的基础。

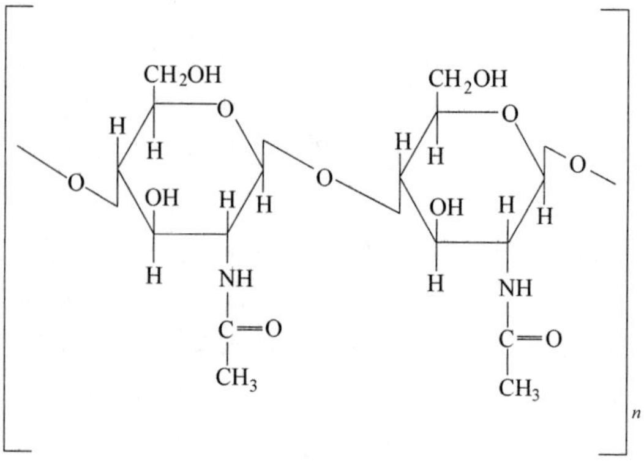

图 3-34 壳二糖的化学结构

壳聚糖在食品工业中可作为黏结剂、保湿剂、澄清剂、填充剂、乳化剂、上光剂及增稠稳定剂；而作为功能性低聚糖，它能降低胆固醇，提高机体免疫力，增强机体的抗病抗感染能力，尤其有较强的抗肿瘤作用。因其资源充足，应用价值高，已被大量开发使用。目前工业上多用酸法或酶法水解虾皮或蟹壳来提取壳聚糖。

目前在食品中应用相对较多的是改性壳聚糖尤其是甲基化壳聚糖。其中 *N-O* -羧甲基壳聚糖在食品工业中作增稠剂和稳定剂，*N-O* -羧甲基壳聚糖由于可与大部分有机离子及重金属离子络合沉淀，被用于纯化水的试剂。*N-O*-羧甲基壳聚糖又可溶于中性水中形成胶体溶液，它有良好的成膜性能，被用于水果保鲜。

制备 *N-O*-羧甲基壳聚糖，使用的试剂为氯乙酸。直接对壳聚糖改性的一些技术也已发展起来，其方法类似于改性多糖。

(9) 卡拉胶

卡拉胶（carrageenan）是由红藻通过热碱分离提取制得的非均一多糖，它是一种由硫酸基化或非硫酸基化的半乳糖和3,6-脱水半乳糖通过 α-1,3 糖苷键和 β-1,4 糖苷键交替连接而成。大多数糖单位有一或两个硫酸酯基，多糖链中总硫酸酯基含量为15%～40%，而且硫酸酯基数目与位置同卡拉胶的凝胶性密切相关。卡拉胶有3种类型：κ、ι 和 λ。κ-和 ι-卡拉胶通过双螺旋交联形成热可逆凝胶（图3-35）。多糖在溶液中呈无规则的线团结构，当多糖溶液冷却时，足够数量的交联区形成了连续的三维网状凝胶结构。

由于卡拉胶含有硫酸盐阴离子，因此易溶于水。硫酸盐含量越少，则多糖链越易从无规

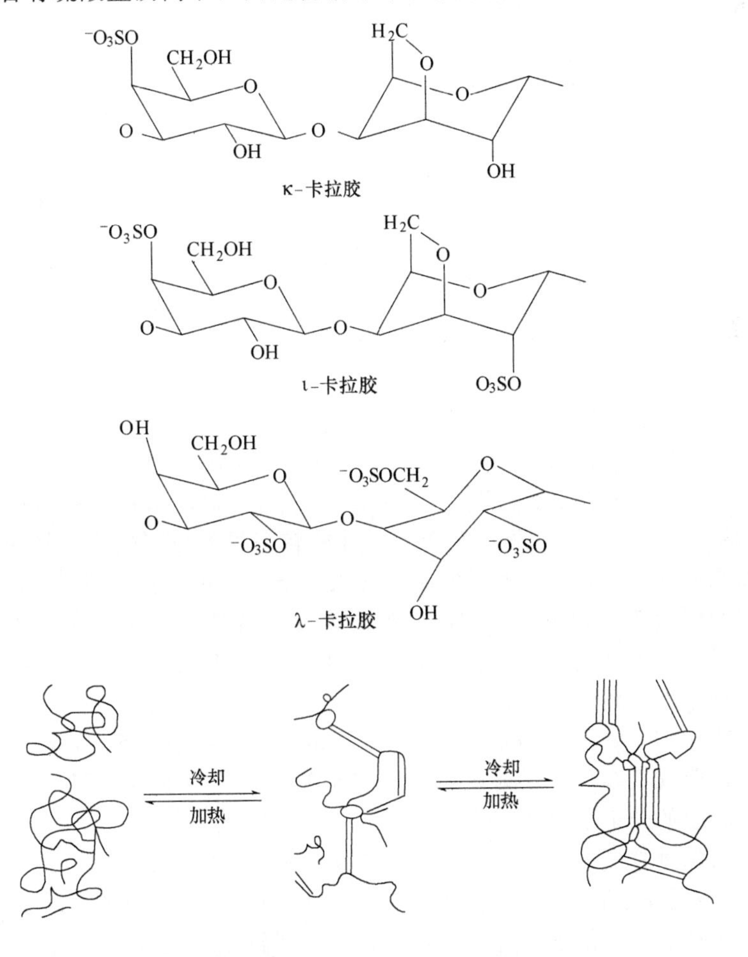

图3-35 卡拉胶的分子结构与形成凝胶的机理

则线团结构转变为螺旋结构。κ-卡拉胶含有较少的硫酸盐，形成的凝胶是不透明的，且凝胶最强，但是容易脱水收缩，可以通过加入其他胶来减少卡拉胶的脱水收缩。ι-卡拉胶的硫酸盐含量较高，在溶液中呈无规则的线团结构，形成的凝胶是透明的和富有弹性的，通过加入阳离子如 K^+ 或 Ca^{2+} 同硫酸盐阴离子间静电作用使分子间缔合进一步加强，阳离子的加入也提高了胶凝温度。λ-卡拉胶是可溶的，但无凝胶能力。

卡拉胶与牛奶蛋白质结合可以形成稳定的复合物，这是由于卡拉胶的硫酸盐阴离子与酪蛋白胶粒表面上正电荷间静电作用而形成的。牛奶蛋白质与卡拉胶的相互作用，使形成的凝胶强度增强。在冷冻甜食与乳制品中，卡拉胶添加量很低，只需要 0.03%。低浓度 κ-卡拉胶（0.01%～0.04%）与牛奶蛋白质中 κ-酪蛋白相互作用，形成弱的触变凝胶。利用这个特殊性质，可以悬浮巧克力牛奶中的可可粒子，同样也可以应用于冰淇淋和婴儿配方奶粉中。

卡拉胶具有熔点高的特点，但卡拉胶形成的凝胶比较硬，可以通过加入半乳甘露聚糖（刺槐豆胶）改变凝胶硬度，增加凝胶的弹性，代替明胶制成甜食凝胶，并能减少凝胶的脱水收缩，如应用于冰淇淋能提高产品的稳定性与持泡能力。为了软化凝胶结构，还可以加入一些瓜尔豆胶。卡拉胶还可与淀粉、半乳甘露聚糖或 CMC 复配应用于冰淇淋。如果加入 K^+ 或 Ca^{2+}，则促使卡拉胶凝胶的形成。在果汁饮料中添加 0.2%的 λ-卡拉胶或 κ-卡拉胶可以改进果汁饮料的质构与汉堡包的口感。在低脂肉糜制品中，可以提高口感和替代部分动物脂肪。所以卡拉胶是一种具有多功能的食品添加剂，起持水、持油、增稠、稳定并促进凝胶形成的作用，卡拉胶在食品工业中的应用见表 3-12。

表 3-12　卡拉胶在食品工业中的应用

食品种类	食　　品	卡拉胶的作用
乳制品	冰淇淋、奶酪	稳定剂与乳化剂
甜制品	即食布丁	稳定剂与乳化剂
饮料	巧克力牛奶 咖啡中奶油的取代品 甜食凝胶 低热果冻	稳定剂与乳化剂 稳定剂与乳化剂 凝胶剂 凝胶剂
肉	低脂肉肠	凝胶剂

（10）黄原胶

黄原胶（xanthan）是一种微生物多糖，是应用较广泛的食品胶。它由纤维素主链和三糖侧链构成，分子结构中的重复单位是五糖，其中三糖侧链是由两个甘露糖与一个葡萄糖醛酸组成（图 3-36）。黄原胶的分子量约为 2×10^6。黄原胶在溶液中三糖侧链与主链平行，形成稳定的硬棒结构，当加热到 100℃以上时，才能转变成无规则的线团结构，硬棒结构通过分子内缔合以螺旋形式存在，并通过缠结形成网状结构。黄原胶溶液在广泛的剪切与浓度范围内，具有高度假塑性、剪切变稀和黏度瞬时恢复的特性。它独特的流动性质同其结构有关，黄原胶高聚物的天然构象是硬棒结构，硬棒结构聚集在一起，当剪切时聚集体立即分散，待剪切停止后，重新快速聚集。

黄原胶溶液在 18～80℃以及 pH 1～11 广泛范围内黏度基本保持不变，与高盐具有相容性，这是因为黄原胶具有稳定的螺旋构象，三糖侧链具有保护主链糖苷键不产生断裂的作用，因此，黄原胶的分子结构特别稳定。

黄原胶与瓜尔豆胶具有协同作用，与刺槐豆胶相互作用形成热可逆凝胶，其凝胶机理与卡拉胶和 LBG 的凝胶相同。黄原胶在食品工业中应用广泛，这是因为它具有下列重要的性质：能溶于冷水和热水，低浓度时具有高的黏度，在较宽的温度范围内（18～80℃），溶液黏度基本不变，与盐有很好的相容性，在酸性食品中保持溶解与稳定，同其他胶具有协同作

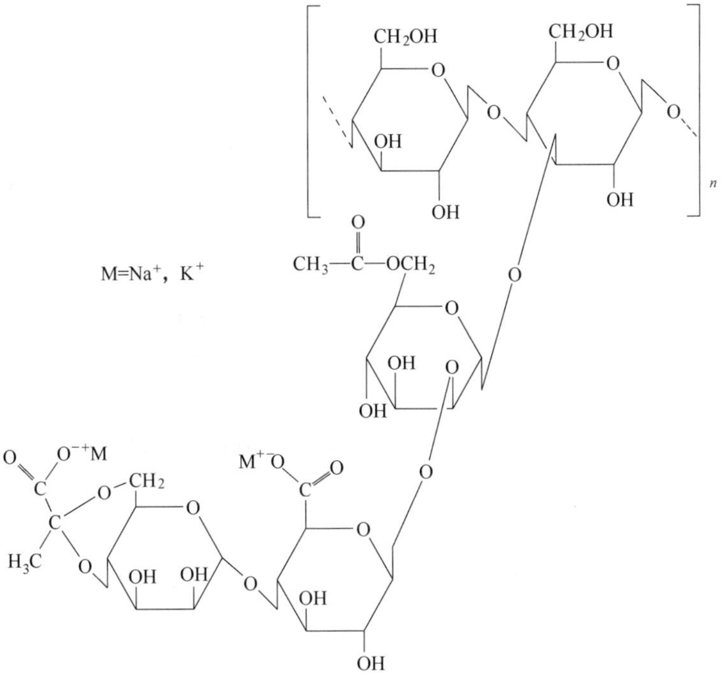

图 3-36　黄原胶的结构

用，能稳定悬浮液和乳状液，具有良好的冷冻与解冻稳定性。这些性质同其具有线性纤维素主链以及阴离子的三糖侧链的结构是分不开的。黄原胶能改善面糊与面团的加工与贮藏性能，在面糊与面团中添加黄原胶可以提高弹性和持气能力。

(11) 黄杆菌胶

黄杆菌胶（xanthan gum）是 D-葡萄糖通过 β-(1→4) 糖苷键连接的主链和三糖侧链组成的生物聚合物，该聚合物是由甘蓝黑病黄杆菌发酵产生的一种杂多糖，也称黄单胞菌胶。

黄杆菌胶分子中三糖侧链是由 D-甘露糖基和 D-葡萄糖醛酸交替连接而成，分子比为 2∶1，侧链中 D-甘露糖在 α-(1→3) 糖苷键与主链连接。同主链连接的甘露糖，在 C6 位置上含有一个乙酰基，在侧链的末端，约有 1/2 的甘露糖基带有丙酮酸缩醛基，见图 3-37。

黄杆菌胶是一种非胶凝的多糖，易溶于水，它在食品工业中的重要作用有 4 个方面。①对乳浊液和悬浮体颗粒具有很大的稳定作用，可作为巧克力悬浮液的稳定剂。②具有良好的增黏性能，它在低浓度时，也具有很高的黏度，其黏度为瓜尔豆胶和海藻胶黏度的 2～5 倍，它是浓缩汁、饮料、调味品等食品的增稠剂和稳定剂。黄杆菌胶与非胶凝多糖混合，易形成凝胶，如它与角豆胶和瓜尔豆胶混合，能形成类似橡胶的凝胶体，这种混合物在 90℃ 时仍稳定，黏度几乎不变，它可应用于软奶糖、冰淇淋和果酱生产上。③其溶液是一种典型的假塑性流体，其溶液黏度随着剪切速度的增加而明显降低，随剪切速度的减弱其黏度又即恢复。如含黄杆菌胶的食品，在食用时由于咀嚼及舌头转动时形成的剪切率，使食物黏度下降不黏口，口感细腻，同时使食物中的风味得到充分的释放。④黄杆菌胶溶液的黏度受温度变化影响不大，因此，含黄杆菌胶的食品，经高温处理后，不会改变其黏度。

(12) 茁霉胶

茁霉胶是以麦芽三糖为重复单位，通过 α-(1→6) 糖苷键连接而成的多聚体。茁霉胶是由出芽短梗霉产生的一组胞外多糖（图 3-38）。

茁霉胶为无色无味的白色粉末，易溶于水，溶于水后形成黏性溶液，可作为食品增稠

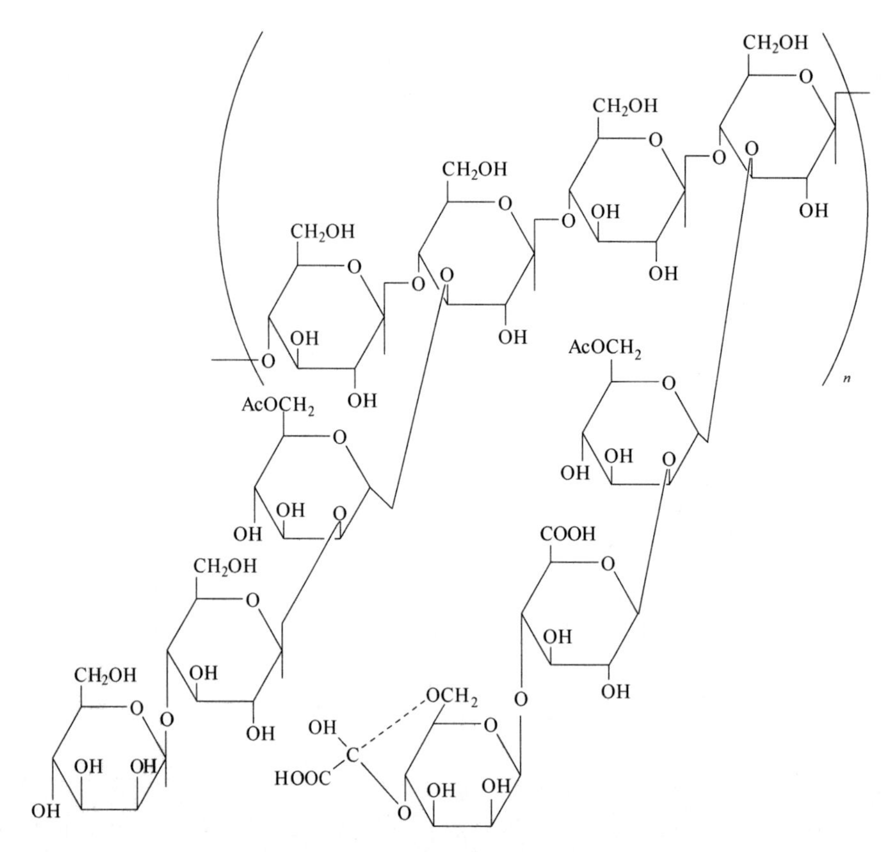

图 3-37 黄杆菌胶的结构

剂。茁霉胶酶能将它水解为麦芽三糖。用茁霉胶制成的薄膜为水溶性，不透氧气，对人体没有毒性，其强度近似尼龙，适合用于易氧化的食品和药物的包装。茁霉胶是人体利用率较低的多糖，在制备低能量食物及饮料时，可用它来替代淀粉。

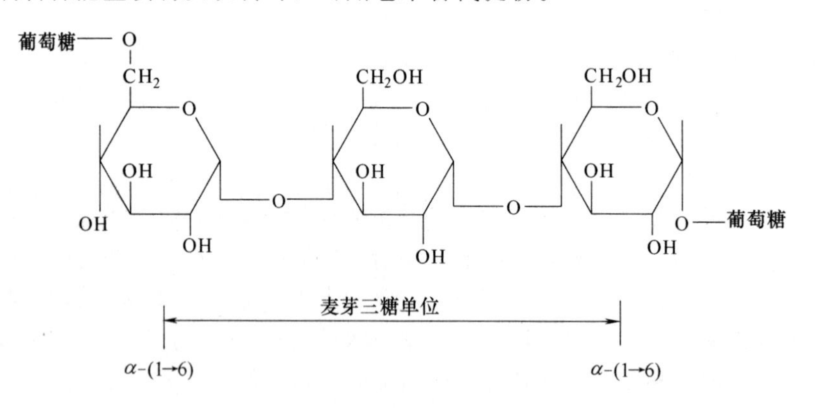

图 3-38 茁霉胶的麦芽三糖结构单位

(13) α-葡聚糖

α-葡聚糖（α-dextran）为右旋糖苷，它是由 α-D-吡喃葡萄糖残基通过 α-(1→6) 糖苷键连接而成的多糖。该多糖是肠膜状明串珠菌（*Leuconostoc mesenteroides*）合成的高聚体。

α-葡聚糖易溶物水，溶于水后形成清澈的黏溶液。它可作为糖果的保湿剂，能保持糖果和面包中的水分，在糖浆中添加 α-葡聚糖，可以增加其黏度；在口香糖和软糖中作胶凝剂，可以防止糖结晶的出现；在冰淇淋中，它能抑制冰晶的形成；可以作为新鲜食品和冷冻食品的涂料；在布丁混合物中，它能提供适宜的黏性和口感。

3.5　糖类在食品加工和贮藏中的变化

食品中碳水化合物含量高，种类多，理化性质复杂多样，大多数食品的加工工艺都与碳水化合物的特性有关。碳水化合物与蛋白质或胺之间可进行美拉德反应，其直接加热可进行焦糖化反应，而这二者都是非酶褐变的重要反应。此外，在某些食品加工与贮藏过程中，除美拉德反应和焦糖化反应产生褐变外，在氧的作用下，维生素 C 和酚类物质也会氧化产生非酶褐变反应，产生色变。

3.5.1　美拉德反应

美拉德反应（Maillard reaction）又称为羰氨反应，即指羰基与氨基经缩合、聚合生成类黑色素的反应。因该反应最早是由法国化学家美拉德（L. C. Maillard）于 1912 年发现的，故称美拉德反应。美拉德反应的产物是棕色缩合物，所以该反应也称为褐变反应。这种褐变反应不是由酶引起的，所以属于非酶褐变。几乎所有的食品均含有羰基（来源于糖或油脂氧化酸败产生的醛和酮）和氨基（来源于蛋白质），因此都可能发生羰氨反应，故在食品加工中由羰氨反应引起食品颜色加深的现象比较普遍。如焙烤面包产生金黄色、烤肉所产生的棕红色、熏干产生的棕褐色、松花皮蛋蛋清的茶褐色、啤酒的黄褐色、酱油和陈醋的黑褐色等均与其有关。

3.5.1.1　美拉德反应的反应机理

美拉德反应过程可分为初期、中期、末期三个阶段，每一个阶段又包括若干个反应。

(1) 初期阶段

初期阶段包括羰氨缩合和分子重排两种作用。

① 羰氨缩合

羰氨反应的第一步是氨基化合物中的游离氨基与羰基化合物的游离羰基之间的缩合反应，最初产物是一个不稳定的亚胺衍生物，称为席夫碱（Schiff base），此产物随即环化为 N-葡萄糖基胺，反应如图 3-39 所示。

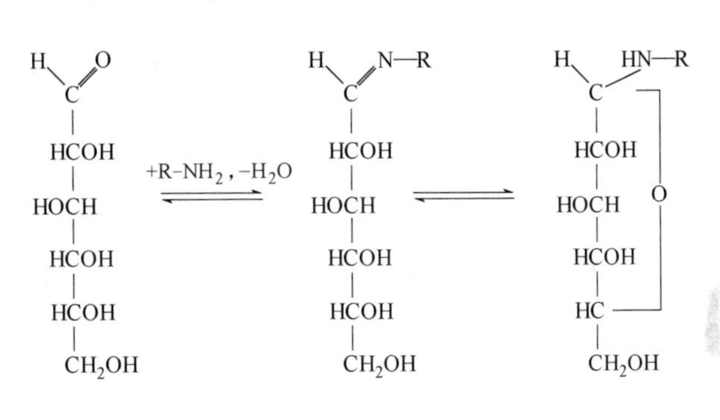

图 3-39　羰氨缩合反应式

羰氨缩合是可逆的，在稀酸条件下，该反应产物极易水解。羰氨缩合反应过程中由于游离氨基的逐渐减少，反应体系中的 pH 值下降，所以在碱性条件下有利于羰氨反应的进行。

在反应体系中，如果有亚硫酸根的存在，亚硫酸根可以与醛形成加成化合物，这个产物能和 $R\text{-}NH_2$ 缩合，但缩合产物不能进一步生成席夫碱和 N-葡萄糖基胺，因此，亚硫酸根可以抑制羰氨反应褐变，反应如图 3-40 所示。

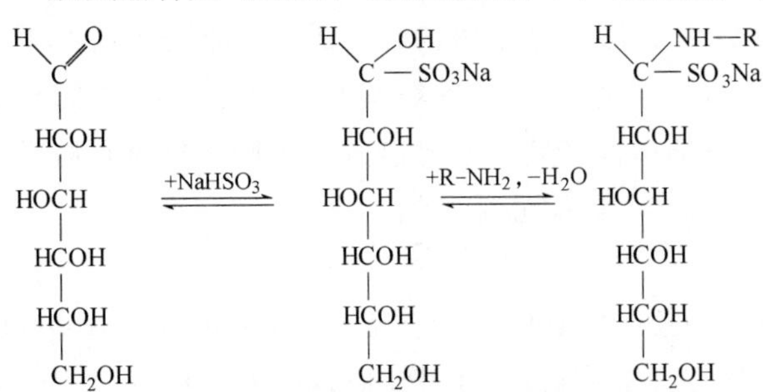

图 3-40　亚硫酸根与醛的加成反应式

② 分子重排

N-葡萄糖基胺在酸的催化下经过阿姆德瑞（Amadori）分子重排作用，生成氨基脱氧酮糖即单果糖胺；阿姆德瑞分子重排见图 3-41 所示。此外，酮糖也可与氨基化合物生成酮糖基胺，而酮糖基胺（*N*-果糖基胺）可经过海因斯（Heyenes）分子重排作用异构成 2-氨基-2-脱氧葡萄糖，分子重排见图 3-42 所示。

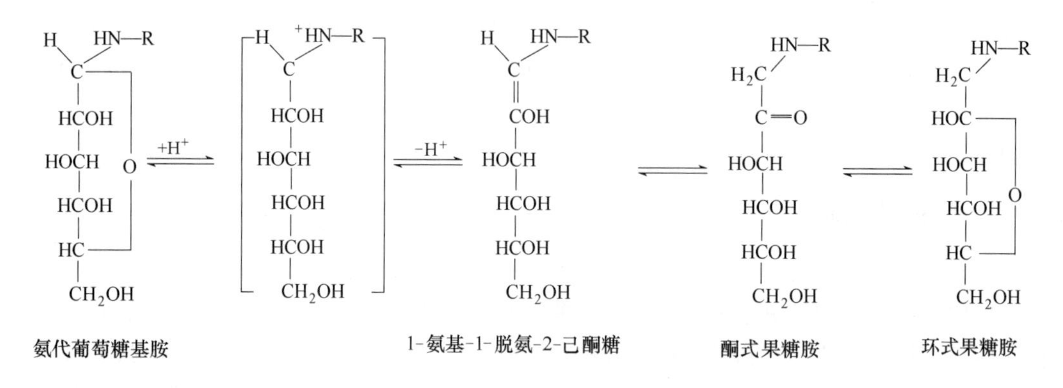

图 3-41 阿姆德瑞分子重排

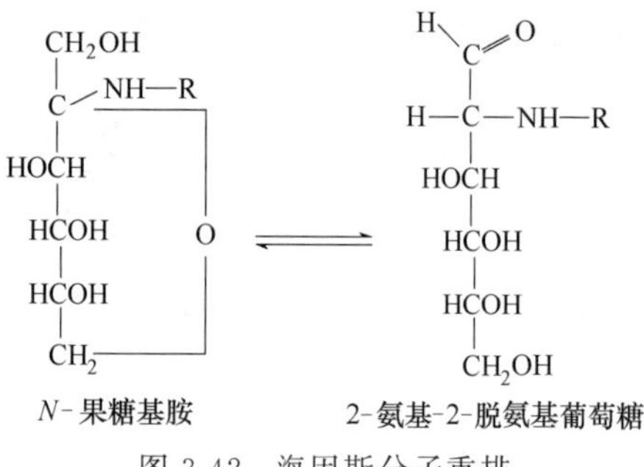

图 3-42 海因斯分子重排

(2) 中期阶段

重排产物 1-氨基-1-脱氧-2-己酮糖（果糖基胺）的进一步降解可能有不止一条途径。

① 果糖基胺脱水生成羟甲基糠醛（hydroxymethlfurfural，HMF）

这一过程的总结果是脱去一个胺残基（$R\text{-}NH_2$）和糖衍生物的逐步脱水。果糖基胺可异构成烯醇式果糖基胺，经第一次脱水生成烯醇式席夫碱，第二次脱去胺残基（$R\text{-}NH_2$）生成 3-脱氧-己糖醛酮，再脱水生成 3,4-脱氧-己糖醛酮，然后进一步脱水生成羟甲基糠醛，如图 3-43 所示。其中含氮基团并不一定被消去，它可以保留在分子上，这时的最终产物是烯醇式席夫碱。HMF 的积累与褐变速度密切相关，HMF 积累后不久就可发生褐变，因此用分光光度计测定 HMF 积累情况可作为预测褐变速度的指标。

② 果糖基胺脱去胺残基重排生成还原酮

上述反应历程包括阿姆德瑞分子重排的 1,2-烯醇化作用。此外还有一条是经过 2,3-烯醇化最后生成还原酮类（reductones）化合物的途径。由果糖基胺生成还原酮的历程如图 3-44 所示。还原酮类是化学性质比较活泼的中间产物，它可能进一步脱水后再与胺类缩合，也可能裂解成为较小的分子如二乙酰、乙酸、丙酮醛等。

③ 氨基酸与二羰基化合物的作用

在二羰基化合物存在下，氨基酸可发生脱羧、脱氨作用，成为少一个碳的醛，氨基则转移到二羰基化合物中，这一反应称为斯特勒克（Strecker）降解反应，如图 3-45 所示。二羰基化合物接受了氨基，形成氨基羰基化合物，进一步形成褐色色素。美拉德发现在褐变反应

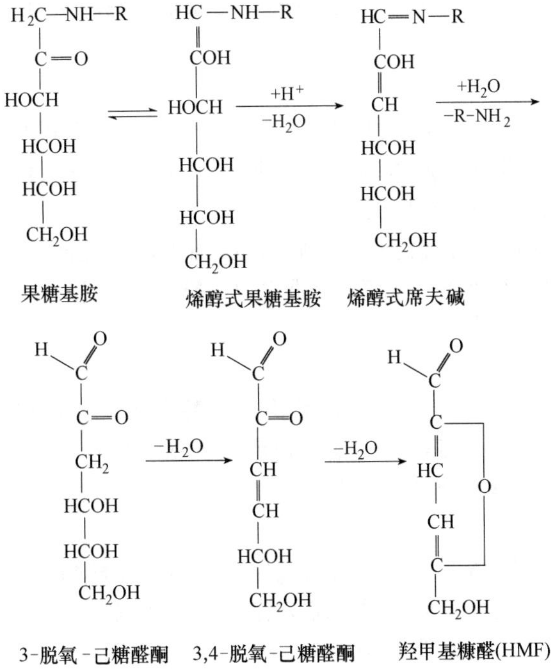

果糖基胺　烯醇式果糖基胺　烯醇式席夫碱

3-脱氧-己糖醛酮　3,4-脱氧-己糖醛酮　羟甲基糠醛(HMF)

图 3-43　果糖基胺脱水生成羟甲基糠醛

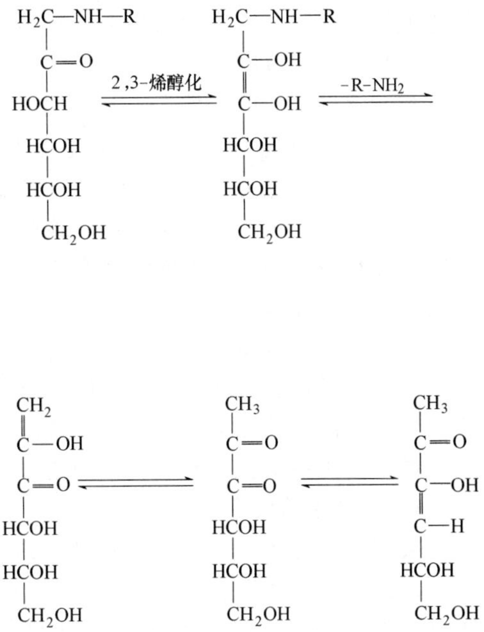

图 3-44　果糖基胺脱去胺残基重排生成还原酮

中有二氧化碳放出，食品在贮存过程中会自发放出二氧化碳的现象也早有报道。通过同位素示踪法已证明，在羰氨反应中产生的二氧化碳中 90%～100%来自氨基酸残基而不是来自糖残基部分。所以斯特勒克反应在褐变反应体系中即使不是唯一的，也是主要的产生二氧化碳的来源。

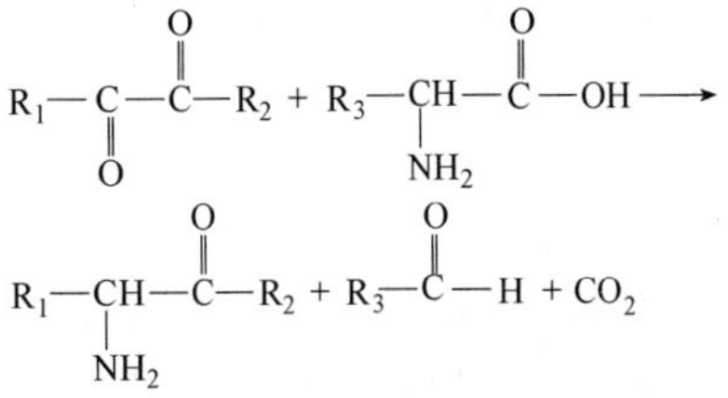

图 3-45　斯特勒克降解反应

(3) 末期阶段

羰氨反应的末期阶段包括两类反应。

① 醇醛缩合

醇醛缩合是两分子醛的自由缩合反应，并进一步脱水生成不饱和醛的过程，过程见图 3-46。

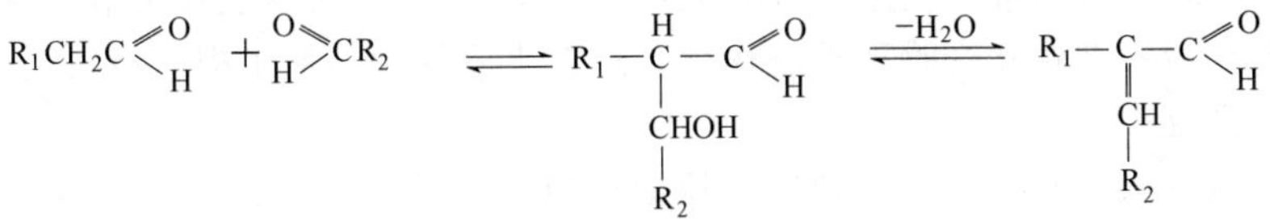

图 3-46　醇醛缩合反应

② 生成黑色素的聚合反应

该反应是经过中期反应后，羰氨反应中生成的 3-脱氧-己糖醛酮、3,4-脱氧-己糖醛酮、羟甲基糠醛、还原酮等与氨基化合物进一步缩合，再聚合形成黑色素。由斯特勒克降解反应产生的氨基羰基化合物直接聚合形成黑色素。

3.5.1.2 影响美拉德反应的因素

美拉德反应的机制十分复杂，不仅与参与的糖类等羰基化合物及氨基酸等氨基化合物的种类有关，同时还受到温度、氧气、水分及金属离子等环境因素的影响。控制这些因素可以促进或抑制褐变，这对食品加工具有实际意义。

(1) 羰基化合物

褐变速度最快的是像2-乙烯醛［$CH_3(CH_2)_2CH=CHCHO$］之类的α、β不饱和醛，其次是α-双羰基化合物，酮的褐变速度最慢。像抗坏血酸那样的还原酮类有烯二醇结构，具有较强的还原能力，在空气中也易被氧化成为α-双羰基化合物，故易褐变。

还原糖的美拉德反应速度：五碳糖中，核糖＞阿拉伯糖＞木糖；六碳糖中，半乳糖＞甘露糖＞葡萄糖，并且五碳糖的褐变速度大约是六碳糖的10倍；还原性双糖中，乳糖＞蔗糖＞麦芽糖＞海藻糖。

(2) 氨基化合物

一般来说，氨基酸、肽类、蛋白质、胺类均与褐变有关。胺类比氨基酸的褐变速度快。就氨基酸来说，碱性氨基酸（如赖氨酸、精氨酸、组氨酸）的褐变速度快。氨基酸在ε-位或在末端者，比在α-位的易褐变，而蛋白质的褐变速度则十分缓慢。

(3) pH值的反应

美拉德反应在酸、碱环境中均可发生，但pH值在3以上时，其反应速度随pH值的升高而加快，所以降低pH值是控制褐变的较好方法。例如高酸食品，像泡菜就不易褐变；在生产干蛋粉时，在蛋粉干燥前，加酸降低pH值，而在蛋粉复溶时，再加碳酸钠来恢复pH值，这样可有效地抑制蛋粉的褐变。

(4) 反应物浓度

美拉德反应速度与反应物浓度成正比，但在完全干燥的情况下，难以进行。水分在10%～15%时，褐变易进行。此外，褐变与脂肪也有关，当水分含量超过5%时，脂肪氧化加快，褐变也加快。

(5) 温度

美拉德反应受温度的影响很大，温度相差10℃，褐变速度相差3～5倍。一般在30℃以上褐变速度较快，而在20℃以下则进行较慢。例如酱油酿造时，提高发酵温度，酱油颜色也加深，温度每提高5℃，着色度提高35.6%，这是由于发酵中氨基酸与糖发生的羰氨反应随温度的升高而加快。至于不需要褐变的食品，在加工处理时尽量避免高温长时间处理，且贮存时以低温为宜，例如将食品放置于10℃以下冷藏，则可以较好地防止褐变。

(6) 金属离子

由于铁和铜催化还原酮类的氧化，所以促进褐变，且Fe^{3+}比Fe^{2+}更为有效，故在食品加工处理过程中避免这些金属离子的混入是必要的，而Na^+对褐变没有什么影响。Ca^{2+}可同氨基酸结合生成不溶性化合物而抑制褐变，这在土豆等食品加工中已经得到成功的应用。

(7) 亚硫酸盐

亚硫酸盐或酸式亚硫酸盐可以抑制美拉德反应。现已证明，在美拉德反应没有发生前，加入亚硫酸盐（如亚硫酸氢钠），亚硫酸根可以与醛形成加成化合物，这个产物可以与R-NH_2缩合，其缩合产物不能进一步生成席夫碱和*N*-葡萄糖基胺，即抑制葡萄糖转变为5-羟甲基糠醛，从而抑制褐变的发生。

对于许多食品，为了增加色泽和香味，在加工处理时利用适当的褐变反应是十分必要的，例如，茶叶的制作，可可豆、咖啡的烘焙，酱油的后期加热，等。此外，美拉德反应还能产生牛奶、巧克力的风味，是部分氨基酸与葡萄糖混合加热所产生的风味成分，如表3-13所示。然而对于某些食品，由于褐变反应可引起其色泽变劣，则要严格控制，如乳制品、植物蛋白饮料的高温灭菌。如果不希望在食品体系中发生美拉德反应，可采用如下方法：①降温，可以减缓化学反应速度，因而低温冷藏的食品可以延缓非酶褐变；②改变 pH 值，通常羰氨缩合反应在碱性条件下较易进行，所以降低 pH 值能控制褐变；③适当降低产品浓度，也可降低褐变的速率；④用非还原糖取代还原糖；⑤发酵法和生物化学处理，去除或降低食品中的还原糖含量，如用葡萄糖氧化酶和过氧化氢酶混合可除去食品中微量的葡萄糖和氧，使褐变反应失去条件；⑥亚硫酸盐处理；⑦钙盐，钙与氨基酸形成不溶性化合物，或协同 SO_2 防止褐变发生。

表 3-13 氨基酸与葡萄糖（1∶1）混合加热后的香型变化

氨基酸	Strecker 反应中生成的醛	香型	
		100℃	180℃
Gly	甲醛	焦糖香	烧煳的糖味
Ala	乙醛	甜焦糖香	烧煳的糖味
Val	异丁醛	黑麦面包的风味	沁鼻的巧克力香
Leu	异戊醛	果香、甜巧克力香	烧煳的干酪味
Ile	2-甲基丁醛	霉腐味、果香	烧煳的干酪味
Thr	羟基丙醛	巧克力香	烧煳的干酪味
Phe	甲基苯丙醛	紫罗兰、玫瑰香	紫罗兰、玫瑰香

美拉德反应不利的一面是还原糖同蛋白质的部分链段相互作用会导致部分氨基酸的损失，特别是必需氨基酸 L-赖氨酸所受的影响最大。赖氨酸含有 ε-氨基，即使存在于蛋白质中也能参与美拉德反应，在精氨酸和组氨酸的侧链中也都含有参与美拉德反应的含氮基团。因此，从营养学的角度出发，美拉德褐变会造成氨基酸等营养成分的损失。

3.5.2 焦糖化反应

糖类尤其是单糖在没有氨基化合物存在的情况下，加热到熔点以上的高温（一般是 140～170℃），因糖发生脱水与降解，也会发生褐变反应，这种反应称为焦糖化反应，又称为卡拉蜜尔作用（caramelization）。焦糖化反应在酸、碱条件下均可以发生，但速度不同，如在 pH 8.0 时要比 pH 5.9 时快 10 倍。糖在强热的情况下，生成两类物质：一类是糖的脱水产物，即焦糖或酱色（caramel）；另一类是裂解产物，即一些挥发性醛、酮类物质，它们进一步缩合、聚合，最终形成深色物质。因此，焦糖化反应包括了两方面产生的深色物质。

3.5.2.1 焦糖的形成

糖类在无水的情况下加热，或者在高浓度时用稀酸处理，可发生焦糖化反应。如图 3-47，葡萄糖可生成右旋光性的葡萄糖苷（1,2-脱水-α-D-葡萄糖）和左旋光性的葡萄糖苷（1,6-脱水-β-D-葡萄糖）。前者的比旋光度为＋69°，后者的为－67°，酵母菌只能发酵前者，两者很容易区别。在同样条件下果糖可形成糖苷（2,3-脱水-β-D-呋喃糖）。

由蔗糖形成焦糖（酱色）的过程可分为三个阶段。总反应式如图 3-47 所示，开始阶段，蔗糖熔融，继续加热，当温度达到约 200℃时，经过 35min 的起泡（foaming），蔗糖同时发生水解和脱水两种反应，并迅速进行脱水产生二聚合作用（dimerization），产物是失去一分子水的蔗糖，叫作异蔗糖苷（isosucroseanhydride），无甜味而具有温和的苦味，这是蔗糖焦糖化的初始反应。生成异蔗糖苷后，起泡暂时停止。而后又发生二次起泡现象，这就是形成焦糖第二阶段，持续时间比第一阶段长，约 55 min，在此期间失水量超过 9%，形成的产物为焦糖苷（caramelan），分子式为 $C_{24}H_{36}O_{18}$。

$$2C_{12}H_{22}O_{11}-4H_2O \longrightarrow C_{24}H_{36}O_{18}$$

焦糖苷的熔点为 138℃，可溶于水、乙醇，味苦。中间起泡 55min 后进入第三阶段，进

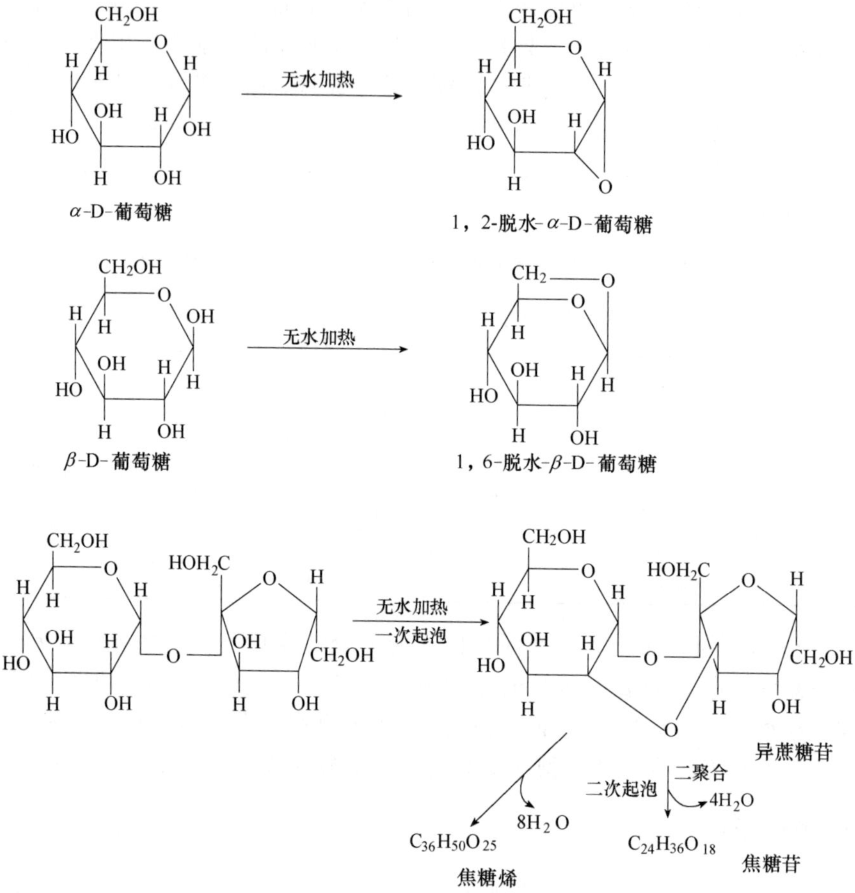

图 3-47　焦糖化反应示意图

一步脱水形成焦糖烯（caramene）。

$$3C_{12}H_{22}O_{11}-8H_2O \longrightarrow C_{36}H_{50}O_{25}$$

焦糖烯的熔点为 154℃，可溶于水。若继续加热，则生成高分子量的深色物质，称为焦糖素（caramelin），分子式为 $C_{125}H_{188}O_{80}$。这些复杂色素的结构目前还不清楚，但具有下列官能团：羰基、羧基、羟基和酚基。

焦糖是一种胶态的物质，等电点在 pH 3.0～6.9 之间，甚至低于 pH 值 3，随制造方法不同而异。焦糖的等电点在食品制造中有重要的意义。例如一种 pH 值为 4～5 的饮料中使用了等电点的 pH 值为 4.6 的焦糖，就会发生絮凝、浑浊乃至出现沉淀。

铁的存在能强化焦糖色泽。磷酸盐、无机酸、碱、柠檬酸、延胡索酸、酒石酸、苹果酸、氨水或硫酸铵等对焦糖的形成有催化作用。氨和硫酸铵可提高糖色出品率，加工也方便，但缺点是在高温下形成 4-甲基咪唑，它是一种惊厥剂，长期食用，影响神经系统健康。

3.5.2.2　糠醛和其他醛的形成

糖在强热下的另一类变化是裂解、脱水等，形成一些醛类物质，由于其性质活泼，故被称为活性醛。如单糖在酸性条件下加热主要进行脱水形成糠醛或糠醛衍生物，它们经聚合或与胺类反应，可生成深色的色素；单糖在碱性条件下加热，首先起互变异构作用，生成烯醇糖，然后断裂生成甲醛、五碳糖、乙醇醛、四碳糖、甘油醛、丙酮醛等，这些醛类经过复杂缩合、聚合反应或发生羰氨反应生成黑褐色的物质。

各种单糖因熔点不同，其反应速度也不一样，葡萄糖的熔点为 146℃，果糖的熔点为

95℃，麦芽糖的熔点为103℃，由此可见，果糖引起焦糖反应最快。与美拉德反应类似，对于某些食品如焙烤、油炸食品，焦糖化作用得当，可使产品得到悦人的色泽与风味。作为食品色素的焦糖色，也是利用此反应得来的。

蔗糖通常被用于制造焦糖色素和风味物质，催化剂可以加速此反应并使反应产物具有不同类型的焦糖色素。有三种商品化的焦糖色素，第一种是由亚硫酸氢铵催化产生的耐酸焦糖色素，应用于可乐饮料、其他酸性饮料、烘焙食品、糖浆、糖果以及调味料中；这种色素的溶液是酸性的（pH 2.0～4.5），它含有带负电荷的胶体粒子，酸性盐催化蔗糖糖苷键的裂解，铵离子参与阿马道里（Amadori）重排。第二种是将糖与铵盐加热，产生棕色并含有带正电荷的胶体粒子的焦糖色素，其水溶液的pH为4.2～4.8，用于烘焙食品、糖浆以及布丁等。第三种是单由蔗糖直接热解产生红棕色并含有略带负电荷的胶体粒子的焦糖色素，其水溶液的pH 3.0～4.0，应用于啤酒和其他含醇饮料。焦糖色素是一种结构不明确的聚合物，这些聚合物形成了胶体分子，形成胶体粒子的速度随温度和pH的增加而增加。

酸对于糖的作用，因酸的种类、浓度和温度而不同。很微弱的酸都能促进α和β异构体的转化。在室温下，稀酸对糖的稳定性无影响，但在较高温度下，发生复合反应生成低聚糖。

糖和酸共热则脱水生成糠醛，例如，戊糖生成糠醛，己糖生成5-羟甲基糠醛，己酮糖较己糖更易发生此反应。糠醛和5-羟甲基糠醛能与某些酚类作用生成有色的缩合物，利用这个性质可以鉴定糖。如间苯二酚加盐酸遇酮糖呈红色，而遇醛糖则是很浅的颜色，这种颜色称为西利万诺夫试验（Seliwanofs test），可用于鉴别酮糖与醛糖。

糖的脱水反应与pH有关。研究表明，在pH 3.0时，5-羟甲基糠醛的生成量和有色物质的生成量都低，同时有色物质的生成量随反应时间和浓度的增加而增高。

3.5.2.3 脱水和裂解

糖的脱水和热降解是食品中的重要反应，酸和碱均能催化这类反应的进行，其中，许多属于β-消去反应类型。戊糖脱水生成的主要产物是2-呋喃醛，而己糖生成5-羟甲基糠醛和其他产物，这些初级脱水产物的碳链裂解可产生其他物质，如乙酰丙酸、甲酸、丙酮醇、3-羟基丁酮、二乙酰、丙酮酸和乳酸。这些降解产物有的具有强烈气味，可产生需要或非需要的风味。这类反应在高温下容易进行，生成产物的毒性有待于进一步证明。

根据β-消去反应原理，可以预测大多数醛糖和酮糖的初级脱水产物。就酮糖而言，2-酮糖互变异构所生成的2,3-烯二醇有两种β-消去反应途径，一种途径是生成2-羟乙酰呋喃，另一种是生成异麦芽酚。

糖在加热时可发生碳-碳键断裂和不断裂两种类型的反应，后一类使糖在熔融时发生正位异构糖化、醛糖-酮糖异构化以及分子间和分子内的脱水反应。

正位异构化：α-D-葡萄糖或β-D-葡萄糖→α/β平衡。

醛糖-酮糖的互变异构：

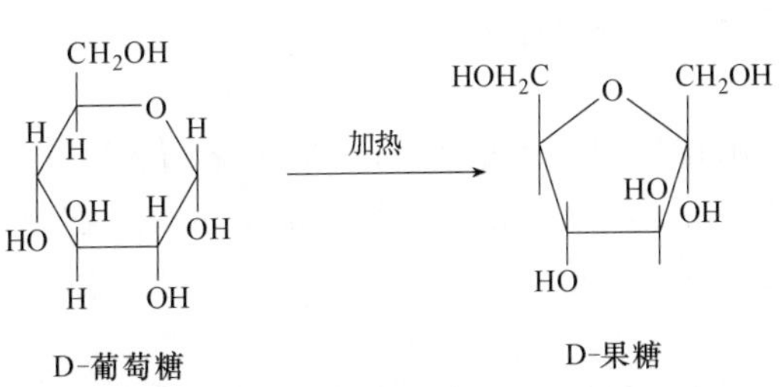

D-葡萄糖 —加热→ D-果糖

较复杂的糖类化合物（如淀粉）在200℃热解时，转糖苷反应是最重要的反应。在此温度下，α-D-(1→4) 键的数目随着时间的延长而减少，同时伴随有 α-D-(1→6) 和 β-D-(1→6) 键甚至 β-D-(1→2) 等糖苷键的形成。

某些食品经过热处理，特别是干热处理，容易形成大量的脱水糖。D-葡萄糖或含有 D-葡萄糖单元的聚合物特别容易脱水（图 3-48）。

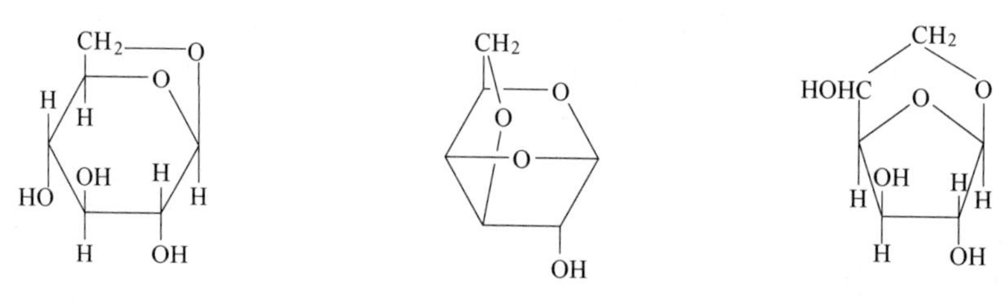

图 3-48　D-葡萄糖的热解产物

热解反应使碳-碳链断裂，所形成的主要产物是挥发性酸、醛、酮、二酮、呋喃、醇、芳香族化合物、一氧化碳和二氧化碳。这些反应产物可以用气相色谱（GC）或气质联用（GC-MS）仪进行鉴定。

3.5.2.4　多糖的水解

多糖如淀粉、果胶、半纤维素和纤维素的水解在食品工业中具有重要的意义。水解主要在酶、酸和碱的条件下进行。

① 酶促淀粉的水解

为了生产糖浆和改善食品感官性质，食品工业中利用来自大麦芽或微生物的淀粉酶将淀粉水解。酶解在工业上称为酶糖化，酶糖化工艺经过糊化、液化和糖化等三道工序。应用的酶主要为 α-淀粉酶、β-淀粉酶和葡萄糖淀粉酶。α-淀粉酶用于液化淀粉，工业上称为液化酶；β-淀粉酶和葡萄糖淀粉酶用于糖化，又称为糖化酶。

② 酶促纤维素的水解

食品工业中利用纤维素酶水解纤维素，可将它转化为膳食纤维和葡萄糖浆，也可在果汁生产中提高榨汁率和澄清度。纤维素酶包括内切、外切和 β-葡萄糖苷酶。对于纤维素酶催化的水解，底物对酶的敏感度可通过两个因素增加：一是在 0.5mol/L NaOH 溶液中浸胀；二是首先在浓磷酸溶液中溶解，然后在稀溶液中析出。

内切酶即 β-1,4-葡聚糖水解酶（EC 3.2.1.4），可任意作用于纤维素的糖苷键而将纤维素水解断裂。外切酶有两种形式：β-1,4-葡聚糖纤维二糖水解酶和 β-1,4-葡聚糖葡萄糖水解酶。前者从纤维素非还原性末端逐一切下纤维二糖，后者也从该末端逐一切下葡萄糖。β-葡萄糖苷酶可进一步地把产生的纤维二糖水解为两分子葡萄糖。这种水解如不进行，纤维二糖的积累会抑制 β-1,4-葡聚糖纤维二糖水解酶的活性。许多不同来源的纤维素酶都耐热，适宜温度范围在 30～60℃，适宜 pH 一般在 4.5～6.5。

③ 酶促半纤维素的水解

半纤维素酶主要是 L-阿拉伯酶，包括 L-阿拉伯聚糖酶、D-半乳聚糖酶、D-半甘露糖酶和聚木糖酶。由于这些酶混在一起，所以半纤维素酶促水解产物为：半乳糖、木糖、阿拉伯糖、甘露糖和糖醛酸以及一些低聚糖。

④ 酶促果胶的水解

内源性果胶酶的水解和商品果胶酶促果胶的酶解都是食品加工中重要的酶作用，前者造成植物质地的软化，后者被用于水果榨汁和果汁澄清。

⑤ 多糖在酸和碱催化作用下的水解

糖苷键在酸性介质中易于裂解，在碱性介质中一般是相当稳定的。一般认为糖苷的酸水解是遵循图 3-49 所示的机制，其中失去 ROH 与产生共振稳定的正碳离子是反应速度的决定步骤，酸在这里只起到了催化作用。

酸水解多糖技术在食品工业中广泛应用于食品贮藏与加工中，人们也经常注意到酸水解引起植物质地的变化。随着湿度的提高，酸催化的糖苷键水解速度大大增加。其他因素对糖苷键水解的影响有如下规律：

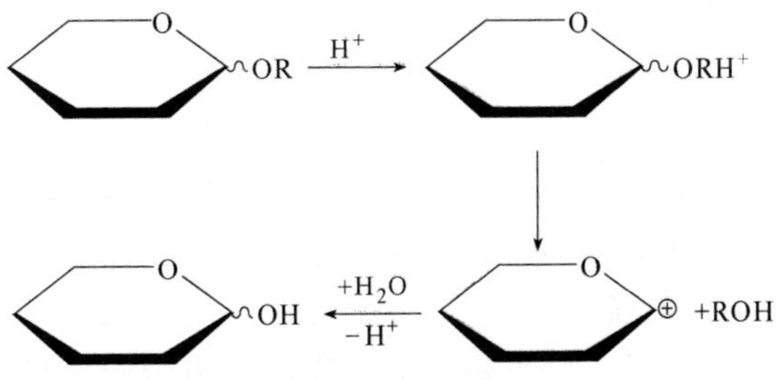

图 3-49　烷基吡喃糖苷的酸催化水解机制

a. α-D-糖苷键比 β-糖苷键对水解更敏感。

b. 不同位点糖苷键的水解难易顺序为（1→6）>（1→4）>（1→3）>（1→2）。

c. 吡喃环式糖比呋喃式糖更难水解。

d. 多糖的结晶区比无定型区更难水解。

上述关于碳水化合物中糖苷键的水解规律，对于中性糖来说都可在实验中得到证实，但对于酸性糖和碱性糖，则可能出现例外。一个重要的例外是果胶在碱性条件下可发生水解，甚至在中性条件下加热也可发生类似的水解，这种碱催化的水解称为转消性水解，其机理和产物见图 3-50。

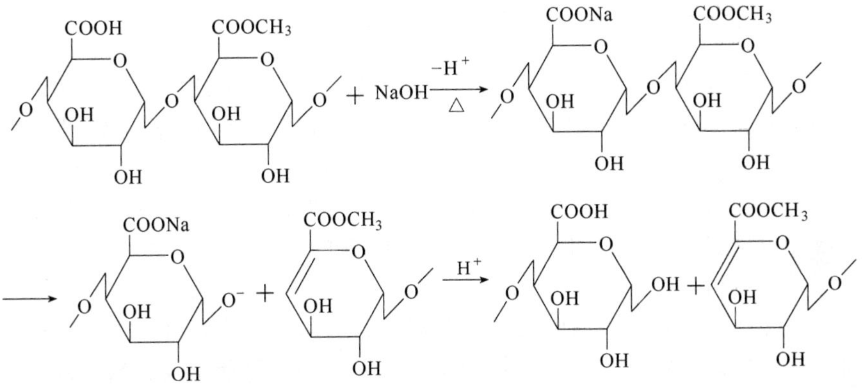

图 3-50　多糖的转消性水解

果品加工中，碱液有利于去皮；商品果胶要求在 pH3.5 左右贮存，以及在果酱、果脯和果冻加工中，就利用了果胶在酸热条件下并不严重水解，在弱酸下最稳定以及高浓度糖可保护它的机理。

3.6 食品中碳水化合物的功能与作用

3.6.1 亲水功能

糖类化合物对水的亲和力是其基本的物理性质之一，这类化合物有许多亲水性羟基，羟基靠氢键键合与水分子相互作用，使糖及其聚合物发生溶剂化或者增溶。不同糖类化合物对水的结合速度和结合量有很大不同（表 3-14）。

表 3-14 糖吸收潮湿空气中水分的含量

糖	不同相对湿度(RH)和时间的吸水量/%		
	60%,1h	60%,9d	100%,25d
D-葡萄糖	0.07	0.07	14.50
D-果糖	0.28	0.63	73.40
蔗糖	0.04	0.03	18.40
无水麦芽糖	0.80	7.00	18.40
无水乳糖	0.54	1.20	1.40

虽然D-果糖和D-葡萄糖的羟基数目相同，但D-果糖的吸湿性比D-葡萄糖要大得多。在100%相对湿度环境中，蔗糖和无水麦芽糖的吸水量相同，而无水乳糖所能结合的水则很少。实际上，结晶好的糖完全不吸湿，因为它们的大多数氢键键合位点已经形成了糖-糖氢键。不纯的糖或糖浆一般比纯糖吸收水分更多，速度更快。“杂质”是糖的异头物时也可明显产生吸湿现象，有少量的低聚糖存在时吸湿更为明显，例如饴糖、淀粉糖浆中存在的异麦芽低聚糖。“杂质”可干扰糖-糖间的作用力，主要是妨碍糖分子间形成氢键，使糖的羟基更容易和周围的水分子发生氢键键合。

糖类化合物结合水和控制食品中水的活性是最重要的功能之一，结合水的能力通常为“保湿性”。根据这些性质可以确定，不同种类食品需要限制从外界吸入水分或者是控制食品中水分的损失。如生产糖霜粉时需添加不易吸收水分的糖，生产蜜饯、焙烤食品时需要添加吸湿性较强的淀粉糖浆、转化糖、糖醇等。

3.6.2 风味前体功能

低分子量糖类化合物的甜味是最容易辨别和令人喜爱的性质之一。蜂蜜和大多数果实的甜味主要取决于蔗糖、D-果糖或D-葡萄糖的含量。人所能感受到的甜味因糖的组成、构型和物理形态而异。

糖醇可作为食品甜味剂。有的糖醇（例如木糖醇）的甜度超过其母体中的木糖甜度，并具有低热量或无致龋齿等优点。此外，可作为甜味剂的还有山梨糖醇、赤藓糖醇、麦芽糖醇、乳糖醇、异麦芽糖醇等。

自然界中还存在少量且有高甜味的糖苷如甜菊苷、甜菊双糖苷等。一些多糖水解后的产物可作为甜味剂，如淀粉水解的产物淀粉糖浆、麦芽糖浆、果葡糖浆、葡萄糖等。

一些糖的非酶褐变反应除了产生深颜色黑色素外，还生成多种挥发性风味物质，这些挥发性物质有些是需要的，有些则是非需要的。例如花生、咖啡豆在焙烤过程中产生的褐变风味。这些褐变产物除了使食品产生风味外，它本身可能具有特殊的风味或者能增强其他的风味，具有这种双重作用的焦糖化产物是麦芽酚和乙基麦芽酚。

糖的热分解产物有吡喃酮、呋喃、呋喃酮、内酯、羰基化合物、酸和酯类等。这些化合物总的风味和香气特征使某些食品产生特有的香味。美拉德反应也可以形成挥发性香味剂，这些化合物主要是吡啶、吡嗪和吡咯等。当产生的挥发性和刺激性产物超过一定范围时，也会使人产生厌恶感。

3.6.3 风味结合功能

很多食品，特别是喷雾或冷冻干燥脱水的食品，碳水化合物在这些脱水过程中对于保持食品的色泽和挥发性风味成分起重要的作用，它可以使糖和水的相互作用转变成糖和风味剂的相互作用。

食品中的双糖比单糖能更有效地保留挥发性风味成分，这些风味成分包括多种羰基化合物（醛或酮）和羧酸衍生物（主要是酯类），双糖和分子量较大的低聚糖是有效的风味结合剂。环糊精因能形成包络结构，所以能有效地截留风味剂和其他小分子化合物。大分子量糖类化合物是一类很好的风味固定剂，应用最普遍和最广泛的是阿拉伯树胶。阿拉伯树胶在风味物颗粒的周围形成一层薄膜，从而可以防止水分的吸收、蒸发和化学氧化造成损失。阿拉伯树胶和明胶还用作柠檬、甜橙饮料和可乐等乳浊液的风味乳化剂。

3.6.4 增稠、胶凝和稳定作用

(1) 多糖溶液的增稠与稳定作用

多糖（亲水胶体或胶）主要具有增稠和胶凝的功能，此外还能控制液体食品与饮料的流动性质和质构以及改变食品的变形性等。在食品生产中，一般使用0.25%～0.5%浓度的胶即能产生极大的黏度甚至形成凝胶。

高聚物溶液的黏度同分子的大小、形状及其在溶液中的构象有关。在食品和饮料中，多糖的溶液是含有其他溶质的水溶液。一般多糖分子在溶液中呈无规则线团的状态，但是大多数多糖的状态与严格的无规则线团存在偏差，它们形成紧密的线团；线团的性质同单糖的组成与连接有关，有些是紧密的，有些是松散的。

如图3-51所示，溶液中线性高聚物分子旋转时占很大的空间，分子间彼此碰撞频率高，产生摩擦，因而具有很高黏度。线性高聚物溶液浓度高时黏度很高，甚至当浓度很低时，其溶液的黏度仍很高。黏度同高聚物的分子量大小、溶剂化高聚物链的形状及柔顺性有关。高度支链的多糖分子比具有相同分子量的直链的多糖分子占有的体积小得多，因而相互碰撞频率也低，溶液的黏度也比较低。

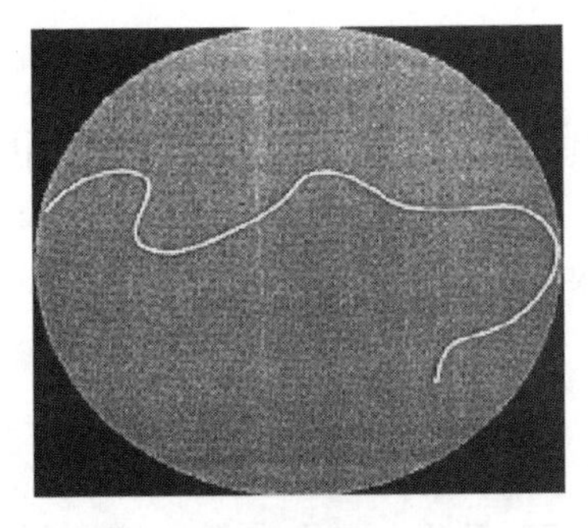

(a) 直链多糖

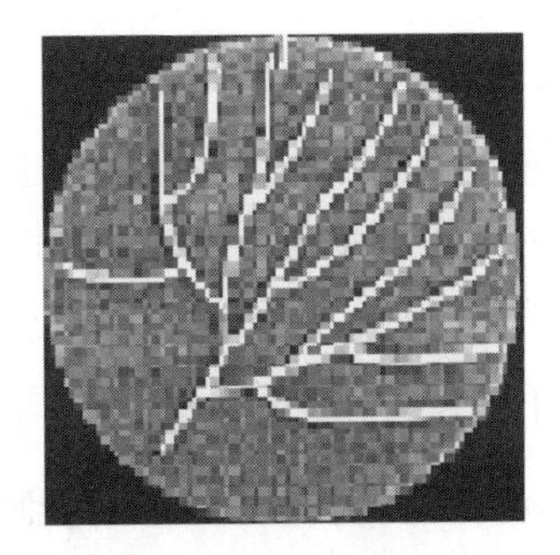

(b) 高度分支多糖

图3-51 相同分子量的多糖分子在溶液中占有的相对体积示意图

带一种电荷的直链多糖（一般是带负电荷，它由羧基或硫酸半酯基电离而得），由于同种电荷相互排斥，使溶液的黏度大大提高。一般情况下，不带电荷的直链均匀多糖分子倾向于缔合和形成部分结晶，这是因为不带电的直链均匀多糖分子通过加热溶于水形成了不稳定的分子分散体系，它会非常快地出现沉淀或胶凝。此过程的主要机理是不带电的多糖分子链段相互碰撞形成分子间键，因而分子间产生缔合，在重力作用下产生沉淀或形成部分结晶。

亲水胶体溶液的流动性质同水合分子的大小、形状、柔顺性及所带电荷的多少有关。多糖溶液一般具有两类流动性质：一类是假塑性，另一类是触变性。假塑性流体是剪切稀释，随剪切速率增高，黏度快速下降。流动越快，则黏度越小，流动速率随着外力增加而增加。黏度变化与时间无关，线性高聚物分子溶液一般是假塑性的。一般来说分子量越高的胶，假塑性越大。假塑性大的称为“短流”，其口感是不黏的；假塑性小的称为“长流”，其口感是黏稠的。触变性也是剪切变稀，随着流动速率增加，黏度降低。这种变化不是瞬时发生的，但在恒定的剪切速度下，黏度降低与时间有关。当剪切停止后，需要一定的时间才能恢复到原有的黏度，触变性溶液在静止时显示出弱凝胶结构。

(2) 多糖的胶凝作用

在许多食品中，一些共聚物分子（多糖或蛋白质）能形成海绵状的三维网状凝胶结构。连续的三维网状结构是由高聚物分子通过氢键、疏水相互作用力、范德华力、离子键、缠结或共价键形成联结区，网孔中充满了液相，液相是由低分子量溶质和部分高聚物组成的水溶液。如图 3-52 所示，两种鹿角藻胶在溶液中，通过分子间的缔合、缠结及产生有序螺旋结构，形成凝胶状网络结构；图 3-53 是典型的三维凝胶网络结构，其中涉及有序区、无定形区、缠结区等网络结构。

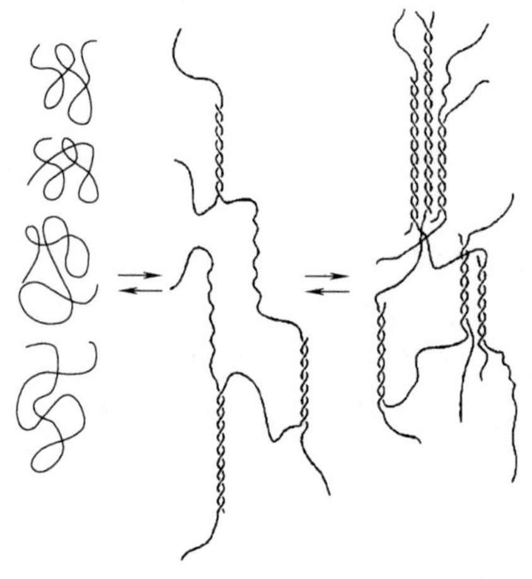

图 3-52 κ-和 ι-鹿角藻胶形成凝胶的机理

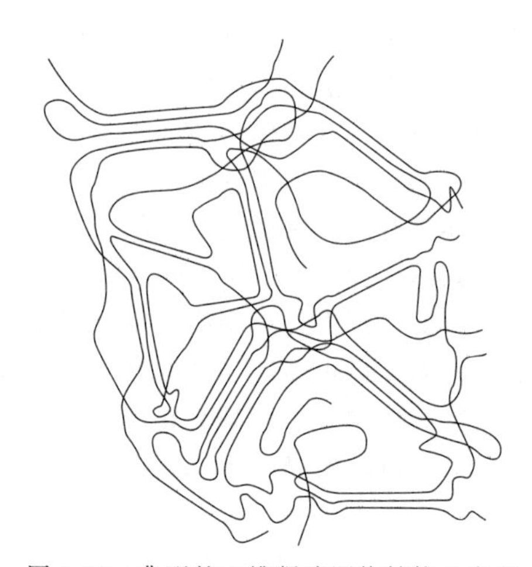

图 3-53 典型的三维凝胶网络结构示意图

凝胶具有二重性，既具有固体性质，也具有液体性质。海绵状三维网状凝胶结构是具有黏弹性的半固体，显示部分弹性和部分黏性。虽然多糖凝胶只含有 1%高聚物，含有 99%水分，但能形成很强的凝胶，例如甜食凝胶、果冻等。

3.6.5 膳食纤维

1972 年，Trowell 首次引入“膳食纤维”（dietary fiber）这个词，并将其定义为“食物中那些不被人体所消化吸收的植物成分”。1976 年 Trowell 重新给膳食纤维下了定义，即“将那些不被人体消化吸收的多糖类碳水化合物与木质素统称为膳食纤维”。2001 年美国化学家协会对膳食纤维的最新定义为：膳食纤维是指能抗人体小肠消化吸收，而在人体大肠能部分或全部发酵的可食用的植物性成分、碳水化合物及其相类似物质的总和，包括多糖、寡糖、木质素以及相关的植物物质。膳食纤维的化学组成主要包括三大部分：

① 纤维状碳水化合物：纤维素。

② 基料碳水化合物：果胶、果胶类化合物和半纤维素。

③ 填充类化合物：木质素。

从具体组成成分来看，膳食纤维包括阿拉伯半乳聚糖、阿拉伯聚糖、半乳聚糖、半乳聚糖醛酸、阿拉伯木聚糖、木糖葡聚糖、糖蛋白、纤维素和木质素等。各种不同来源的膳食纤维制品，其化学成分的组成与含量各不相同。

已知水溶性 β-葡聚糖是膳食纤维中一种天然化合物，在燕麦和大麦中含量较高。燕麦中的β-葡聚糖70%以上以β-(1→4)糖苷键连接，约30%以β-(1→3)糖苷键连接。1→3-键可以单独存在，也可被2～3个1→4-糖苷键分开，通常称这种(1→4，1→3)-β-葡聚糖为混合连接葡聚糖。

一般来说，膳食纤维可按溶解性分为可溶性膳食纤维(soluble dietary fiber，SDF)和非可溶性膳食纤维(insoluble dietary fiber，IDF)两大类。膳食纤维按来源又可分为大豆膳食纤维、玉米膳食纤维、麦麸膳食纤维等。可溶性膳食纤维能溶于水，并在水中形成凝胶，这种可溶性膳食纤维主要存在于水果、燕麦、豆类、海藻类和某些蔬菜中，它包括果胶等亲水胶体物质和部分半纤维素；非可溶性膳食纤维主要存在于全谷物制品如麦糠、蔬菜和坚果中。可溶性膳食纤维主要功能是可减少血液中的胆固醇水平，调节血糖水平，从而降低患心脏病的危险，改善糖尿病，有助于心血管健康；而非可溶性膳食纤维主要功能是膨胀，可以调节肠的功能，防止便秘，保持大肠健康，它包括纤维素、木质素和部分半纤维素。除了纤维类膳食纤维外，目前国际上将抗性淀粉也纳入膳食纤维范围。

膳食纤维的物化特征主要为：具有很高的持水力；对阳离子有结合和交换能力；对有机化合物有吸附螯合作用；具有类似填充剂的容积；可改善肠道系统中微生物菌群的组成。

膳食纤维的功能：预防结肠癌与便秘；降低血清胆固醇，预防由冠状动脉硬化引起的心脏病；改善末梢神经对胰岛素的感受性，调节糖尿病人的血糖水平；改变食物消化过程，增加饱腹感；预防肥胖症、胆结石和减少乳腺癌的发生率。

3.7 食品多糖加工化学

3.7.1 改性淀粉

为了适应各种使用的需要，将天然的淀粉经化学处理或酶处理，使淀粉原有的物化性质发生一定的变化，如水溶性、黏度、色泽、味道、流动性等。这种经过处理的淀粉总称为改性淀粉(modified starch)。改性淀粉的种类很多，例如预糊化淀粉、可溶性淀粉、漂白淀粉、交联淀粉、氧化淀粉、酯化淀粉、醚化淀粉、磷酸淀粉等。

(1) 预糊化淀粉

淀粉悬浮液在高于糊化温度下加热，经滚筒干燥法、喷雾干燥法或挤压膨胀法干燥脱水后，即得到可溶于冷水和能发生凝胶的淀粉产品，称为预糊化淀粉(pregelatinized starch)，也称α-淀粉。预糊化淀粉可用于生产老人及婴幼儿食品、鱼糜系列产品、火腿、腊肠及烘焙食品等。预糊化淀粉在冷水中可溶，省去了食品蒸煮的步骤，且原料丰富、价格低，比其他食品添加剂更经济，故常用于方便食品中。

(2) 可溶性淀粉

可溶性淀粉(soluble starch)又称作低黏度变性淀粉、酸变性淀粉。淀粉经过轻度酸或碱处理，其淀粉溶液在较高温度时具有良好的流动性，冷凝时能形成很硬的凝胶。生产可溶性淀粉的方法一般是在25～35℃的温度下，用盐酸或硫酸作用于40%的玉米淀粉浆，处理的时间可由黏度降低程度来决定，为6～24h，用纯碱或者稀NaOH中和水解混合物，再经过过滤和干燥即得到可溶性淀粉。可溶性淀粉可用于制作胶姆糖和糖果，也可用于增稠和制成膜。

(3) 酯化淀粉

酯化淀粉(esterized starch)是利用淀粉的糖基单体上含有三个游离羟基，能与酸或酸酐形成酯，取代度(取代度：degree of substitution，指淀粉的每个D-葡萄糖单元上的活性羟基被取代的物质的量。常用DS表示）能从0变化到最大值3，常见的有淀粉醋酸酯、硝酸淀粉和磷酸淀粉。

工业上用醋酸酐或乙酰氯在碱性条件下作用于淀粉乳而制备淀粉醋酸酯，基本上不发生降解作用。低取代度的淀粉醋酸酯（取代度<0.2，乙酰基<5%）的凝沉性弱，稳定性高，用醋酸酐和吡啶在100℃进行酯化而获得。三醋酸酯含乙酰基44.8%，能溶于醋酸、氯仿和其他氯烷烃溶剂中，其氯仿溶液常用于测定黏度、渗透压力、旋光度等。利用CS_2作用于淀粉得黄原酸酯，用于除去工业废水中的铜、铬、锌和其他许多重金属离子，效果很好。为使产品不溶于水，使用高度交联淀粉为原料制备。

硝酸淀粉为工业上生产很早的淀粉酯衍生物，用于炸药。用N_2O_5在含有NaF的氯仿溶液中氧化淀粉能得到完全取代的硝酸淀粉，可用于测定分子量。

磷酸为三价酸，与淀粉作用生成的酯衍生物有磷酸一酯、磷酸二酯和磷酸三酯。用正磷酸钠和三聚磷酸钠（$Na_5P_3O_{10}$）进行酯化，得磷酸淀粉一酯。磷酸淀粉一酯糊具有较高的黏度、透明度、胶黏性。用具有多官能团的磷化物，如三氯氧磷（$POCl_3$）进行酯化时可得一酯和交联的二酯、三酯混合物。二酯和三酯称为磷酸多酯，属于交联淀粉。因为淀粉分子的不同部分被羟酯键交联起来，淀粉颗粒的膨胀受到抑制，糊化困难，黏度和黏度稳定性均提高。酯化程度低的磷酸淀粉可改善某些食品的抗冻-解冻性能，降解冻结-解冻过程中水分的离析。

（4）醚化淀粉

淀粉糖基单体上的游离羟基可被醚化而得醚化淀粉（etherized starch）。甲基醚化为研究淀粉结构的常用方法，用二甲硫酸和NaOH或AgI和Ag_2O制备醚，游离羟基被甲基取代，水解后根据所得甲基糖的结构确定淀粉分子中葡萄糖单位间联结的糖苷键。工业生产一般用前法，特别是制备低取代度的甲基醚。制备高取代度的甲基醚则需要重复甲基化操作多次。

低取代度甲基醚具有较低的糊化温度，较高的水溶解度和较低的凝沉性。取代度1.0的甲基淀粉能溶于冷水，但不溶于氯仿；随着取代度的再提高，水溶解度降低，氯仿溶解度升高。

颗粒状或糊化淀粉在碱性条件下易与环氧乙烷或环氧丙烷反应，生成部分取代的羟乙基或羟丙基醚衍生物。低取代度的羟乙基淀粉具有较低的糊化温度，受热膨胀较快，糊的透明度和胶黏性较高，凝沉性较弱，干燥后形成透明、柔软的薄膜。醚键对于酸、碱、温度和氧化剂的作用都很稳定。

（5）氧化淀粉

工业上应用次氯酸钠或次氯酸处理淀粉，通过氧化反应改变淀粉的胶凝性质得到的产品称作氧化淀粉（oxidized starch）。这种氧化淀粉的黏度较低，但稳定性高，较透明，颜色较白，生成薄膜的性质好。氧化淀粉在食品加工中可形成稳定溶液，适用于作分散剂或乳化剂。高碘酸或其钠盐能氧化相邻的羟基成醛基，在研究糖类的结构中有应用。

（6）交联淀粉

淀粉能与丙烯酸、丙烯氰、丙烯酰胺、甲基丙烯酸甲酯、丁二烯、苯乙烯和其他人工合成的高分子的单体起连枝反应生成共聚物。所得共聚物称作交联淀粉（branched starch），有两类高分子（天然和人工合成）的性质，依接枝比例、接枝频率和平均分子量而定。接枝比例为接枝高分子占共聚物的质量比例；接枝频率为接枝链之间平均葡萄糖单位数目，由接枝比例和共聚物平均分子量计算而得。

淀粉链上连接合成高分子（$CH_2=CHX$）支链的结构不同，其性质也有所不同。若$X=-CO_2H$，$-CO(CH_2)_n$，$-N^+R_3Cl$，所得共聚物溶于水，能用作增稠剂、吸收剂、上浆料、胶黏剂和絮凝剂等。若$X=-CN$，$-CO_2R$和苯基等，则所得共聚物不溶于水，能用于树脂和塑料。表3-15列出了部分玉米淀粉的性质。

表 3-15 部分玉米淀粉的性质

种类	直链淀粉：支链淀粉	糊化温度范围/℃	性质
普通淀粉	1：3	62～72	冷却解冻稳定性不好
糯质淀粉	0：1	63～70	不易老化
高直链淀粉	(4：1)～(3：2)	66～92	颗粒双折射小于普通淀粉
酸变性淀粉	可变	69～79	与未变性淀粉相比，热糊的黏性降低
羟乙基淀粉	可变	58～68($DS_{0.04}$)	增加糊的透明性，降低老化作用
磷酸单酯淀粉	可变	56～66	降低糊化温度和老化作用
交联淀粉	可变	高于未改性的淀粉，取决于交联度	峰值黏度减小，糊的稳定性增大
乙酰化淀粉	可变	55～65	糊状物透明，稳定性好

(7) 抗性淀粉

近来研究发现，有部分淀粉在人体小肠内无法消化吸收。过去一直认为淀粉可在小肠内完全消化吸收的观点受到了质疑，新型的一种淀粉分类方法也就应运而生。目前，国内外多数学者根据抗消化淀粉的形态及物理化学性质，又将抗消化淀粉分为 4 种：RS_1、RS_2、RS_3、RS_4。

① RS_1 称为物理包埋淀粉，是指淀粉颗粒因细胞壁的屏障作用或蛋白质等的隔离作用而难以与酶接触，因此不易被消化。加工时的粉碎及碾磨，摄食时的咀嚼等物理动作可改变其含量。常见于轻度碾磨的谷类、豆类等食品中。

② RS_2 是指抗消化淀粉颗粒，为有一定粒度的淀粉，通常为生的薯类和香蕉。经物理和化学分析后认为，RS_2 具有特殊的构象或结晶结构（B 型或 C 型 X 衍图谱）、对酶具有高度抗性。

③ RS_3 为老化淀粉，主要是糊化淀粉经冷却后形成的。凝沉的淀粉聚合物，常见于煮熟又放冷却的米饭、面包、油炸土豆片等食品中。这类抗消化淀粉又称 RS_{3a} 和 RS_{3b} 两部分，其中 RS_{3a} 为凝沉的支链淀粉，RS_{3b} 为凝沉的直链淀粉，RS_{3b} 的抗酶解性最强。

④ RS_4 为化学改性淀粉，经基因改造或化学方法引起的分子结构变化以及一些化学官能团的引入而产生的抗酶解性，如乙酰基、羟丙基淀粉、热变性淀粉及磷酸化淀粉等。

食品中存在的抗性淀粉（resistant starch）有许多有益作用，常见食物中抗性淀粉的含量如表 3-16。如与膳食纤维相似，能刺激有益菌群生长，被认为属于膳食纤维的一种；具有调节血糖的作用；食后可增加排便量，减缓便秘，降低患结肠癌的危险；可降低血胆固醇和甘油三酯，具有一定的减肥作用等。目前市场上已有抗性淀粉出售，如 Novelose 和 Crystalean，抗性淀粉含量分别为 30%和 10%。

影响淀粉老化的因素，也就是影响食物中抗消化淀粉（主要指 RS_3）含量的因素，根据其性质可分为内因和外因。内因是指食物中淀粉性质和食物组成成分有关的因素，主要包括原料的组成、直链淀粉与支链淀粉的比、淀粉颗粒的大小、淀粉分子的聚合度或链长等；外因则指有关的加工条件、处理方式以及食物形态等。常见的食物直链淀粉/支链淀粉比与抗消化淀粉含量如表 3-17。

表 3-16 常见食物中抗性淀粉的含量

品名	总淀粉/%(干重)	抗性淀粉/%
即食土豆	73	1
热熟土豆	74	5
豆片	49	6
生土豆淀粉	97.5	64.9
玉米片	78	3
面粉(小麦)	77	1
直链玉米淀粉	98.6	68.8

表 3-17 常见的食物直链淀粉/支链淀粉比与抗消化淀粉含量

食物名称	直链淀粉：支链淀粉	抗消化淀粉/%
直链玉米淀粉(Ⅰ)	70：30	21.3±0.3
直链玉米淀粉(Ⅱ)	54：47	17.8±0.2
豌豆淀粉	33：67	10.5±0.1
小麦淀粉	25：75	7.8±0.2
普通玉米淀粉	25：74	7.0±0.1
马铃薯淀粉	20：80	4.4±0.1
蜡质玉米淀粉	<1：99	2.5±0.2

3.7.2 改性纤维素

纤维素不溶于水，对稀酸、稀碱稳定，聚合度大，化学性质稳定，可通过控制反应条件，生产出许多的纤维素衍生物。商品化的纤维素主要有羧甲基纤维素（CMC）、甲基纤维素（MC）、乙基纤维素（EC）、甲乙基纤维素（MEC）、羟乙基纤维素（HEC）、羟丙基纤维素（HPC）、羟乙基甲基纤维素（HEMC）、羟乙基乙基纤维素（HEEC）、羟丙基甲基纤维素（HPMC）、微晶纤维素（MCC）等。纤维素衍生物常用的有羧甲基纤维素（carboxymethyl cellulose，CMC）、甲基纤维素和微晶纤维素。

（1）羧甲基纤维素钠

羧甲基纤维素钠（sodium carboxymethyl cellulose，CMC-Na）：利用氢氧化钠-氯乙酸处理纤维素，就可得到CMC-Na。经过改性，分子上带有负电荷的羧甲基，因此性质变得很像亲水性多糖胶。CMC是食品界中使用最为广泛的改性纤维素，取代度为0.7～1.0时易溶于水，形成无色无味的黏液，溶液为非牛顿液体，黏度随温度的升高而降低。溶液在pH5～10时稳定，在pH7～9时有最高的稳定性。当有二价金属离子存在的情况下，溶解度降低，形成不透明的液体分散体系，三价阳离子存在下能产生凝胶沉淀。CMC-Na水溶液的黏度也受pH影响。当pH为7时，黏度最大，通常pH值为4～11较合适，而pH值在3以下，则易生成游离酸沉淀，其耐盐性较差。但因其与某些蛋白质发生胶溶作用，生成稳定的复合物，从而扩展蛋白质溶液的pH值范围。此外，现已有耐酸耐盐的产品。

CMC-Na在食品工业中应用广泛，我国规定本品可用于速煮面和罐头中，最大的用量为5.0g/kg；用于果汁牛乳，最大用量为1.2g/kg；用于冰棒、雪糕、冰淇淋、糕点、饼干、果冻、膨化食品，可按正常生产需要使用。

在果酱、番茄酱或乳酪中添加CMC-Na，不仅增加黏度，而且可增加固形物的含量，还可使其组织柔软细腻。在面包和蛋糕中添加CMC-Na，可增加其保水作用，防止老化。在方便面中添加CMC-Na，较易控制水分，且可减少面条的吸油量，并且还可增加面条的光泽，一般用量为0.1%～0.36%。在酱油中添加CMC-Na，以调节酱油的黏度，使酱油具有滑润口感。CMC-Na对于冰淇淋的作用类似于海藻酸钠，但CMC-Na的价格低廉，溶解性好，保水作用也较强，所以CMC-Na常与其他乳化剂并用，以降低成本，而且CMC-Na与海藻酸钠并用有相乘作用，通常CMC-Na与海藻钠混用时的用量为0.3%～0.5%，单独使用时用量为0.5%～1.0%。

（2）甲基纤维素

甲基纤维素（methyl cellulose，MC）：使用氢氧化钠和一氯甲烷处理纤维素，就可得到MC，这种改性属于醚化。食用MC的取代度约1.5，取代度为1.69～1.92的MC在水中有最高的溶解度，而黏度主要取决于分子的链长。

甲基纤维素除有一般亲水性多糖的性质外，比较突出和特异之处有三点。一是它的溶液在被加热时，起初黏度下降与一般多糖相同，然后黏度很快上升并形成凝胶，凝胶冷却时又转变为溶液；这个现象是由于加热破坏了个别分子外面的水层而造成聚合物间疏水键增加的缘故；电解质（如氯化钠）和非电解质（如蔗糖或山梨醇）可降低形成凝胶的温度，也许是因为它们争夺水的缘故。二是MC本身是一种优良的乳化剂，而大多数多糖胶仅是乳化剂或稳定剂。三是MC在一般的食用多糖中有最优的成膜性。

（3）羟乙基纤维素

羟乙基纤维素（hydroxyethyl cellulose，HEC）是一种水溶性纤维素醚，是用相当数量的羟乙基醚支链代替原纤维素分子中的羟基生成的产品。HEC是白色粉末状固体。不同级别的 HEC 产品分子量不同，黏度也不一样，可按纯度或摩尔取代度（MS）分为若干等级。所有出售的不同级别的 HEC 产品均溶于热水和冷水，并形成完全溶解、透明、无色溶液。这种溶液可以冷冻而后融化，或加热至沸腾后冷却，均不发生胶凝作用或沉淀现象。HEC 溶于少数有机溶剂，具有成膜性。HEC 水溶液可以与阿拉伯胶、瓜尔豆胶、黄原胶、甲基纤维素、海藻酸钠等联合使用。HEC 常用作改性剂和添加剂。HEC 在整个的配方中一般占很小的比例，但却可以对产品性质产生明显的影响。HEC 在低浓度时有增稠作用；对分散体系有稳定的作用；有良好的抗油脂性和优良的胶黏性、可渗透性等；有良好的保水力。HEC 广泛应用于各种型号的乳胶漆中。

（4）微晶纤维素

利用稀酸长时间水解纤维素，纤维素中无定形区的糖苷键被打断，保留的结晶区即微晶纤维素（microcrystalline cellulose，MCC）。它不溶于酸，直径约为 0.2μm。纤维素分子是由 3000 个 β-D 吡喃葡萄糖基单位组成的直链分子，非常容易缔合，具有长的接合区。但是长而窄的分子链不能完全排成一行，结晶区的末端是纤维素链的交叉，不再是有序排列，而是随机排列。当纯木浆用酸水解时，酸穿透密度较低的无定型区，使这些区域中的分子链水解断裂。

目前已制得的两种 MCC 都是耐热和耐酸的。第一种 MCC 为粉末，是喷雾干燥产品，喷雾干燥使微晶聚集体富集，形成多孔的类海绵状结构；微晶纤维素粉末主要用于风味载体及作为干酪的抗结块剂。第二种 MCC 为胶体，它能分散在水中，具有与水溶性胶相似的功能性质。为了制造 MCC 胶体，在水解后，施加很大的机械能，将结合较弱的微晶纤维拉开，使主要部分成为胶体颗粒大小的聚集体。为了阻止干燥期间聚集体重新结合，加入 CMC 提供了稳定的带负电的颗粒，将 MCC 隔开，防止 MCC 重新缔合，有助于重新分散。

MCC 胶体主要的功能为：特别是在高温加工过程中，能稳定泡沫和乳状液；形成似油膏质构的凝胶；提高果胶和淀粉凝胶的耐热性；提高黏附力；替代脂肪和控制冰晶生长。MCC 之所以能稳定乳状液与泡沫，是由于 MCC 吸附在界面上并加固了界面膜，因此 MCC 是低脂冰淇淋和其他冷冻甜食产品的常用配料。

思考题

1. 阐述单糖的结构和理化性质。
2. 阐述常见双糖的结构与性质。
3. 阐述几种功能性低聚糖的结构特点和功能。
4. 阐述美拉德反应的机理及影响美拉德反应的因素。
5. 美拉德反应对食品有哪些有利和不利的影响？如何利用美拉德反应？
6. 简述淀粉糊化和老化的机理及其影响因素。如何预防淀粉老化？
7. 在食品加工中如何加速淀粉的糊化？其原理是什么？
8. 如何控制食品中淀粉的老化？如何利用老化原理制备抗性淀粉？
9. 简述焦糖化反应的概念及其作用。
10. 食品非酶褐变有哪些反应？如何控制？
11. 什么是环糊精？环糊精有什么特点？在食品工业和其他工业如何应用？
12. 变性淀粉有哪些？各有什么特点？
13. 什么是抗性淀粉？如何分类？它有什么食品功能性？
14. 简述膳食纤维及其生理活性。抗性淀粉作为膳食纤维与纤维素类膳食纤维有什么异同？

15. 比较单糖和多糖在性质上的异同点。
16. 简述多糖的结构与功能的关系。
17. 纤维素的改性和淀粉的改性在食品工业中未来的前景如何?
18. 以一种多糖为例，简述如何在食品加工中利用多糖的凝胶性。
19. 以面包为例，说明面包老化的机理。如何控制面包的老化?
20. 多糖加工化学有什么前景?

第4章 脂类

学习提要

熟悉和掌握油脂的主要物理和化学性质及脂肪酸的命名方法；油脂作为营养素对人体的主要功能性；食品中主要油脂的分类、甘油三酯的组成特点、动物油脂和植物油脂的差别、油脂加工中物化性质的变化、影响油脂物理和化学变化的因素。重点掌握油脂酸败的原理及其控制因素。了解常见植物油脂的组成特点、油脂精炼、油脂改性和应用等内容。

4.1 概述

4.1.1 脂类的概念

脂类化合物是指一类易溶于有机溶剂（如氯仿、乙醚、四氯化碳、丙酮、苯等），不溶或微溶于水的有机化合物。依据动植物中脂类成分在脂类溶剂和水中溶解度的不同，将其进行分离、纯化和分析鉴定。脂类化合物种类繁多，结构各异，主要有脂肪（三酰基甘油、中性脂）、磷脂、糖脂、固醇等。食物中脂类化合物95%是三酰基甘油，5%是其它脂类。一般来说，呈固态的称为“脂”，呈液态的称为“油”，但脂类的固态和液态随温度而发生变化，因此脂和油这两个名称通常可以互换使用。

油脂是人体所需的营养素之一，是很好的热量来源，每克油脂产生9.5kcal（1kcal＝4186.8J）的热量，比碳水化合物和蛋白质高出一倍，而且油脂中含有人体不能合成一定要摄自食物以维持健康的必需脂肪酸，如亚油酸、亚麻酸等。人们日常生活的主要脂类来自于植物油脂（如菜籽油、花生油、大豆油、葵花子油、芝麻油、油茶籽油等）和动物油脂（如猪油、牛油、羊油、鱼油等），其中植物油脂消费远高于动物油脂，主要是植物油脂中不饱和脂肪酸含量高。表4-1是一些常见的动物油脂和植物油脂中主要脂肪酸组成成分，表中显示不同来源的动物、植物，油脂成分组成不同。实际上，同一种植物不同品种和不同种植环境，其脂肪酸的组成也是不同的；动物油脂饱和脂肪酸含量普遍高于植物油脂，不同种类动物、不同生长阶段、不同组织中油脂脂肪酸组成也是不同的。

食品中的脂类化合物不仅提供营养、热量，而且赋予食物光洁的外观、令人愉悦的口感和风味。脂类化合物具有独特的物理、化学性质，它们的组成、晶体结构、同质多晶现象、凝固和熔化性质及同其他非脂类物质间的相互作用等，与食品的外观、质构和色香味等密切关联，如巧克力、人造奶油、冰淇淋、烘焙食品等。脂类化合物在食品加工与贮藏过程中所发生的氧化、水解等反应，会给食品的品质造成不利或有益的影响。此外，饱和、不饱和脂类成分对人和动物健康的影响一直受到研究者的关注。

表 4-1　一些常见油料中主要脂肪酸的含量

分类	名称	主要脂肪酸成分/%											
		月桂酸 C12:0	肉豆蔻酸 C14:0	棕榈酸 C16:0	棕榈油酸 C16:1	硬脂酸 C18:0	油酸 C18:1	亚油酸 C18:2	亚麻酸 C18:3	花生酸 C20:0	花生一烯酸 C20:1	花生四烯酸 C20:4	芥酸 C22:1
植物油脂	菜籽油		0～0.2	1.5～7.0	0～3.0	0.5～3.1	8.0～60.0	11.0～23.0	5.0～13.0	0～3.0	3.0～15.0		3.0～60.0
	大豆油			8.0～13.5		2.5～5.4	17.7～28.0	49.8～59.0	5.0～11.0	0.1～0.6	0～0.5		0～0.3
	花生油	0～0.1	0.01～2.23	10.0～18.0	0.08～0.14	3.0～5.50	33.3～67.4	13.9～47.5	0.02～0.04	1.0～1.88	1.1～1.4	0.74～2.27	
	葵花子油		～0.2	5.0～7.6		2.7～6.5	14.0～39.4	48.3～74.0	～0.3				
	芝麻油			7.9～12.0	0～0.2	4.5～6.7	34.4～45.5	36.9～47.9	0.2～1.0	0.3～0.7	0～0.3		0～0.05
	玉米油			7～16.01	0.09～0.15	0～2.66	25～45	50～60	0～3	0～1.0	0.27～0.56		
	茶籽油	～0.03	～0.085	2.5～20.8	0.01～1.7	2.1～3.12	50.2～75.7	11.5～23.63	0～1.96	～0.09	0～0.69	0～1.0	0～0.05
	油茶籽油	～0.57	～0.058	6.1～15		1.4～3.8	74.0～87.0	7～14	～0.6	～0.61	～0.55		
	橄榄油		～0.025	6.9～20	0.3～3.5	0.5～5.0	55.0～83.0	3.5～21	0.03～0.9	0.1			
	棉籽油		0.6～1.0	21.4～26.4	0.89	2.1～3.3	14.7～21.7	46.7～58.2	～0.4	0.19～3.45	～2.90	～3.40	～3.85
	核桃油	～0.02		3.08～7.91	～0.17	2.0～6.0	11.5～25.0	50.0～69.0	6.5～15.0	～0.1	～0.18		～0.04
	瓜蒌籽油		～0.54	4.25～6.76	0.10～0.14	3.77～4.06	20.81～21.67	31.94～47.15	0.49～30.97	～0.32	～0.74	11.91	
	牡丹籽油		～0.1	5.49～17.12	～0.1	1.41～1.8	21.3～23.1	24.7～25.3	39.21～44.2	～0.2	～0.2		
	米糠油		0.1～0.45	12～18	0.2～0.4	0.10～3.0	34.0～50.0	29.0～64.56	0.09～1.62	～1.0	～0.6		
动物油脂	猪油		1.83～2.2	27.09～32.2	1.3～2.22	15.4～18.34	36.42～41.9	5.2～11.79		1.8		～0.30	
	牛油	0.25～0.31	3.86～5.73	29.31～37.6	1.6～1.81	21.3～24.88	20.37～31.4	1.0～2.7	～0.71	～0.7		～0.031	
	羊油		2.11～3.56	8.94～37.6	1.83～3.42	11.52～34.57	36.8～64.60	2.36～3.58	～1.55	～1.32			
	淡水鱼油	～7.49	0.76～5.92	12.39～27.26	1.05～13.26	1.58～20.62	17.01～44.56	2.86～34.96	0.21～2.83				
	海水鱼油		3.14～10.18～	12.51～29.85	0.59～10.03	3.39～8.92	13.46～27.94	1.31～2.99	0.42～0.91	～0.93	1.84～2.40		

4.1.2　脂肪酸的命名

天然脂肪是甘油和脂肪酸结合而成的，脂肪酸可看作天然脂肪水解得到的脂肪族一元酸。自然界中已知的天然脂肪酸有 800 多种，天然脂肪酸绝大多数是偶数直链饱和、不饱和脂肪酸，也有少量其他脂肪酸存在，如奇数脂肪酸、支链脂肪酸和羟基脂肪酸等。脂肪酸烃链部分中不含双键的为饱和脂肪酸，如软脂酸、硬脂酸等；不饱和脂肪酸的烃链中含有双键，如油酸含 1 个双键、亚油酸含 2 个双键、亚麻酸含 3 个双键、花生四烯酸含 4 个双键。脂肪酸常以俗名或系统命名法命名，如表 4-2 所示。

表 4-2　一些常见的脂肪酸命名

缩写	系统命名	俗名	符号
4:0	丁酸	酪酸	B
6:0	己酸	羊油酸	H
8:0	辛酸	亚羊脂酸	Oc
10:0	癸酸	羊蜡酸	D
12:0	十二酸	月桂酸	La
14:0	十四酸	肉豆蔻酸	M
16:0	十六酸	棕榈酸	P
18:0	十八酸	硬脂酸	St
20:0	二十酸	花生酸	Ad
16:1(*n*-7)	9-十六碳烯酸	棕榈油酸	Po
18:1(*n*-9)	9-十八碳烯酸	油酸	O
18:2(*n*-6)	9,12-十八碳二烯酸	亚油酸	L
18:3(*n*-3)	9,12,15-十八碳三烯酸	α-亚麻酸	α-Ln
18:3(*n*-6)	6,9,12-十八碳三烯酸	γ-亚麻酸	γ-Ln
20:4(*n*-6)	5,8,11,14-二十碳四烯酸	花生四烯酸	An
20:5(*n*-3)	5,8,11,14,17-二十碳五烯酸	二十碳五烯酸	EPA
22:1(*n*-9)	13-二十二碳烯酸	芥酸	E
22:5(*n*-3)	7,10,13,16,19-二十二碳五烯酸	二十二碳五烯酸	DPA
22:6(*n*-3)	4,7,10,13,16,19-二十二碳六烯酸	二十二碳六烯酸	DHA

① 普通名称或俗名

通常根据来源命名，如棕榈酸、月桂酸、酪酸、硬脂酸和油酸等。

② 系统命名法

脂肪酸的系统命名法是从脂肪酸的羧基端开始对碳链的碳原子编号，然后按照有机化学中的系统命名方法进行命名；不饱和脂肪酸也是以母体不饱和烃来命名，并把双键位置写在某烯酸前面。

脂肪酸的表示是以数字标记表示碳原子数和双键数，数字与数字之间有一个冒号，冒号前面的数字表示碳原子数，冒号后的数字表示双键数。如，十六酸（棕榈酸）表示为 16:0，分子式为：$CH_3CH_2CH_2CH_2CH_2CH_2CH_2CH_2CH_2CH_2CH_2CH_2CH_2CH_2COOH$。

如，9,12-十八碳二烯酸（亚油酸）表示为 18:2，分子式为：

$$CH_3CH_2CH_2CH_2CH_2CH{=}CHCH_2CH{=}CHCH_2CH_2CH_2CH_2CH_2CH_2CH_2COOH$$

不饱和脂肪酸还有另一种表示方式，从碳链甲基端即 ω（omega）碳开始编号，以 ω-表示其第一个双键的碳原子位置（现在也有用 *n*-来表示此种命名法）。由于天然多烯酸（一般含 2～6 个双键）的双键都是被亚甲基隔开，因此，只要确定了第一个双键的位置，其余双键的位置也就确定了，如油酸为 18:1（ω-9），亚油酸为 18:2（ω-6），而 α-亚麻酸则为 18:3（ω-3）。

不饱和脂肪酸双键的几何构型一般可用顺式（*cis*）和反式（*trans*）来表示，它们分别表示烃基在分子的同侧或异侧。不饱和脂肪酸天然存在的形式是顺式构型，但反式构型在热力学上更稳定。

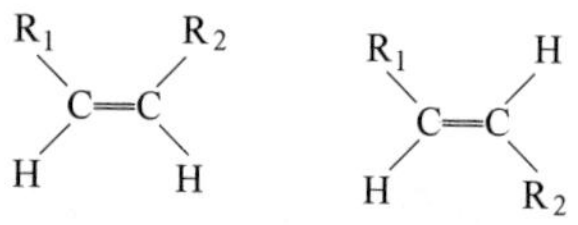

顺式　　　　反式

如果双键两端连接的 4 个基团完全不同，可根据堪恩-英戈尔德-普莱劳格（Cahn-Engold-Prelog）确定的方法，按连接在双键两个碳原子上的两个原子或基团的排列顺序规则，凡两个排位较优的原子或基团（即原子序数较大的）在双键平面的同侧，用 Z（德文 Zusammen，表相同）表示构型；如果位于双键的异侧，则用 E（德文 Entgegen，表相反）表示构型。

当用三酰基甘油的缩写时，每种脂肪酸可以用其英文名称的第一个字母表示。例如，P 和 L 分别表示棕榈酸（palmitic acid）和亚油酸（linoleic acid）。

4.1.3 脂类的分类

脂类按其结构组成的不同可分为简单、复合及衍生脂类，如表 4-3 所示。

表 4-3 脂类的分类

主类	亚　类	组成
简单脂类	酰基甘油	甘油＋脂肪酸
	蜡	长链脂肪醇＋长链脂肪酸
复合脂类	磷酸酰基甘油(或甘油磷脂)	甘油＋脂肪酸＋磷酸盐＋其他含氮基团
	神经鞘磷脂	鞘氨醇＋脂肪酸＋磷酸盐＋胆碱
	脑苷脂	鞘氨醇＋脂肪酸＋糖
	神经节苷脂	鞘氨醇＋脂肪酸＋碳水化合物
衍生脂类		类胡萝卜素、类固醇、脂溶性维生素

(1) 简单脂类

简单脂类（simple lipids）是由脂肪酸与醇所生成的酯。根据其中醇的性质又可分为两类：①脂肪酸与甘油构成的酯称为甘油酯或酰基甘油；②脂肪酸与高级一元醇所构成的酯称为蜡。

(2) 复合脂类

复合脂类（complex lipids）分子中既有脂肪酸与醇形成的酯，又结合了其他成分，主要是磷酸、含氮化合物、糖基及其衍生物、鞘氨醇及其衍生物等。

(3) 衍生脂类

衍生脂类（derived lipids）的成分符合脂类的共同溶解特征，但又不是简单或复合脂类，如类固醇、类胡萝卜素、脂溶性维生素等。

脂类主要来源于动植物。在植物组织中，脂类主要存在于种子或果仁中，在根、茎、叶中含量较少；动物体中脂类主要存在于皮下组织、腹部网膜和内脏器官周围等；许多微生物细胞中也能积累脂肪。

甘油三酯俗称中性油，是天然油脂的主要成分，此外，天然油脂中还含有少量其他各种复杂的非甘油三酯成分，如磷脂、固醇、脂肪烃、脂肪醇、脂肪酸、色素、脂溶性维生素等。

4.1.4 磷脂

磷脂是含磷酸的复合脂类，由于连接在甘油磷酸基与羟基上的基团不同，可分为甘油磷脂类和鞘氨醇磷脂类，如磷脂酰胆碱（俗称卵磷脂，lecithin）、磷脂酰乙醇胺（俗称脑磷脂，cephalin）、磷脂酰丝氨酸、磷脂酰肌醇等。这些磷脂类广泛存在于动植物中，已证明具有生物学功能。

$$
\begin{array}{l}
\qquad\qquad\qquad\qquad\qquad\qquad\qquad CH_2OOC(CH_2)_{16}CH_3 \\
CH_3(CH_2)_4CH=CHCH_2CH=CH(CH_2)_7COOCH \qquad O^- \\
\qquad\qquad\qquad\qquad\qquad\qquad\qquad CH_2O-\overset{|}{\underset{\|}{P}}-O-(CH_2)_2N^+CH_3 \\
\qquad\qquad\qquad\qquad\qquad\qquad\qquad\qquad\quad O
\end{array}
$$

磷脂酰胆碱

$$
\begin{array}{l}
\qquad\quad CH_2OOC(CH_2)_{16}CH_3 \\
R_2COOCH \qquad O^- \\
\qquad\quad CH_2O-\overset{|}{\underset{\|}{P}}-O-CH_2-CH_2-\overset{+}{N}H_3 \\
\qquad\qquad\qquad O
\end{array}
$$

磷脂酰乙醇胺

$$
\begin{array}{l}
\qquad\quad CH_2OOR_1 \\
R_2COOCH \qquad O^- \\
\qquad\quad CH_2O-\overset{|}{\underset{\|}{P}}-O-CH_2-\underset{|}{C}H-\overset{+}{N}H_3 \\
\qquad\qquad\qquad O \qquad\qquad\quad COO^-
\end{array}
$$

磷脂酰丝氨酸

$$
\begin{array}{l}
\qquad\quad CH_2OOR_1 \\
R_2COOCH \qquad O^- \\
\qquad\quad CH_2O-\overset{|}{\underset{\|}{P}}-O-O-\text{(肌醇环: OH, OH, OH, OH, OH)} \\
\qquad\qquad\qquad O
\end{array}
$$

磷脂酰肌醇

4.1.5　油脂的结构和组成

(1) 油脂的结构

甘油三酯是由 1 个甘油分子和 3 个脂肪酸分子脱水而成，反应式如下：

$$
\begin{array}{ccccc}
CH_2OH & & HO-\overset{\overset{O}{\|}}{C}-R_1 & & CH_2-O-\overset{\overset{O}{\|}}{C}-R_1 \\
| & & & & | \\
CHOH & + & HO-\overset{\overset{O}{\|}}{C}-R_2 & \longrightarrow & CH-O-\overset{\overset{O}{\|}}{C}-R_2 \;+\; 3H_2O \\
| & & & & | \\
CH_2OH & & HO-\overset{\overset{O}{\|}}{C}-R_3 & & CH_2-O-\overset{\overset{O}{\|}}{C}-R_3 \\
\text{甘油} & & \text{脂肪酸} & & \text{甘油三酯}
\end{array}
$$

天然脂肪是甘油与脂肪酸结合而成的一酰基甘油、二酰基甘油和三酰基甘油混合物，但天然脂肪主要是以三酰基甘油形式存在。如上式中，如果 R_1、R_2、R_3 相同，就称作简单三酰基甘油，否则称为混合三酰基甘油。由于 R_1、R_2、R_3 不相同时，油脂分子产生不对称作用，用构型表示时，可采用 L-或 R-表示。自然界中的油脂多为混合三酰基甘油，构型为 L 型。

(2) 甘油三酯的命名

甘油本身是完全对称的分子，但当伯羟基之一（在 C1 和 C3 上）被酯化时，或者当 2 个伯羟基被不同的酸酯化时，则中心碳原子成为手征性（非对称）。目前广泛采用 Sn-系统命名法（立体定向编号，Sn：stereospecific numbering）对甘油三酯进行命名，即使用甘油的 Fisher 平面投影，使甘油处于平面的 L 构型（A），中间的羟基位于中心碳原子的左边时，将 C 原子从顶到底的次序编号为 Sn-1、Sn-2、Sn-3。在此基础上，对任何甘油三酯命名时，只要标明这三个位置上的羟基分别与哪种脂肪酸成酯即可。

$$\begin{array}{l} \quad\quad\quad CH_2OH \rightarrow Sn\text{-}1(\alpha) \\ \quad\quad\quad\ | \\ (A)\ HO—C—H\ \ \rightarrow Sn\text{-}2(\beta) \\ \quad\quad\quad\ | \\ \quad\quad\quad CH_2OH \rightarrow Sn\text{-}3(\alpha) \end{array}$$

$$\begin{array}{l} \quad\quad\quad\quad\quad\quad\quad\quad\quad\quad\quad\quad\quad\quad\quad\quad CH_2OOC(CH_2)_{10}CH_3 \\ \quad\quad\quad\quad\quad\quad\quad\quad\quad\quad\quad\quad\quad\quad\quad\quad\ | \\ (B)\ CH_3(CH_2)_7CH{=}CH(CH_2)_7COO—CH \\ \quad\quad\quad\quad\quad\quad\quad\quad\quad\quad\quad\quad\quad\quad\quad\quad\ | \\ \quad\quad\quad\quad\quad\quad\quad\quad\quad\quad\quad\quad\quad\quad\quad\quad CH_2OOC(CH_2)_{10}CH_3 \end{array}$$

如（B），可命名为Sn-甘油-1-硬脂酸酯-2-油酸酯-3-肉豆蔻酸酯，或者1-硬脂酰-2-油酰-3-肉豆蔻酰-Sn-甘油。甘油基团上其他取代脂肪酸也同样遵循Sn-命名法则。由于Sn-系统命名法比较烦琐，有时仍采用传统的α、β命名法，该法也可以部分表示出甘油三酯的立体结构，α是指Sn-1、Sn-3位，β是指Sn-2位。

(3) 甘油三酯中脂肪酸的分布

油脂的性质除受脂肪酸的种类和含量影响外，也会受到脂肪酸在三酰基甘油中的分布影响。不少研究者提出了脂肪酸在三酰基甘油分子中分布的理论，其中重要的分布理论有以下几种。

① 均匀或最广泛分布

均匀或最广泛分布理论是Hilditch和Williams于1964年提出的。该理论认为，天然脂肪的脂肪酸可能倾向于广泛地分布在全部三酰基甘油分子中，如果一种脂肪酸S的含量低于总脂肪酸含量的1/3，那么这种脂肪酸在任何三酰基甘油分子中只能有一次机会出现，如果X表示另一种脂肪酸，那么，只会形成XXX和SXX两种三酰基甘油分子；若脂肪酸S含量介于总脂肪酸含量的1/3和2/3之间，则它在三酰基甘油分子中应该至少出现1次，但绝对不会出现3次，即仅SXX和SSX存在；当脂肪酸S含量超过总脂肪酸含量的2/3时，它在每个分子中至少可以出现两次，即只可能存在SSX和SSS两种三酰基甘油分子。

均匀或最广泛分布理论与很多天然脂肪酸，特别是动物来源的脂肪中脂肪酸的分布明显不相符合。事实上，在饱和脂肪酸低于67%的脂肪中也存在饱和三酰基甘油。这种理论只适用于由两种脂肪酸构成的体系，而且没有考虑位置异构体，因此，这种理论不完全正确。

② 随机（1,2,3-随机）分布

按照这种理论，脂肪酸在每个三酰基甘油分子内和全部三酰基甘油分子间都是随机分布的。因此，甘油基所含3个位置的脂肪酸组成应该相同，而且与总脂肪的脂肪酸组成相同。这样，一个给定脂肪酸（Sn-XYZ）组成的三酰基甘油分子，它在整个脂肪中的含量可以根据相应脂肪酸在脂肪中的总含量来计算确定。

$$\text{Sn-XYZ}(\%)=(\text{总脂肪中 X 的摩尔分数})\times(\text{总脂肪中 Y 的摩尔分数})\times(\text{总脂肪中 Z 的摩尔分数})\times10^{-4}$$

例如，假若一种脂肪含8%棕榈酸（P）、2%硬脂酸（St）、30%油酸（O）和60%亚油酸（L），就可能有64种三酰基甘油分子（$n=4$，$n^3=64$）。以下是其中三种三酰基甘油的含量的计算：

$$\text{Sn-OOO}(\%)=30\times30\times30\times10^{-4}=2.7$$
$$\text{Sn-PLSt}(\%)=8\times60\times2\times10^{-4}=0.096$$
$$\text{Sn-LOL}(\%)=60\times30\times60\times10^{-4}=10.8$$

大多数脂肪并不完全符合随机分布模式。在天然脂肪中，Sn-2位置的脂肪酸组成不同于结合在Sn-1,3位的脂肪酸。随机分布理论对于天然脂肪中脂肪酸分布的预测，存在一定的差异，但是它应用于经过随机酯交换反应的脂肪，则是可行的。

③ 有限随机分布

有限随机分布是卡尔赦（Kartha）1953 年提出的。该假说认为，动物脂肪中饱和酸是随机分布的，而全饱和三酰基甘油（SSS）的量只能达到使脂肪在体内保持流动的程度。按照这种理论，过量的 SSS 将会同 UUS 和 UUU 进行交换，形成 SSU 和 SUU（S 表示饱和脂肪酸，U 表示不饱和脂肪酸）。Kartha 的假说不能解释位置异构体或单个脂肪酸在甘油基上的位置分布。

④ 1,3-随机-2-随机分布

该理论是在胰脂酶定向水解 Sn-1、Sn-3 位脂肪酰研究基础上，于 1960～1961 年分别由 Vander Wal、Coleman 和 Fulton 提出。该理论认为：脂肪酸在 Sn-1,3 位和 Sn-2 位的分布是独立的，互相没有联系，而且脂肪酸是不同的；Sn-1,3 位和 Sn-2 位的脂肪酸的分布是随机的。由于 Sn-1,3 位的脂肪酸随机分布在 Sn-1 和 Sn-3 位上，所以，Sn-1 和 Sn-3 位上的脂肪酸组成是相同的。根据这种假说，对一个给定的三酰基甘油的含量可计算如下：

$$\text{Sn-XYZ}(\%)=(\text{X 在 1,3 位的摩尔分数})\times(\text{Y 在 2 位的摩尔分数})\times(\text{Z 在 1,3 位的摩尔分数})\times 10^{-4}$$

1,3-随机-2-随机分布理论对一般动物脂肪、乳脂、种子油脂应用效果良好。

(4) 天然脂肪中脂肪酸的位置分布

近年来，利用立体有择分析技术，有可能详细测定许多脂肪中三酰基甘油的每个位置上各个脂肪酸的分布，表 4-4 列出了一些天然植物和动物脂肪中脂肪酸在甘油基上的分布模式的差别。

表 4-4　一些天然植物和动物脂肪的三酰基甘油中脂肪酸的位置分布

来源	位置	脂肪酸摩尔分数/%														
		4:0	6:0	8:0	10:0	12:0	14:0	16:0	18:0	18:1	18:2	18:3	20:0	20:1	20:2	22:0
椰子	1		1	4	4	39	29	16	3	4	—					
	2		0.3	2	5	78	8	1	0.5	3	2					
	3		3	32	13	38	8	1	0.5	3	2					
可可脂	1							34	50	12	1					
	2							2	2	87	9					
	3							37	53	9	—					
玉米	1							18	3	28	50					
	2							2	—	27	70					
	3							14	31	52	1					
大豆	1							14	6	23	48	9				
	2							1	—	22	70	7				
	3							13	6	28	45	8				
橄榄	1							13	3	72	10	0.6				
	2							1	—	83	14	0.8				
	3							17	4	74	5	1				
花生	1							14	5	59	19		1	1		1
	2							2	—	59	39		—	—		0.5
	3							11	5	57	10		4	3	6	3
牛乳	1	5	3	1	3	3	11	36	15	21	1					
	2	3	5	2	6	6	20	33	6	14	3					
	3	43	11	2	4	3	7	10	4	15	0.5					
牛脂	1						4	41	17	20	4	1				
	2						9	17	9	41	5	1				
	3						1	22	24	37	5	1				
猪脂	1						1	10	30	51	6					
	2						4	72	2	13	3					
	3						—	—	7	73	18					

① 植物三酰基甘油

所有植物油脂，不饱和脂肪酸尤其是油酸、亚油酸优先连接在 Sn-2 位上，饱和脂肪酸与长碳链（指>C18）不饱和脂肪酸，集中在 Sn-1 和 Sn-3 位上。一般种子油脂中常见脂肪酸的不饱和脂肪酸，尤其是亚油酸优先连接在 Sn-2 位；饱和酸几乎只出现在 Sn-1,3 位上。在大多数情况下，各个饱和酸或不饱和酸是近似等量地分布在 Sn-1 和 Sn-3 位。

饱和程度较高的植物脂肪具有与上述不同的分布模式。可可脂中约有 80%的三酰基甘油是二饱和的，18:1 集中在 Sn-2 位，饱和酸几乎只在伯位上（主要品种为 β-POSt），Sn-1 位的油酸约为 Sn-2 位的 1.5 倍。

椰子油中 80%左右的三酰基甘油是三饱和的，月桂酸集中在 Sn-2 位，辛酸在 Sn-3 位，肉豆蔻酸和棕榈酸在 Sn-1 位。

含芥酸的植物油，如菜籽油中，芥酸优先连接在 Sn-1,3 位，但是在 Sn-3 位的量超过在 Sn-1 位的量。

② 动物三酰基甘油

对于动物油脂，饱和脂肪酸集中在 Sn-1 位，短链酸与不饱和酸在 Sn-2 位，长链不饱和酸（指>C_{18}）在 Sn-3 位。猪油、鱼油中软脂酸集中在 Sn-2 位；鸟类脂肪的 Sn-1 与 Sn-3 位置上，很可能是同一脂肪酸；反刍动物乳脂的 Sn-3 位，集中了短链酸；哺乳动物的 C20/22 多烯酸，也集中在 Sn-3 位上。一般来说，动物油脂中，Sn-2 位的饱和脂肪酸含量高于植物脂肪，且 Sn-1 与 Sn-2 位的组成也有较大的差别。大多数动物脂肪中，16:0 酸优先在 Sn-1 位进行酯化，而 14:0 酸则在 Sn-2 位进行酯化。猪油较独特，16:0 酸主要集中在中心位置，18:0 酸主要集中在 Sn-1 位，18:2 酸集中在 Sn-3 位；大量油酸在 Sn-1 位和 Sn-3 位。

4.2 脂类的物理性质

油脂的物理性质由其结构决定，如连接在甘油上脂肪酸的碳链长度、不饱和程度及构型等。纯净的油脂无色、无味，常见食用油带有色泽，是加工过程脱色不完全，油脂中含有类胡萝卜素、叶绿素等色素物质所致；油脂不挥发，其气味多由非脂成分产生，如脱臭不完全、油脂氧化等原因而带有原料本身特征风味或产生异味。

4.2.1 脂类的一般物理性质

(1) 溶解度

① 在水中的溶解度

一般情况下，油脂在水中的溶解度或水在油脂中的溶解度都比相应的脂肪酸小得多，但油脂溶于水的能力大于水溶于油脂的能力。随着温度的升高，脂肪酸、油脂与水的相互溶解能力均有所提高。水在油脂中溶解度的增加与温度的升高近乎呈线性关系，温度越高溶解度越大，但是在 200℃以上油脂迅速水解。

短碳链脂肪酸较易溶于水，如甲酸、乙酸可与水无限混溶；随着脂肪酸碳链的增长，其溶解度降低，C6～C10 脂肪酸则少量溶于水，C12 以上的脂肪酸在水中的溶解度极小。据此特点，可分离高级和低级脂肪酸，也可定性或定量地鉴别含有较多的短链脂肪酸的油脂。

含中等碳链脂肪酸较多的椰子油和含羟基酸较多的蓖麻油比棉籽油、豆油等能溶解较多的水。

② 在有机溶剂中的溶解度

脂肪酸是长碳链的化合物，容易溶解于非极性溶剂中；脂肪酸带极性羟基基团的，也易溶于极性溶剂中。脂肪酸在有机溶剂中的溶解度随碳链增长而降低，随不饱和度增大而增大。

在超过油脂的熔点时，油脂可以与大多数有机溶剂混溶。一般来说，大部分油脂易溶于非极性溶剂中，只有在高温下才能较多地溶解于极性溶剂中。

油脂与有机溶剂的溶解有以下两种情况：一种是溶剂与油脂完全混溶，当降温至一定程度时，油脂以晶体形式析出，这类溶剂称为脂肪溶剂；另一种是某些极性较强的有机溶剂在高温时可以和油脂完全混溶，当温度降至某一值时，溶液变浑浊而分为两相，一相是溶剂中含有少量油脂，另一相是油脂中含有少量溶剂，这类溶剂称为部分混溶溶剂。据此原理，可以有效地分离和提纯油脂。

(2) 熔点

饱和脂肪酸的熔点只取决于碳链的长度，偶数碳原子的正构饱和脂肪酸的熔点在一条曲线上，奇数碳原子的在另一条曲线上，随碳原子数增加，两条曲线逐渐接近。每个奇数碳原子脂肪酸的熔点小于与它最接近的两个偶数碳原子脂肪酸的熔点，如十七酸的熔点（61.3℃）低于十八酸（69.6℃）和十六酸（62.7℃）。

碳链中引入一个双键降低熔点，双键越向碳链中部移动，熔点降低越大，顺式双键产生的这种影响大于反式；双键增加熔点更下降；但共轭双键不在此列，含共轭双键的脂肪酸比含非共轭双键的脂肪酸熔点高。

脂肪酸碳链引入羟基则熔点升高，引入甲基熔点降低，同样的取代基引入越多，效应越大，甲基越接近碳链中部熔点降低越多。

(3) 密度

脂肪酸和甘油酯的密度通常随碳链增长而减小；随不饱和度的增加，同碳原子数的脂肪酸和甘油酯的密度略有增加；含羟基和羰基的脂肪酸密度最大。

天然油脂是酰基甘油的混合物，其密度与组成的关系复杂。常温下脂肪的密度均小于水的密度。液体油的密度随温度升高而缓慢降低。三酰基甘油从固态熔化为液态，密度大约降低10%。

(4) 折射率

脂肪酸的折射率通常随不饱和度的增加和碳链的增长而增加。同系列化合物，分子量越大，折射率越大，但是，同系列的两个相邻化合物的折射率之差，却随分子量的增加而逐渐缩小；双键增加折射率升高，而共轭双键的存在，又比同样的非共轭的化合物具有更高的折射率。

油脂在氢化过程中，碳链长度不变，而双键逐渐减少，碘价随之下降并与折射率的降低呈直线关系，因此，可以用折射率控制油脂的氢化程度。

(5) 烟点、闪点和着火点

① 烟点：指在不通风的条件下加热，观察到样品发烟时的温度。

② 闪点：在严格规定的条件下加热油脂，油脂挥发物能被点燃，但不能维持燃烧的温度。

③ 着火点：在严格规定的条件下加热油脂，直到油脂被点燃后能够维持燃烧5s以上时的温度。

上述俗称油脂的“三点”，是油脂品质的重要指标之一。在油脂加工中，这些指标可以反映产品中杂质的含量情况，如精炼后的油脂其烟点一般高于240℃；对于含有较多游离脂肪酸的油脂，如未精炼加工的油脂，其烟点会大幅度下降。一般植物油的闪点不低于225～240℃，脂肪酸的闪点要低于其油脂的闪点100～150℃；着火点通常比闪点高20～60℃。

4.2.2 油脂的同质多晶现象

同质多晶现象是指具有相同的化学组成但晶体结构不同的一类化合物，这类化合物熔化时可生成相同的液相。同质多晶现象，不仅存在于长链的脂肪酸、脂肪酸酯和脂肪酸甘油酯之中，而且也普遍存在于长链烃、醇、酮等化合物中。

(1) 脂肪酸的晶体

长链脂肪酸的晶体为长柱形，每根棱上是1对脂肪酸分子，羧基与羧基相对，共4对(8个分子)；长柱中心有1对分子，这5对（10个分子）脂肪酸分子构成1个结晶单位，叫做晶胞。晶胞与晶胞之间共用棱上的分子对。

晶体有直立的，也有倾斜的。当其直立时，长边 c 为长间隔，夹角边（$a=b$）为短间隔；当其倾斜时，$a\neq b$，c 与 ab 平面成夹角 β，角 β 称为倾角，此时长间隔 $d=c\cdot\sin\beta$，即 d 与碳链长度成正比例。如，硬脂酸的晶胞数据（图4-1）：$a=5.54$Å，$b=7.38$Å，$c=48.84$Å，$\beta=63°38'$，$d=43.76$ Å。晶胞主要有3种不同的堆积排列方式，如图4-2所示，形成三斜、正交及六方堆积晶系。当脂肪固化时，甘油三酯会进行高度有序排列，形成三维晶体结构。甘油三酯分子的晶体结构具有这三种主要的堆积排列类型，即三斜、正交及六方堆积，分别称为β、β′及α型晶体。另外，在快速冷却熔融甘油三酯时会产生一种非晶体，称之为玻璃质。

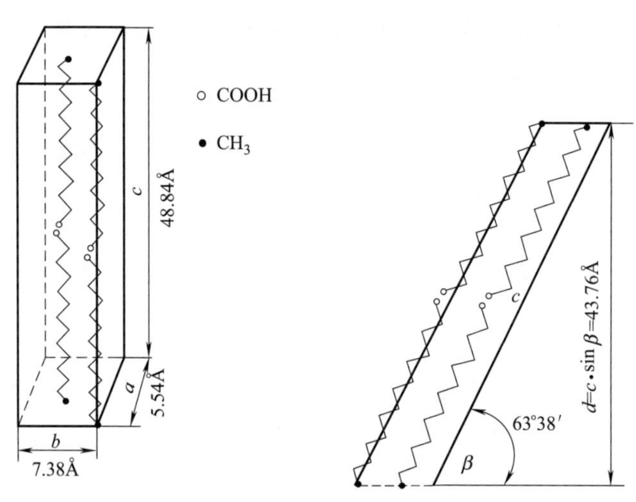

图4-1 硬脂酸的晶胞

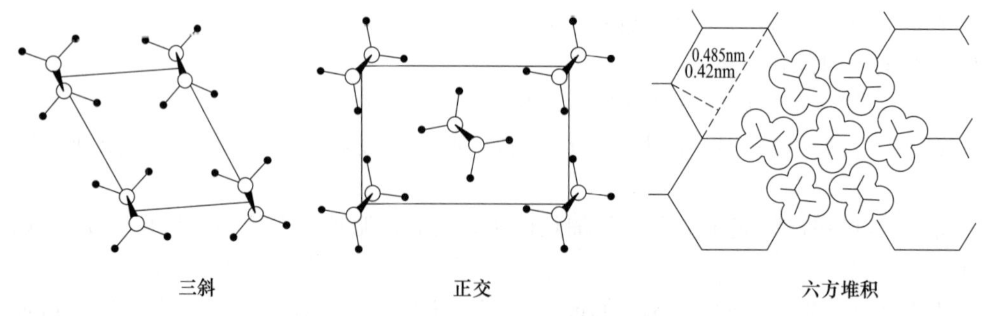

图4-2 三斜、正交及六方堆积示意图

自月桂酸起，偶数碳脂肪酸通常都有两种晶型，有时也出现三种（A、B、C）晶型，视结晶条件不同而异，其中长间隔 c 最大的为A型，依次为B型，最小为C型。非极性溶剂（苯、甲苯等）中结晶出的为B型；极性溶剂（乙酸、乙醇等）中结晶的脂肪酸只有豆蔻酸、软脂酸和硬脂酸。当加热A型、B型至C型熔点以下10～15℃时，二者均不可逆转变为C型，所以脂肪酸的不同晶型具有相同的熔点。而甘油三酯则不然，在脂肪酸的A、B、C三种晶型中，C型的长间隔最短，倾角最小，所以最稳定。奇数脂肪酸除A、B、C三种晶型外，还存在着第四种晶型D。长链脂肪酸甲酯、偶数碳者无多种晶型，奇数碳者有两种晶型存在。

甘油三酯分子的晶体最稳定形式为三斜晶胞，其烃链平面是相互平行的，取向完全一致；其次为正交晶胞，其烃链平面是相互垂直的，取向部分一致；六方晶胞稳定性最差，为无序排列，游离能最高，其示意图如图4-3所示。

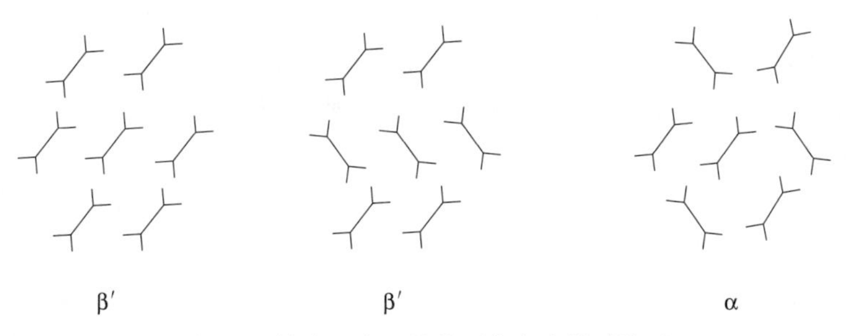

图4-3 甘油三酯3种晶型的有序排列情况

(2) **甘油三酯的晶体**

长链脂肪酸甘油三酯，一般存在3～4种晶型，按熔点逐步升高的顺序分别称为玻璃质、α、β′、β。玻璃质不是真正的晶体，α的晶胞为直立体，β和β′则为倾角不等的倾斜体。测量甘油三酯晶体的长间隔，可知两分子之间的结合方式有音叉式和三倍碳链式结构，如图4-4所示。

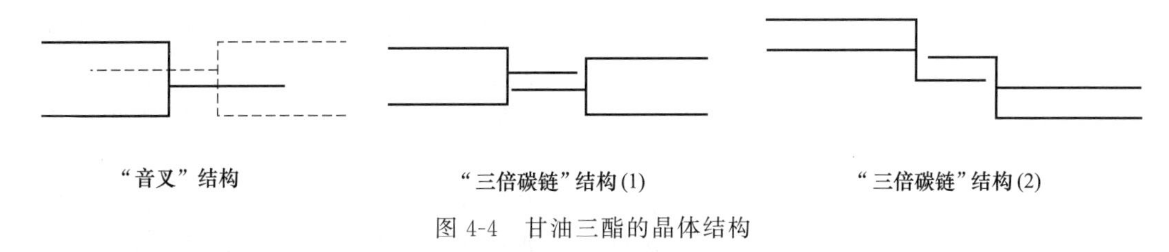

图4-4 甘油三酯的晶体结构

迅速冷却熔融的甘油三酯，即得到玻璃质；再缓慢加热时，其晶型变化过程一般为玻璃质→α→β′→β（稳定型），有时为玻璃质→α→β。缓慢冷却时则成为α型，因为此时有充分的时间使分子中长碳链整齐排列为晶体，而不生成非晶体的玻璃质。

(3) **油脂的同质多晶现象在食品加工中的应用**

在食品工业中，常要求析出的结晶具有一定的物理性能，以适应油脂的稳定性、过滤性、稠度、外观及流动性等，这些均与同质多晶现象密切相关。如生产色拉油（凉拌油）或硬脂酸时，所用油脂或脂肪酸都是在一定的温度下经过冷却，使其中的固体成分结晶析出，再进行过滤分离。如果冷却速度太快，析出的晶粒过细则使过滤（分离）变得十分困难。油脂中即使含有60%的固体甘油三酯，也可控制结晶过程而使油脂易于流动，便于用泵输送，这就要求形成稳定的β晶型，而避免成为不稳定的α晶型。

对于同一种晶型，由于结晶方法不同，也会生成短而粗或细而长的晶粒。人造奶油和起酥油中均含有多种甘油三酯，含细晶粒的稠度大于粗晶粒，这便要求控制工艺条件以使油脂具有理想的稠度。这类产品还要求具有一定的塑性，在产品中不呈现颗粒。为此，油脂先进行低温速冻，使之生成众多细小的 α 晶体，然后保持稍高的温度，继续冷却使之转变为熔点较高的 β 晶体，此时部分 α 晶体熔化。生产巧克力糖果时，欲使表层的巧克力稳定且美观，也需要适当控制温度并在可可脂中加入高熔点的晶体，方能如愿。研究同质多晶现象可用 X 射线检验法、视觉法、热法及膨胀测定法等。

4.2.3 油脂的塑性

室温下呈固态的油脂有猪油、牛油、羊油、起酥油、天然奶油及人造奶油等，实际上这些油脂是由液体油和固体脂两部分组成的混合物，通常在很低的温度下才能完全转化为固体。这种由液体油和固体脂均匀融合并经一定条件加工而成的脂肪称为塑性脂肪。塑性脂肪在一定的外力范围内，具有抗变形能力，可保持一定的外形。油脂的塑性必须具备以下条件：①由固液两相组成；②固体颗粒充分地分散，使整体（固液两相）由共聚力保持成为一体；③固液两相比例适当，即固体粒子不能太多，避免形成刚性的交联结构，但也不能太少，否则没有固体粒子骨架的阻碍会造成整体流动。

人造奶油、起酥油是典型的商品塑性脂肪，其涂抹性、稠度等特性都取决于油脂的可塑性大小。油脂的可塑性，取决于一定温度下固液两相的比例、固液甘油三酯的结构、固体脂的晶型和晶粒大小、液体油的黏度以及加工条件和加工方法等因素。其中固液两相的比例最为重要，当油脂中固液比例适当时，油脂的可塑性好；当固体脂过多或过少时，可塑性不好，前者油脂过硬，后者油脂过软易变形。一般来说，当油脂的晶型为 β′时，油脂的可塑性好。

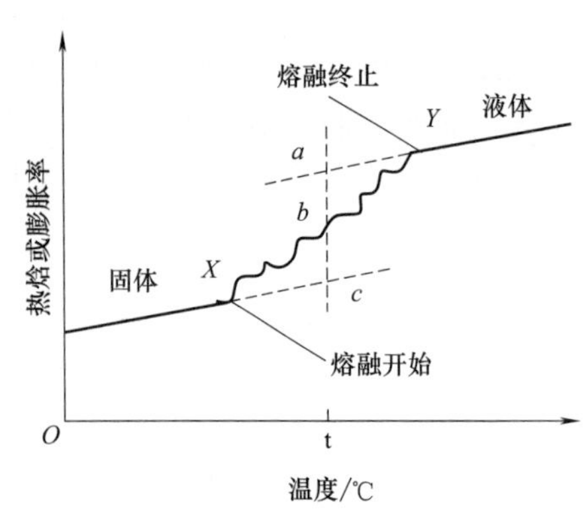

图 4-5 甘油三酯混合物的熔化热或熔化膨胀曲线

固液两相比例又称为固体脂肪指数（solid fat index，SFI），可以通过测定塑性脂肪的膨胀特性来确定油脂中的固液两相的比例，或者测定脂肪中固体脂的含量来了解油脂的塑性特征。固体脂和液体油在加热时都会引起比体积的增加，这种非相变膨胀称为热膨胀。由固体脂转化为液体油时因相变引起的体积增加称为熔化膨胀。用膨胀计来测量液体油与固体脂的比容（比体积）随温度的变化就得到了塑性脂肪的熔化膨胀曲线（图 4-5）。固体在 X 点开始熔化，在 Y 点处全部转化为液体，曲线 XY 表示体系中固体成分逐步熔化。在曲线 b 点处是固-液混合物，此时固体脂的比例是 ab/ac，而液态油的比例是 bc/ac，固体脂肪指数 SFI 就是固液比（ab/bc）。

如果脂类在一个很窄的温度范围内熔化，XY 的斜率会很大；如果脂类的熔点范围很大，脂类就有较宽的塑性范围。因此，脂肪的塑性范围可以通过添加相对熔点较高或较低的成分来改变。

4.2.4 油脂的乳化和乳化剂

正常条件下，油难溶于水，油在水表面的扩散运动受到水的性质影响，如水温、水的酸碱性等。要使油均匀分散到水中，就需要破坏或减少水分子和油分子间的界面张力，形成两种分散体系，即连续相和分散相。

(1) 乳状液

乳状液是由两种互不相溶的液相组成的分散体系，其中一相是以直径 0.1～50μm 的液滴或液晶分散在另一相中，以液滴或液晶的形式存在的液相称为“内”相或分散相，使液滴或液晶分散的相称为“外”相或连续相。液滴和（或）液晶分散在液体中，形成水包油（O/W）或油包水（W/O）的乳状液。牛乳是典型的 O/W 型乳状液，奶油是 W/O 型乳状液。

小分散液滴的形成使两种液体之间的界面面积增大，并随着液滴直径的变小，界面面积呈指数关系增加。由于液滴分散增加了两种液体的界面面积，需要较高的能量使界面具有大的正自由能，所以乳状液是热力学不稳定体系，在一定条件下会发生破乳现象，产生相分离。破乳主要有以下几种类型。

① 分层（layering，stratification，creaming）或沉降（settlement，sedimentation）：由于重力作用，使密度不相同的相产生分层或沉降，当液滴半径越大，两相密度差越大，分层或沉降就越快。

② 絮凝（flocculation）或群集（clustering，packing）：分散相液滴表面的静电荷量不足，斥力减少，液滴与液滴相互靠近而发生絮凝，发生絮凝的液滴界面膜没有破裂。

③ 聚结（coalescence）：液滴的界面膜破裂，分散相液滴相互结合，界面面积减小，严重时会在两相之间产生平面界面。

乳状液中添加乳化剂可阻止聚结。乳化剂是表面活性物质，它聚集在油/水界面上，可以降低界面张力和减少形成乳状液所需的能量，从而提高乳状液的稳定性。尽管添加乳化剂可降低张力，但界面自由能仍然是正值，因此，还是处在热力学不稳定的状态。

(2) 乳化剂

分子中既含有亲水基团又含有疏水基团的化合物称为乳化剂。根据其结构和性质不同，乳化剂可分为阴离子型、阳离子型和非离子型；根据其来源可分为天然乳化剂和合成乳化剂；按照作用类型可以分为表面活性剂、黏度增强剂和固体吸附剂；按其亲油亲水性可分为亲油型和亲水型。食品中常见的乳化剂有以下几种：

① 脂肪酸甘油单酯及其衍生物，如甘油单硬脂肪酸酯、一硬脂肪酸一缩二甘油酯等。

② 蔗糖脂肪酸酯。

③ 山梨醇酐脂肪酸酯及其衍生物，如脱水山梨醇单油酸酯（司盘 80）、聚氧乙烯脱水山梨醇单硬脂酸酯（吐温 60）、聚氧乙烯脱水山梨醇单油酸酯（吐温 80）等。

④ 磷脂，如改性大豆磷脂。

4.3 脂类的化学性质

常见的脂类化合物是甘油三酯的混合物，甘油基上连接不同脂肪酸，可进行酯的水解、酯交换等反应；连接在甘油基上的脂肪酸如果含有双键，能够进行加成、氧化、异构化、成环及聚合等反应。

4.3.1 脂类的水解

脂类化合物在酸、碱、加热、压力或催化剂等条件下，发生水解释放游离脂肪酸和甘油的过程称为脂类水解。水解反应分三步进行，如图 4-6 所示，第一步甘油三酯脱去一个酰基生成甘油二酯，第二步甘油二酯脱去一个酰基生成甘油一酯，第三步甘油一酯再脱去酰基

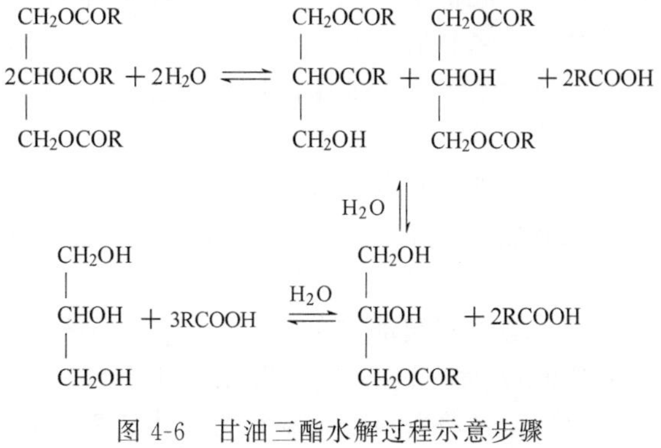

CH_2OCOR | 2CHOCOR | CH_2OCOR $+ 2H_2O \rightleftharpoons$ CH_2OCOR | CHOCOR | CH_2OH + CH_2OCOR | CHOH | CH_2OCOR + 2RCOOH

$\downarrow\uparrow H_2O$

CH_2OH | CHOH | CH_2OH + 3RCOOH $\underset{}{\overset{H_2O}{\rightleftharpoons}}$ CH_2OH | CHOH | CH_2OCOR + 2RCOOH

图 4-6　甘油三酯水解过程示意步骤

生成甘油和脂肪酸。

在食品工业方面，脂类水解反应非常重要。例如：食品在油炸过程中，油脂可达到相当高的温度，被油炸的食品中的水分进入油中，油脂不可避免在高温下发生水解反应；油脂水解后会产生大量的游离脂肪酸，导致油脂烟点下降，影响油炸食品的风味。

在活体动物组织中游离脂肪酸很少，但动物在宰杀后由于酶的作用可能生成游离脂肪酸。成熟的油料种子在收获时，油脂已经发生明显水解，并产生游离脂肪酸。由于游离脂肪酸不如甘油酯稳定，会导致油脂更快地氧化酸败。因此，油脂精炼中用碱中和处理，降低游离脂肪酸含量，目的就是提高油脂的品质和贮藏性能。另外，未经高温处理的植物油料，低温压榨或直接取油所获的毛油中常含有活性脂肪酶，如压榨的花生油、棕榈果油、核桃油等。在有水分存在的情况下，油脂短期内就会水解产生游离脂肪酸，导致油脂变质。因而影响脂肪酶活力的因素也影响着油脂水解酸败的速度，主要有以下方面。

(1) 温度

脂肪酶活力最佳的温度在25～35℃，高于50℃或低于15℃脂肪酶的活力都受到抑制。

(2) 介质的pH

介质的酸碱度对脂肪酶的影响很大。一般介质的pH在4.5～5.0时，脂肪酶的活力最大；pH过大或过小都会抑制脂肪酶的活力。

食品工业中，大多数情况下采取措施抑制脂肪酶对油脂的水解，但少数情况下有意增加脂解，如为了产生典型的干酪风味特地加入微生物和乳脂解酶；在制作面包和酸乳时也控制和选择地进行脂解，使脂肪水解产生相应的风味。

含低级脂肪酸越多的油脂，水解后的气味越强烈，如牛乳中的脂肪含丁酸和己酸，水解后的牛乳臭味中就有这种成分。

酶催化水解也被广泛地用来作为油脂研究中的一个分析工具。从动物中提取的胰脂酶可选择性地水解甘油三酯1,3位的酰基，因此被广泛用于测定甘油三酯的结构，测定酰基甘油分子中脂肪酸的位置分布。

4.3.2 脂类的氧化

脂肪酸是构成甘油三酯的主要成分，脂类的一些化学性质取决于其组成的脂肪酸。不饱和脂肪酸由于含有双键，比较活泼，易被氧化，在氧化剂（高锰酸钾、过氧酸、过氧化氢等）、空气、臭氧等各种氧化条件下，可以得到不同产物。饱和脂肪酸比较稳定，难以被氧化，但在强氧化剂、高温及长时间作用等条件下，也有被氧化的可能，可在分子的不同位置上发生氧化，使碳链断裂而生成二元酸、一元酸、醛、酮等物质的复杂混合物。

食用油脂在贮藏过程中，由于贮藏条件不当或时间过长，油脂被空气中的氧氧化或发生油脂水解，引起油脂品质发生劣变的现象称为“油脂的酸败”。变质后的油脂，游离脂肪酸含量升高，过氧化值上升，会产生被称为“哈喇味”或“酸败臭”等的特殊臭味，严重者甚至失去食用价值。根据油脂酸败时发生的化学本质，可将其分为水解酸败和氧化酸败两大类型。

目前预防油脂酸败的方法主要是防止氧化酸败。根据氧化途径的不同，可分为自动氧化、光敏氧化、酶促氧化和热氧化4种，其中自动氧化是油脂在空气中所发生酸败的主要原因。

4.3.2.1 脂类的自动氧化

脂类的自动氧化反应是典型的自由基链式反应，它具有以下特征：凡能干扰自由基反应的化学物质，都将明显地抑制氧化转化速率；光和产生自由基的物质对反应有催化作用；氢过氧化物 ROOH 产率高；光引发氧化反应时量子产率超过 1；用纯底物时，可察觉到较长的诱导期。脂类的自动氧化常遵循如下自由基反应机理：

链引发：$RH \xrightarrow{\text{引发剂}} R\cdot + \cdot H$

链传递：$R\cdot + O_2 \longrightarrow ROO\cdot$

$ROO\cdot + RH \longrightarrow ROOH + R\cdot$

链终止：$R\cdot + R\cdot \longrightarrow R—R$

$R\cdot + ROO\cdot \longrightarrow R—O—O—R$

$ROO\cdot + ROO\cdot \longrightarrow R—O—O—R + O_2$

在链引发阶段，不饱和脂肪酸及其甘油三酯（RH）在金属催化剂、光或热等作用下，使 RH 的双键 α-碳原子上的氢被除去，生成烷基自由基 R·；在链传递阶段，氧与 R·发生加成反应生成过氧化自由基 ROO·，ROO·又夺取另一个 RH 分子的 α-亚甲基上的氢，形成氢过氧化物 ROOH 和新的 R·，如此重复以上反应步骤。一旦这些自由基相互结合生成稳定的非自由基产物，则链反应终止。

一般来说，链引发反应的活化能较高，是整个反应中相对较慢的过程。所以通常靠催化方法产生最初几个引发正常传递反应所必需的自由基，如氢过氧化物的分解或引发剂的作用可导致第一步链引发的发生。

(1) 氢过氧化物的形成

氢过氧化物是脂类自动氧化的主要初期产物，但氢过氧化物是不稳定的化合物，一旦形成就立即分解，氧化产物的结构与其氧化底物（不饱和脂肪酸）的结构有关。生成自由基时，所裂解出来的 H 是与双键相连的亚甲基（$—CH_2—$）上的氢，然后氧分子攻击连接在双键上的 α 碳原子，并生成相应的氢过氧化物。在此过程中，一般伴随着双键位置的转移。

① 油酸

油酸分子的碳 8 和碳 11 的氢，可生成两个烯丙基中间产物，氧攻击每个基团的末端碳原子，生成 8-、9-、10-和 11-烯丙基氢过氧化物的异构体混合物（图 4-7）。

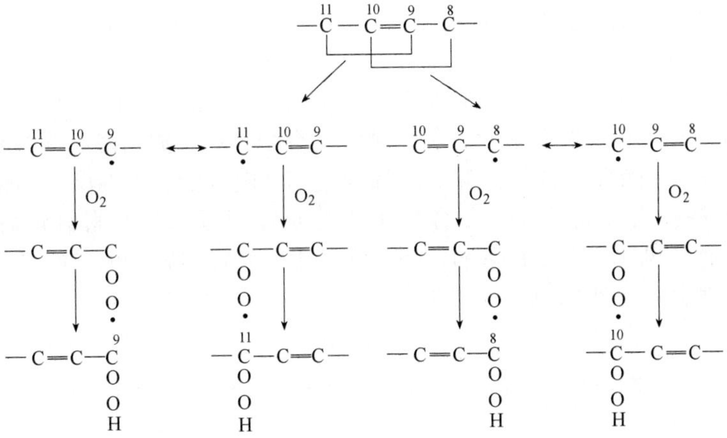

图 4-7　油酸的氧化产物结构

反应中形成的 8-和 11-氢过氧化物略微多于 9-和 10-异构体。在 25℃时，8-和 11-氢过氧化物中，顺式和反式数量相等，但 9-和 10-的异构体主要是反式。

② 亚油酸

亚油酸的 11 位氢特别活泼，所以只有一种自由基生成并生成两种氢过氧化物，9-和 13-

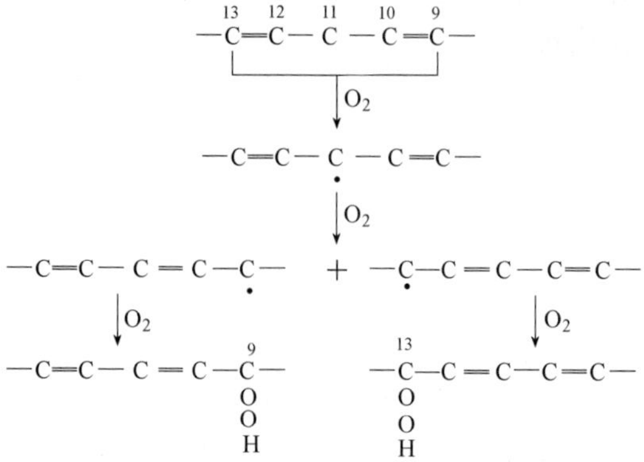

图 4-8 亚油酸的氧化产物结构

氢过氧化物的量是相等的，同时由于发生异构化，存在顺，反和反，反-异构体（图 4-8）。

③ 亚麻酸

亚麻酸分子中存在两个 1，4-戊二烯结构，氧化时生成 9-、12-、13-和 16-氢过氧化物（图 4-9），这 4 种氢过氧化物都有几何异构体，每种都有顺式-反式或反式-反式构型的共轭双烯体系，而隔离双键总是顺式。在反应中形成的 9-、16-氢过氧化物较多，12-和 13-氢过氧化物较少。这是因为氧优先与碳 9 和碳 16 反应，而且 12-和 13-氢过氧化物分解较快，12-和 13-氢过氧化物还可通过 1，4-环化形成六元环过氧化物的氢过氧化物，或通过 1,3-环化形成像前列腺素的环过氧化物。

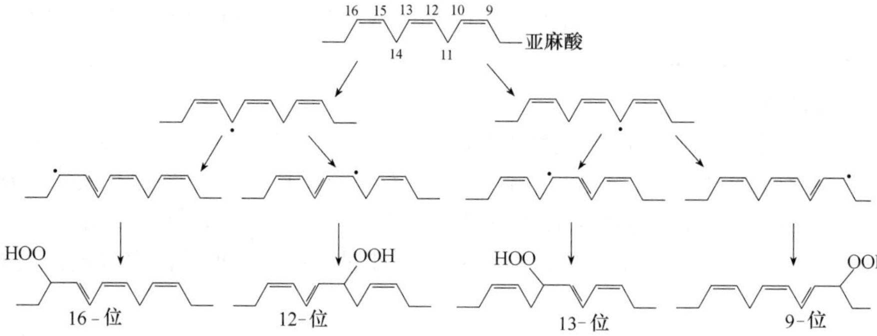

图 4-9 亚麻酸的氧化产物结构

(2) 氢过氧化物的分解

脂类自动氧化生成的氢过氧化物极不稳定，一经形成就开始分解，在自动氧化的第一步，生成速率超过分解速率，而在随后的几步反应中则相反。氢过氧化物的分解主要涉及烷氧自由基的生成及进一步分解，烷氧自由基的主要分解产物包括醛、酮、醇、酸等化合物，除这四类产物外，还可以生成环氧化合物、碳氢化合物等；生成的醛、酮类化合物主要有壬醛、2-癸烯醛、2-十一烯醛、己醛、顺-4-庚烯醛、2,3-戊二酮、2,4-戊二烯醛、2,4-癸二烯和 2,4,7-癸三烯醛，而生成的环氧化合物主要是呋喃同系物。油脂氧化后生成的丙二醛（MDA）不仅对食品风味产生不良影响，而且会产生安全性问题。丙二醛可以由所产生的不饱和醛类化合物通过进一步的氧化而产生。

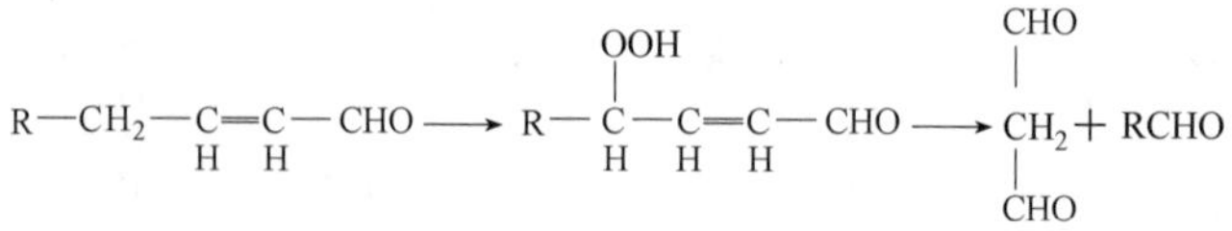

$$R-CH_2-CH=CH-CHO \longrightarrow R-CH(OOH)-CH=CH-CHO \longrightarrow CH_2(CHO)_2 + RCHO$$

分解产物中生成的饱和醛易进一步氧化成相应的酸，还可以多聚或缩合生成新的化合物，如已醛三聚生成三戊基三噁烷，具有强烈的气味。

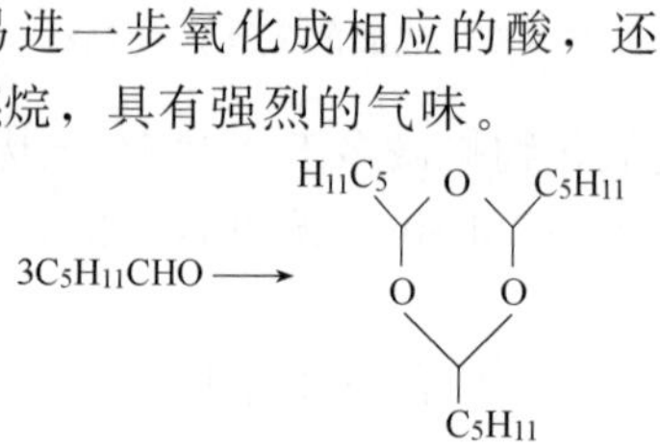

$$3C_5H_{11}CHO \longrightarrow (C_5H_{11}CHO)_3$$

脂类自动氧化及分解过程中所发生的反应如图4-10所示。自动氧化初期需要经过引发阶段，这个时期最长，也是脂类物质贮藏的有效货架期。当达到自由基或自由电子传递时，脂类氧化可能会加速酸败。脂类氧化的最初产物本身并无异味，且在感官上尚未觉察到酸败，但已有较高的过氧化值，实际上油脂已经开始酸败了。氢过氧化物是极不稳定的化合物，当体系中此化合物含量增至一定浓度时，就开始分解；当裂解产生的醛、酮、醇、酸等小分子化合物具有一定浓度时，就出现不愉快的刺激性气味，或形成难以接受的臭味，这就是脂类氧化产生的“酸败臭”的原因。

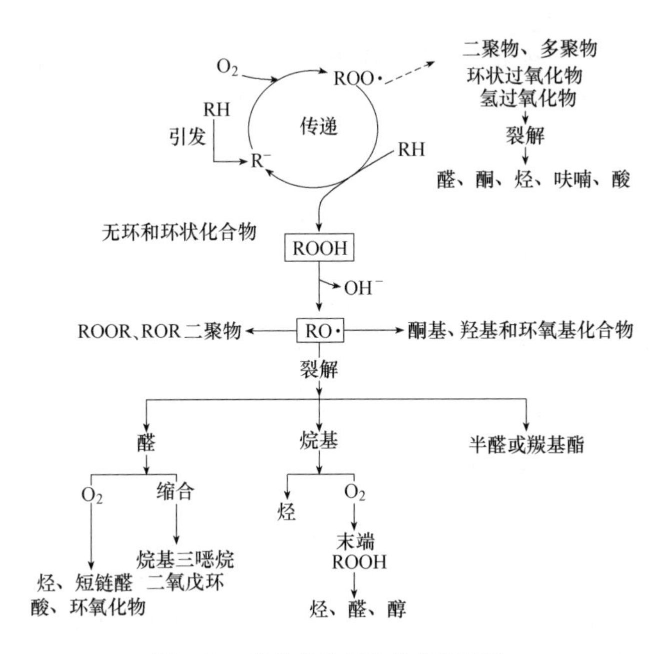

图4-10 脂类自动氧化及分解过程

(3) 影响食品中脂类自动氧化的因素

影响脂类自动氧化的因素有很多，常分为两大类：内在因素，即脂肪酸本身的结构性质；环境因素（外在因素），如空气、光照、温度、水分、色素、金属离子及酶等。由于食品中还含有许多非脂类组分，这些非脂类组分可能产生共氧化，或者与氧化脂及其氧化产物产生相互作用，实际上食品中的脂类氧化更为复杂。

① 脂肪酸的组成

脂类自动氧化与组成脂类的脂肪酸中双键数目、位置和几何形状有关系。双键数目越多，氧化速率越快，花生四烯酸、亚麻酸、亚油酸和油酸的相对氧化速率比近似为40∶20∶10∶1；顺式酸比反式异构体更容易氧化；含共轭双键的比没有共轭双键的易氧化；饱和脂肪酸自动氧化远远低于不饱和脂肪酸；游离脂肪酸比甘油酯氧化速率略高；在油脂中游离脂肪酸含量大于0.5%时，油脂的自动氧化速率会增加；油脂中脂肪酸的无序分布有利于降低脂肪的自动氧化速率；饱和脂肪酸在特殊条件下也发生氧化，如有霉菌的繁殖或有酶存在等情况下，可能使饱和脂肪酸发生β-氧化作用而形成酮酸和甲基酮，然而饱和脂肪酸的氧化速率往往只有不饱和脂肪酸的1/10。

② 温度

温度与脂类的氧化有密切关系。一般来说，脂类的氧化速率随温度升高而增加，因为高温既可以促进游离基的产生，又可以加快氢过氧化物的分解。如对纯油酸甲酯而言，在高于

60℃的条件下贮藏，每升高11℃，其氧化速率增加一倍，因而低温有利于脂类贮藏。但温度升高，氧的溶解度降低。温度不仅影响氧化速率，也影响反应的机制。在常温下，氧化大多发生在双键相邻的亚甲基上，生成氢过氧化物，但当温度超过50℃时，氧化可发生在不饱和脂肪酸的双键上，生成环状过氧化物。

③ 氧的浓度

在大量氧存在的情况下，氧化速率与氧浓度无关；但当氧浓度较低时，氧化速率与氧浓度近似成正比。

④ 表面积

脂类自动氧化速率与它接触空气的表面积呈正比例关系。当表面积与体积之比较大时，降低氧分压对降低氧化速率的效果不大。在O/W（水包油）乳状液中，氧化速率主要由氧向油相中扩散的速率决定。

⑤ 水分

在含水量很低（a_w低于0.1）的干燥食品中，脂类氧化反应速度快。随着水分活度的增加，氧化速率降低；当水分含量增加到相当于a_w为0.3时，可阻止脂类氧化，使氧化速率变得最小。这是由于水可降低金属催化剂的催化活性，同时可以猝灭自由基，促使非酶褐变反应（产生具有抗氧化作用的化合物）发生并阻止氧同食品接触。随着a_w的继续增加（a_w为0.3～0.7），氧化速率又加快进行，这与高a_w时水中溶解氧增加、催化剂流动性增加及分子暴露出更多的反应位点有关。过高的a_w（如a_w大于0.8）时，由于催化剂、反应物被稀释，脂肪的氧化反应速率降低。

⑥ 助氧化剂

一些具有合适氧化-还原电位的二价或多价过渡金属元素，是有效的助氧化剂，如钴（Co）、铜（Cu）、铁（Fe）、锰（Mn）和镍（Ni）等。这些金属元素在浓度低至0.1mg/kg时，仍可以缩短引发期，使氧化速率增大。一般食品中天然就存在游离的和结合形式的微量金属，食品中过渡金属还可能来自加工、贮存所用的金属设备和包装容器等，其中最重要的天然成分是羟高铁血红素。不同金属催化能力如下：铅＞铜＞锡＞锌＞铁＞铝＞银。

⑦ 光和射线

可见光、紫外线和γ射线都能促进脂类自动氧化，这是因为它们能引发自由基，促使氢过氧化物分解，特别是紫外线和γ射线。因此，油脂或含油食品应该避光保藏，或使用不透明的包装材料。在食品的辐照杀菌过程中也应该注意由此引发的油脂自动氧化问题。

⑧ 抗氧化剂

抗氧化剂能延缓或减慢脂类的自动氧化速率。

4.3.2.2 脂类的光敏氧化

在含脂食品中常存在一些天然色素，如叶绿素或肌红蛋白，它们能作为光敏剂，产生单重态氧。有些合成色素如赤藓红也是有效的光敏剂，可将氧转变成活泼的单重态氧；β-胡萝卜素是最有效的$^1O_2$猝灭剂，抗氧化剂丁基化羟基茴香醚（BHA）和丁基化羟基甲苯（BHT）也是有效的合成$^1O_2$猝灭剂。

光敏化反应与自动氧化的机制不同，它是通过“烯”反应进行氧化。基态氧受光敏剂和日光影响产生单重态氧，单重态氧直接进攻双键，与双键发生一步协同反应形成六元环过渡态，然后双键发生位移形成氢过氧化物。

在光氧化过程中，$^1O_2$可进攻任一不饱和碳原子使双键发生转移，因此光氧化产生的氢过氧化物位置异构体与自动氧化不同，有几个不饱和碳原子就产生几个位置异构体。如亚油酸经光敏氧化可得到9-、10-、12-和13-氢过氧化物，反应机制见图4-11所示。

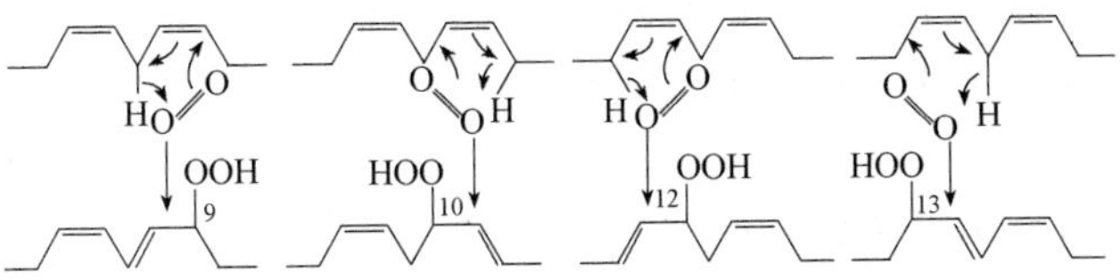

图 4-11 亚油酸光敏氧化反应机制示意图

光氧化所产生的氢过氧化物（ROOH）在过渡金属离子的存在下分解出游离基（R·及ROO·），目前认为是引发自动氧化的关键。

光敏氧化反应还具有如下特点：不产生游离基；不存在诱导期；双键的顺式构型改变成反式构型；与氧浓度无关；光敏氧化反应受到单重态氧猝灭剂β-胡萝卜素与生育酚的抑制，但不受抗氧化剂影响。

光氧化速率极快，一旦单重态氧产生，光氧化对油脂劣变同样会产生很大影响，同时光敏反应产生的氢过氧化物裂解生成的自由基，可引发脂类的自动氧化反应，因此光氧化速率快于自动氧化。但是对于含有双键数目不同的底物，光氧化速率区别不大。在自动氧化中，油酸、亚油酸、亚麻酸的氧化速率之比一般为1∶10∶20，而$^1O_2$氧化油酸、亚油酸、亚麻酸的氧化速率之比为1.0∶1.7∶2.3。

4.3.2.3 脂类的酶促氧化

自然界中普遍存在脂肪氧化酶（又称脂肪氯合酶），它可使油脂与氧发生反应产生氢过氧化物，这种脂肪在酶参与下发生的氧化反应称为脂类的酶促氧化。催化这个反应的主要是脂肪氧化酶，它广泛分布于生物体中，特别是植物体内。植物中的脂肪氧化酶具有高度专一性，仅作用于亚油酸、亚麻酸、花生四烯酸和二十碳五烯酸等不饱和脂肪酸的顺，顺-1,4-戊二烯基位置，且1,4-戊二烯的中心亚甲基应处于脂肪酸的ω-8位置，因此对一烯（如油酸）和共轭酸不起作用。不饱和脂肪酸在受到脂肪氧化酶（LOX）的作用时，首先是ω-8亚甲基脱去一个氢原子生成游离基，然后这个游离基通过异构化使双键位置转移，同时转变成反式构型，生成ω-6氢过氧化物和ω-10氢过氧化物，如图4-12所示。

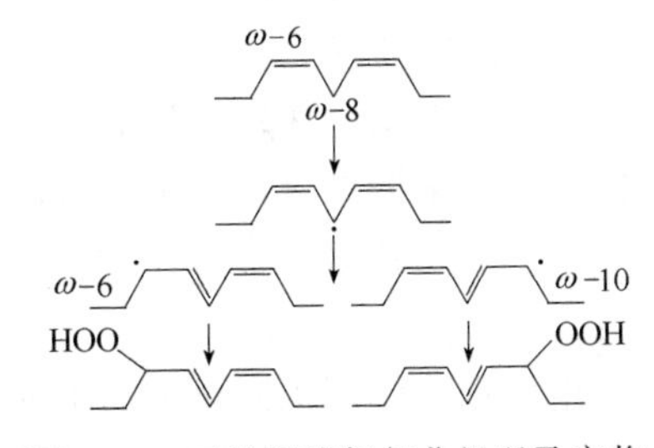

图 4-12 亚油酸酶促氧化机理及产物

另外，脂肪酸可以在酶作用下发生β-氧化作用。这种酶促氧化，需要脱氢酶、水合酶和脱羧酶的参加，因为氧化反应多发生在饱和脂肪酸的α-和β-碳位之间的键上，因而称为β-氧化作用。β-氧化最终产物是有不愉快气味的酮酸和甲基酮，故又称酮式酸败。其过程如下：

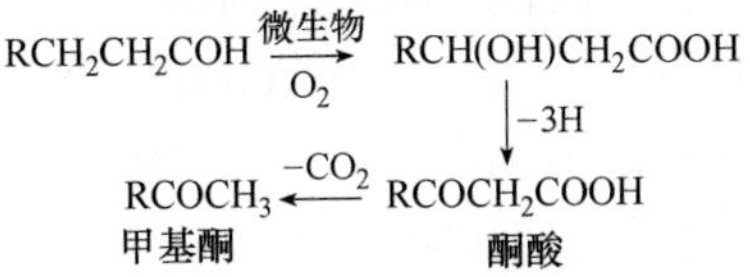

$$RCH_2CH_2COH \xrightarrow[O_2]{\text{微生物}} RCH(OH)CH_2COOH \xrightarrow{-3H} \underset{\text{酮酸}}{RCOCH_2COOH} \xrightarrow{-CO_2} \underset{\text{甲基酮}}{RCOCH_3}$$

这种酸败多数是由于油脂在污染微生物如灰绿青霉、曲霉等霉菌在繁殖时所产生酶的作用引起的，主要发生在油脂水解产生的游离饱和脂肪酸中。含有椰子油、奶油等低级脂肪酸的食品中较明显。为防止这种酸败，应提高油脂的纯度，避免微生物污染，降低水分含量，降低存放时的温度。

4.3.2.4 脂类的抗氧化和抗氧化剂

油脂氧化过程中产生的自由基会引起脂肪酸的裂解，产生不良风味，油的品质劣变，缩短油脂的货架寿命，因而在油脂或含油脂的食品中添加抗氧化剂，是保持食品的质量和延长货架期的一个重要手段。阻止或延缓油脂的氧化，可采用化学方法，如铁粉、活性炭制成脱氧剂，除去油脂液面顶空中或者食品包装内的氧；而采用抗氧化剂来抑制或延缓油脂的氧化，是最经济、最方便、最有效的方法。

① 抗氧化剂的抗氧化机理

抗氧化剂按抗氧化机理可以分为自由基清除剂、单重态氧猝灭剂、氢过氧化物分解剂、酶抑制剂、抗氧化增效剂等。

自由基清除剂分为氢供体和电子供体。氢供体如酚类抗氧化剂可以与自由基反应，脱去一个 H·给自由基，原来的自由基被清除，抗氧化剂自身转变为比较稳定的自由基，不能引发新的自由基链式反应，从而使链反应终止。电子供体抗氧化剂也可以与自由基反应生成稳定的产物，来阻断自由基链式反应。

单重态氧猝灭剂，如维生素 E，与单重态氧作用，使单重态氧转变成基态氧，而单重态氧猝灭剂本身变为激发态，可直接释放出能量回到基态。

氢过氧化物分解剂可以将链式反应生成的氢过氧化物转变为非活性物质，从而抑制油脂氧化。

超氧化物歧化酶可以将超氧化物自由基转变为基态氧和过氧化氢，过氧化氢在过氧化氢酶作用下生成水和基态氧，起到抗氧化作用。

在食品中通常添加的抗氧化剂不止一种，根据抗氧化作用的效果分为两种。一种称为主抗氧化剂，一般添加量为 0.02%，主要是游离基接受体，可以推迟或抑制自动氧化的引发或停止自动氧化的传递，这些抗氧化剂主要有：丁基化羟基茴香醚（BHA）、丁基化羟基甲苯（BHT）、没食子酸丙酯（PG）、叔丁基氢醌（TBHQ）等。另外一种称为次抗氧化剂，这些抗氧化剂通过不同的作用能减慢氧化速率，但不能将游离基转换成较为稳定的产品。

② 协同作用与增效作用

抗氧化剂复合使用产生的抗氧化效果往往超过单个抗氧化剂的使用，这种增效作用来自协同效应。所谓增效剂是指自身没有抗氧化作用或抗氧化作用非常弱，但是和抗氧化剂一起使用，可以使抗氧化剂效能加强的物质。常见的增效剂有磷脂、柠檬酸、抗坏血酸及其酯等。

增效剂的作用机制目前仍不完全肯定，但是比较重要的一点是一些增效剂可以螯合金属离子，使其活性降低或失活，从而使金属离子催化油脂氧化的功能减弱。过渡金属离子具有助氧化作用，是因为其外面的电子轨道层中有较多能级差较小的空轨道，因而很容易得失电子，由于柠檬酸、抗坏血酸等螯合剂通过配位键占据这些轨道，从而使之钝化。另外，一些增效剂可以使抗氧化剂的寿命延长，减慢了抗氧化剂的消耗。其作用过程如下：

$$ROO^- + AH \longrightarrow ROOH + A^-$$

$$A\cdot + BH \longrightarrow B\cdot + AH$$

式中，AH 为主抗氧化剂，BH 为增效剂。

BH 可以作为电子给予体，使主抗氧化剂 AH 具有再生能力，A·经过链反应消失的倾向大大降低。反应不仅使抗氧化剂游离基还原成分子，而且生成的 B·游离基活性极低，很难参与油脂氧化的游离基链反应，最终达到减缓油脂氧化作用的目的。

酚类抗氧化剂与抗坏血酸相互间具有协同作用，抗坏血酸除可以作为电子给予体、金属螯合剂外，由于其高度的还原性，它还是有效的氧清除剂，通过自身被氧化，除去体系中的氧而起到抗氧化作用。两种不同的酚类抗氧化剂也可能具有协同作用。

4.3.3 脂类在高温下的化学反应

脂类在 150℃以上的高温下会发生氧化、分解、聚合、缩合等反应，生成低级脂肪酸、羟基酸、酯、醛以及产生二聚体、三聚体，使脂类的品质下降，如色泽加深，黏度增大，碘值降低，烟点降低，酸价升高，还会产生刺激性气味。一般来说，脂类在油炸过程中的变化与脂类组成、油炸食品组成、油炸温度、油炸时间、金属离子的存在等因素有关。脂类热分解和热聚合反应如图 4-13～图 4-15 所示。

(1) 热分解

① 饱和脂肪酸的热分解

常温下，饱和脂肪酸是比较稳定的。在无氧及很高的温度下，饱和脂肪酸可产生非氧化分解，分解产物大多是由烃类、酸类及酮类组成的。

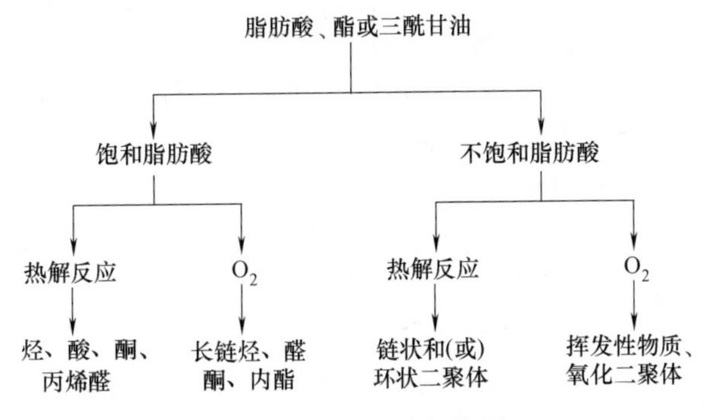

图 4-13 脂类热分解简图

在空气中，如果加热到 150℃以上时，饱和脂类也会发生热氧化，主要氧化产物为烷烃、醛、酮、酸以及内酯等。通常认为在这种条件下，饱和脂肪酸的热氧化一般发生在 α、β 或 γ 位，氧化优先进攻羧基附近的 α、β 或 γ 位，形成氢过氧化物，然后再进一步分解。

$$R\begin{cases}—O—\overset{O}{\overset{\|}{C}}—\overset{\alpha}{C}—\overset{\beta}{C}—\overset{\gamma}{C}\text{----}R_1\\ R\end{cases}$$

如氧化发生在 α-位，则生成 C_{n-1} 脂肪酸、C_{n-1} 烷醛以及 C_{n-2} 烷烃。

$$R_2O—\overset{O}{\overset{\|}{C}}—\overset{O}{\overset{|}{C}}—C—R_1 \longrightarrow R_1O—\overset{O}{\overset{\|}{C}}—\overset{OOH}{\overset{|}{C}}—C—C—R_2 \longrightarrow R_1 + O—\overset{O}{\overset{\|}{C}}—\overset{O}{\overset{\|}{C}}—C—C—R_2$$

（断裂处：→ C_{n-2}烷烃；→ C_{n-1}烷醛）

$$\longrightarrow HO—\overset{O}{\overset{\|}{C}}—\overset{O}{\overset{\|}{C}}—C—C—R_2 \longrightarrow HO—\overset{O}{\overset{\|}{C}}—C—C—R_2$$

C_{n-1} 脂肪酸

如氧化发生在 β-位上，则生成 C_{n-1} 甲基酮；烷氧基自由基中间的 α 碳与 β 碳之间裂解产生 C_{n-2} 烷醛；β 与 γ 碳之间断裂生成 C_{n-3} 烷烃。

$$R_2O—\overset{O}{\overset{\|}{C}}—\,\vdots\,—C—\,\vdots\,—\overset{\dot{O}}{\overset{|}{C}}—\,\vdots\,—C—R_1$$

（断裂处：→ C_{n-3}烷烃；→ C_{n-2}烷醛；→ C_{n-1}甲基酮）

如在 γ-位上发生氧化，则产生 C_{n-4} 烷烃、C_{n-3} 烷醛以及 C_{n-2} 甲基酮。

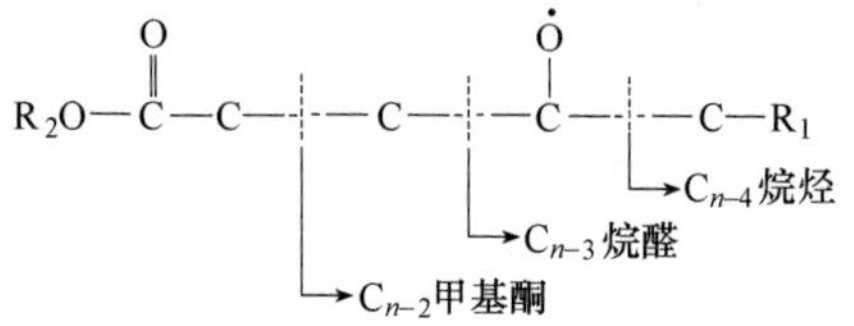

② 不饱和脂肪酸的热分解

在无氧的条件下，加热不饱和脂肪酸主要发生热聚合反应，生成二聚物和一些其他低分子量的物质。

与饱和脂肪酸相比，不饱和脂肪酸的氧化敏感性远超饱和脂肪酸。虽然高温与低温氧化存在一定差别，但两者的主要反应途径是相同的。高温下产生的主要化合物具有在室温下自动氧化产物的典型性质，但高温下，氢过氧化物的分解与次级氧化的速率都非常快，高温下又有脂肪酸基 α、β 或 γ 位氢过氧化物的生成及裂解，所以不饱和脂肪酸在高温和常温下的氧化产物也存在一定差异。不饱和脂肪酸在空气和高温条件下，生成氧代二聚物或含氢过氧化物、氢氧化物、环氧化物以及羰基等聚合物。

金属离子（如铁）的存在可能催化热解反应。发生热解的油脂，不仅口感变劣，而且丧失营养价值，甚至有毒。所有食品工艺过程一般要求控制油脂加热温度，以不超过 150℃为宜。

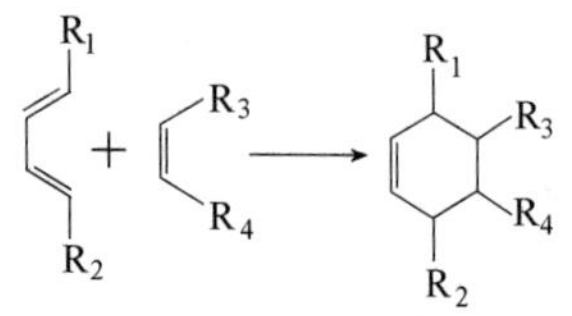

图 4-14　脂肪分子间的非氧化热聚合

(2) 热聚合

脂类的热聚合反应分非氧化热聚合和氧化热聚合。非氧化热聚合是 Diels-Alder 反应，即共轭二烯烃与双键加成反应，生成环己烯类化合物。这个反应可以发生在不同脂肪分子间（图 4-14 所示），也可以发生在同一个脂肪分子的两个不饱和脂肪酸酰基之间（图 4-15 所示）。

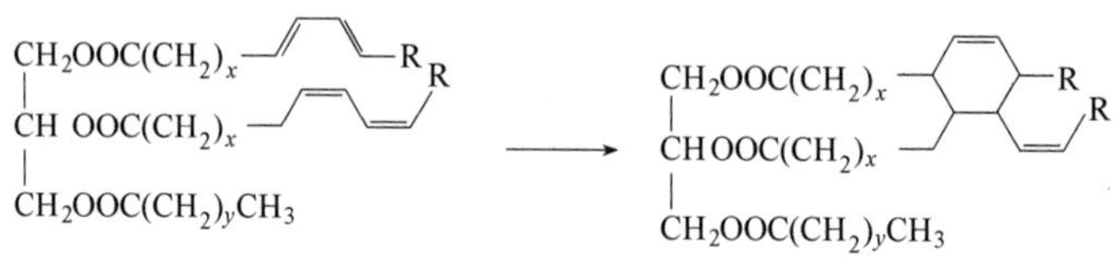

图 4-15　脂肪分子内的非氧化热聚合

脂类的氧化热聚合是在高温下发生的。甘油酯分子在双键的 α-碳上均裂产生自由基，通过自由基相互结合形成非环二聚物，或者自由基对一个双键加成反应，形成环状或非环状化合物。

油脂在加热时的热分解会引起油脂品质下降，并对含脂食品的营养和安全带来不利影响。但这些反应也不一定都是负面的，油炸食品的香气形成与油脂在高温条件下的某些产物有关，如羰基化合物（烯醛类）。

4.4　油脂加工化学

4.4.1　油脂的精炼

无论是物理方法（压榨法）还是化学方法（浸提法），直接从动物脂肪组织、植物油料中所提取的油脂都是混合物。粗提毛油中包含着各种非甘油三酯成分，如游离脂肪酸、磷脂、糖类、蛋白质、水、色素及金属离子等杂质，这些杂质从单个成分来说均可食用，但存在于油中会影响油脂的色泽、风味、贮藏稳定性，甚至还会影响到食用的安全性（如花生油中黄曲霉素，棉籽油中的棉酚等），因而油脂的精炼就是除去这些非甘油三酯成分的过程。

(1) 脱除不溶性杂质

采用沉降、过滤、离心分离等物理方法去除泥沙、料粕粉末、饼渣、纤维及其它固体杂质。

(2) 脱胶

可采用水化脱胶或酶法脱胶，主要除去毛油中的磷脂、黏液质、树脂、蛋白质等物质。

(3) 脱酸

碱炼脱酸法，主要用碱液中和油脂的游离脂肪酸，同时去除部分磷脂、色素等杂质。碱炼时向油脂中加入适宜浓度的氢氧化钠溶液，然后混合加热，游离脂肪酸被碱液中和生成脂肪酸盐（皂脚）而溶于水，分离水相后，用热水洗涤油脂以去除残余的皂脚。

(4) 脱色

油脂中含有叶绿素、叶黄素、胡萝卜素等，色素会影响油脂的外观，同时叶绿素是光敏剂，会影响油脂的贮藏稳定性，所以要脱除。脱色除了脱除油脂中的色素物质外，同时还除去了残留的磷脂、皂脚以及油脂氧化产物（如苯并芘），提高了油脂的品质和稳定性。经脱色处理后的油脂呈现淡黄色甚至无色。

脱色主要通过活性白土、酸性白土、活性炭等吸附处理，最后过滤除去吸附剂。脱色时应注意防止油脂氧化。

(5) 脱臭

油脂中含有的异味化合物主要是由油脂氧化产生的，这些化合物的挥发性大于油脂的挥发性，可以用减压蒸馏的方法，也就是在高温、减压等条件下，向油脂中通入热蒸汽来除去臭气成分。这种处理方法不仅除去挥发性的异味化合物，也可以使非挥发性的异味物质通过热分解转变成挥发性物质被热蒸汽除去。

(6) 脱蜡

油脂中的蜡是高级一元羧酸和高级一元醇形成的酯，主要来自油料种子的皮壳。蜡在 40℃以上溶解于油脂，因此，无论是压榨法还是浸出法制得的毛油中一般都含有一定量的蜡质。油脂中含少量的蜡质会使油脂透明度和消化率降低，并使气味、滋味和口感变差，从而降低了食用油的营养价值。同时，提取的蜡质具有广泛的工业用途，如糠蜡精制后可制抛光剂、地板蜡、蜡笔、鞋油、食品包装蜡纸等。脱蜡常用冷滤法、溶剂脱蜡法及表面活性剂脱蜡法等。

4.4.2 油脂的氢化

(1) 油脂氢化反应的机制

在一定的条件（加热、催化剂、减压、搅拌等）下，氢加成到油脂不饱和脂肪酸的双键上，使双键饱和的过程称为油脂氢化（hydrogenation）。

$$-CH=CH- + H_2 \xrightarrow[\text{催化剂}]{\text{加热、减压}} -\underset{\displaystyle H}{\underset{|}{CH}}-\underset{\displaystyle H}{\underset{|}{CH}}-$$

通常情况下，氢气不能与含不饱和脂肪酸的油脂作用，反应需要较高的活化能。即使高温高压、用活性很大的新生氢也难发生作用，油脂氢化反应必须在催化剂的作用下才能进行。常见的催化剂有镍、铜、铬、铂、钯等，其中镍最为常用。

油脂氢化在催化剂表面的活性点上进行，包括：氢溶解在油和催化剂的混合物中，氢向催化剂表面扩散、吸附，进行表面反应，解吸产物从催化剂表面向外扩散。一般不饱和甘油酯在活化中心只有一个双键首先被饱和，其余的双键逐步被饱和。当油脂的双键及溶解于油脂的氢被催化剂表面活性点吸附时，形成氢-催化剂-双键不稳定复合物。所吸附的每个不饱和键能够与一个氢原子反应，生成双键上只加一个氢的半氢化不稳定中间体；不稳定中间体再与另一个氢原子反应使双键饱和；如果不稳定中间体不能进一步与另一个氢原子反应，中间体就脱氢形成新的双键。半氢化不稳定中间体可通过四种不同途径形成各种异构体。

① 半氢化中间体接受催化剂表面一个氢原子，形成饱和键，解吸、远离催化剂。

② 结合的氢原子脱落，原来双键恢复，解吸、远离催化剂。

③ 氢原子脱落，原双键发生顺-反异构化，解吸、远离催化剂。

④ 若不同位置的氢原子脱落，发生双键位置移动，解吸、远离催化剂。

氢化过程中由于仅有某些双键被氢化还原，所以可能会生成天然脂肪中不存在的脂肪酸，同时有些双键会产生位移并且发生顺-反构型变换（即生成反式不饱和脂肪酸，简称反式脂肪酸），因此油脂部分氢化会产生复杂的脂肪酸混合物。亚麻酸氢化反应的系列产物如图 4-16 所示。

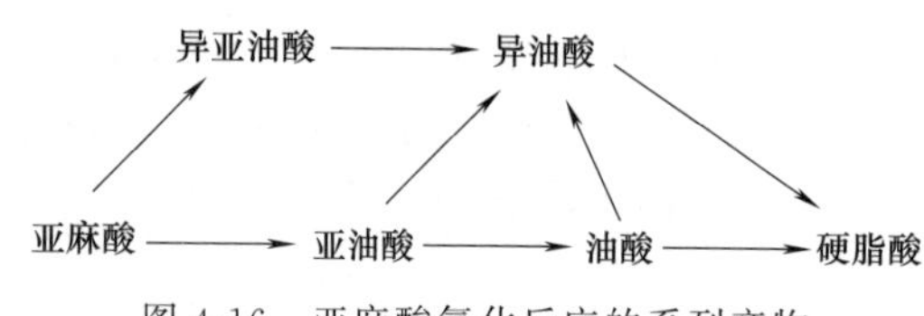

图 4-16　亚麻酸氢化反应的系列产物

(2) 选择性

饱和度不同的脂肪酸被催化剂吸附的强弱、先后次序有很大的差别，氢化的速度也不同，即饱和度不同的脂肪酸，其氢化的先后快慢不同，表现出选择性。常用选择性比（SR）来表示饱和度不同的脂肪酸氢化过程相对快慢的比较。

假设油脂的氢化不可逆，异构体间的反应速度无差别，并不考虑催化剂中毒，其反应模式可简化如下：

$$\text{亚麻酸}\xrightarrow{K_1}\text{亚油酸}\xrightarrow{K_2}\text{油酸}\xrightarrow{K_3}\text{硬脂酸}$$

亚油酸的选择性比（SR_L）：亚油酸转化为油酸的速度常数与油酸转化为硬脂酸的速度常数之比，即 K_2/K_3。

亚麻酸的选择性比（SR_{Ln}）：亚麻酸转化为亚油酸的速度常数与亚油酸转化为油酸的速度常数之比，即 K_1/K_2。

如某豆油部分氢化时（图 4-17），$SR_L = K_2/K_3 = 0.159/0.013 = 12.2$，表明亚油酸的氢化速度为油酸的 12.2 倍；$SR_{Ln} = K_1/K_2 = 0.367/0.159 = 2.3$，其意义为亚麻酸的氢化速度为亚油酸的 2.3 倍。

SR 值大表示选择性好，如 $SR_L > 50$，表示亚油酸氢化选择性好，亚油酸的反应速度远远大于油酸，亚油酸氢化几乎完毕时，油酸的反应才能开始进行。

氢化反应的选择性不仅与油脂的类型、反应条件有关，催化剂的作用也举足轻重。

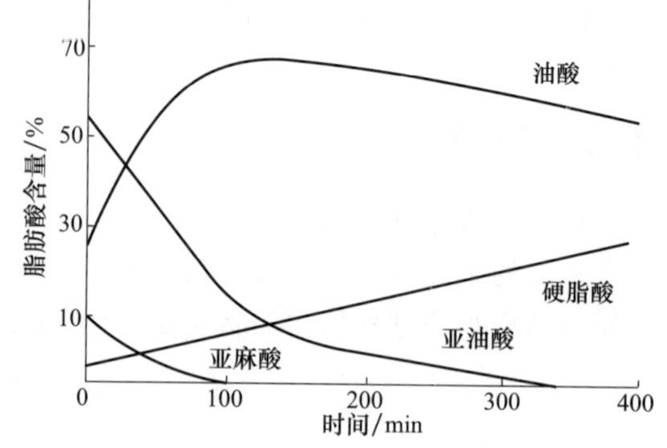

图 4-17　豆油部分氢化脂肪酸与反应时间的关系

不同的催化剂对油脂的氢化表现出不同的选择性，如铜催化剂比镍催化剂具有较好的亚麻酸选择性。

油脂工业中，可以通过选择性地控制来进行氢化，得到所需性能的产品。如豆油中亚麻酸和亚油酸是构成甘油酯的主要成分，亚麻酸含有两个活性亚甲基，易氧化产生异味，使豆油在贮存时易变质；若豆油通过氢化，使亚麻酸含量尽可能降低，同时尽量保留较稳定的必需脂肪酸亚麻油酸，可保留豆油的营养价值，同时提高油脂的氧化稳定性。

根据氢化程度不同，在工业上通常把油脂氢化分为极度氢化和部分氢化（选择性氢化）两种。极度氢化是将油脂中的双键尽可能全部饱和，产品碘值低，熔点高，其质量指标主要是达到一定的熔点，主要用于制取工业用油，如肥皂用油等，氢化时主要是要求反应速度快。部分氢化需要保留适当的碘值、熔点，还要求适当的固体指数，这就要求油脂氢化时，对各种脂肪酸的反应速度有一定的选择性。在实际生产中，可通过采用适当的温度、压强、搅拌速度和催化剂来进行选择性控制。

(3) 影响氢化反应的因素

油脂氢化反应体系为油（液体）、催化剂（固体）及氢气（气体）构成的多相反应体系，要使氢化反应顺利进行，处于三相的物质必须同时接触，因此氢化反应的速度不仅取决于反应的化学动力学因素，还取决于发生反应的相界面的表面积大小和物质的迁移速率等物理因素。

一般来说，温度、氢气压强、催化剂的种类和浓度是影响油脂氢化反应的重要因素。除了对化学动力学因素的影响，对吸附在催化剂表面的氢有效浓度的影响，也是这些因素作用的重要方面。

与其他化学反应一样，氢化反应速度受温度变化的影响。温度升高，催化剂表面的反应速度加快；如果在升高温度的同时增加搅拌速度和压强，氢易穿过界面进入油相，有足够的氢不断供给催化剂表面，保证了氢化反应的进行；如果只是升高温度，由于反应非常迅速，搅拌强度、速度和压强较低，会导致氢源不足，催化剂表面的氢可能出现供应不足，结果是未饱和的活泼中间体重新失去一个氢而形成异构体，异构化反应增加。

为使油脂氢化产品能满足各种性质要求，需要严格控制反应条件。不同的反应参数，如压力、温度、搅拌强度及催化剂浓度等对氢化速率、异构化程度和选择性，都有很大的影响，如表4-5所示。

表4-5 反应条件对氢化选择性、异构化和速率的影响

加工参数	SR	反式酸	速率
温度	高	高	高
压力	低	低	高
催化剂浓度	高	高	高
搅拌强度	低	低	高

4.4.3 酯交换

广义的油脂酯交换是指甘油三酯与脂肪酸、醇、自身或其它脂类作用，引起酰基交换而产生新酯的一类反应。根据酯交换反应中的酰基供体的种类（酸、醇、酯）不同，可将其分为酸解、醇解和酯-酯交换。

(1) 酸解

油脂或其他酯类与脂肪酸作用，酯中酰基与脂肪酸酰基互换，生成新酯的反应称为酸解。

$$R-\overset{O}{\overset{\|}{C}}-OR'+R''-\overset{O}{\overset{\|}{C}}-OH \rightleftharpoons R''-\overset{O}{\overset{\|}{C}}-OR'+R-\overset{O}{\overset{\|}{C}}-OH$$

(2) 醇解

油脂或其他酯类在催化剂的作用下与醇作用，交换酰基生成新酯的反应称为醇解。可参加反应的醇类有一元醇（如甲醇、乙醇）、二元醇（如乙二醇）、三元醇（甘油）、多元醇、糖类（如蔗糖）等，其反应式为：

$$R''OH+R-\overset{O}{\overset{\|}{C}}-OR' \rightleftharpoons R-\overset{O}{\overset{\|}{C}}-OR''+R'OH$$

(3) 酯-酯交换

油脂中的甘油三酯与甘油三酯或其他酯类作用，交换酰基生成新酯的反应称为酯-酯交换。包含分子内酯交换和分子间的酯交换，即甘油三酯分子中有三个脂肪酸酰基，油脂酯-酯交换可以是同一个甘油三酯分子内的酰基交换，也可以是不同甘油三酯分子间的酰基交换。

① 分子内的酯交换：

$$\left[R_2-\begin{matrix}R_1\\R_3\end{matrix}\right] \rightleftharpoons \left[R_1-\begin{matrix}R_2\\R_3\end{matrix}\right] \rightleftharpoons \left[R_3-\begin{matrix}R_1\\R_2\end{matrix}\right]$$

② 分子间的酯交换：

$$\left[R_1-\begin{matrix}R_1\\R_1\end{matrix}\right]+\left[R_2-\begin{matrix}R_2\\R_2\end{matrix}\right] \rightleftharpoons \left[R_2-\begin{matrix}R_1\\R_1\end{matrix}\right]+\left[R_1-\begin{matrix}R_2\\R_2\end{matrix}\right] \rightleftharpoons \left[R_1-\begin{matrix}R_1\\R_2\end{matrix}\right]+\left[R_2-\begin{matrix}R_2\\R_1\end{matrix}\right]$$

酯交换使甘油三酯分子的脂肪酸酰基发生重排，而油脂的总脂肪酸组成未发生变化。酰基的这种交换重排是按随机化原则进行的，反应所得到的甘油三酯的种类是各种脂肪酸在各个甘油基的三个 C 位置上进行排列组合的结果，最终按概率规则达到平衡状态。

油脂进行酯交换后，脂肪酸的分布发生改变，使甘油三酯的构成在种类和数量上都发生了变化，引起油脂的多种性质也相应发生改变：①熔点，对于某种原料油和其它油脂的混合物，如果饱和脂肪酸含量增加，反应后产物的熔点会相应升高，反之下降，如氢化油和液态油进行酯交换后，氢化油的熔点一般降低 10～20℃；②固体脂肪指数（SFI），由于酯交换后，脂肪酸重新分布，有些油脂的甘油三酯组成变化较大，使 SFI 变化也大，SFI 发生变化使油脂的可塑性、稠度也随之发生改变；③结晶特性，酯交换可使某些油脂的结晶特性发生明显改变，如天然猪油的甘油三酯分子中，二饱和甘油三酯（S_2U）大都是以 S-P-U 的形式排列，即棕榈酸选择性地分布在 Sn-2 位上，而硬脂酸分布在 Sn-1 或 Sn-3 位上，这种结构的相似性使其容易形成 β 晶体，而使猪油产生粗大的结晶，酪化性差；经酯交换后，猪油可以形成 β′结晶，可以使酪化性等特性发生明显改善；④油脂进行酯交换后，其稳定性也会有所改变。

(4) 影响酯交换的因素

酯交换反应能否发生以及进行的程度如何与原料油脂的品质、催化剂种类及其使用量、反应温度等密切相关。

① 催化剂

酯交换在没有催化剂的条件下，也可进行，但速度很慢且要求反应温度很高（250℃左右），所需反应时间长，且伴有分子分解及聚合等副反应，因此必须使用催化剂。

根据酯交换反应中所使用的催化剂不同将其划分为化学酯交换反应和酶法酯交换反应两

大类。前者是指油脂或酯类物质在化学催化剂（如酸、碱等）作用下发生的酯交换反应，后者是指利用酶作为催化剂的酯交换反应。

酯交换常用的催化剂是碱金属、碱金属的氢氧化物及碱金属烷氧化物等。其中使用最广泛的是甲醇钠，依次是钠、钾、钠钾合金以及氢氧化物等。

脂肪酶可用于催化酯交换反应。脂肪酶的种类不同，其催化作用也不同。根据其催化的特异性可分为三大类：非特异性脂肪酶、特异性脂肪酶和脂肪酸特异性脂肪酶。不同种类的脂肪酶催化酯交换的过程与产物各异。

② 温度

温度不仅影响酯交换反应的速度，也影响酯交换反应平衡的方向。当反应温度高于熔点时，反应向正反应方向移动；当控制温度低于油脂熔点时，酯交换逆向移动。

③ 原料油脂品质

由于水、游离脂肪酸和过氧化物等能够降低甚至完全破坏催化剂的催化功能，成为催化剂毒物，而使酯交换反应无法顺利进行，所以用于酯交换反应的油脂需符合下列基本要求：水分含量小于0.01%，游离脂肪酸含量小于0.05%，过氧化物含量极少，反应最好在充氮的环境中进行。

4.4.4 煎炸油的化学变化

在油炸过程中，高温、空气中的氧、食品组分的共同作用，产生了激烈的物理与化学变化。油脂氧化过程中氢过氧化物的生成及分解产生了各种醛、酮、烃、内酯、醇、酸以及酯等挥发性化合物；热反应和氧化联合作用产生各种聚合物，如二聚和多聚酯，聚合作用的结果使油脂的黏度显著提高；甘油三酯水解生成游离脂肪酸；烷氧基游离基通过各种氧化途径生成中等挥发性的非聚合极性化合物，如羟基酸与环氧酸等。所有这些变化使油的黏度增加，游离脂肪酸含量增加，色泽变暗，碘值与表面张力下降，折射率发生变化，形成泡沫的倾向增加。

在油炸过程中，油与食品都发生了很大的物理与化学变化，有些变化是人们不期望的或者说是对人体有害的，但有些变化却赋予油炸食品人们所期望的感官质量。然而，油脂的过度变化将破坏油炸食品的营养和感官品质，所以必须进行控制，例如食品油炸的时间、油炸的温度、油的种类以及油炸用油的时长等要控制在安全范围之内。

4.5 油脂深加工产品

油脂深加工产品主要是指在对各种植物油进行精炼去除了杂质的基础上，依据产品的用途不同，通过物理、化学或生物技术对油脂进行改性而得到的产品。这些可用于化工、造纸、纺织、医药以及食品工业等领域。这里着重介绍食品改性油脂，如人造奶油、起酥油、煎炸油等。

4.5.1 人造奶油

传统的人造奶油是具有可塑性的乳化型半固体脂肪产品，是油脂和水乳化后进行急冷结晶的产物。人造奶油通常含有大于80%的油脂，一般原料油须由一定数量的固体脂和一定数量的液体油搭配调和而成。原料油脂中的高熔点成分决定了人造奶油结晶的趋向，这对所生产的人造奶油形成具有所需的性能非常重要。

人造奶油最初是在19世纪后期，作为奶油的代用品而发展起来的，原本是为了弥补天然奶油的短缺，随后却因使用植物油脂作为原料不含胆固醇、必需脂肪酸含量高及价格相对较低等因素，人们的消费量不断上升，甚至超过了天然奶油，处于遥遥领先的地位。传统的餐用人造奶油，主要特征是模仿天然奶油，作为其替代品，熔点与人的体温接近，具有相似的口感和固体形态。根据市场的需求，在注重营养价值和风味特性的基础上，众多品种的人造奶油不断出现，在概念和形态上也超越了传统的代用品，出现了含油量低于80%的低脂产品、流体状产品等。

总的来说，人造奶油可分成两大类：家庭用人造奶油和食品工业用人造奶油。

(1) 家庭用人造奶油

家庭用人造奶油主要在就餐时直接涂抹在面包上食用，少量用于烹调，市场上销售的多为小包装产品。其必须具备的一些特性：

① 保形性：室温下不熔化，不变形。

② 延展性：在外力作用下，易变形，易于在面包等食品上涂抹。

③ 口熔性：置于口中能迅速熔化，具有良好的口感。

④ 风味：通过合理配方和加工使其具有使人愉快的滋味和香味。

⑤ 营养性：既要考虑为人体提供热量，还要考虑为人体提供多种不饱和脂肪酸等。

(2) 食品工业用人造奶油

食品工业用人造奶油可以看成是含有水分、以乳化型出现的起酥油，它除具备起酥油所具有的可塑性、酪化性、乳化性等加工性能外，还能够利用水溶性的食盐、乳制品和其他水溶性增香剂改善食品的风味和色泽。食品工业用人造奶油常见的种类如下。

① 通用型人造奶油：这类人造奶油属于万能型，一年四季都具有可塑性和酪化性，熔点一般较低，可用于各类所需场合中各类糕点食品的加工。

② 专用型人造奶油

a. 面包用人造奶油。这种制品用于加工面包、糕点和作为食品装饰，稠度比家庭用人造奶油硬，要求塑性范围较宽，吸水性和乳化性要好。

b. 起层用人造奶油。这种制品比面包用人造奶油硬，可塑性范围广，具有黏性，用于烘烤后要求出现薄层的食品。

c. 油酥点心用人造奶油。这种制品比普通起层用人造奶油更硬，配方中使用较多的极度硬化油。

人造奶油生产的基本过程主要包括：原辅料的调和、乳化、急冷捏合塑化、包装、熟成五个阶段。调和乳化的主要目的是将油和油溶性的添加剂、水和水溶性的添加剂分别溶解形成均匀的溶液，然后充分混合形成乳化液。

4.5.2 起酥油

起酥油是专用于食品加工的油脂产品。起酥油起初是从英文“短”(shorten)一词转化而来的，其意思是用这种油脂加工饼干等，可使制品十分酥脆，因而把具有这种性质的油脂称为“起酥油”，最初是指用于酥化或软化烘焙食品的一类具有可塑性的固体脂肪。由于新开发的流体态、粉末态起酥油均具有塑性脂肪赋予的功能特性，今天的起酥油包含了一个广阔的产品系列。

起酥油必须具有良好的可塑性和乳化性等加工性能，一般不宜直接食用，而是用于加工烘焙糕点、面包或煎炸食品。起酥油与人造奶油在外表上有些相似，但不能作为一类，在组成上它们最大的区别在于起酥油一般不含水相，而人造奶油可以含有不高于20%的水。

起酥油作为食品加工专用油脂之一，其品种繁多，可满足食品工业及日常加工的多种要求。产品可以从多种角度进行分类，具体如下：

(1) 按原料种类分类

① 植物性起酥油：由不同程度氢化植物油组成。

② 动物性起酥油：如猪脂。

③ 动、植物混合型起酥油：由动物脂肪加上植物油或轻度氢化植物油组成。

(2) 按性状分类

① 可塑性起酥油：常温下呈可塑性固体的传统型的起酥油，其功能特性最佳。

② 液体起酥油：指在常温下可以进行加工和用泵输送，贮藏过程中固体成分不被析出，具有流动性和加工特性的食用油脂。它又可分为三类：a. 流动型起酥油，油脂为乳白色，内有固体脂的悬浮物；b. 液体起酥油，油脂为透明液体；c. O/W 乳化型起酥油，含有水的乳化型油脂。

③ 粉末起酥油：又称粉末油脂，是在方便食品发展过程中产生的，一般含油脂量为50%～80%，也有的高达 92%；可以添加到糕点、即食汤料和咖喱素等方便食品中使用。

由于起酥油是用作食品加工的原料油脂，所以其功能特性尤为重要，主要包括可塑性、起酥性、酪化性、乳化性、吸水性、氧化稳定性等。对产品加工特性的要求因用途不同而重点各异，其中可塑性是最基本的特性。

a. 可塑性：指在外力小的情况下不易变形，外力大时易变形，可作塑性流动的特性。

可塑性是起酥油的基本特性，由此也可派生出一些其他特性。例如起酥油在食品加工中和面团混合时能形成细条及薄膜状，这是由其可塑性所决定的，而在相同条件下液体油只能分散成粒状或球状。因而脂肪膜在面团中比同样数量的粒状液体油能润滑更大的面积，用可塑性好的起酥油加工面团时，面团的延展性好，因而制品的质地、体积和口感都比较理想。

b. 起酥性：指能使食品酥脆易碎的性质，对饼干、薄酥饼及酥皮等焙烤食品尤其重要。用具有起酥性的油脂调制食品时，油脂由于其成膜性覆盖于面粉的周围，可阻碍面筋质相互黏结；此外油脂在层层分布的焙烤食品组织中，起润滑作用，使食品组织变弱易碎，烘烤出来的点心松脆可口。一般说来，可塑性适度的起酥油，起酥性好。油脂过硬，在面团中呈块状，制品酥脆性差，而液体油在面团中，使制品多孔，显得粗糙。

油脂的起酥性用起酥值表示，起酥值越小，起酥性越好。

c. 酪化性：油脂在空气中经高速搅拌时，空气被油脂裹吸，并形成了细小的气泡，油脂的这种含气性质称为酪化性。

酪化性的大小用酪化值来表示，即 1g 试样中所含空气体积数的 100 倍。酪化性是食品加工的重要性质，将酪化性好的油脂加入面浆中，经搅拌后可使面浆体积增大，制出的食品疏松、柔软。

起酥油的酪化性要比奶油和人造奶油好得多。加工蛋糕时，蛋糕的体积与面团内的含气量成正比，若不使用酪化性好的油脂，则不会产生大的体积。

d. 乳化性：油和水互不相溶，但在食品加工中经常要将油相和水相混合在一起，而且希望混合得均匀而稳定。通常起酥油中含有一定量的乳化剂，因而它能与鸡蛋、牛乳、糖、水等乳化并均匀分散在面团中，促进体积的膨胀，而且能加工出风味良好的面包和点心。

e. 吸水性：吸水性对于加工干酪制品和烘焙点心有着重要的意义。例如，在饼干生产中，可以吸收形成面筋所需的水分，防止挤压时变硬。

f. 氧化稳定性：与普通油脂相比，起酥油由于基料油脂通过氢化、酯交换改性，不饱和程度降低或是添加了抗氧化剂，从而提高了氧化稳定性。

起酥油的性状不同，生产工艺也各异。传统的固态起酥油的生产和前述人造奶油的制法类似，只是没有水相和油水两相的乳化操作。

一般固态起酥油的生产过程包括油脂原辅料的调和、急冷捏合塑化、包装及熟成4个阶段。

4.5.3 煎炸油

工业生产的煎炸食品，应具有良好的外观、色泽和较长的保存期，但不是所有的油脂都适合用来作为煎炸用油。煎炸用油是具有自身品质特点的专用油脂。在食品煎炸的环境条件下，油脂始终处于高温下与空气接触，因此煎炸用油必须具有下列性质。

① 稳定性高：大部分食品的油炸温度为150～200℃，有的更高一些，可达到230℃。因此要求油脂在高温下不易发生氧化、水解、热聚合。

② 烟点高：烟点需高于油炸温度，烟点太低会导致油炸操作无法进行。

③ 具有良好的风味且不带异味。

④ 油脂熔点需与人体温相近，便于消化吸收。

⑤ 油炸时不起泡，否则易出现溢锅而影响油炸操作。

含饱和脂肪酸多的油脂，稳定性高，在煎炸时起酥性能好，但因熔点高，作业性差，特别是当熔点超过人体温度时，吸收率低，而且过量摄取对心血管疾病的产生有一定的影响，不宜作煎炸油；含不饱和脂肪酸高的油脂，在煎炸的条件下不稳定，易发生氧化、热聚合、热分解及水解等一系列复杂反应，也不宜作为煎炸油。作为煎炸油的原料油，要求其饱和与不饱和脂肪酸的比例恰当，具有一定的熔点和碘值，使煎炸油产品既符合稳定性的要求，又尽可能地保留不饱和脂肪酸。因此常选用几种油脂，采用调和方式来制备煎炸油，使其脂肪酸组成合理，稳定性高，营养好，炸制风味佳。除了原料油脂的选择，为了提高煎炸稳定性和贮藏性，煎炸油中常加入少量抗氧化剂和消泡剂硅酮。硅酮在煎炸时能在油脂与空气界面之间形成一层膜，抑制了泡沫的形成，也减少了油脂与空气之间的接触面积，因而对防止油脂氧化也起到一定作用。

棕榈油是一种天然的煎炸油。生产稳定性高的煎炸油，常采用选择性氢化的油脂作为原料油。

思考题

1. 简述食品中脂质的化学组成及分类。动物油脂和植物油脂有什么差别？
2. 食用油脂中的脂肪酸种类有哪些？如何命名？
3. 在甘油三酯中，连接甘油三酯的脂肪酸有什么特点？
4. 必需脂肪酸有哪几种？为何称其为必需脂肪酸？
5. 油脂有哪些物理性质？对掌握不同来源油脂的性质有什么用途？
6. 什么叫同质多晶现象？常见的同质多晶型有哪些？各有何特性？如何在食品加工中应用？
7. 什么是油脂塑性？影响食用油脂塑性的因素有哪些？
8. 什么是乳化剂？作用是什么？
9. 油脂氧化有哪几种类型？机理分别是什么？
10. 脂类自动氧化机理是什么？如何抑制自动氧化？
11. 影响油脂氧化的因素有哪些？如何控制油脂氧化？
12. 什么是抗氧化剂？如何分类？在含油脂的食品中如何应用？
13. 什么是增效剂？如何与抗氧化剂协同使用？

14. 食用油脂为什么要进行精炼？应如何进行精炼？
15. 油脂氢化机理是什么？油脂氢化分哪几类？如何控制油脂的氢化？
16. 什么是酯交换？目的是什么？影响酯交换的因素有哪些？
17. 油脂改性的工艺有哪些？目的是什么？
18. 油脂深加工的目的是什么？目前有哪些产品？在哪些领域应用油脂深加工产品？
19. 起酥油在食品加工中有哪些用途？原理是什么？举例说明。
20. 学习脂类这一章的目的是什么？与生物化学中的脂类有什么联系？

第5章 蛋白质

学习提要

熟悉蛋白质、肽和氨基酸的一些基本性质与特性；重点掌握蛋白质的变性与蛋白质的食品功能性之间的关系，以及影响蛋白质食品功能性的因素；了解常见的食品蛋白质及蛋白质新资源种类及其开发与利用；掌握蛋白质在食品加工与贮藏中的变化、影响因素，蛋白质的改性及其利用等。

蛋白质是食品中重要的组成成分之一，由多种氨基酸通过酰胺键连接形成。蛋白质所具有的多样化功能性、营养性与氨基酸的组成、分子结构关系密切。不同来源的蛋白质，如动物蛋白、植物蛋白、微生物蛋白等，其氨基酸的组成和结构均有很大的差别，所表现的营养性和组织结构不同。对于不同来源的蛋白质食品原料，在食品加工、贮藏、运销过程中，蛋白质、多肽或氨基酸对食品的质地、色、香、味等方面有着不同的作用。因而，要达到蛋白质食品所需的质构要求且保持蛋白质或氨基酸的功能性，就要清楚地理解和掌握蛋白质、多肽、氨基酸的性质，这对蛋白质食品加工工艺、参数等的制定和选择具有重要意义。

5.1 氨基酸

5.1.1 氨基酸的结构

氨基酸（amino acid）是蛋白质的基本结构单元，天然蛋白质一般由 21 种氨基酸构成。最新发现的第 21 种氨基酸为硒代半胱氨酸，是蛋白质中硒的主要存在形式，也是唯一含有准金属元素的氨基酸。天然氨基酸中，除脯氨酸外，所有的氨基酸分子至少含有一个羧基、一个氨基和一个侧链 R 基团。由于氨基酸的氨基都是在 α-碳上，所以一般称为 α-氨基酸。氨基酸的结构通式可用下式表示。

$$NH_2-\underset{\displaystyle R}{\overset{\displaystyle H}{\overset{|}{\underset{|}{C^{\alpha}}}}}-COOH$$

（R 代表不同侧链）

不同氨基酸的差别表现在 R 基团的不同，氨基酸的一些物理化学性质，如所带净电荷量、溶解性、氢键形成能力和化学反应活性等都是由 R 基团的化学结构决定的。蛋白质中常见的氨基酸见图 5-1。

除上述 21 种氨基酸外，一些蛋白质中还存在其他类型的氨基酸。这些氨基酸或者是交联氨基酸，或者是单个氨基酸的衍生物。例如，存在于大多数蛋白质中的胱氨酸就是一种交联氨基酸，对于面筋的形成和品质很重要；其他交联氨基酸如锁链素、异锁链素和二（三）

酪氨酸存在于结构蛋白质中（如弹性蛋白和节肢弹性蛋白）；存在于胶原蛋白的 4-羟基脯氨酸、5-羟基赖氨酸；存在于肌球蛋白的 *N*-甲基赖氨酸等，从化学结构上看均属于常见氨基酸的衍生物，它们在食品中的作用机理目前尚不清楚。

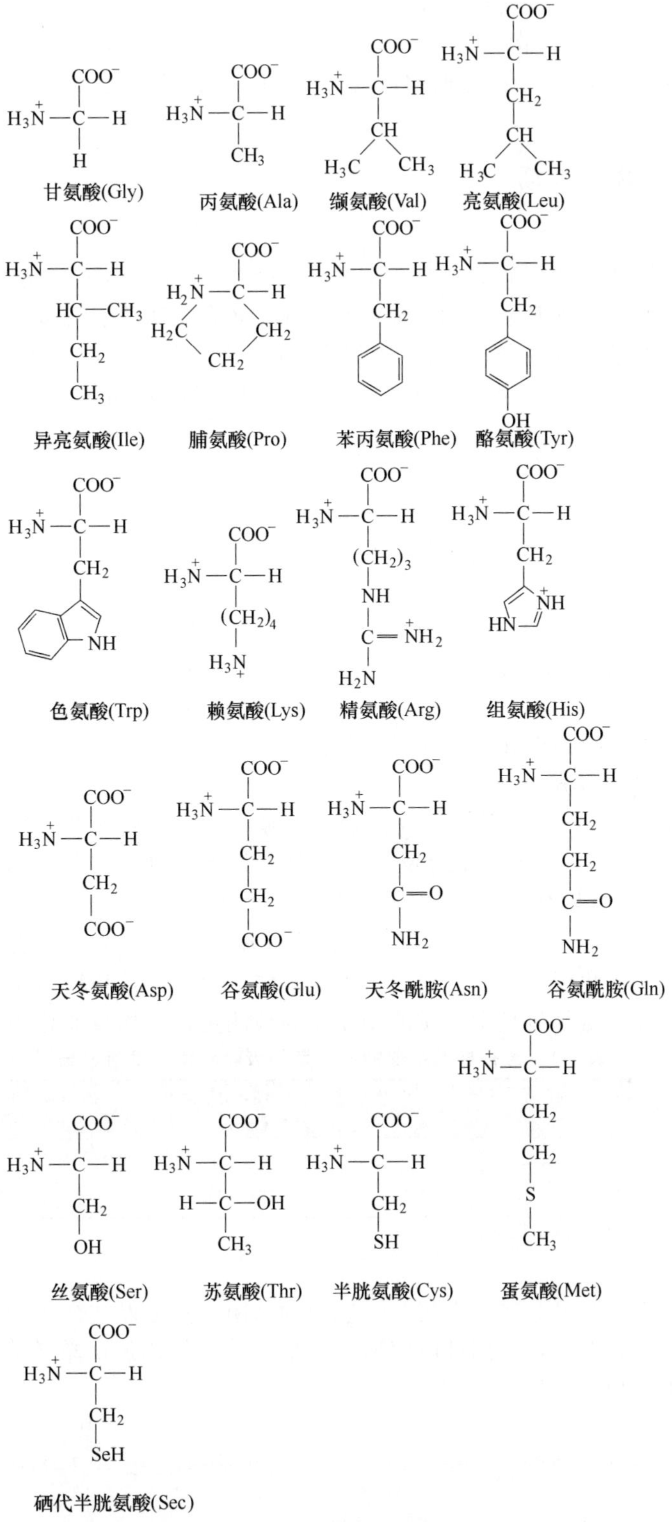

甘氨酸(Gly) 丙氨酸(Ala) 缬氨酸(Val) 亮氨酸(Leu)

异亮氨酸(Ile) 脯氨酸(Pro) 苯丙氨酸(Phe) 酪氨酸(Tyr)

色氨酸(Trp) 赖氨酸(Lys) 精氨酸(Arg) 组氨酸(His)

天冬氨酸(Asp) 谷氨酸(Glu) 天冬酰胺(Asn) 谷氨酰胺(Gln)

丝氨酸(Ser) 苏氨酸(Thr) 半胱氨酸(Cys) 蛋氨酸(Met)

硒代半胱氨酸(Sec)

图 5-1 蛋白质中的主要氨基酸

根据氨基酸侧链与水的相互作用性质可将氨基酸分为几类。含有脂肪族侧链的氨基酸（Ala，Ile，Leu，Met，Pro 和 Val 等）是疏水的，在水中的溶解度有限；而含芳香族侧链的氨基酸（Phe，Trp 和 Tyr）中，苯丙氨酸（Phe）和色氨酸（Trp）水溶性差，酪氨酸（Tyr）微溶于水。极性氨基酸易溶于水，它们或者带正电荷（Arg，His 和 Lys），或者带负电荷（Asp 和 Glu），或者不带电荷（Ser，Thr，Gly，Tyr，Asn，Gln 和 Cys）。酸性和碱性氨基酸具有很强的亲水性，在生理条件下，一种蛋白质的净电荷取决于它分子中碱性和酸性氨基酸残基的相对数目。

5.1.2 氨基酸的物理性质

5.1.2.1 旋光性

除甘氨酸外，氨基酸的 α-碳原子是不对称的手性碳原子，具有旋光性。氨基酸旋光方向和大小不仅取决于其侧链 R 基团的性质，也与水溶液的 pH 值、温度等介质条件有关。因此氨基酸的旋光性可用于定量分析，也可用于定性鉴别。天然存在的蛋白质中，仅含有 L-氨基酸（某些微生物中有 D-氨基酸存在），这也是人类可以利用的氨基酸形式。L 型和 D 型对映体可用下式表示：

$$\begin{array}{c} COOH \\ | \\ H-C^{\alpha}-NH_2 \\ | \\ R \end{array} \qquad \begin{array}{c} COOH \\ | \\ H_2N-C^{\alpha}-H \\ | \\ R \end{array}$$

D-氨基酸　　L-氨基酸

上述命名是基于 D-和 L-甘油醛构型，而不是根据线性偏振光实际转动的方向。也就是说，L 构型并非指左旋，事实上大多数 L-氨基酸是右旋而不是左旋的。掌握氨基酸的旋光性有助于液体蛋白食品的制作和产品性质的分析。

5.1.2.2 紫外吸收和荧光

常见氨基酸在 400～780nm 的可见光区域均无吸收。芳香族氨基酸 Trp、Tyr 和 Phe 在近紫外区（250～300nm）处有较强的吸收，可利用此性质对这三种氨基酸进行分析测定。结合后的 Trp、Tyr 残基同样在 280nm 附近有最大吸收，因此紫外分光光度法也可用于蛋白质的定量分析。此外，Trp、Tyr 在紫外区也能受激发而产生荧光。表 5-1 列出了芳香族氨基酸的最大紫外吸收和荧光发射波长。由于氨基酸所处的极性环境影响它们的紫外吸收和荧光性质，因此，常将氨基酸光学性质的变化作为检测蛋白质构象变化的手段。

表 5-1　芳香族氨基酸的最大紫外吸收和荧光发射波长

氨基酸	最大紫外吸收波长 λ_{max}/nm	摩尔消光系数 /($L \cdot mol^{-1} \cdot cm^{-1}$)	最大荧光发射波长 λ_{max}/nm
苯丙氨酸	260	190	282①
色氨酸	278	5590	348②
酪氨酸	275	1340	304②

①在 260nm 下激发；②在 280nm 下激发。

5.1.2.3 酸碱性

氨基酸至少含有一个氨基和一个羧基，这两种基团分别可以结合质子或解离出质子，因此它们既有酸也有碱的性质，是两性电解质。例如，化学结构最简单的 Gly 在溶液中受 pH 的影响可能有以下 3 种存在状态。

$$\begin{array}{c} H \\ | \\ NH_3^+-C^{\alpha}-COOH \\ | \\ R \end{array} \underset{}{\overset{K_{a1}}{\rightleftharpoons}} \begin{array}{c} H \\ | \\ NH_3^+-C^{\alpha}-COOH^- \\ | \\ R \end{array} \underset{}{\overset{K_{a2}}{\rightleftharpoons}} \begin{array}{c} H \\ | \\ NH_2-C^{\alpha}-COO^- \\ | \\ R \end{array}$$

酸性　　中性　　碱性

在中性pH时，α-氨基和α-羧基都处在离子化状态，此时氨基酸是偶极离子或两性离子。当氨基酸被酸滴定时，—COO^-质子化，—COO^-和—COOH的浓度相等时的pH被称为pK_{a1}（即解离常数K_{a1}的负对数）。类似的，当两性离子被碱滴定时，—NH_3^+去质子化，—NH_3^+和—NH_2浓度相等时的pH称为pK_{a2}。当氨基酸的侧链也有可解离基团时，例如碱性氨基酸的ε-氨基或酸性氨基酸的γ-羧基，它就有第三个解离常数pK_{a3}。

当氨基酸分子在溶液中呈电中性时（即净电荷为零，氨基酸分子在电场中不作运动），所处环境的pH值即为该氨基酸的等电点（isoelectric point，pI），此时氨基酸的溶解性能最差。对于一个单氨基单羧基的氨基酸，其$pI=(pK_{a1}+pK_{a2})/2$，对于酸性氨基酸$pI=(pK_{a1}+pK_{a3})/2$，碱性氨基酸$pI=(pK_{a2}+pK_{a3})/2$。常见氨基酸的pK_a和pI见表5-2。

表5-2　25℃时游离氨基酸的pK_a和pI

氨基酸	pK_{a1}（α-COO^-）	pK_{a2}（α-NH_3^+）	pK_{a3}（侧链）	pI
丙氨酸	2.35	9.69	—	6.02
精氨酸	2.17	9.04	12.48	10.76
天冬酰胺	2.02	8.80	3.65	5.41
天冬氨酸	1.88	9.60	3.65	2.77
半胱氨酸	1.96	10.28	—	5.07
谷氨酰胺	2.17	9.13	—	5.65
谷氨酸	2.19	9.67	4.25	3.22
甘氨酸	2.34	9.78	—	6.06
组氨酸	1.82	9.17	6.00	7.59
异亮氨酸	2.36	9.68	—	6.02
亮氨酸	2.36	9.64	—	5.98
赖氨酸	2.18	8.95	10.53	9.74
蛋氨酸	2.28	9.21	—	5.74
苯丙氨酸	1.83	9.24	—	5.53
脯氨酸	1.99	10.60	—	6.30
丝氨酸	2.21	9.15	—	5.68
苏氨酸	2.71	9.62	—	6.16
色氨酸	2.38	9.39	—	5.89
酪氨酸	2.20	9.11	10.07	5.65
缬氨酸	2.32	9.62	—	5.97

利用氨基酸的等电点性质，可以从氨基酸混合物中选择性地分离某种氨基酸。氨基酸结合成蛋白质后，其解离还影响到蛋白质的等电点性质。在蛋白食品的制作中，等电点对凝胶的形成或要保持液态的食品都非常关键。

5.1.2.4　疏水性

构成蛋白质的氨基酸的疏水性影响蛋白质和肽的物理化学性质，如结构、溶解度和脂肪结合能力等。氨基酸从乙醇转移至水中的自由能变化ΔG被用来表示氨基酸的疏水性，如果一种氨基酸的ΔG是一个很大的正值，那么它的疏水性就很大。氨基酸侧链的疏水性见表5-3。具有大的正ΔG的氨基酸侧链是疏水的，它会优先选择处在有机相而不是水相。在蛋白质分子中，疏水性氨基酸残基倾向于配置在蛋白质分子的内部。具有负的ΔG的氨基酸侧链是亲水的，这些氨基酸残基倾向于配置在蛋白质分子的表面。需要指出的是，天然Lys被认为是蛋白质分子中一种亲水性氨基酸，但它具有一个正的ΔG，这是由于它的侧链含有优先选择有机环境的4个亚甲基（—CH_2—）。事实上，Lys侧链被埋藏的同时它的ε-氨基突出在蛋白质分子的立体结构表面。

表 5-3　氨基酸侧链的疏水性（25℃，乙醇→水）　　单位：kJ/mol

氨基酸	ΔG(侧链)	氨基酸	ΔG(侧链)	氨基酸	ΔG(侧链)
Ala	2.09	Gly	0	Pro	10.87
Arg	3.1	His	2.09	Ser	−1.25
Asn	0	Ile	12.54	Thr	1.67
Asp	2.09	Leu	9.61	Trp	14.21
Cys	4.18	Lys	6.25	Tyr	9.61
Gln	−0.42	Met	5.43	Val	6.27
Glu	2.09	Phe	10.45		

5.1.3 氨基酸的化学性质

5.1.3.1 氨基的反应

(1) 与亚硝酸的反应

α-氨基酸的 α-NH_2 能定量地与亚硝酸反应，产生氮气和羟基酸。

$$R-CH(NH_2)-C(=O)-OH + HNO_2 \longrightarrow R-CH(OH)-C(=O)-OH + H_2O + N_2$$

通过测定氮气的体积就可以知道氨基酸的含量。与 α-NH_2 不同，ε-氨基与亚硝酸反应较慢。脯氨酸的 α-亚氨基不与亚硝酸作用，精氨酸、组氨酸、色氨酸中非 α-NH_2 也不与亚硝酸反应。

(2) 与醛类的反应

α-氨基与醛类化合物反应生成席夫碱类化合物，席夫碱是美拉德反应的中间产物。

$$R-CH(NH_2)-COOH + R^+-CHO \longrightarrow R-CH(N{=}CH-R^+)-COOH + H_2O$$

(3) 酰基化反应

α-氨基与苄氧基甲酰氯在弱碱性条件下反应，生成氨基衍生物。在合成肽的过程中可利用此反应保护氨基酸的氨基，有利于肽合成的定向进行。

$$C_6H_5CH_2-O-COCl + R-CH(NH_2)-COOH \longrightarrow C_6H_5CH_2-O-C(=O)-NH-CH(R)-COOH + HCl$$

(4) 烃基化反应

α-氨基可以与二硝基氟苯反应生成稳定的黄色化合物。该反应用于对肽的 N 末端氨基酸进行分析。氨基与荧光胺、邻苯二甲醛等反应生成的产物也具有荧光性质，可以用于分析氨基酸、蛋白质中的氨基含量。

$$H-C(R)(COOH)-NH_2 + F-C_6H_3(NO_2)_2 \longrightarrow H-C(R)(COOH)-NH-C_6H_3(NO_2)_2 + HF$$

5.1.3.2 羧基的反应

(1) 酯化反应

氨基酸在干燥 HCl 存在下，与无水甲醇或乙醇作用生成甲酯或乙酯。

$$R-COOH + R'OH \xrightarrow[\text{沸腾}]{HCl} R-COOR' + H_2O$$

(2) 脱羧反应

氨基酸在酶、加热、酸或碱处理时可发生脱羧反应脱除一分子的 CO_2。例如大肠杆菌中含有谷氨酸脱羧酶，可使谷氨酸发生脱羧反应，该反应可用于味精中谷氨酸钠含量的分析。

$$\mathrm{R{-}CH(NH_2){-}COOH \longrightarrow R{-}CH_2{-}NH_2 + CO_2}$$

5.1.3.3 由氨基和羧基共同参加的反应

(1) 形成肽键

一个氨基酸的羧基与另一个氨基酸的氨基发生缩合反应，脱去一分子的水，形成肽键，这也是形成蛋白质的基础。

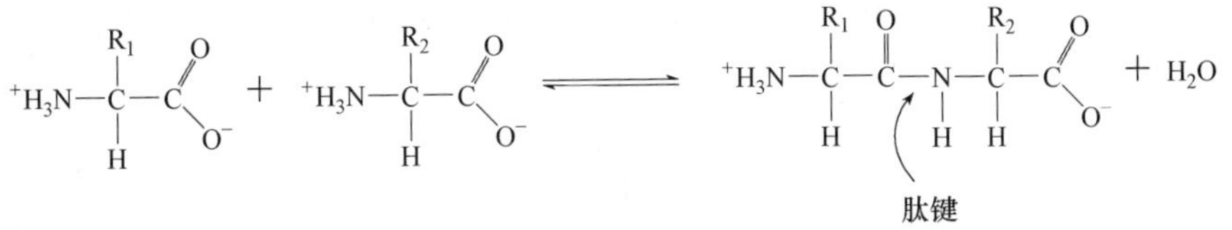

$$\mathrm{{}^{+}H_3N{-}CHR_1{-}COO^- + {}^{+}H_3N{-}CHR_2{-}COO^- \rightleftharpoons {}^{+}H_3N{-}CHR_1{-}CO{-}NH{-}CHR_2{-}COO^- + H_2O}$$

肽键

(2) 与茚三酮的反应

氨基酸在弱酸性溶液中与水合茚三酮共热，引起氨基酸的氧化脱氨、脱羧反应（生成氨、醛、CO_2 和还原茚三酮），随后茚三酮与反应产物氨和还原茚三酮反应，生成蓝紫色化合物，在570nm波长处有最大吸收。脯氨酸和羟脯氨酸在弱酸性溶液中，与水合茚三酮共热，会产生一种黄色物质，最大吸收波长为440nm。上述反应是比色法测定氨基酸含量的基础。

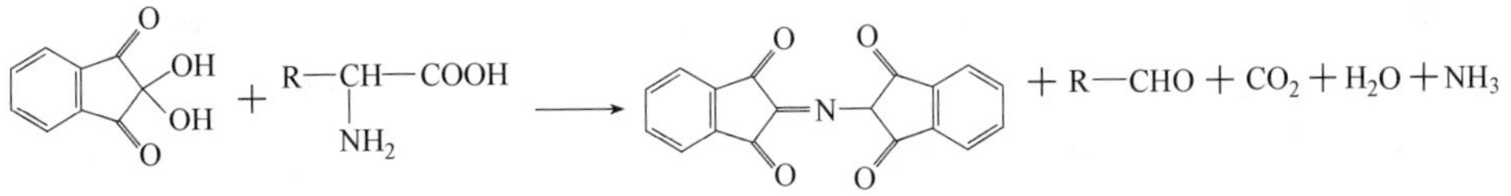

$$\text{水合茚三酮} + \mathrm{R{-}CH(NH_2){-}COOH} \longrightarrow \text{蓝紫色化合物} + \mathrm{R{-}CHO + CO_2 + H_2O + NH_3}$$

5.1.4 氨基酸的制备

氨基酸的制备一般可以通过三种途径：

(1) 蛋白质的水解

天然蛋白质用酸、碱或酶催化水解后，使蛋白质转化为游离的氨基酸，然后用等电点沉淀的方法使各氨基酸分步结晶析出，精制处理后得到各种氨基酸。蛋白质水解时以酶催化较为理想，酸、碱催化水解会破坏其中的某些氨基酸。

(2) 人工合成法

一般只用于制备少数难以用其它方法制备的氨基酸，常见的有色氨酸、甲硫氨酸。但人工合成的氨基酸为外消旋氨基酸，即L型、D型氨基酸数相等，所以在食品和医药行业应用之前，必须通过消旋体的拆分得到L型氨基酸，否则会引起D型氨基酸中毒。

(3) 微生物发酵法

通过微生物的作用，将廉价的碳水化合物、无机元素转化为氨基酸。发酵产物为L型结构，生产成本较低。目前应用最多的是味精（谷氨酸）和赖氨酸的大规模工业化生产。

5.2 蛋白质和肽

5.2.1 蛋白质的结构

蛋白质是以氨基酸为基本单元通过酰胺键相连构成的长链大分子，蛋白质的肽链通过α-碳原子和肽键间的单键旋转，以及分子内大量原子和基团间的相互作用，会形成复杂的立体结构。通常在以下不同结构水平上对其进行描述。

5.2.1.1 一级结构

蛋白质的一级结构指的是蛋白质多肽链中氨基酸残基的排列顺序。一个氨基酸的 α-羧基与另一个氨基酸的 α-氨基形成肽键时脱去一分子水，如下式所示。由 n 个氨基酸残基构成的蛋白质分子含有 $n-1$ 个肽键。游离的 α-氨基末端被称为 N 末端，而游离的 α-羧基末端被称为 C 末端。许多蛋白质一级结构已经确定，例如胰岛素、血红蛋白、细胞色素 C、酪蛋白等。少数蛋白质中氨基酸残基数目为几十个，大多数蛋白质含有 100～500 个残基，一些不常见的蛋白质氨基酸残基数多达几千个。

$$—NH—CH(R_1)—COOH + NH_2—CH(R_2)—COOH \xrightarrow{-H_2O} —NH—CH(R_1)—C(=O)—N(H)—CH(R_2)—COOH$$

蛋白质的一级结构决定了蛋白质的二级、三级等高级结构，而最终决定着蛋白质生物学功能。虽然肽键被描述为一个共价单键，实际上，由于电子非定域作用而导致的共振结构使它具有部分双键的性质，肽键的这个特征限制了它的转动角度。多肽主链的 6 个原子片段（$—C_\alpha—CO—NH—C_\alpha—$）处在一个平面中，而肽键不能自由旋转，从而降低了主链的柔性。由肽键的部分双键性质而产生的另一个结果是连接在键上的 4 个原子能以反式或顺式构型存在。然而，几乎所有的蛋白质肽键都是以反式构型存在，这是因为在热力学上反式构型比顺式构型稳定。

5.2.1.2 二级结构

蛋白质的二级结构指多肽链借助氢键作用排列成为沿一个方向、具有周期性的构象，主要是螺旋结构（以 α-螺旋常见，其它还有 π-螺旋和 γ-螺旋等）和 β-结构（以 β-折叠、β-弯曲常见），另外还有一种没有对称面或对称轴的无规卷曲结构。一些常见食品蛋白质中二级结构含量见表 5-4。氢键是稳定蛋白质二级结构的主要作用力。

表 5-4 一些食品蛋白质的二级结构含量

蛋白质	α-螺旋/%	β-折叠/%	β-弯曲/%	无规卷曲/%
脱氧血红蛋白	85.7	0	8.8	5.5
牛血清白蛋白	67.0	0	0	33.0
α_{S1}-酪蛋白	15.0	12.0	19.0	54.0
β-酪蛋白	12.0	14.0	17.0	57.0
κ-酪蛋白	23.0	31.0	14.0	32.0
胰凝乳蛋白酶原	11.0	49.4	21.2	18.4
免疫球蛋白 G	2.5	67.2	17.8	12.5
胰岛素(二聚体)	60.8	14.7	10.8	13.7
牛胰蛋白酶抑制剂	25.9	44.8	8.8	20.5
核糖核酸酶 A	22.6	46.0	18.5	12.9
鸡蛋溶菌酶	45.7	19.4	22.5	12.4
卵类黏蛋白	26.0	46.0	10.0	18.0
卵白蛋白	49.0	13.0	14.0	24.0
木瓜蛋白酶	27.8	29.2	24.5	18.5
α-乳清蛋白	26.0	14.0	0	60.0
β-乳球蛋白	6.8	51.2	10.5	31.5
大豆 11S 蛋白	8.5	64.5	0	27.0
大豆 7S 蛋白	6.0	62.5	2.0	29.5
肌红蛋白	79.0	0	5.0	16.0

蛋白质的α-螺旋结构是多个肽平面通过α-碳原子的旋转，相互之间紧密盘曲成稳固的右手螺旋。每3.6个氨基酸残基旋转一圈，相当于0.54nm。即每个氨基酸上升0.15nm。相邻两圈螺旋之间借助C═O和H形成许多链内氢键，即每一个氨基酸残基的—NH和前面相隔三个残基的C═O之间形成氢键。氨基酸残基的侧链分布在螺旋的外侧，其形状、大小及电荷影响α-螺旋的形成。酸性或碱性氨基酸集中的区域，由于同性电荷相斥，不利于α-螺旋的形成。含较大侧链的氨基酸（如Phe、Trp、Ile）集中的区域，也妨碍α-螺旋的形成。Gly的侧链仅仅为H，空间占位太小，会影响α-螺旋的稳定。Pro因其α-碳原子位于五元环上，不易扭转，加之它是亚氨基酸，不易形成氢键，故不易形成α-螺旋，而是形成无规卷曲，酪蛋白就是因此形成特殊结构的。

蛋白质的β-折叠结构是一种锯齿状结构，该结构比α-螺旋结构伸展，蛋白质在加热时α-螺旋就转化为β-折叠结构。在β-折叠结构中，肽链平面折叠成锯齿状，相邻肽键平面呈110°角，氨基酸残基的侧链伸出在锯齿的上方或下方。两条肽链或一条肽链的两段肽链之间的C═O与—NH形成氢键，使构象稳定。两条肽链可能是平行的，也可能是反平行的。

5.2.1.3 三级结构

蛋白质的三级结构是多肽链在各种二级结构的基础上，主链构象和侧链构象相互作用，沿三维空间多方向卷曲，再进一步盘旋折叠形成特定的球状分子结构。维持蛋白质三级结构的主要作用力为氨基酸侧链之间的疏水相互作用、氢键、范德华力和静电作用。在三级结构中，具有极性侧链基团的氨基酸残基几乎都在分子表面，而非极性残基则被埋在分子内部，避免与水接触，形成疏水核心。但也有例外，如某些脂蛋白的非极性氨基酸在分子表面有较大的分布。

5.2.1.4 四级结构

具有两条或两条以上独立三级结构的蛋白质，其多肽链之间通过次级键相互组合形成的空间结构称为蛋白质的四级结构。其中，每个具有独立三级结构的多肽链单位称为亚基，它们可以相同，也可以不同。四级结构实际上是指亚基的立体排布、相互作用和接触部位的布局。亚基之间不含共价键，其结合主要靠氢键和疏水相互作用。一种蛋白质所含疏水性氨基酸比例高于30%时，其形成四级结构的倾向大于含较少疏水性氨基酸残基的蛋白质。蛋白质结构形成示意图见图5-2。

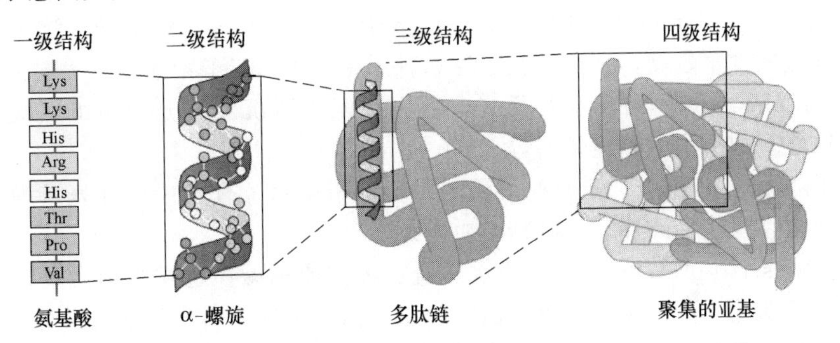

图5-2 蛋白质结构形成示意图

5.2.2 稳定蛋白质结构的作用力

蛋白质二级结构的构象主要是由不同基团之间的氢键维持，而三级、四级结构的构象主要是由氢键、静电作用、疏水相互作用和范德华力等作用力来维持，这些作用力的特征如表5-5所示。从表5-5可以看出，除二硫键键能较大外，其他的作用能较小。因此，在外来因素的影响下，很容易导致蛋白质的结构不稳定，发生变性。

表 5-5 维持蛋白质构象的作用力及其特征

类型	键能/(kJ/mol)	作用距离/nm	涉及官能团	作用力的破坏性试剂/破坏条件	增强作用
共价键	330～380	0.1～0.2	—S—S—	半胱氨酸、Na_2SO_3 等	—
氢键	8～40	0.2～0.3	—NH_2，—OH，—C=O	胍、脲、洗涤剂、酸、加热	冷却
疏水相互作用	4～12	0.3～0.5	长的脂肪族或芳香族侧链	有机溶剂、表面活性剂	加热
静电作用	42～84	0.2～0.3	羧基和氨基	高的或低的 pH，盐溶液	—
范德华力	1～9	—	分子	—	—

5.2.3 蛋白质的分类

5.2.3.1 按照化学组成分类

按照化学组成，蛋白质通常可以分为单纯蛋白质（simple protein）和结合蛋白质（conjugated protein）两大类。

单纯蛋白质经水解仅得到氨基酸和氨基酸衍生物；结合蛋白质由单纯蛋白质和其他化合物结合构成，被结合的化合物通常称为蛋白质的辅基。

（1）单纯蛋白质按溶解度不同分类

① 清蛋白（albumin）：又称白蛋白，溶于水及稀盐、稀酸或稀碱溶液，能被饱和硫酸铵所沉淀，加热可凝固。清蛋白在自然界分布广泛，如血液中的血清蛋白、小麦种子中的麦清蛋白，牛奶中的乳清蛋白，鸡蛋中的卵清蛋白等。

② 球蛋白（globulin）：几乎不溶于水而溶于中性盐溶液，能被半饱和硫酸铵所沉淀。普遍存在于生物体内并具有重要的生物学功能，如血液中血清球蛋白、肌肉中肌球蛋白以及免疫球蛋白都属于这一类。

③ 谷蛋白（glutelin）：不溶于中性盐溶液，但溶于稀酸或稀碱溶液。存在于植物种子中，如米谷蛋白和麦谷蛋白等。

④ 醇溶蛋白（prolamine）：不溶于水，但溶于 50%～90%乙醇溶液。这类蛋白质分子中脯氨酸和谷氨酸含量较高，主要存在于谷物种子中，如玉米醇溶蛋白、麦醇溶蛋白等。

⑤ 组蛋白（histone）：溶于水及稀酸，但为稀氨水所沉淀。分子中组氨酸、赖氨酸较多，分子呈碱性，如小牛胸腺组蛋白等。

⑥ 精蛋白（protamine）：溶于水及稀酸，不溶于氨水。分子中碱性氨基酸（精氨酸和赖氨酸）特别多，因此呈碱性，如鲑精蛋白等。

⑦ 硬蛋白（scleroprotein）：不溶于水、盐、稀酸或稀碱。这类蛋白质是动物体内作为结缔组织及保护功能的蛋白质，如角蛋白、胶原蛋白、网硬蛋白和弹性蛋白等。

（2）结合蛋白质根据辅基的不同分类

① 核蛋白（nucleoprotein）：辅基是核酸，如脱氧核糖核蛋白、核糖体、烟草花叶病毒等。

② 脂蛋白（lipoprotein）：脂质与蛋白质通过非共价键结合，脂质成分有磷脂、固醇和中性脂等。广泛存在于细胞和血液中，如血液中 β-脂蛋白、鸡蛋中卵黄蛋白等。

③ 糖蛋白（glycoprotein）：辅基成分为半乳糖、甘露糖、己糖胺、己糖醛酸、唾液酸、硫酸或磷酸中的一种或多种。糖蛋白可溶于碱性溶液中，如卵清蛋白、γ-球蛋白、血清类黏

蛋白等。

④ 磷蛋白（phosphoprotein）：磷酸基通过酯键与蛋白质中的丝氨酸或苏氨酸残基侧链的羟基相连，如酪蛋白、胃蛋白酶等。

⑤ 色素蛋白（chromprotein）：由单纯蛋白质和色素结合而成，如含铁的血红蛋白、细胞色素 C，含镁的叶绿蛋白，含铜的血蓝蛋白等。

5.2.3.2 按必需氨基酸的种类和含量分类

按必需氨基酸的种类和含量，蛋白质可分为三类。

(1) 全价蛋白质或完全蛋白质

全价蛋白质是指必需氨基酸种类齐全，数量充足，彼此比例适当的一类蛋白质。这类蛋白质不但可以维持人体健康，还可以促进生长发育，如奶、蛋、鱼、瘦肉、大豆中的蛋白质都属于完全蛋白质。

(2) 半完全蛋白质

半完全蛋白质是指蛋白质中必需氨基酸种类齐全，但其中某些必需氨基酸的数量不能满足人体需要的一类蛋白质。它们可以维持生命，但不能促进生长发育。例如，小麦中的麦胶蛋白就是半完全蛋白质，含赖氨酸很少。食物中所含与人体所需相比有差距的某一种或某几种氨基酸叫限制性氨基酸。大多数谷类蛋白质中赖氨酸含量较少，所以它们的限制性氨基酸是赖氨酸。米、面粉、土豆、干果等中的蛋白质属于半完全蛋白质。

(3) 不完全蛋白质

不完全蛋白质中必需氨基酸种类缺少，不能满足人体需要。它们既不能维持生命，也不能促进生长发育。例如，玉米、豌豆、肉皮、蹄筋中的蛋白质均属于不完全蛋白质。

5.2.4 肽

肽是由两个或两个以上氨基酸经脱水缩合而成，分子量小于蛋白质的化合物。氨基酸残基数目在 2～10 个之间的为寡肽（又称低聚肽），数目超过 10 个的为多肽。多肽中氨基酸残基数目达到何种程度为蛋白质，一般很难区分这个界限。现代营养学研究发现，人类摄食蛋白质经消化酶作用后，不仅可以以氨基酸的形式吸收，更多的是以低肽的形式吸收。进一步的试验又揭示了肽比游离氨基酸消化更快、吸收更多，表明肽的生物效价和营养价值比游离氨基酸更高。利用这一功能，多肽可以作为肠道营养剂和流态食物，为康复病人、消化功能衰退的老年人以及消化功能尚未成熟的婴幼儿提供营养，具有防病治病、调节人体生理机能的功效。

(1) 酪蛋白磷酸肽

酪蛋白磷酸肽（casein phosphopeptide，CPP）是含有多个磷酸丝氨酸的肽分子，分子量为 2000～4000，是用胰酶或胰蛋白酶水解酪蛋白制成，其核心结构为：—Ser(P)—Ser(P)—Ser(P)—Glu—Glu—（P：磷酸基）。在人体肠道内 pH 呈中性到弱碱性的环境中，CPP 能螯合钙、铁、锌离子，保护其不被膳食中的磷酸、草酸、植酸等阴离子沉淀，从而有效促进对钙、铁、锌等的吸收和利用。CPP 已经被作为钙、铁吸收的促进剂在食品中应用。

(2) 降血压肽

有些多肽是人体血管紧张素转化酶（angiotensin converting enzyme，ACE）的抑制剂，能够通过抑制人体肾素-血管紧张素系统中血管紧张素Ⅱ的生成而达到降低血压的目的。与目前临床一线常用的 ACE 抑制剂类抗高血压药物相比，降血压肽只对高血压患者起到降压作用，对血压正常者无明显降压作用，且无任何毒副作用，因此，是一种极具开发潜力的多肽类抗高血压药物。最早在天然蛇毒蛋白中分离出来。降血压肽一般含有 2～10 个氨基酸，在一些发酵制品如酸奶、酱油等中存在，也可以由乳蛋白、大豆蛋白、小麦蛋白、丝蛋白、明胶、海洋鱼类等制取。

(3) 免疫调节肽

免疫调节肽具有多方面的生理功能，不仅能增强机体的免疫能力，在动物体内起重要的免疫调节作用，而且还能刺激机体淋巴细胞的增殖和增强巨噬细胞的吞噬能力，提高机体对外界病原物质的抵抗能力。免疫调节肽可通过物理化学方法从生物体组织和器官中直接分离，也可以通过适合的蛋白酶酶解蛋白来获得，还可以通过化学方法合成以及应用 DNA 重组技术翻译表达免疫调节肽。

(4) 抗菌肽

抗菌肽是由不同氨基酸组成的小分子蛋白质，具有免疫原性低、易体内降解、不易产生耐药性等优点。目前在食品行业应用最为广泛的是乳酸链球菌抗菌肽（nisin），它是由 34 个氨基酸组成的多肽，分子质量为 3500Da，食用后在消化道内很快被胰凝乳蛋白酶降解，不会引起抗生素出现的耐药性问题，也不改变人体肠道内正常菌群的分布。由于 nisin 对许多革兰氏阳性菌具有很强的抑制作用，现已作为防腐剂应用于食品工业。

(5) 抗氧化肽

抗氧化肽不仅具有清除体内自由基的功能，而且对紫外线引起的线粒体的损伤和自由基诱导的脂质过氧化具有明显的修护作用。此外，抗氧化肽的作用机理还包括给抗氧化酶提供氢、螯合金属离子等。肌肽（carnosine，β-Ala-His）是存在于动物肌肉中的一种天然二肽，能抑制体外由铁、血红素、脂氧合酶和单线态氧催化的脂肪氧化，也能抑制蒸煮肉在冷藏时的氧化酸败。抗氧化肽可以通过水解食品蛋白质制备，如用酶水解鳕鱼得到的多肽具有抗氧化活性，并且其活性与分子量有关。

(6) 其它肽类

① 高 F 值寡肽　在氨基酸或寡肽的混合物中，支链氨基酸和芳香族氨基酸的比值为 fischer 值，简称 F 值。具有较高 F 值的肽类在临床医学上对肝脏病人具有有益的作用，可以作为辅助治疗的食品。将蛋白质水解处理后选择性地分离出一些氨基酸，就可以得到相应的高 F 值寡肽。

② 食品感官肽　食品感官肽是指添加在食品中能够调节食品的品质和感观的一类肽的总称，包括味觉肽（甜味肽、酸味肽、苦味肽、咸味肽）、增强风味肽、表面活性肽、硬度调节肽等。

5.3 蛋白质的变性

蛋白质的天然结构是各种吸引和排斥相互作用的净结果，在某些物理和化学因素作用下，其特定的空间构象被破坏，即有序的空间结构变成无序的空间结构，从而导致其理化性质的改变和生物活性的丧失，这个过程为蛋白质的变性。蛋白质的变性仅是蛋白质二级、三级和四级结构等高级构象发生改变，而蛋白质的肽键不发生断裂，各种氨基酸的连接顺序即蛋白质的一级结构不发生改变。天然蛋白质的变性有时是可逆的，去除变性因素后，有些蛋白质仍可恢复或部分恢复其原有的构象和功能，称为复性。一般来说，温和条件下蛋白质比较容易发生可逆的变性，而在剧烈条件下产生的是不可逆的变性。当稳定蛋白质构象的二硫键被破坏时，变性蛋白质很难复性。

由于空间构象改变，变性后蛋白质一些性质发生变化。变性后蛋白质性质的变化一般包括：疏水基团暴露在分子表面，引起溶解度的降低；失去生物活性（如酶活性或免疫活性）；

肽键更多地暴露出来，易被蛋白酶水解；蛋白质结合水的能力发生变化；蛋白质分散体系下降，黏度增大；蛋白质结晶能力丧失。因此，可以通过测定蛋白质的一些性质，如光学性质、沉降性质、黏度、电泳性质、热力学性质等了解蛋白质变性与否，以及变性程度如何。

但是，有时候蛋白质在适度变性后仍然可以保持甚至提高原有活性，这是由变性后某些活性基团暴露所致。食品蛋白质变性后通常引起溶解度降低或失去溶解性，从而影响蛋白质的功能特性或加工特性。在某些情况下，变性又是必需的，如豆类中胰蛋白酶抑制剂的热变性，可显著提高动物食用豆类时的消化率和生物有效性。部分蛋白质变性后比天然蛋白质更易消化，或具有良好的乳化性、起泡性或凝胶特性等。热变性也是食品蛋白质产生热诱导凝胶的先决条件。

5.3.1　蛋白质的物理变性

(1) 加热

在食品加工和保藏中热处理是最常用的加工方法，也是引起蛋白质变性的最常见的因素。蛋白质溶液在逐渐加热到临界温度以上时，其构象从天然状态到变性状态有一个显著的改变，这个转变的中点温度称为熔化温度 T_m 或变性温度 T_d。此时天然状态与变性状态之比为1∶1。蛋白质变性后，蛋白质的伸展程度增大。例如，天然血清蛋白是椭圆形的，长∶宽为3∶1，而热变性后，长∶宽为5.5∶1。

对于许多化学反应来说，其温度系数为3～4，即反应温度每升高10℃，反应速度增加3～4倍。但对于蛋白质的变性，因为维持二级、三级和四级结构稳定性的各种能量都很低，其温度系数在600左右。这个性质在食品加工中有很重要的应用价值，例如高温短时杀菌(high temperature short time，HTST）与超高温瞬时杀菌（ultra-high temperature instantaneous sterilization，UHT）就是利用高温大大提升蛋白质的变性速度，短时间内破坏生物活性蛋白质或微生物中的酶，而由于其他营养素的化学反应的速度变化相对较小，确保了其他营养素较少的损失。

蛋白质的热变性与蛋白质的组成、浓度、水分活度、pH值和离子强度等也有关。一般来讲，蛋白质分子中含有较多的疏水性氨基酸时，要比含有较多亲水性氨基酸的蛋白质稳定。变性温度还与水分活度有关，生物活性蛋白质在干燥状态下较稳定，对温度变化的承受能力较强，而在湿热状态下容易发生变性。

(2) 低温

低温处理也可以导致某些蛋白质的变性，如肌红蛋白在30℃表现出最大稳定性，一旦温度低于0℃，就会发生变性。11S大豆蛋白、麦醇溶蛋白、卵蛋白和乳蛋白在低温和冷冻时会发生聚集和沉淀。还有一些例外的情况，在细胞体系中，某些氧化酶由于冷冻可从细胞膜结构中释放出来而被激活。

低温导致蛋白质变性的原因，可能是由于蛋白质的水合环境的变化，破坏了维持蛋白质结构作用力的平衡，并且因为一些基团水化层被破坏，基团之间的相互作用引起蛋白质的聚集或亚基重排；也可能是由于体系结冰后盐（组织或细胞液中的离子浓度）效应的问题，盐浓度的提高导致蛋白质变性。另外，由于冷冻引起的浓缩效应，导致蛋白质分子内、分子间二硫键的交换反应增加，从而引起蛋白质的变性。

(3) 机械处理

一些机械处理，如揉捏、振动或搅打等加工过程，都可能使蛋白质变性。蛋白质的剪切变性是由于空气泡的并入和蛋白质分子吸附在气-液界面上，由于气-液界面的能量高于主体相的能量，因此蛋白质在界面上经受构象变化而变性。剪切速率越高，蛋白质分子的柔性越大，则变性程度越高。同时受到高温和高剪切处理的蛋白质，则发生不可逆的变性。10%～20%乳清蛋白溶液，在pH3.4～3.5、温度80～120℃的条件下，经7500/s～10000/s的剪切速率处理后，则变成直径为1μm、不溶于水的球状胶体颗粒，可作为脂肪代用品，如具有润滑和乳状液口感的微粒化蛋白（simplesse）就是用这种方法制备的。

(4) 静高压

虽然天然蛋白质具有比较稳定的构象，氨基酸残基被紧密地包裹在球状蛋白质分子的内部，但还是存在着一些空穴，分子具有一定的柔性和可压缩性，在高压下蛋白质分子会发生变形现象（即发生变性）。由光谱数据证实，大多数蛋白质在100～1200MPa压力范围经受诱导变性。压力诱导转变的中点出现在400～800MPa之间。

由于静高压处理只导致酶或微生物的灭活，对食品中的营养物质、色泽、风味等不会造成破坏作用，也不形成有害的化合物。对肉制品进行高压处理还可以使肌肉组织中肌原纤维裂解，从而使肉嫩化。因此，高压技术已是21世纪食品高新加工技术之一。

(5) 电磁辐射

电磁辐射对蛋白质的影响因波长和能量的大小而异，紫外辐射可被芳香族氨基酸残基（色氨酸、酪氨酸和苯丙氨酸）所吸收，导致蛋白质构象发生改变。如果能量水平很高，还可使二硫键断裂。γ辐射和其他电离辐射能改变蛋白质的构象，同时也会氧化氨基酸残基，使共价键断裂、离子化，形成蛋白质自由基等，这些反应大多通过水的辐解作用而传递。所以辐射不仅使蛋白质发生变性，而且破坏了氨基酸的结构，可导致蛋白质的营养价值降低。

在食品进行一般的辐射保鲜时，辐射对食品中蛋白质的影响极小。一是由于食品处理时所使用的辐射剂量较低，二是食品中存在水的裂解而减少了其他物质的裂解，所以在安全方面不会有什么问题。

(6) 界面作用

蛋白质吸附在气-液、液-液或液-固界面后，可以发生不可逆的变性。蛋白质发生界面变性的原因在于，在界面上水分子能量较本体水分子高，与蛋白质分子发生作用后，能导致蛋白质分子能量增加。蛋白质分子向界面扩散后，与界面上的水分子作用，蛋白质分子中的一些化学作用被破坏，其结构发生少许的伸展，最后水分子进入蛋白质分子内部，进一步导致蛋白质分子的伸展，使得疏水性残基、亲水性残基分别向极性不同的两相排列，最终导致蛋白质分子变性。如果蛋白质分子具有较疏松的结构，它在界面上吸附就比较容易；如果蛋白质的结构比较紧密，或是被二硫键所稳定，或是不具备相对明显的疏水区和亲水区，此时就不易被界面吸附，界面变性就会比较困难。

5.3.2 蛋白质的化学变性

(1) pH值

蛋白质所处介质的pH值对变性过程有很大的影响。蛋白质处于其等电点时比在任何其它pH下对变性作用表现得更加稳定。在中性pH值时，由于大多数蛋白质pI低于7，因此多数蛋白质带负电荷，而少数蛋白质带正电荷。由于在中性pH附近蛋白质所带净电荷不多，分子内所产生的排斥力同稳定蛋白质结构的其他作用力相比较小，因此大多数蛋白质是稳定的。然而，在极端pH条件下，高静电荷引起的强烈的分子内电排斥力导致蛋白质分子内的肿胀和展开，此时如果再伴以加热，其变性的速率会更快。pH值引起的蛋白质变性多数是可逆的，然而在某些情况下，肽键水解、Asn和Gln的脱酰胺、碱性条件下二硫键的破坏，或者聚集作用能导致蛋白质的不可逆变性。

(2) 盐类

碱土金属如Ca^{2+}、Mg^{2+}可能是蛋白质的组成部分，对蛋白质的构象起着重要作用，所以去除Ca^{2+}、Mg^{2+}会降低蛋白质分子对热、酶等的稳定性。而对于一些重金属离子如Cu^{2+}、Fe^{2+}、Hg^{2+}、Pb^{2+}、Ag^{+}等，由于易与蛋白质分子中的—SH形成稳定的化合物，或将二硫键还原成—SH，改变了稳定蛋白质分子结构的作用力，因而导致蛋白质稳定性改变和变性。此外，由于Hg^{2+}、Pb^{2+}等还能够与组氨酸、色氨酸残基等反应，也能导致蛋白质的变性。

对于阴离子，它们对蛋白质结构稳定性影响的大小程度：$F^- < SO_4^{2-} < Cl^- < Br^- < I^- < ClO_4^- < SCN^- < Cl_3CCOO^-$。一般$F^-$、$SO_4^{2-}$、$Cl^-$是蛋白质结构的稳定剂，而$SCN^-$、$Cl_3CCOO^-$则是蛋白质结构的去稳定剂。图5-3显示了各种钠盐对β-乳球蛋白热变性温度T_d的影响。在相同的离子强度下，Na_2SO_4和NaCl使T_d提高，而NaSCN和$NaClO_4$使T_d降低。

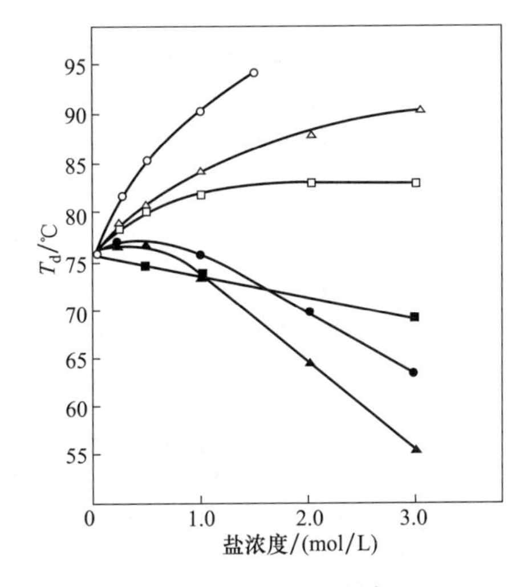

图5-3 各种钠盐对β-乳球蛋白在pH 7.0时变性温度（T_d）的影响

(3) 有机溶剂

大多数有机溶剂可导致蛋白质变性，因为它们降低了溶液的介电常数，使蛋白质分子内基团之间的静电作用力增加，或者是破坏/增加了蛋白质分子内氢键，或是进入蛋白质的疏水区域，破坏了蛋白质分子的疏水相互作用，结果均使蛋白质的构象改变，从而导致变性。

在低浓度下有机溶剂对蛋白质的结构影响较小，一些甚至有稳定作用，但是在高浓度下所有的有机溶剂均能对蛋白质产生变性作用。

(4) 有机化合物

高浓度的脲（urea）和胍盐（guanidine salts）（1～8mol/L）将使蛋白质分子中氢键断裂，导致蛋白质变性，表面活性剂如十二烷基硫酸钠（sodium dodecylsulfate，SDS）能在蛋白质疏水区和亲水区之间起到媒介作用（图5-4），不仅破坏了疏水相互作用，还能促使蛋白质分子的伸展，是一种很强的变性剂。

巯基乙醇（$HSCH_2CH_2OH$）、半胱氨酸、二硫苏糖醇等还原剂，由于具有—SH，能使蛋白质分子中存在的二硫键还原，从而改变蛋白质原有的构象，造成蛋白质不可逆的变性。

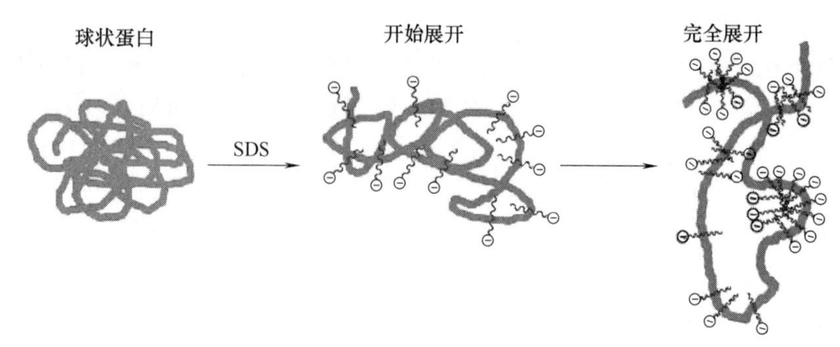

图 5-4 SDS 导致的蛋白质变性

5.4 蛋白质的功能性质

质构、风味、色泽等感官品质是人们对食品进行取舍的重要依据。一种食品的感官品质是食品中各种主要和次要组分之间复杂的相互作用的净结果。蛋白质对食品的感官品质具有重要的影响。例如焙烤食品的感官性质与小麦面筋蛋白质的黏弹性和面团形成性质有关；肉类产品的质构和多汁特征主要取决于肌肉蛋白质（肌动蛋白、肌球蛋白、肌动球蛋白和一些水溶性的肉类蛋白质）；乳制品的质构性质和凝乳块形成性质取决于酪蛋白胶束独特的胶体结构；蛋糕疏松多孔的结构取决于蛋清蛋白的搅打起泡性质。在表 5-6 中列出了各种食品中蛋白质的必需功能特性。可将蛋白质的“功能性质”（functionality）定义如下：在食品加工、保藏、制备和消费期间影响蛋白质在食品体系中的性能的物理和化学性质。

表 5-6 各种食品中蛋白质的必需功能性质

食品名称	功能性质
饮料	不同 pH 值时的溶解性，热稳定性，黏度
汤，调味汁	黏度，乳化作用，持水性
面团烘焙产品（面包，蛋糕等）	成型和形成黏弹性膜，内聚力，热变性和胶凝作用，乳化作用，吸水作用，发泡，褐变
乳制品（干酪，冰淇淋，甜点心等）	乳化作用，对脂肪的保留，黏度，起泡，胶凝作用，凝结作用
鸡蛋	起泡，胶凝作用
肉制品（香肠等）	乳化作用，胶凝作用，内聚力，对水和脂肪的吸收和保持
肉代用品（组织化植物蛋白）	对水和脂肪的吸收和保持，不溶性，硬度，咀嚼性，内聚力，热变性
食品涂膜	内聚，黏合
糖果制品（牛奶巧克力等）	分散性，乳化作用

根据蛋白质发挥作用的特点，可以将其功能性质分为三大类。

① 水合性质　取决于蛋白质同水之间的相互作用，包括水的吸附与保留、湿润性、膨胀性、黏合性、分散性、溶解性等。

② 结构性质　与蛋白质分子之间的相互作用有关的性质，如沉淀、胶凝作用、组织化和面团形成等。

③ 表面性质　涉及蛋白质在极性不同的两相之间所产生的作用，主要有蛋白质的起泡、乳化等方面的性质。

此外，还有人根据蛋白质在食品感官质量方面所具有的一些作用，将它的功能性质划分出第四种性质，即感官品质，涉及蛋白质在食品中所产生的浑浊度、色泽、风味结合、咀嚼性、爽滑感等。

蛋白质的这些功能性质不是相互独立、完全不同的性质，它们之间也存在着相互联系，例如蛋白质的胶凝作用既涉及了蛋白质分子的相互作用（形成空间三维网状结构），又涉及蛋白质同水分子之间的作用（水的保留），而黏度、溶解度均涉及蛋白质与蛋白质之间和蛋白质与水之间的作用。

5.4.1　水合性质

大多数食品是水合体系，蛋白质的许多功能性质，如分散性、湿润性、肿胀、溶解性、增稠、黏度、持水能力、胶凝作用、凝结、乳化和起泡，取决于水-蛋白质相互作用。蛋白质吸附水、保留水的能力，不仅能影响蛋白质的黏度和其他性质，而且能影响食品的质地结构，影响最终产品的数量（与生产成本直接相关）。因此，研究蛋白质的水合和复水性质，在食品加工中是非常重要的。

当干蛋白质粉与相对湿度为90%～95%的水蒸气达到平衡时，每克蛋白质所结合的水的质量定义为蛋白质结合水的能力。蛋白质的水合是通过蛋白质分子表面上的各种极性基团与水分子相互作用。在表5-7中列出了蛋白质分子中各种极性和非极性基团结合水的能力。1mol含带电基团的氨基酸残基约结合6mol H_2O，1mol不带电的极性残基约结合2mol H_2O，而1mol非极性残基约结合1mol H_2O。因此，蛋白质的水合能力部分地与它的氨基酸组成有关，带电的氨基酸残基所占数目愈大，水合能力愈强。下面的经验公式，可按蛋白质的氨基酸组成计算它的水合能力：

$$a=f_C+0.4f_P+0.2f_N$$

式中，a为水合能力，即1g蛋白质结合水的质量，g/g；f_C、f_P和f_N分别代表蛋白质分子中带电的、极性的和非极性残基所占的分数。

经验公式对一些由多个亚基组成的蛋白质进行计算时，一般计算值较实验值大一些，表明亚基之间相互作用带来的影响，即降低了对水的结合。但对于酪蛋白来讲，其实验值却大于理论计算值，主要是因为在酪蛋白胶团结构中存在空穴，可以产生毛细管的物理截留作用，结合更多的水。

表5-7　氨基酸残基的水合能力　　单位：mol水/mol残基

	氨基酸残基	水结合能力		氨基酸残基	水结合能力
极性残基	Asn	2	离子化残基	Asp	6
	Gln	2		Glu	7
	Pro	3		Tyr	7
	Ser,The	2		Arg	3
	Trp	2		His	4
	Asp(非离解)	2		Lys	4
	Glu(非离解)	2	疏水性残基	Ala	1
	Tyr	3		Gly	1
	Arg(非离解)	4		Phe	0
	Lys(非离解)	4		Val,Ile,Leu,Met	1

蛋白质的浓度、pH值、温度、离子强度和体系中的其他成分都影响蛋白质的构象，进而影响蛋白质-蛋白质和蛋白质-水的相互作用。例如，蛋白质总的水结合量随蛋白质浓度的增加而增加，而在等电点时蛋白质表现出最小的水合作用，这是由于等电点时蛋白质分子所带的净电荷最少，蛋白质-蛋白质相互作用达到最大，蛋白质水合和溶胀最小。动物被屠宰后，僵直期内肌肉组织的持水力最差，就是由于肌肉组织的pH值从6.5下降到5.0左右（接近肌肉蛋白质的等电点），导致肉的汁液减少和嫩度下降，肉的食用品质不佳。

蛋白质结合水的能力一般随温度的升高而降低，这是由于升温破坏了蛋白质-水之间的氢键和降低了离子基团结合水的能力，使蛋白质结合水的能力下降。蛋白质加热时发生变性和聚集，降低了蛋白质表面积和极性氨基酸与水结合的有效性，因此，凡是变性后聚集的蛋白质结合水的能力会因蛋白质之间的相互作用而下降。另外，结合很紧密的蛋白质在加热时，发生解离和伸展，原来被遮掩的肽键和极性侧链暴露在表面，提高了极性侧链结合水的能力，或者蛋白质在加热时发生了胶凝作用，所形成的三维网状结构容纳了大量的水，从而提高了蛋白质的水结合能力。

离子的种类和浓度对蛋白质的吸水性、溶胀和溶解度也有很大的影响。盐类和氨基酸侧链基团通常同水发生竞争性结合。在低盐浓度（<0.2mol/L）时，蛋白质的水合作用增强，这是由于水合盐离子与蛋白质分子的带电基团发生微弱结合，增加的结合水量是来自与蛋白质结合离子的缔合水。高盐浓度时，水合盐之间的相互作用超过水合蛋白质之间的相互作用，因而可引起蛋白质“脱水”。

在食品实际加工中，对于蛋白质的水合作用，通常以持水力（water holding capacity）或者保水力（water retention capacity）来衡量。蛋白质的持水力是指蛋白质截留（或保留）水在其组织中的能力，被截留的水包括吸附水、物理截流水和流体动力学水。其中物理截留水对持水能力的贡献大于结合水和流体动力学水。研究表明，蛋白质的持水能力与水合能力呈正相关，可影响食品的嫩度、多汁性和柔软性，所以对食品品质具有很重要的实际意义。

5.4.2 溶解度

蛋白质溶解度往往影响其他的功能性质，其中受影响最大的是增稠、起泡、乳化和胶凝作用，不溶性的蛋白质在食品中的应用非常有限。作为有机大分子化合物，蛋白质在水中以分散态（胶体态）存在，而不是真正化学意义的溶解态，所以蛋白质在水中并无严格意义上的溶解度。一般蛋白质在水中的分散量或分散水平相应地称为蛋白质的溶解度（solubility）。蛋白质溶解度常用表示方法为蛋白质分散指数（protein dispersibility index，PDI）、氮溶解指数（nitrogen solubility index，NSI）和水可溶性氮（water soluble nitrogen，WSN）。

$$\mathrm{PDI}=\frac{\text{水分散蛋白}}{\text{总蛋白}}$$

$$\mathrm{NSI}=\frac{\text{水溶解氮}}{\text{总氮}}$$

$$\mathrm{WSN}=\frac{\text{可溶性氮的质量}}{\text{样品的质量}}$$

蛋白质中氨基酸的疏水性和离子性是影响蛋白质溶解性的主要因素。疏水相互作用增强了蛋白质与蛋白质之间的相互作用，使蛋白质在水中的溶解度降低。离子相互作用则有利于蛋白质分散在水中，从而增加了蛋白质在水中的溶解度。Bigelow 认为蛋白质的溶解度与其中氨基酸残基的平均疏水性和电荷频率有关。

平均疏水性（ΔG）可按下式定义：

$$\Delta G=\frac{\sum \Delta g_{\text{残基}}}{n}$$

式中，$\Delta g_{\text{残基}}$代表每一种氨基酸残基的疏水性，即残基从乙醇转移至水时自由能的变化；n 为蛋白质分子中总的残基数。

电荷频率（σ）按下式定义：

$$\sigma=\frac{n^{+}+n^{-}}{n}$$

式中，n^+ 和 n^- 分别代表蛋白质分子中带正电荷和带负电荷残基的总数；n 为蛋白质分子中总的残基数。

平均疏水性越小和电荷频率越大，蛋白质的溶解度越高。虽然按照这个经验公式对于大多数蛋白质是正确的，然而并非是绝对的。这个经验公式没有考虑到比起整个蛋白质分子的平均疏水性和电荷频率来，与周围水接触的蛋白质表面的亲水性和疏水性是决定蛋白质溶解度更为重要的因素。事实上，蛋白质分子结构表面的疏水小区的数目越少，蛋白质的溶解度越大。

除了蛋白质固有的内在物理化学性质外，pH、离子强度、温度和有机溶剂等溶液条件也会影响蛋白质的溶解度。

（1）pH

在低于和高于等电点时，蛋白质分别带有净正电荷或净负电荷。带电氨基酸残基的静电排斥和水合作用促进了蛋白质的溶解。大多数食品蛋白质的溶解度-pH 图是一条 U 型曲线，最低溶解度出现在蛋白质的等电点附近（图 5-5）。因为此时蛋白质所带净电荷最少，分子之间缺乏静电排斥作用，疏水相互作用会导致蛋白质的聚集和沉淀。大多数食品蛋白质是酸性蛋白质，即蛋白质分子中 Asp 和 Glu 残基的总和大于 Lys、Arg 和 His 残基的总和。因此，它们在 pH4～5（等电点）具有最低的溶解度，而在碱性 pH 具有最高的溶解度。因此，从植物资源如大豆粉中提取蛋白质，常采用 pH8～9 溶解，然后在 pH4.5～4.8 的条件下采用等电点沉淀法从提取液回收蛋白质。

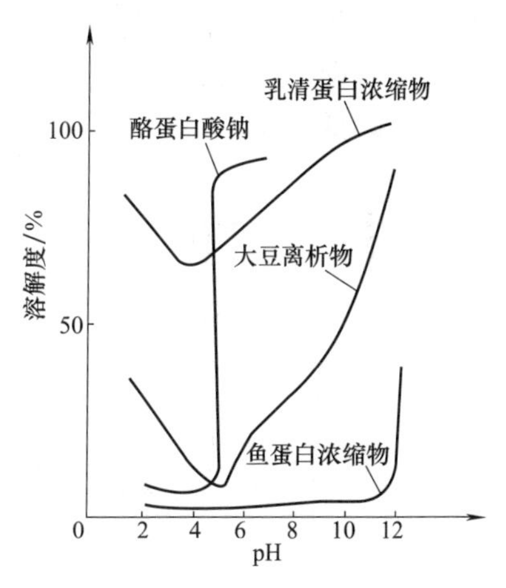

图 5-5　常见食品蛋白质在不同 pH 下的溶解度

一些食品蛋白质，像 β-乳球蛋白（pI 5.2）和牛血清蛋白（pI 4.8），即使在它们的等电点仍然是高度溶解的。这是因为这些蛋白质分子中表面亲水性残基的数量远高于表面疏水性残基的数量。必须指出，蛋白质在等电点时即使是电中性的，它仍然带有电荷，只是分子表面上正电荷和负电荷相等而已。如果这些带电残基产生的亲水性和水合作用排斥力大于蛋白质-蛋白质疏水相互作用，那么蛋白质在等电点仍然是溶解的。

（2）离子强度

盐溶液的离子强度（μ）可用下式计算：

$$\mu = 0.5\sum C_i Z_i^2$$

式中，C_i 为离子的浓度；Z_i 为离子的价数。

在低离子强度（$\mu < 0.5$）时，盐离子中和蛋白质表面的电荷，从而产生电荷屏蔽效应。如果蛋白质含有高比例的非极性氨基酸，此电荷屏蔽效应使它的溶解度下降，反之，则溶解度提高。大豆蛋白属于第一种情况，而 β-乳球蛋白属于第二种情况。在疏水相互作用下，使蛋白质溶解度下降的同时，由于盐的作用降低了蛋白质大分子的离子活性而使它的溶解度提高。

当离子强度大于 1 时，盐对蛋白质溶解度的影响具有特殊的离子效应。硫酸盐和氟化物逐渐降低蛋白质的溶解度（盐析），而溴化物、碘化物、硫氰酸盐和高氯酸盐逐渐提高蛋白质的溶解度（盐溶）。在相同的 μ 值时，各种离子对蛋白质溶解度的影响遵从感胶离子序（lyotropic series），感胶离子序也称霍夫曼序列（Hofmeister series）。阴离子提高蛋白质溶解度的能力按下列顺序：$SO_4^{2-} < F^- < Cl^- < Br^- < I^- < ClO_4^- < SCN^-$；而阳离子降低蛋白质溶解度的能力按下列顺序：$NH_4^+ < K^+ < Na^+ < Li^+ < Mg^{2+} < Ca^{2+}$。离子的这个性能类似于盐对蛋白质热变性温度的影响（见 5.3.2）。

蛋白质在盐溶液中的溶解度一般遵循以下关系：

$$\lg\left(\frac{S}{S_0}\right)=\beta-K_sC_s$$

式中，S 和 S_0 分别是蛋白质在盐溶液和水中的溶解度；C_s 为盐的摩尔浓度；β 是一个常数；K_s 是盐析常数，此常数不仅取决于蛋白质的种类，而且更依赖于盐的性质与浓度，对盐析类盐，K_s 是正值，而对盐溶类盐，K_s 是负值。

(3) 温度

在恒定的 pH 值和离子强度状态下，大多数蛋白质的溶解度在 0～40℃的范围内随温度的升高而提高。然而，一些高疏水性蛋白质，像β-酪蛋白和一些谷类蛋白质，它们的溶解度与温度呈负相关。当温度超过 40℃时，由于热动能的增加导致蛋白质结构展开，原先埋藏在蛋白质结构内部的非极性基团暴露，蛋白质变性，促进了蛋白质的聚集和沉淀，使蛋白质的溶解度降低（表 5-8）。

表 5-8 天然和经加热的蛋白质的溶解度①

蛋白质	处理	溶解度/%
牛血清清蛋白	天然	100
	加热	27
β-乳球蛋白	天然	100
	加热	6
大豆分离蛋白	天然	100
	100℃,0.25min	100
	100℃,0.5min	92
	100℃,1.0min	54
	100℃,2.0min	15

蛋白质	处理	溶解度/%
卵清蛋白	天然	100
	80℃,1.5min	91
	80℃,2.0min	76
	80℃,2.5min	71
	80℃,3.0min	49
油菜籽分离蛋白	天然	100
	100℃,0.5min	57
	100℃,1.0min	39
	100℃,1.5min	14
	100℃,2.0min	11

① 以天然状态的蛋白质的溶解度为 100 计算相对溶解度。

(4) 有机溶剂

某些有机溶剂，如乙醇或丙酮，使水的介电常数降低，提高了蛋白质分子内或分子间的作用力（排斥和吸引力）。分子内的静电排斥作用使蛋白质分子伸长，有利于肽链基团的暴露和分子之间形成氢键，并使分子间的异种电荷产生静电吸引。这些分子间的相互作用，促使了蛋白质在有机溶剂中的聚集沉淀或在水介质中溶解度降低。同时，由于这些有机溶剂争夺水分子，更进一步降低了蛋白质的溶解度。

5.4.3 黏度

一些液体或半固体类型的食品（例如肉汁、汤和饮料等）的可接受性取决于产品的黏度或稠度。溶液黏度的大小与它在一个力（或剪切力）的作用下流动的阻力有关。对于一个理想溶液，剪切力（即单位面积上的作用力 $\boldsymbol{F}/A$）正比于剪切速率（即两层液体之间的速度梯度 dv/dr），可以用下式表示：

$$\frac{\boldsymbol{F}}{A}=\eta\frac{dv}{dr}$$

比例常数 η 称为黏度系数，牛顿流体服从上述关系式，具有黏度系数不随剪切力或剪切速率变化的特性。但是包括蛋白质在内的大多数亲水性大分子的溶液、悬浮液、乳浊液等，都不符合牛顿流体的特性，其黏度系数随剪切速率的增加而降低，这种特性称为假塑性（pseudoplastic）或剪切稀释（sheer thinning）。该现象产生的原因为：①蛋白质分子朝着运动方向逐渐取向一致，从而使分子排列整齐，使得液体流动时的摩擦阻力降低；②蛋白质水合环境在运动方向上产生变形；③氢键和其他弱键的断裂，使得蛋白质的聚集体、网状结构产生解离，蛋白质体积减小。总之，蛋白质溶液的剪切稀释，可以用在运动方向上蛋白质分子或颗粒的表观直径的减小来解释。

弱键的断裂是缓慢发生的，以致有时蛋白质流体在达到平衡之前，剪切应力和表观黏度随着时间而降低（剪切速率和温度不变）。当剪切停止时，原来的聚集体可能重新形成，或不能重新形成。如果是能重新形成聚集体，黏度系数就不会降低，体系是触变的（thixotropic）。例如，大豆分离蛋白和乳清蛋白等球状蛋白的分散体系是触变的，而纤维状蛋白溶液，如明胶和肌动球蛋白，通常保持它的取向，因而不能恢复到原先的黏度。

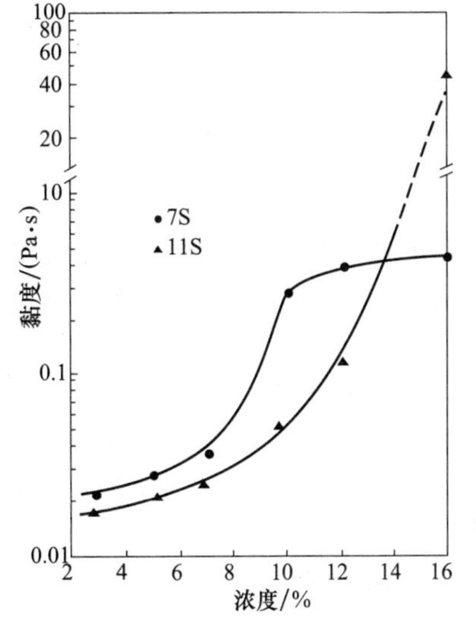

图 5-6　温度为 20℃时浓度对 7S 和 11S 大豆蛋白质溶液黏度的影响

由于蛋白质-蛋白质和蛋白质水合球之间的相互作用，大多数蛋白质流体的黏度系数随蛋白质浓度的增加呈指数增大（图 5-6），这种相互作用还可以解释为什么蛋白质在高浓度时，剪切稀释效应更明显。在高浓度的蛋白质溶液或蛋白质凝胶中，由于存在着广泛而强烈的蛋白质-蛋白质相互作用，蛋白质表现出塑性黏弹性质，在这种情况下需要对体系施加一个特定数量的力，即“屈服应力”，才能使它开始流动。

蛋白质的黏度与溶解性之间不存在简单的关系。通过热变性而得到的不溶性蛋白质，在水中分散后不产生高的黏度。而对于溶解性能好，但吸水能力和溶胀能力较差的乳清蛋白，同样也不能在水中形成高黏度的分散体系。对于那些具有很大初始吸水能力的一些蛋白质（如大豆蛋白、蛋白质的钠盐），在水中分散后却具有很高的黏度，这也是它们作为食品蛋白质配料的重要原因，所以在蛋白质的吸水能力与黏度之间存在着正相关性。

5.4.4　胶凝作用

蛋白质胶凝后形成的产物是凝胶，它具有三维网状结构，可以容纳水等其他的成分，对食品的质地等方面起着重要作用。例如，凝胶作用对肉类食品，不仅可以使之形成半固态的黏弹性质地，同时还具有保水、稳定脂肪、黏结等作用，而对另一些蛋白质食品如豆腐、酸乳的生产则更为重要，是此类食品品质形成的基础。

凝胶中蛋白质的网状结构是由于蛋白质-蛋白质的相互作用、蛋白质-水之间的相互作用以及邻近肽链之间的吸引力和排斥力这三类作用达到平衡时导致的结果。静电吸引力、蛋白质-蛋白质作用（包括氢键、疏水相互作用等）有利于肽链的靠近，而静电排斥力、蛋白质-水作用有利于肽链的分离。在多数情况下，热处理是蛋白质形成凝胶的必需条件（使蛋白质变性，肽链伸展），然后冷却（肽链间氢键形成）。在形成蛋白质凝胶时，加入少量的酸或钙盐，可以提高胶凝的速度和凝胶强度。有时，蛋白质不需加热也能形成凝胶，如有些蛋白质只需加入钙盐，或通过适当的酶解，或加入碱使溶液碱化后再调 pH 值至等电点，就可以发生胶凝作用。蛋白质的胶凝过程一般可以分为两步：①蛋白质分子构象的改变或部分伸展，发生变性；②单个变性的蛋白质分子逐步聚集，有序地形成水等物质的网络结构（图 5-7）。

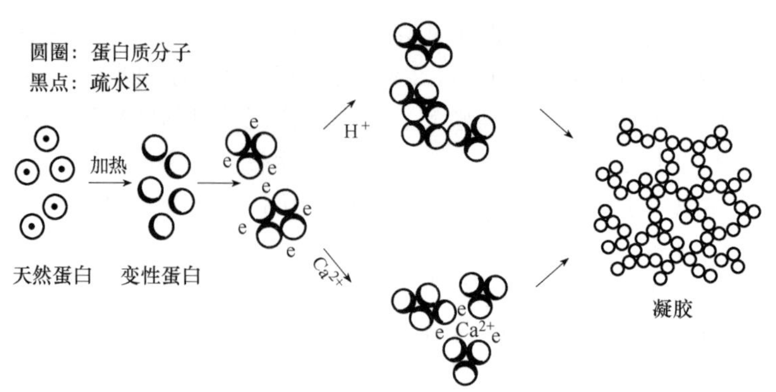

图 5-7 大豆蛋白质凝胶形成过程示意图

根据凝胶形成的途径，一般将凝胶分为热致凝胶（如卵白蛋白加热形成的凝胶）和非热致凝胶（如通过调节 pH 值、加入二价金属离子或者是部分水解蛋白质形成的凝胶）两类。也可以根据蛋白质形成凝胶后，凝胶对热的稳定情况，分为热可逆凝胶或热不可逆凝胶。主要依靠非共价相互作用维持的凝胶网络结构是可逆的，加热可以熔化，如明胶凝胶网状结构的形成主要依靠氢键，在加热（约 30℃）时熔化。由于疏水相互作用随温度升高而增强，因此依靠疏水相互作用形成的凝胶是不可逆的，蛋清凝胶属于这种情况。含半胱氨酸和胱氨酸的蛋白质在加热时形成二硫键，这种通过共价相互作用生成的凝胶是不可逆的，如卵清蛋白、β-乳球蛋白和 β-乳清蛋白形成的凝胶。

蛋白质形成的凝胶，有两类结构方式，即凝结块（不透明）和透明凝胶。含有大量非极性氨基酸残基的蛋白质在变性时产生疏水性聚集，随后这些不溶性的聚集体随机缔合而凝结成不可逆的凝结块类型的凝胶。由于聚集和网状结构形成的速度高于变性的速度，这类蛋白质甚至加热时就能凝结成凝胶网状结构。不溶性蛋白质聚集体无序网状结构产生的光散射造成这些凝胶具有不透明性。仅含有少量非极性氨基酸残基的蛋白质在变性时形成可溶性复合物。由于这些可溶性复合物的缔合速度低于变性速度，凝胶网状结构主要是通过氢键相互作用而形成的，因此蛋白质溶液（8%～12%蛋白质浓度）在加热冷却时才能凝结成凝胶，冷却时可溶性复合物缓慢的缔合速度有助于形成有序的透明凝胶网状结构。

一种蛋白质形成凝结块型凝胶（不透明）或透明（半透明）凝胶主要取决于它的内在结构和分子性质。含摩尔分数高于 31.5%的非极性氨基酸参加的蛋白质形成凝结块型凝胶，而含低于 31.5%非极性氨基酸残基的蛋白质形成半透明类型凝胶。但也有一些例外，如 β-乳球蛋白，虽然含有 34.6%的疏水氨基酸，但通常形成半透明凝胶。然而当加入 50mmol/L NaCl 时，则将形成凝结块型凝胶。这主要是由于 NaCl 中和了 β-乳球蛋白分子中的电荷而促使其在加热时发生疏水聚集。由此可见，凝胶的形成机理和凝胶的外观形貌，通常与疏水相互作用的吸引和静电排斥作用之间的平衡有关。实际上，在凝胶体系中，这两种作用力有效地控制着凝胶体系中蛋白质-蛋白质和蛋白质-溶剂的相互作用之间的平衡。如果前者远大于后者，则可能形成沉淀或凝结块；当蛋白质-溶剂相互作用占优势，体系可能不能形成凝胶。当凝胶所需作用力位于疏水作用和亲水作用力两个极端之间，体系才能形成凝结块型凝胶或半透明凝胶。

蛋白质的浓度会显著影响凝胶化作用。对于任何一种蛋白质，只有当其浓度达到一个最低限量，即最小浓度终点（least concentration endpoint，LCE）时，才能形成自动稳定的凝胶网络结构，LEC 是蛋白质静置中自动形成凝胶网络结构必需的蛋白质浓度。大豆蛋白质、鸡蛋清蛋白和明胶的 LCE 分别为 8%、3%和 0.6%。超过此最低浓度时，凝胶强度 G 与蛋白质浓度 C 之间服从以下幂定律：

$$G \propto (C - C_0)^n$$

式中，C_0 为 LCE；对于蛋白质，n 的数值在 1 和 2 之间变动。

溶液的 pH 会影响蛋白质的疏水相互作用和静电斥力相互作用之间的平衡，进而影响凝胶的网状结构和凝胶性质。这主要是通过影响蛋白质分子所带的净电荷实现的。例如，在较高的 pH，乳清蛋白溶液形成半透明凝胶，随着 pH 下降，蛋白质分子所带的净电荷减少，在等电点时（pI5.2），由于疏水相互作用占优势，乳清蛋白溶液形成了凝结块型凝胶。

Ca^{2+} 或其他二价金属离子能在相邻多肽的特殊氨基酸残基（提供带负电荷的基团）之间形成交联。交联强化了蛋白质的凝胶结构。例如，在 pH7.0 或更高时，$CaCl_2$（3～6mmol/L）能提高 β-乳球蛋白的硬度。然而，当 Ca^{2+} 浓度超过此水平时，由于过量钙桥的形成而形成凝结块。因此，通过控制蛋白质交联的程度就能够制备所需强度的蛋白质凝胶。

有时限制性水解能促进蛋白质凝胶的形成，乳酪就是一个典型的例子。当添加凝乳酶到牛乳中时，凝乳酶引起酪蛋白胶束中 κ-酪蛋白组分水解，释放出亲水部分的糖巨肽（glycomacropeptide，GMP），而余下的副酪蛋白（para-casein）胶束具有高疏水性表面，使之形成弱的凝胶网络。与水解作用相反，某些酶能催化蛋白质的交联，从而形成凝胶网络。常用的转谷氨酰胺酶，它能催化蛋白质分子中谷氨酰胺和赖氨酰基之间交联，使蛋白质在低浓度时也能交联成高弹性和不可逆凝胶。

5.4.5 组织化

在许多食品中，蛋白质是食品质地或结构形成的基础，如动物的肌肉。但是自然界中一些蛋白质并不具备相应的组织结构和咀嚼性能，例如从植物组织中分离出的可溶性植物蛋白或从牛乳中得到的乳蛋白，就只是一种粉状物质，因此这些蛋白质配料在食品中的应用就存在一定的限制。一些加工处理方法可以使它们形成具有良好咀嚼性和持水性的薄膜或纤维状产品，并且在以后的水合或加热处理中，蛋白质能保持这些性能，这就是蛋白质的组织化（texturization）。经过组织化处理的蛋白质可以作为肉的代用品或替代物。另外，组织化加工还可以用于一些动物蛋白重组织化，如对牛肉或禽肉的重整加工处理。常见的蛋白质组织化方法有以下 3 种。

(1) 热凝固和薄膜的形成

将大豆蛋白溶液在 95℃保持几小时，由于溶液表面水分蒸发和蛋白质热凝结，也能在表面形成一层薄的蛋白膜。这些蛋白膜就是组织化的大豆蛋白，具有稳定的结构，加热处理不会发生改变，具有一定的咀嚼性能。传统豆制品腐竹就是采用这种方法加工而成的。

如果将蛋白质溶液（如玉米醇溶蛋白的乙醇溶液）均匀涂布在平滑的金属表面，溶剂蒸发后，蛋白质分子热凝结可以形成均匀的薄膜。形成的蛋白膜具有一定的机械强度，对水、氧气等有屏障作用，可以作为可食性的包装材料。

(2) 热塑性挤压

植物蛋白通过热塑性挤压可得到干燥的多孔状颗粒或小块，复水后具有咀嚼性能和良好的质地。热塑性挤压的方法是使含有蛋白质的混合物依靠旋转螺杆的作用通过圆筒，在高压、高温和强剪切的作用下固体物料转化成黏稠状物，然后通过一个模板进入常压环境，物料的水分迅速蒸发后，就形成了高度膨胀、干燥多孔的结构，即所谓的组织化蛋白。所得到的产品在吸水后，变为纤维状、具有咀嚼性能的弹性结构，在杀菌条件下是稳定的，可以作为肉丸、汉堡包肉等的替代物、填充物。该方法还可以用于血液、鱼肉及其他农副产品的蛋白质组织化，是目前最常用的蛋白质组织化方法。

(3) 纤维的形成

这是蛋白质的另一种组织化方法，借鉴了合成纤维的生产原理。在 pH＞10 的条件下制备高浓度的蛋白质溶液，由于静电斥力的大大增加，使蛋白质分子离解并充分伸展。蛋白质溶液经过脱气、澄清处理后，在高压下通过一个有许多小孔的喷头，此时伸展的蛋白质分子沿流出方向定向排列，当从喷头出来的液体进入含有 NaCl 的酸性溶液时，由于等电点和盐析效应的共同作用，蛋白质发生凝结，并且蛋白质分子通过氢键、离子键和二硫键等相互作用形成水合蛋白纤维。然后通过滚筒转动使蛋白纤维拉伸，增加纤维的机械阻力和咀嚼性。再通过滚筒的加热除去一部分水后，降低了蛋白纤维的持水容量，提高黏着力和增加韧性。然后通过黏合，加入色素、脂肪、风味物质等形成蛋白质纤维束，进一步经过黏合、切割、压缩等工序可形成人造肉或类似肉的蛋白加工食品。

在以上 3 种蛋白质组织化方式中，以热塑性挤压较为经济，工艺也较简单，原料要求比较宽松，不仅可用于蛋白质含量较低的原料如脱脂大豆粉的组织化，也可以用于蛋白质含量高的蛋白原料，而纤维形成方式只能用于分离蛋白的组织化加工。不同组织化大豆蛋白所具有的特性见表 5-9。

表 5-9 不同组织化大豆蛋白产品的特性

特性	产品生产原料		
	脱脂豆粉	浓缩蛋白	分离蛋白
豆腥味	中等至高	低	低
复水稳定性	好	好	好
复水后风味变化	高	低	低
通常复水水平	1∶2	1∶3	1∶4
胀气因子	存在	无	无
脂肪保留能力	中等	高	中等
蛋白质成本	低	较低	高
产品形状	多孔的颗粒、块状	多孔的颗粒、块状	纤维结构

5.4.6 面团的形成

小麦、大麦、黑麦等谷物原料具有一个独特的性质，那就是胚乳中的面筋蛋白在水存在时，经过混合、揉捏等处理过程，能够形成强内聚力和黏弹性的面团（dough）。面筋蛋白在形成面团后，其他成分如淀粉、糖和极性脂类、非极性脂类、可溶性蛋白等，都被容纳在面团形成的三维网状结构中。在食品蛋白质中，以小麦粉形成面团的能力最强，这是以小麦面粉为原料，生产面包、馒头、面条等谷物制品的物质基础。

小麦面粉含有可溶和不可溶性蛋白质。可溶性蛋白质约占小麦粉蛋白质总量的 20%，它们主要是由清蛋白和球蛋白以及某些糖蛋白构成，这些蛋白质对小麦面粉形成面团的性质没有贡献。小麦的主要贮藏蛋白质是面筋蛋白质，由麦醇溶蛋白（gliadin）和麦谷蛋白（glutenin）组成，其氨基酸组成见表 5-10。面筋蛋白不溶于水，占面粉中总蛋白量的 80% 以上，面团的特性与它们的性质直接相关。面筋蛋白中 Gln 和 Pro 残基占氨基酸残基总数的 50%以上，而可解离的氨基酸（Lys，Arg，Glu 和 Asp 残基）含量低，不到氨基酸残基总量的 10%，所以面筋蛋白在水中不溶解。面筋的氨基酸残基的 30%左右是疏水性的，这些氨基酸残基使面筋能通过疏水相互作用形成蛋白质聚集体并结合脂类物质和其他非极性物质。面筋蛋白含有大量的谷氨酰胺和羟基氨基酸，易在蛋白质分子间形成氢键，使面筋具有很强的吸水能力和黏聚性质。胱氨酸和半胱氨酸残基占面筋总氨基酸残基的 2%～3%，在形成面团的过程中，巯基（—SH）和二硫键（—S—S—）发生交换反应，引起面筋蛋白质的广泛聚合作用。当面团被揉捏时，在剪切力和张力作用下，面筋蛋白质吸收水分并部分地展开，蛋白质分子的部分展开促进了疏水相互作用及巯基（—SH）和二硫键（—S—S—）交换反应，最终通过氢键、疏水缔合和二硫键交联形成了立体的、具有黏弹性的蛋白质网状结构。

表 5-10 麦谷蛋白和麦醇溶蛋白的氨基酸组成

氨基酸	麦谷蛋白的摩尔分数/%	麦醇溶蛋白的摩尔分数/%
Cys	2.6	3.3
Met	1.4	1.2
Asp	3.7	2.8
Thr	3.4	2.4
Ser	6.9	6.1
Glx①	28.9	34.6
Pro	11.9	16.2
Gly	7.5	3.1
Ala	4.4	3.3
Val	4.8	4.8
Ile	3.7	4.3
Leu	6.5	6.9
Tyr	2.5	1.8
Phe	3.6	4.3
Lys	2.0	0.6
His	1.9	1.9
Arg	3.0	2.0
Trp	1.3	0.4

① Glx 为 Glu 和 Gln 的混合物，小麦蛋白中绝大部分 Glx 为 Gln。

麦谷蛋白和麦醇溶蛋白二者的适当平衡对面团网络结构的形成是非常重要的。图 5-8 所示，麦谷蛋白是纤维状，分子量高达 1×10^6，而且分子中含有大量的链内与链间二硫键。麦醇溶蛋白是球状，分子量仅为 1×10^4，只有链内二硫键。麦谷蛋白决定面团的弹性、黏合性和强度，麦醇溶蛋白决定面团的流动性、伸展性和膨胀性。因为面团的强度与麦谷蛋白有关，所以它的含量过高会抑制发酵过程中 CO_2 起泡膨胀，抑制面团的鼓起。如果麦醇溶蛋白含量过高会导致面团过度膨胀，结果是面筋膜易破裂和面团易塌陷。在面团中加入半胱氨酸等还原剂会打断—S—S—，可破坏面团的内聚结构，降低面团强度，而加入碘酸钾、溴酸钾等氧化剂则有利于提高面团的弹性和韧性。

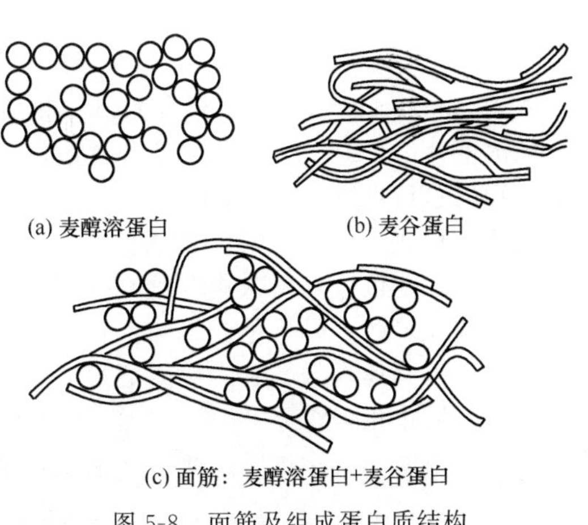

图 5-8 面筋及组成蛋白质结构

5.4.7 风味物质结合

蛋白质本身是没有气味的，它们能结合风味化合物，从而影响食品的感官品质。一些蛋白质，尤其是油料种子蛋白质和乳清浓缩蛋白质能结合不期望的风味物质，限制了它们在食品中的应用价值。这些不良风味化合物主要是不饱和脂肪酸氧化产生的醛、酮、醇类化合物。一旦形成，这些化合物就与蛋白质结合，从而影响它们的风味特性。例如大豆制品的豆腥味和青草味归之于己醛的存在。

蛋白质结合风味化合物的性质也有有利的一面，在制作食品时，蛋白质可以用作为风味物质的载体和改良剂。在加工含植物蛋白质的仿真肉制品时，为了使蛋白质能起到风味物载体的作用，它必须同风味物质牢固结合并在以后的加工和贮藏过程中保留住它们，当食品在口腔中被咀嚼时，风味物质又能释放出来。然而，蛋白质并不是以相同的亲和力与所有的风味物相结合，因此有关风味物质与蛋白质相互作用机制的研究对于生产风味物质-蛋白质产品或从分离蛋白质中除去不良风味是必需的。

5.4.7.1 蛋白质与风味物质结合机制

风味物质与蛋白质结合的机制取决于蛋白质样品的水分含量，其相互作用通常是非共价键结合。干蛋白质粉中要通过范德华引力、氢键和静电相互作用与风味物质相结合，风味化合物被物理截留于蛋白质粉的毛细管和裂隙中也影响着它们的风味性质。在液体或高水分含量食品中，风味物质被蛋白质结合的机制主要是涉及非极性配位体与蛋白质表面的疏水小区或空穴的相互作用。除疏水相互作用外，含极性基团（羟基和羧基）的风味化合物能通过氢键和静电相互作用与蛋白质发生相互作用。在结合至表面疏水区之后，醛和酮能扩散至蛋白质分子的疏水性内部。

风味化合物与蛋白质的相互作用通常是完全可逆的。然而，醛能与赖氨酸残基侧链的氨基共价地结合，而此相互作用是不可逆的。仅非共价结合的风味物质能对蛋白质产品的香味和口味作出贡献。

风味化合物与水合蛋白质结合的程度取决于在蛋白质表面有效的疏水结合部位的数目。假设一种蛋白质具有 n 个相同并且彼此独立的结合位点，在平衡条件下，风味化合物 L 与蛋白质的可逆非共价结合遵循 Scatchard 方程：

$$\frac{\upsilon}{[\mathrm{L}]}=nK-\upsilon K$$

式中，υ 为每摩尔蛋白质结合的风味物质的物质的量，mol/mol；[L] 为平衡时风味化合物的浓度，mol/L；K 为平衡结合常数，$(\mathrm{mol/L})^{-1}$；n 为每摩尔蛋白质中可用于结合风味化合物的总位点数，mol/mol。

按此方程式，$\upsilon/[\mathrm{L}]$ 对 υ 作图可产生一条直线，K 为直线的斜率，nK 为截距。此关系假设在高浓度配位体（风味化合物）条件下不存在蛋白质-蛋白质的相互作用，一般适用于单链蛋白质和多肽。风味化合物与蛋白质结合的自由能变化，可以根据 $\Delta G=-RT\ln K$ 方程得到（R 为其他常数，T 为绝对温度）。表 5-11 列出了羰基化合物与各种蛋白质结合的热力学常数。风味化合物分子中每增加一个—CH_2，结合常数增大约 3 倍。由此说明，在天然状态下，蛋白质与风味物质是通过疏水相互作用结合的。

表 5-11 羰基化合物与蛋白质结合的热力学常数

蛋白质	羰基化合物	n/(mol/mol)	$K/(\mathrm{mol/L})^{-1}$	ΔG/(kJ/mol)
血清白蛋白	2-壬酮	6	1800	−18.4
	2-庚酮	6	270	13.8
β-乳球蛋白	2-庚酮	2	150	12.4
	2-辛酮	2	480	−15.3
	2-壬酮	2	2440	19.3
大豆蛋白(天然)	2-庚酮	4	110	11.6
	2-辛酮	4	310	−14.2
	2-壬酮	4	930	−16.9
	5-壬酮	4	541	15.5
	壬醛	4	1094	−17.3
大豆蛋白(部分变性)	2-壬酮	4	1240	17.6
大豆蛋白(琥珀酰化)	2-壬酮	2	850	−16.7

5.4.7.2 影响风味结合的因素

挥发性风味化合物主要通过疏水相互作用与水合蛋白质相作用，任何影响疏水相互作用或蛋白质表面疏水性的因素都会影响风味物质的结合。温度对风味化合物的结合影响很小，除非蛋白质发生显著的热展开。热变性蛋白质显示出较高的风味物质结合能力，然而结合常数通常低于天然蛋白质。盐对蛋白质风味结合性质的影响与它们的盐溶或盐析性质有关。盐溶类盐由于使疏水相互作用去稳定，降低了蛋白质风味结合能力，而盐析类盐提高风味结合能力。pH 值对风味结合的影响一般与 pH 诱导的蛋白质构象变化有关，通常碱性 pH 比酸性 pH 更能促进风味结合，这是由于蛋白质在碱性 pH 比在酸性 pH 经受更广泛的变性。

化学改性会改变蛋白质的风味结合性质。蛋白质分子中的二硫键被亚硫酸盐裂解开引起蛋白质结构的展开，这通常会提高蛋白质风味结合的能力。蛋白质经酶催化水解时，原先分子结构中的疏水区被打破，疏水区的数量减少会降低蛋白质的风味结合能力，这也是从油料种子蛋白质中除去不良风味的一个方法。

5.4.8 蛋白质的界面性质

许多天然和加工食品是泡沫或乳状液的分散体系，例如牛奶、冰淇淋、奶油、搅打的鸡蛋等。这类分散体系除非在两相界面上存在一种合适的两性物质，否则是不稳定的。蛋白质是两亲分子，它们能自发地迁移至气-水界面或油-水界面。蛋白质自发地从体相液体迁移至界面表明蛋白质处在界面上比处在体相水中具有较低的自由能。因此，当达到平衡时，蛋白质的浓度在界面区域总是高于在体相水中。不同于低分子量表面活性剂，蛋白质能在界面形成高黏弹性的薄膜，能承受保藏和加工处理中的机械冲击。因此，由蛋白质稳定的泡沫和乳状液体系比采用低分子量表面活性剂制备的相，其分散体系更加稳定。正因如此，蛋白质的这种优良特性在食品加工中被广泛应用。

蛋白质作为理想的表面活性剂，必须具有以下三个属性：①能快速地吸附至界面；②能快速地展开并在界面上再定向；③一旦到达界面，即与邻近分子相互作用，形成具有强的内聚力和黏弹性质并能忍受热和机械运动的膜。虽然所有的蛋白质都是两亲分子，但是它们的表面活性性质存在显著的差别。不能将蛋白质在表面性质上的差别简单地归之于它们具有不同的疏水性氨基酸残基与亲水性氨基酸残基之比。如果一个大的疏水性/亲水性比值是蛋白质表面活性的主要决定因素，那么，疏水性氨基酸残基含量超过 40%的植物蛋白质比起清蛋白质类的卵清蛋白和牛血清清蛋白（<30%）应该是更好的表面活性剂。然而，实际情况并非如此，与大豆蛋白和其他植物蛋白相比，卵清蛋白和血清清蛋白是更好的乳化剂和起泡剂。再者，大多数蛋白质的平均疏水性处在一个狭窄的范围之内，然而它们却表现出显著不同的表面活性。因此，蛋白质表面活性的差别主要与它们在构象上的差别有关。重要的构象因素包括多肽链的稳定性/柔性、对环境改变适应的难易程度和亲水与疏水基团在蛋白质表面的分布模式。所有这些构象因素是相互关联的，它们集合在一起对蛋白质的表面活性产生重大的影响。

在搅打和均质时形成稳定的泡沫或乳状液的关键是蛋白质自发和快速地吸在界面。一种蛋白质能否快速地吸附至气-水或水-油界面，取决于在它表面上疏水和亲水小区分布的模式。如果蛋白质的表面是非常亲水的，并且不存在可辨别的疏水小区，蛋白质处在水相比处在界面或非极性相具有较低的自由能，吸附则不能发生。随着蛋白质表面疏水小区的增加，蛋白质自发地吸附在界面的可能性也增加（图 5-9）。随机分布在蛋白质表面的单个疏水性残基不能构成一个疏水区，也不具有能使蛋白质牢固地吸附在界面所需要的相互作用的能量。即使蛋白质整个可接近的表面有 40%被非极性残基覆盖（如理想的球蛋白），如果这些

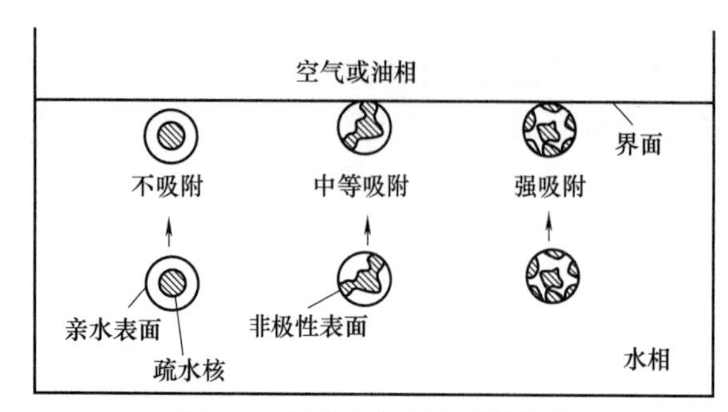

图 5-9　表面疏水小区对蛋白质吸附在油/气-水界面概率的影响

残基未形成隔离的疏水小区，那么它们仍然不能促进蛋白质在界面的吸附。也就是说，蛋白质表面的分子特性对蛋白质能否自发地吸附至界面和有效地起到分散体系的稳定剂的作用有着重大的影响。

对于低分子量的表面活性剂，像磷脂和甘油一酯，它们的亲水和疏水部分存在于分子的两端，当它们吸附在界面上时，亲水和疏水部分分别向水相和油（气）相重新定向。对于蛋白质，由于它具有体积庞大和折叠的特点，一旦吸附在界面，分子的一大部分仍然保留在体相中，仅有一小部分固定在界面。蛋白质分子的这一小部分束缚在界面上的牢固程度取决于固定在界面上的肽片段的数目和这些片段与界面相互作用的能量。仅当肽段之间和肽段与界面间相互作用的自由能为负值，且在数值上远大于蛋白质分子的热动能时，蛋白质才能保留在界面上。固定在界面上的肽片段的数目部分地取决于蛋白质分子构象的柔性。像酪蛋白这样高度柔性的分子，一旦吸附在界面上，可迅速发生构象改变，使更多的肽链片段结合在界面上。

在界面上的柔性多肽具有 3 种典型的构型：列车状、环状和尾状（图 5-10）。当多肽链片段直接与界面接触时呈列车状；当多肽片段悬浮在水相时呈环状；蛋白质分子的 N 末端和 C 末端片段通常处在水相呈尾状。这三种构象的相对分布取决于蛋白质的构象特征，它们可能以一种或多种构型在界面上同时存在。以列车状构象存在于界面的多肽链比例越大，蛋白质越是强烈地与界面相结合，并且表面张力也越低。

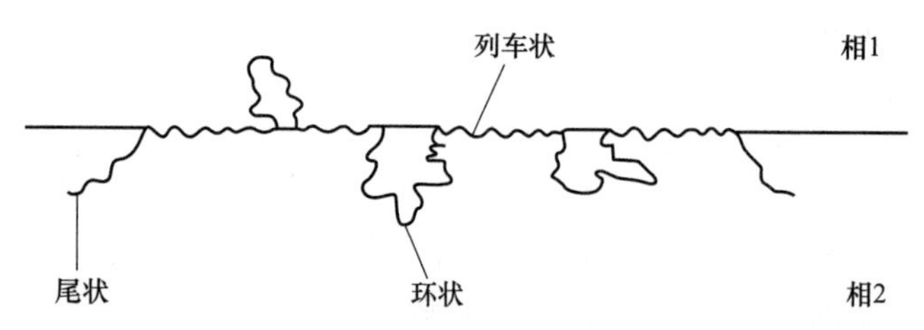

图 5-10　柔性多肽在界面上可能的构型

蛋白质吸附在界面且展开并形成膜的过程如图 5-11 所示。蛋白质在界面上形成膜的强度与蛋白质分子之间的相互作用（包括静电吸引、氢键和疏水相互作用等）有关。二硫键的形成可以增加蛋白质膜的黏弹性。当界面膜中蛋白质的浓度达到 0.2～0.25g/mL，蛋白质则以凝胶状态存在。各种非共价相互作用的平衡对于凝胶状膜的稳定性和黏弹性是必需的。假如疏水相互作用太强，会导致蛋白质在界面聚集、凝结和最终沉淀，损害膜的完整性。当静电排斥力远大于吸引力时，不易形成厚的内聚膜。因此，吸引、排斥和水合作用之间的适

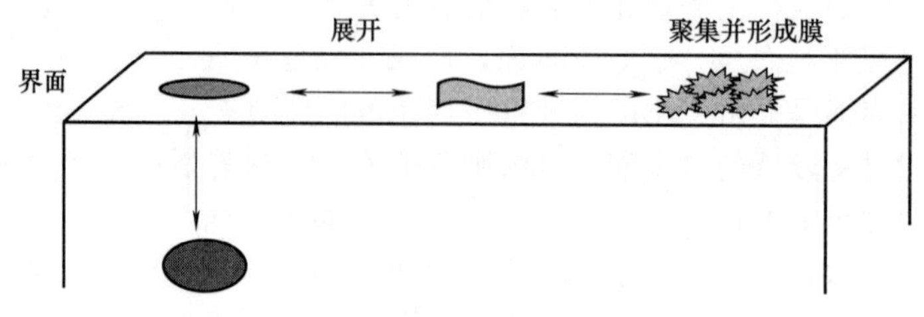

图 5-11　蛋白质分子在界面上成膜示意图

当平衡是形成稳定黏弹性膜的必要条件。

乳状液同泡沫的形成和稳定的基本原理是非常类似的。但从能量观点考虑，这两类界面相互作用是有所差别的，而且它们对蛋白质的结构要求也不一样。换言之，一种好的乳化剂不一定是好的起泡剂。下面将定性地讨论食品蛋白质乳化和起泡性质。

5.4.8.1　乳化性质

许多食品是蛋白质稳定的乳状液，形成的分散体系有油包水（W/O）或水包油（O/W），例如牛乳、豆奶、冰淇淋、奶油、沙拉酱和香肠等。乳状液的形成使食品具有期望的口感，有助于包合油溶性和水溶性配料，并能掩蔽不期望有的风味。不断出现的新的低脂食品的可接受性也取决于能否在加工中成功地运用乳化技术。因此，食品工业对乳化能力高、适用性强和具有营养价值的乳化剂需求量是很大的。一些蛋白质具有良好的乳化性质，是理想的食品乳化剂。

(1) 测定蛋白质乳化性质的方法

① 乳化活力指数

首先用光学显微镜、电子显微镜，利用光散射法或 Coulter 计数器法，测定乳状液的平均液滴的大小，并按下式计算总界面面积 A：

$$A=\frac{3\varphi}{R}$$

式中，φ 为分散相（油）的体积分数；R 为乳状液粒子的平均半径，单位 nm。

然后根据蛋白质的质量 m 和界面总面积 A 可以计算出乳化活动指数（emulsifying activity index，EAI），即单位质量蛋白质所产生的界面面积：

$$\text{EAI}=\frac{3\varphi}{Rm}$$

浊度法是一种测定 EAI 的简便、实用的方法，根据乳状液的浊度（透光率 T）与界面面积的关系，在测得透光率（浊度）后，再计算出 EAI。浊度计算方法如下：

$$T=\frac{2.303A}{l}$$

式中，A 是吸光度；l 是光路长度，cm。

根据 Mie 的光散射理论可知，乳状液的界面面积为浊度的 2 倍。假设 φ 是油的体积分数，C 是每个单位水相体积中蛋白质的量，则可根据下式计算 EAI。

$$\text{EAI}=\frac{2T}{(1-\varphi)C}$$

式中，$(1-\varphi)C$ 代表在单位体积乳状液中总的蛋白质的量。

② 蛋白质的载量

吸附在乳状液油-水界面上蛋白质的量与乳状液的稳定性有关。为了测定被吸附的蛋白质的量，将乳状液离心，使水相分离出来，然后重复地洗乳化层和离心以去除任何被松散吸附的蛋白质。最初乳状液中总蛋白质量和从乳状液洗出的液体中蛋白质的质量之差即为吸附在乳化粒子上的蛋白质的量。如果已知乳化粒子的总界面面积，就可以计算每平方米界面面积上吸附的蛋白质的量。一般情况下，蛋白质的载量（protein load）在 1～3mg/m^2 界面面积范围内。在蛋白质质量保持不变的条件下，增加油相的体积会降低蛋白质的载量。对于高脂肪含量的乳状液和小尺寸液滴，则需要更多的蛋白质覆盖在界面上，才能使乳状液稳定。

③ 乳化能力

乳化能力（emulsion capacity，EC）是指在乳状液相转变前（从 O/W 乳状液转变成

W/O）每克蛋白质所能乳化的油的体积。测定蛋白质乳化能力的方法如下：在不变的温度下，将油或熔化的脂肪加入被连续搅拌的蛋白质水溶液中，根据后者黏度或颜色（通常将染料加入油中）的突然变化或电阻的突然增加来检测相转变。对一个蛋白质稳定的乳状液，相转变通常发生在 φ 为 0.65～0.85 范围。相转变并非是一个瞬时过程，在相转变出现之前先形成 W/O/W 双重乳状液。由于乳化能力是以每克蛋白质在相转变前乳化油的体积表示，因此，此值随相转变到达时蛋白质浓度的增加而减少，而未吸附的蛋白质积累在水相中。因此，为了比较不同蛋白质的乳化能力，应采用 EC-蛋白质浓度曲线，取代在特定蛋白质浓度下的 EC。

④ 乳状液的稳定性

由蛋白质稳定的乳状液一般在数月内是稳定的，在合理的保藏条件下，很难在保质期内测定到乳状液分离或相转变。因此，常采用剧烈的处理方法，例如提高温度或离心作用下分离评价乳状液稳定性。下式是最常用的表示乳状液稳定性（emulsion stability，ES）的方法：

$$ES=(\text{乳化层体积}/\text{乳状液总体积})\times 100\%$$

式中，乳化层体积是乳浊液经受标准化离心处理后测定得到的。

乳状液的稳定性也可以采用浊度法进行评价，此时以乳状液稳定指数（emulsion stability index，ESI）表示，ESI 的定义是乳状液的浊度达到起始值一半时所需的时间。

(2) 影响蛋白质乳化作用的因素

蛋白质的溶解度在蛋白质的乳化性质方面起着重要作用，然而，100%的溶解度也不是必需的。虽然高度不溶性的蛋白质不是良好的乳化剂，但是在 25%～80%溶解度（g/L）范围内蛋白质和乳化性质之间不存在确定的关系。在油-水界面上蛋白质膜的稳定性同时取决于蛋白质与油相和蛋白质与水相的相互作用，因此，蛋白质具有一定的溶解度是乳化所必需的。对于不同种类的蛋白质，良好的乳化性质所要求的最低溶解度也不相同。在香肠这类肉的乳状液中，由于 0.5mol/L NaCl 对肌纤维蛋白的增溶作用而提高了它的乳化性质。大豆分离蛋白由于在加工过程中经受热处理而使它们的溶解度很低，并导致它们的乳化性质很差。

pH 会影响蛋白质稳定的乳状液的形成和稳定。在等电点具有高溶解度的蛋白质，如血清清蛋白、明胶和蛋清蛋白在此 pH 具有最高的乳化能力，因为在等电点时缺乏静电荷和静电排斥作用，有助于在界面达到最高蛋白质载量和促使高黏弹性的膜的形成，两者都有利于乳状液的稳定。然而，乳化粒子之间静电排斥力的缺乏在某些情况下会促进粒子的絮凝和聚合，因而会降低乳状液的稳定性。由于大多数食品蛋白质（酪蛋白、大豆蛋白、肌原蛋白）在它们的等电点时是微溶的，在此 pH 一般不是良好的乳化剂。

蛋白质的乳化性质与它们的表面疏水性存在一个弱的正相关，而与平均疏水性不存在这样的关系。各种蛋白质降低油-水界面张力的能力与它们的表面疏水性有关（图 5-12），然而此关系并非是完美的。一些蛋白质，像 β-乳球蛋白、α-乳清蛋白和大豆蛋白，它们的乳化性质和表面疏水性之间不存在紧密的关联。通常根据与蛋白质紧密结合的疏水性荧光探针（顺十八碳四烯酸）的量确定蛋白质的表面疏水性，然而采用此法得到的数值能否真实地反映蛋白质表面的疏水性还存在疑问。根据顺十八碳四烯酸与蛋白质结合测定的蛋白质表面疏水性不能反映蛋白质分子的柔性，这也许是一些蛋白质的表面疏水性与它们的乳化性质不存在关联的主要原因。在油-水界面蛋白质分子的柔性可能是决定蛋白质乳化性质最重要的因素。

加热通常可降低界面吸附的蛋白质膜的黏度和刚性，结果使乳状液稳定性降低。蛋白质在乳化作用前的部分变性（展开），如果没有造成不溶解，通常能改进它们的乳化性质。这主要是因为热诱导导致蛋白质分子部分展开，使非极性基团暴露，提高了分子的柔性和表面

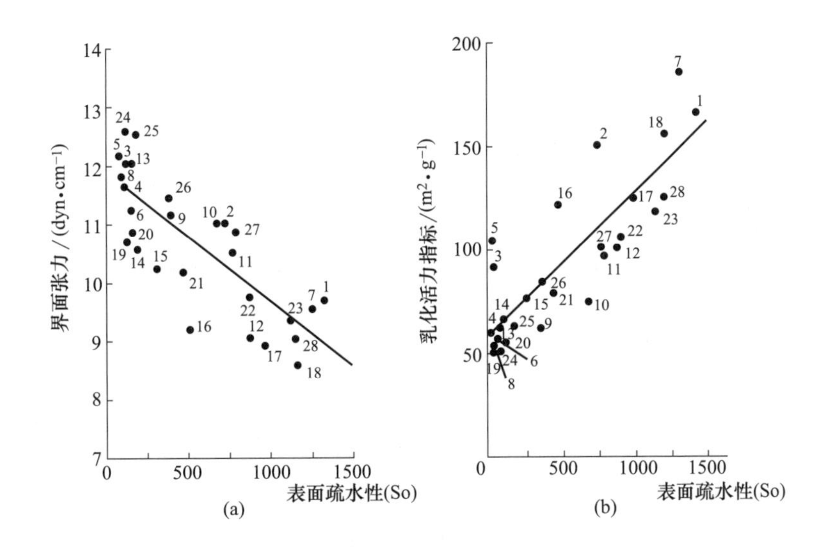

图 5-12　各种蛋白质的表面疏水性与油/水界面张力（a）和乳化活力指标（b）的关系

1—牛血清清蛋白；2—β-乳球蛋白；3—胰蛋白酶；4—卵清蛋白；5—伴清蛋白；6—溶菌酶；7—κ-酪蛋白；8～12—卵清蛋白在 85℃分别被加热 1、2、3、4、5 或 6min；13～18—溶菌酶在 85℃分别被加热 1、2、3、4、5 和 6min；19～23—1mol 卵清蛋白被结合至 0.2、0.3、1.7、5.7 或 7.9mol SDS；24～28—1mol 卵清蛋白被结合至 0.3、0.9、3.1、4.8 和 8.2mol 亚油酸

疏水性。对于富含—SH 的蛋白质，例如 β-乳球蛋白，热处理使原先埋藏在分子内部的—SH 暴露，并与相邻分子间—SH 形成二硫键交联，在界面上发生有限聚集，提高了 β-乳球蛋白膜的强度，从而有助于乳状液的稳定。

添加小分子表面活性剂，如磷脂等，一般对依靠蛋白质稳定的乳状液产生不利影响。这主要是因为表面活性剂会与蛋白质在界面上产生竞争作用，降低了蛋白质在界面上的吸附，因而会损害蛋白质的乳化活性。

5.4.8.2　起泡性质

泡沫是由一个连续的水相和一个分散的气相所组成。许多加工食品是泡沫型产品，如搅打奶油、蛋糕、冰淇淋、啤酒等。这些食品所具有的独特的质构和口感源自于分散的微细空气泡。大多数情况下，气体是空气或 CO_2，连续相是含蛋白质的水溶液或悬浊液。在稳定的泡沫体系中，由弹性的薄层连续相将各个气泡分开，气泡的直径从 1μm 到几厘米不等。

一般食品泡沫的特征有：①含有大量的气体；②在气相和连续相之间要有较大的表面积；③要有能膨胀、具有刚性或半刚性和弹性的膜；④溶质的浓度在界面较高；⑤可反射光，看起来不透明。

产生泡沫的方法有 3 种：第一种方法是鼓泡法，将气体经过多孔分散器通入到蛋白质溶液中，从而产生相应的气泡；第二种起泡方法是在有大量气相存在时搅打或振摇蛋白质水溶液产生泡沫，搅打是大多数食品充气最常用的一种方法，与鼓泡法相比，搅打产生更强的机械应力和剪切作用，使气体分散得更均匀；第三种产生泡沫的方法是高压下将气体溶于溶液，将压力突然解除后，气体因为膨胀而形成泡沫。

泡沫和乳状液的主要差别在于分散相是气体还是脂肪，并且在泡沫体系中气体所占的体积分数更大，气体体积与连续相的体积比甚至可达 100∶1，所以泡沫体系有很大的表面积，界面张力也远大于乳化分散体系，因而他们往往更不稳定，非常容易破裂。造成泡沫不稳定的原因有 3 点：

① 由于重力、压力差、蒸发作用等造成泡沫薄层的排水，降低了薄层的厚度，最终导致泡沫的破裂。

② 由于泡沫大小不一，小气泡中气体压力大，大气泡中压力小，所以气体通过连续相从小气泡向大气泡中转移，造成泡沫总面积的下降。

③ 隔离的气泡液体薄层破裂，可导致气泡通过聚集而变大，最终导致泡沫破裂。

(1) 起泡性质的评价

蛋白质的起泡性质是指它在气-液界面形成坚韧的薄膜使大量的气体并入和稳定的能力。一种蛋白质的起泡能力（foamability 或 foaming capacity）是指蛋白质能产生界面面积的量，有几种表示方式，像膨胀率或起泡力（FP）。

膨胀率的定义为：

$$膨胀率=\frac{泡沫体积-起始液体体积}{起始液体体积}\times 100\%$$

起泡力（FP）的定义为：

$$起泡力=\frac{并入的气体体积}{液体体积}\times 100\%$$

起泡力一般随蛋白质浓度的增加而提高，直至达到一个最高值，起泡的方法也影响此值。常在蛋白质指定浓度下，对各种蛋白质起泡性质进行比较。表 5-12 列出了一些蛋白质在 pH8.0 时的起泡力。还有一种评价蛋白质起泡性质的方法是泡沫稳定性，它涉及蛋白质当处在重力和机械力下泡沫稳定的能力，通常采用的表示泡沫稳定性的方法是 50%液体从泡沫中排出所需要的时间或者泡沫体积减少 50%所需要的时间。

表 5-12　pH8.0 时蛋白质溶液的起泡力

蛋白质	在蛋白质浓度为5g/L 时的起泡力/%	蛋白质	在蛋白质浓度为5g/L 时的起泡力/%
牛血清清蛋白	280	β-乳球蛋白	480
乳清分离蛋白	600	血纤维蛋白原	360
鸡蛋蛋清	240	大豆蛋白(经酶水解)	500
卵清蛋白	40	明胶(酸水解猪皮)	760
牛血浆	260		

(2) 影响泡沫形成和稳定的蛋白质分子的性质

影响蛋白质起泡性质的分子性质主要有溶解度、分子（链段）柔性、疏水性（或两亲性）、电荷的密度和分布等。气-水界面的自由能显著地高于油-水界面的自由能，作为起泡剂的蛋白质必须具有快速地吸附至新产生的界面，并随即将界面张力下降至低水平的能力。界面张力的降低取决于蛋白质分子在界面上快速展开、重排和暴露疏水基团的能力。β-酪蛋白具有随机线圈状的结构，它能以这样的方式降低界面张力。另一方面，溶菌酶含有 4 个分子内二硫键，是一类紧密折叠的球状蛋白，它在界面上的吸附非常缓慢，仅部分地展开和稍微降低界面张力，因而溶菌酶不是一种良好的起泡剂。可以说，蛋白质分子在界面上的柔性是它能否作为一种良好起泡剂的关键。

除了分子柔性，疏水性在蛋白质起泡能力方面起着重要作用。蛋白质的起泡力与平均疏水性呈正相关。蛋白质的表面疏水性达到一定的值对于它在气-水界面上的吸附是必要的。然而一旦吸附，蛋白质在泡沫形成中产生更多的界面面积的能力取决于蛋白质的平均疏水性。

具有良好起泡能力的蛋白质并非一定是好的泡沫稳定剂。例如，β-酪蛋白在泡沫形成过程中显示卓越的起泡能力，然而泡沫的稳定性很差。另一方面，溶菌酶不具有良好的起泡能力，然而它的泡沫是非常稳定的。一般来说，具有良好起泡力的蛋白质不具有稳定泡沫的能力，而能产生稳定泡沫的蛋白质往往显示出不良的起泡力。蛋白质的起泡能力和稳定性似乎受两种不同的蛋白质分子性质的影响，而这两种性质是彼此对抗的。蛋白质的起泡能力受蛋白质的吸附速度、柔性和疏水性影响，而泡沫的稳定性取决于蛋白质膜的流变学性质。膜的流变学性质取决于水合作用、厚度、蛋白质浓度和分子间的相互作用。仅部分地展开和保留一定程度折叠结构的蛋白质（例如溶菌酶和血清清蛋白）比那些在气-水界面上完全展开的蛋白质（例如β-酪蛋白）通常能形成较厚的膜和较稳定的泡沫。对于一个同时具有良好起泡能力和泡沫稳定性的蛋白质，它应在柔性和刚性之间保持适当的平衡。除上述因素外，泡沫的稳定性与蛋白质的电荷密度之间通常显示一种负相关关系，高的电荷密度会抑制稳定的膜的形成。

大多数食品蛋白质是各种各样蛋白质的混合物，因此，它们的起泡性质受界面上蛋白质组分之间相互作用的影响。蛋清所具有的卓越的搅打起泡性质，应归之于它的蛋白质组分（如卵清蛋白、伴清蛋白）和溶菌酶之间的相互作用。酸性蛋白质的起泡性质可通过与碱性蛋白质（如溶菌酶和鲱精蛋白）混合而得到改进，此效果似乎与在酸性和碱性蛋白质之间形成的静电复合物有关。

蛋白质有限的酶催化水解一般能改进它们的起泡性质，这与分子柔性的增加和疏水基团的充分暴露有关。然而，低分子量的肽不能在界面上形成具黏弹性的膜，因此，过度的水解会损害起泡能力。

(3) 影响蛋白质起泡性质的环境因素

① pH

由蛋白质稳定的泡沫在等电点 pI 比在任何其他 pH 更为稳定，前提是在 pI 不会出现蛋白质的不溶解。处在或接近 pI，由于缺乏静电排斥作用，有利于在界面上的蛋白质-蛋白质相互作用和形成有黏性的膜。同时，由于缺乏界面与吸附分子之间的排斥作用，被吸附至界面的蛋白质的数量增加。上述两个因素提高了蛋白质的起泡能力和泡沫稳定性。如果在 pI 时蛋白质的溶解度很低，多数食品蛋白质的情况确实如此，那么，仅仅是蛋白质的可溶部分参与泡沫的形成，由于可溶性部分蛋白质的浓度很低，因此形成的泡沫数量较少，然而泡沫的稳定性是高的。

尽管蛋白质的不溶解部分对蛋白质的起泡能力没有贡献，但不溶解的蛋白质粒子的吸附增加了蛋白质膜的黏合力，因此稳定了泡沫。但也发现蛋白质在极端 pH 下泡沫的稳定性有时会增大，可能是由于黏度增加的原因。一般情况下，疏水性粒子的吸附提高了泡沫的稳定性。卵清蛋白在天然状态 pH（8～9）和接近等电点 pI（4～5）时都显示最大的起泡性能，但大多数食品泡沫都是在它们的蛋白质成分、等电点不同的 pH 条件下形成的。

② 盐类

盐对蛋白质起泡性质的影响取决于盐的种类和蛋白质在盐溶液中的溶解度特性。对于大多数球状蛋白质，如牛血清清蛋白、蛋清清蛋白、面筋蛋白和大豆蛋白，起泡力和泡沫稳定性随 NaCl 浓度增加而提高，此性质通常被归之于盐离子对电荷的中和作用。然而，一些蛋白质（如乳清蛋白）却显示相反的效应，即起泡力和泡沫稳定性随 NaCl 浓度的增加而降低（表 5-13），这可归之于 NaCl 对乳清蛋白（β-乳球蛋白）的盐溶作用。一般来说，在指定的盐溶液中蛋白质被盐析时表现出较好的起泡性质，被盐溶时则显示较差的起泡性质。二价阳离子，像 Ca^{2+}、Mg^{2+} 在 0.02～0.04mol/L 的浓度范围内能显著地改善蛋白质起泡能力和泡沫稳定性，这主要归之于上述离子能与蛋白质的羧基形成桥键，蛋白质分子交联形成具有较好黏弹性质的膜。

表 5-13 NaCl 对乳清分离蛋白质起泡力和稳定性的影响

NaCl 浓度/(mol/L)	总界面面积/(cm^2/mL)	50%起始面积破裂的时间/s
0.00	333	510
0.02	317	324
0.04	308	288
0.06	307	180
0.08	305	165
0.10	287	120
0.15	281	120

③ 糖

蔗糖、乳糖和其他糖加入到蛋白质溶液往往损害蛋白质的起泡能力，却改进了泡沫的稳定性。糖对泡沫稳定性的正效应是由于它提高了体系的黏度，从而降低了泡沫结构中薄层液体排出的速度。泡沫膨胀率的降低主要是由于在糖溶液中蛋白质的结构较为稳定，当蛋白质分子吸附在界面上时较难展开，这样就降低了蛋白质在搅打时产生大的界面面积和泡沫体积的能力。在加工蛋白甜饼、蛋奶酥和蛋糕等含糖泡沫类型产品时，最好在泡沫膨胀后加入糖，这样做能使蛋白质吸附、展开和形成稳定的膜，而随后加入的糖通过增加泡沫结构中薄层液体的黏度提高泡沫稳定性。

④ 脂

脂类物质，尤其是磷脂，当浓度超过 0.5%时会显著损害蛋白质的起泡性质，这是因为脂类物质比蛋白质具有更强的表面活性，在泡沫形成中它们吸附在气-水界面并抑制蛋白质的吸附，降低了膜的内聚力和黏弹性，并最终造成搅打过程中膜的破裂。因此，无磷脂的大豆蛋白质产品、不含蛋黄的鸡蛋蛋白、无脂肪的乳清浓缩蛋白或分离蛋白与它们含脂的相应产品相比，表现出更好的起泡性能。

⑤ 蛋白质浓度

蛋白质浓度愈高，泡沫愈坚硬。泡沫的硬度是由小气泡和高黏度造成的。起泡能力一般随蛋白质浓度提高至某一浓度值时达到最高值。一些蛋白质，像血清清蛋白，在 1%蛋白质浓度时能形成稳定的泡沫。另一些蛋白质，如乳清分离蛋白和大豆伴清蛋白，需要 2%～5%浓度才能形成稳定的泡沫。一般来说，大多数蛋白质在浓度 2%～8%范围内显示最高的起泡能力，蛋白质在泡沫中的界面浓度约为 2～3mg/m^2。

⑥ 温度

降低温度导致疏水相互作用减少。当温度从 25℃下降至 3℃时，由 β-乳球蛋白稳定的泡沫稳定性下降到原来的 1/8，这是由于疏水相互作用下降使界面上形成不良的蛋白膜的缘故。部分热变性能改善蛋白质的起泡性质，如适当加热处理可提高大豆蛋白（70～80℃）、乳清蛋白（40～60℃）等蛋白质的起泡性能。热处理虽然能增加膨胀量，但会使泡沫稳定性降低。若用比上述更剧烈的条件热处理会损害起泡能力，除非蛋白质的胶凝作用能使稳定泡沫的膜产生足够的刚性，否则加热将会使空气膨胀、黏性降低、气泡破裂和泡沫崩溃。乳清蛋白的泡沫是不耐热的，在 70℃加热 1min，可以改善起泡性，但是在 90℃加热 5min，则降低起泡性。尽管此时蛋白质仍然保持溶解，但蛋白质分子的—SH 之间会形成二硫键，分子间发生聚合，增加了蛋白质的分子量，使之不易在气-水界面吸附。

5.5 常见食品蛋白质与新蛋白质资源

食品蛋白质可以分为动物源、植物源两大类，其中动物蛋白质（如肉类、乳、蛋、水产类）和谷物蛋白质（有的国家包括大豆蛋白质）是所谓的传统蛋白质，有着悠久的食用历史，在人们的日常消费中也最为重要，也是食品加工中重要的食品成分或配料。在新蛋白质资源中，单细胞蛋白、叶蛋白、藻类蛋白等是未来研究、开发的主要方向。

5.5.1 大豆蛋白

大豆含有约42%的蛋白质、20%的油和35%的碳水化合物（按干基计算）。大豆蛋白主要存在于蛋白体和糊粉粒中，由于它能溶于pH≠pI的水及盐溶液，所以主要是球蛋白。从必需氨基酸组成来看，除蛋氨酸和半胱氨酸含量稍低外，其它必需氨基酸组成与联合国粮农组织推荐值接近，营养价值与动物蛋白接近，明显优于其他植物蛋白，是优良的植物蛋白资源。

一般是根据大豆蛋白的超离心性质对大豆蛋白的组成进行分类。水提取的大豆蛋白在适当的条件下经过超离心处理后，根据蛋白质沉降系数的不同可分4个部分，即2S、7S、11S和15S大豆蛋白，这里S代表沉降系数单位（Svedberg unit）。2S部分主要含有蛋白酶抑制物、细胞色素C、尿囊素酶和两种球蛋白，整体约为大豆水提取蛋白的20%；7S部分中含有β-淀粉酶、血细胞凝集素、脂氧合酶和7S球蛋白，占大豆水提取蛋白的37%；11S部分主要是11S球蛋白，占大豆水提取蛋白的1/3以上；15S部分尚不太清楚，为大豆球蛋白的聚合物，含量约为大豆水提取蛋白的10%。由于7S和11S蛋白占总蛋白的70%左右，所以是大豆中最重要的蛋白质。值得注意的是，大豆蛋白的上述分类只是一个大致的区分，并不意味着在任何条件下均是如此组成，因为随着条件的改变大豆蛋白将发生亚基的解离或聚集，例如在离子强度从0.5mo/L变为0.1mol/L时，7S大豆蛋白聚集成为一个新的9S蛋白。

大豆经脱脂后所得到的剩余物豆粕，主要成分为大豆蛋白质和碳水化合物。以压榨法生产油脂的工艺得到的豆粕，由于蛋白质所经受的温度较高，蛋白质的变性程度大，功能性质差，通常用于动物饲料的加工；以有机溶剂浸提法生产得到的豆粕，则不存在这些不足。豆粕通过进一步加工，一般可以得到3种不同的大豆蛋白，可作为蛋白质原料用于食品中。

(1) 脱脂豆粉

大豆在经过调质、脱皮、压片处理后，利用有机溶剂如6#溶剂（主要成分为正己烷）浸提油脂后，所余下的豆粕主要由大豆蛋白质和碳水化合物（可溶于水或不溶于水的）组成，残余的有机溶剂可通过闪蒸法脱除，大豆中的抗营养因子被灭活，蛋白质的功能性质得到很好的保留。脱脂豆粉中蛋白质含量约为50%。

溶剂的闪脱可保证蛋白质的变性程度小，氮溶解指数（NSI）较高，同时过氧化物酶的活性最大限度得以保留，可作为酶活脱脂豆粉应用于面粉漂白。

(2) 大豆浓缩蛋白

脱脂豆粉用pH4.5的水浸提，或用含一定浓度乙醇的水浸提，或进行湿热处理后（蛋白质变性）用水浸提处理，可除去其中所含的可溶性低聚糖（即所谓的胀气因子），最后产品蛋白质含量提高至70%左右，蛋白酶抑制物含量也降低，常用作热塑挤压的原料。脱脂豆粉中的一些蛋白质也由于浸提而损失在乳清液中，最后总收率约为原料的2/3。

(3) 大豆分离蛋白

用稀碱溶液浸提处理脱脂豆粉，分离出残渣，蛋白质提取液加酸至等电点后，大豆蛋白沉淀出来，沉淀经过碱中和、喷雾干燥后就得到大豆分离蛋白，这些大豆分离蛋白中蛋白质含量超过90%，基本不含纤维素、抗营养因子等物质，可以将其看成为真正的大豆蛋白质制品，它的溶解度高，具有很好的乳化、分散、胶凝以及增稠作用，在食品中的应用范围很广。由于蛋白在乳清液、残渣中的损失，其回收率一般不会超过40%，产品成本较高。

5.5.2 乳蛋白

牛乳中蛋白质总量为30～36g/L，具有很高的营养价值，主要分为酪蛋白和乳清蛋白两类。在加工干酪时，酪蛋白易结块形成凝乳，保留了大部分牛乳蛋白质，牛乳中其他蛋白质进入干酪的乳清中，命名为乳清蛋白。酪蛋白约占总蛋白的80%，包括α_{S1}-酪蛋白、α_{S2}-酪蛋白、β-酪蛋白和κ-酪蛋白。乳清蛋白约占总蛋白的20%，除了β-乳球蛋白和α-乳白蛋白是乳腺的基因产物外，乳清中也含有来自血液中的血清白蛋白和免疫球蛋白。牛乳中还含有一些蛋白质组分，实际上是大的多肽，它们是由内源的牛乳蛋白酶-血液中的血纤维蛋白溶解酶对牛乳蛋白质水解产生的。酪蛋白中的γ-酪蛋白和乳清中大部分多肽都是由β-酪蛋白经有限水解得到的（表5-14）。

表5-14 牛乳中主要蛋白质的含量

蛋白质	浓度/(g/L)	质量分数/%	蛋白质	浓度/(g/L)	质量分数/%
酪蛋白	24～28	80	乳清蛋白	5～7	20
α_{S1}-酪蛋白	15～19	34	β-乳球蛋白	2～4	9
α_{S2}-酪蛋白	12～15	8	α-乳白蛋白	1～1.5	4
β-酪蛋白	9～11	25	α-蛋白胨	0.6～1.8	—
κ-酪蛋白	3～4	9	血清白蛋白	—	1
γ-酪蛋白	1～2	4	免疫球蛋白	—	2

酪蛋白是一类磷蛋白，属于疏水性最强的一类蛋白质，在牛乳中聚集成胶团的形式存在（图5-13）。酪蛋白胶束的直径为30～300nm，在1mL液体乳中胶束的数量在10^{14}左右，只有小部分的胶束直径在600nm左右。酪蛋白胶团由亚胶团构成，直径为10～20nm。亚胶团的核心是疏水的而表面是亲水的，因此富含碳水化合物的κ-酪蛋白经自我缔合被限制在表面的一个区域。于是，亚胶团的表面存在着富含碳水化合物的区域和由其他酪蛋白形成的富含磷酸基的区域。亚胶团聚集形成酪蛋白胶团，经磷酸钙胶体产生的静电相互作用促进了亚胶团之间的缔合，这种结合出现在酪蛋白带负电荷的丝氨酸残基与胶体磷酸钙之间，后者以$Ca_9(PO_4)_6$簇形式存在，并吸附着两个钙离子，因此带有正电荷。由于κ-酪蛋白几乎不含有磷酸基，因此这种方式的结合仅存在于α-和β-酪蛋白之间。在形成酪蛋白胶团时，κ-酪蛋白含量很低或不含κ-酪蛋白的亚胶团埋藏在胶团内部，使胶团表面具有亲水性。

当胶团表面完全由κ-酪蛋白覆盖时，胶团就停止长大。

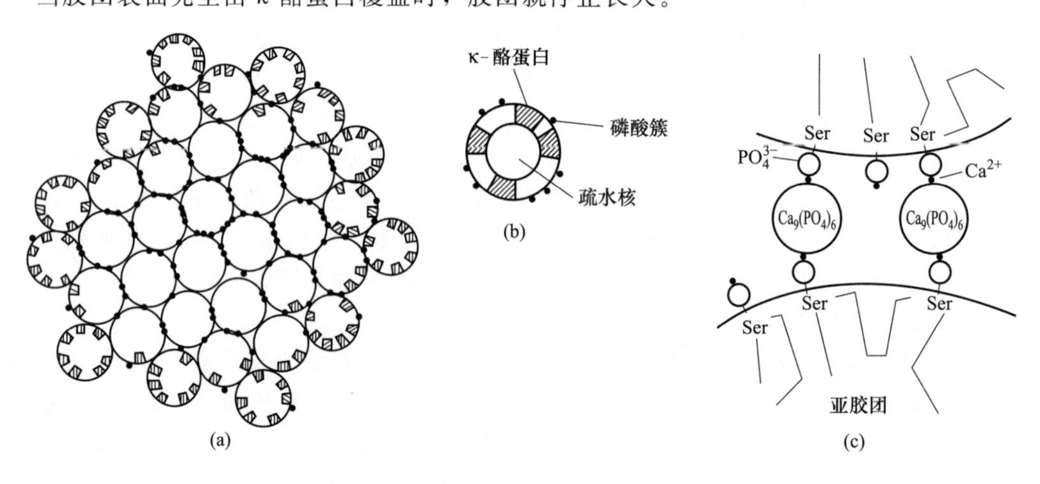

图5-13 酪蛋白胶束和亚胶团的结构示意图

酪蛋白的分离可以采用酸沉淀分离法（调节 pH 值至 4.6 附近），也可以利用凝乳化酶的作用，最终产品的性能随处理方法的差异而有所不同。酪蛋白是食品加工中的重要配料，目前已有 4 种不同的酪蛋白产品可以在食品中应用，其中以酪蛋白的钠盐（干酪素钠，sodium caseinate）的应用最广泛。酪蛋白钠盐在 pH＞6 时稳定性好，在水中有很好的溶解性及热稳定性，是一种好的乳化剂、保水剂、增稠剂、搅打发泡剂和胶凝剂。

乳清蛋白在食品中也有重要的用途，来自乳清的乳清蛋白浓缩物（whey protein concentrate，WPC）或乳清蛋白分离物（whey protein isolate，WPI）是很好的功能性食品配料，特别是在模拟人类母乳构成的婴幼儿食品中有广泛的应用。乳清蛋白在较宽的 pH、温度和离子强度范围内具有良好的溶解度，甚至等电点附近，即 pH4～5 时仍保持溶解，这是天然乳清蛋白最重要的物理化学和功能性质。此外，乳清蛋白质溶液经热处理后形成稳定的凝胶和乳清蛋白质的表面性质在它们应用于食品时也是很重要的。

5.5.3　肉类蛋白

肉类是人类重要的食物，也是重要的蛋白质来源之一。动物肌肉组织中的蛋白质可以大致分为肌原纤维蛋白（myofibrillar protein）、肌浆蛋白（sarcoplasmic protein）和肌基质蛋白（stroma protein）3 种，它们的百分比约为 55％、30％和 15％，其中肌浆蛋白可以用水或者是低浓度的盐水将其从肌肉组织中提取出来，肌原纤维蛋白则需要用高浓度的盐溶液才能够将其从肌肉组织中提取出，肌基质蛋白则是不溶解的蛋白质。

肌原纤维蛋白主要包括肌球蛋白和肌动蛋白等。肌球蛋白的等电点为 5.4 左右，在温度达到 50～55℃时发生凝固，它具有 ATP 酶的活性。肌动蛋白的等电点为 4.7，可以与肌球蛋白结合为肌动球蛋白。肌原纤维蛋白中的肌球蛋白、肌动蛋白间的作用决定了肌肉的收缩。

肌浆蛋白主要包括肌红蛋白、清蛋白等。肌红蛋白为产生肉类色泽的主要色素，它的等电点为 6.8，性质不稳定，在外来因素的影响下所含的二价铁容易转化为三价铁，导致肉色泽的异常。存在于肌原纤维间的清蛋白（肌溶蛋白）性质也不稳定，在温度达到 50℃附近就可以变性。

肌基质蛋白主要包括胶原蛋白和弹性蛋白。胶原蛋白含有较多的甘氨酸、脯氨酸和羟脯氨酸，不仅具有分子内的交联键，而且还具有分子间的交联键，并且交联的程度随动物年龄的增加而增多。胶原蛋白的交联程度增多的结果就是导致胶原蛋白性质的稳定，从而影响到肉质的嫩度。胶原蛋白经过加热后逐步转化为明胶，而明胶的重要特性就是可以溶于热水中，并可以形成热可逆的凝胶，在食品加工中有应用价值。弹性蛋白不含羟脯氨酸和色氨酸，含脯氨酸、甘氨酸、缬氨酸较多，可以抗拒胃蛋白酶、胰蛋白酶的水解，但是它可以被胰腺中的弹性蛋白酶水解。

5.5.4　卵蛋白

卵类，尤其是鸡蛋，是食用历史悠久的蛋白质食品。一个完整鸡蛋的可食部分由蛋清（albumen）和蛋黄（yolk）两部分组成，各部分的化学组成见表 5-15。在蛋清中蛋白质为主要的成分，碳水化合物的含量较低，脂肪的含量可以忽略不计。其中碳水化合物以结合态（与蛋白质结合成为糖蛋白）或游离态存在，并且绝大部分的游离碳水化合物为葡萄糖。相比之下，蛋黄的主要成分为蛋白质和脂肪，碳水化合物含量仍然很低。脂类中 66％为三酰基甘油酯，28％为磷脂，5％为固醇，还含有少量其它脂类。大多数脂类与蛋白质相结合，以脂蛋白的形式存在。

表 5-15 鸡蛋的化学组成

组分	总固体/%	蛋白质/%	脂肪/%	碳水化合物/%	灰分/%
蛋清	11.1	9.7～10.6	0.03	0.4～0.9	0.5～0.6
蛋黄	52.3～53.5	15.7～16.6	31.8～35.5	0.2～1.0	1.1
全蛋	25～26.5	12.8～13.4	10.5～11.8	0.3～1.0	0.8～1.0

蛋清在食品加工中是一个重要的发泡剂，它的发泡性能优于酪蛋白。蛋清具有优良发泡能力，是多种蛋白质的共同作用而决定的。比较蛋清中各种蛋白质的发泡能力，发现它们有以下的顺序：卵黏蛋白＞卵球蛋白＞卵转铁蛋白＞卵清蛋白＞卵类黏蛋白＞溶菌酶。由于溶菌酶和卵类黏蛋白的结构相对稳定（分子内具有二硫键），不易发生变形而难于在界面吸附，所以能够降低其发泡性能。球蛋白的发泡性能虽然较差，但是如果通过不产生沉淀的变性处理（如酸、碱或热处理），就可以提高其发泡能力。

卵蛋白还是食品加工中重要的胶凝剂，容易形成热不可逆凝胶。在诸多的卵蛋白凝胶中，以卵清蛋白的胶凝性质研究得最多。卵清蛋白所形成的凝胶，其凝胶强度和浊度是介质pH值和离子强度的函数，这些影响因素起作用的原因在于：热变性后的卵清蛋白的构象与天然卵清蛋白的构象相似，在接近等电点的pH值或高的离子强度条件下，变性的蛋白质分子通过分子间的疏水相互作用随机聚集；而在远离等电点的pH值和低离子强度时，蛋白质分子间的静电斥力妨碍了随机聚集的发生，从而导致有序的线性聚集体形成（图5-14）。

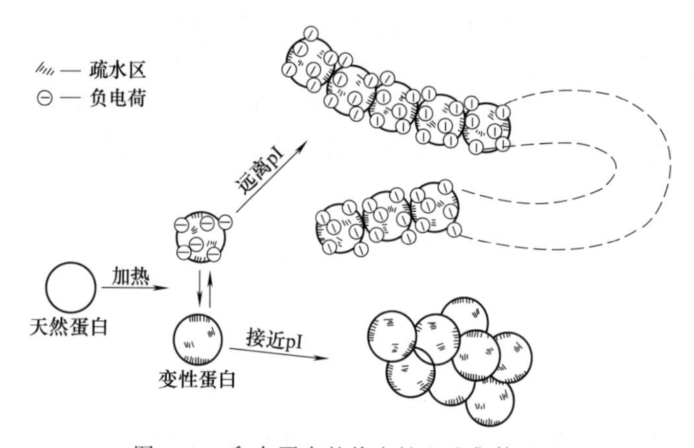

图 5-14 卵白蛋白的热变性和聚集体形成

蛋黄蛋白主要包括卵黄蛋白、卵黄磷蛋白和脂蛋白3种。蛋黄是食品工业中重要的乳化剂，其乳化性质很大程度上取决于脂蛋白的含量，但蛋黄的发泡性质较差，一般不考虑它的发泡性能。

除上述蛋白质外，还有小麦、大米、玉米等谷类蛋白质；在油料取油后的副产品中往往含有丰富的蛋白质，如菜籽饼、芝麻饼、花生饼、棉籽粕、大豆饼、米糠等，这些副产品中的植物蛋白被提取后，能很好地开发用作食品蛋白原料。

5.5.5 新蛋白质资源

(1) 单细胞蛋白

单细胞蛋白（single cell protein，SCP）一般是指以微生物（microorganism）、微藻（microalgae）中的蛋白质为主的食物蛋白。相比传统的动物蛋白质，单细胞蛋白所具有的优点是：单细胞微生物蛋白的生产一般不受气候、地域条件的限制，可以进行大规模的工业化生产。单细胞蛋白的其他优点还包括：生物的生长繁殖快，产量高，易控制，可以利用工业废水和废渣、城市有机垃圾、农业废弃物、食品加工业废弃物等作为培养基质。单细胞蛋白中重要的是酵母蛋白、细菌蛋白和藻类蛋白，它们的化学组成中一般以蛋白质、脂类为主（表5-16）。

① 酵母蛋白 真菌中的酵母在食品加工中应用较早，包括酿造、焙烤等食品。酵母中蛋白质的含量超过了干重的一半，但相对缺乏含硫氨基酸。另外，由于酵母中含有较高的核酸，若摄入过量的酵母制品则会造成血液的尿酸水平升高，引起机体的代谢紊乱。

② 细菌蛋白 细菌蛋白的生产一般是以碳氢化合物（如天然气或沥青）或甲醇作为底物，它们的蛋白含量占干重的3/4以上，必需氨基酸组成中同样缺乏含硫氨基酸，另外它们所含的脂肪酸也多为饱和脂肪酸。这种微生物蛋白一般不能直接食用，需要除去其中的细胞壁、核酸和灰分等杂质，其加工原理在工艺上与大豆蛋白的加工处理类似。细菌蛋白提取处理后得到细菌分离蛋白，它的化学组成与大豆分离蛋白相近，并且在补充含硫氨基酸以后，它的营养价值与大豆分离蛋白相近。

③ 藻类蛋白 以小球藻和螺旋藻最引人注目，它们是在海水中快速生长的两种微藻，二者的蛋白含量（干重）分别为50%、60%，必需氨基酸中除含硫氨基酸较少外，其他的必需氨基酸很丰富。

表5-16 一些单细胞生物的主要化学成分含量

成分	藻类	酵母	细菌	霉菌
氮/%	7.5～10	7.5～8.5	11.5～12.5	5～8
脂类/%	7～20	2～6	1.5～30	2～8
灰分/%	8～10	5.0～9.5	3～7	9～14
核酸/%	3～8	6～12	8～16	变化较大

(2) 叶蛋白

植物的叶片是进行光合作用及合成蛋白质的场所，许多禾谷类、豆类作物的叶片中含2%～4%的蛋白质。取新鲜叶片切碎压榨取汁，所得汁液中含有10%固形物（40%～60%为粗蛋白），去掉其中所含低分子生长抑制因子，加热汁液至90℃时可形成蛋白凝块，经洗涤、干燥后，凝块中约含60%的蛋白质、10%的脂类、10%矿物质和其他物质（包括维生素、色素等），可直接用作商品饲料。叶蛋白（leaf protein）若经过有机溶剂脱色等处理后，会改善叶蛋白的适口性，添加到谷类食物中则可提高谷类食物中赖氨酸的含量。

(3) 鱼蛋白

鱼粉是人类在动物饲养过程中使用的优质蛋白质原料，一般来自海洋捕捞时的非经济鱼类。鱼蛋白（fish protein）不仅可以作为饲料蛋白，也可以作为食物蛋白供人类食用。先将生鱼磨粉以后再用有机溶剂浸提除掉脂类和水分，降低不饱和脂肪酸氧化时产生的一些不良风味，再经适当的研磨制成颗粒即为无臭味的浓缩鱼蛋白，其蛋白质含量达75%以上。如果同时又进行脱骨、去内脏处理，生产的则是去内脏浓缩鱼蛋白，蛋白质含量达93%以上。

鱼蛋白是一种动物蛋白，它的必需氨基酸组成与鸡蛋蛋白、牛乳蛋白相似，但是它的一些功能性质如溶解性、分散性、吸湿性等较差，所以直接应用于食品加工则不太适合。一般必须经过一些特殊的加工处理后方可在食品中发挥作用，如组织化、水解处理等。

此外，还有昆虫蛋白，如蚕蛹、蚂蚱等中的蛋白质，可以开发用作蛋白质原料来源，用于食品中。

5.6 食品蛋白质在加工和贮藏中的变化

食品加工常涉及加热、冷却、干燥、化学处理、发酵、辐照或其他各种处理。各种加工处理方式会给食品带来一些有益的变化，例如对酶的灭活可以防止化学反应的发生，对微生物的灭活则可以提高食品的保存性，或者是将食品原料转化为有特征风味的食品。但是食品在加工或储存过程中，其蛋白质的功能性质和营养价值会随之发生一定的变化，因此对食品的品质和食用安全等产生一定的影响。

5.6.1 热处理

热处理是食品加工最常用的方法，也是对蛋白质影响最大的处理方法，影响程度取决于热处理的时间、温度、湿度、氧化或还原剂、有无其他物质等因素。大多数食品蛋白质在经受适度的热处理（60～90℃，1h或更短时间）时产生变性，如牛乳在72℃巴氏杀菌时，可灭活大部分酶，但对乳清蛋白和香味影响不大，基本不破坏牛乳的营养成分。蛋白质广泛变性后往往失去溶解度，这会损害那些与溶解度有关的功能性质。从营养观点考虑，蛋白质的部分变性能改进它们的消化率和必需氨基酸的生物有效性。纯的植物蛋白质和鸡蛋蛋白质产品，即使不含蛋白酶抑制剂，仍然在体外和体内显示不良的消化率。适度的加热能提高它们的消化率而不会产生有毒的衍生物。其原因在于适度加热后蛋白质伸展，被掩蔽的氨基酸残基暴露，因而更能使专一性的蛋白酶迅速地与蛋白质底物发生作用。

加热对蛋白质有利的方面是：①提高蛋白质的营养价值。加热处理使蛋白质适当变性，原较为紧密的球状结构变得松散，容易受到消化酶作用，从而提高消化率和生物利用率。此外，由于植物蛋白质通常含有蛋白质类的抗营养因子，因此热处理对它们特别有益。油料种子蛋白质含有胰蛋白酶抑制剂和胰凝乳蛋白酶抑制剂，这些抑制剂损害蛋白质的消化率，降低了它们的生物有效性。油料种子蛋白质也含有外源凝集素，它们是糖蛋白，由于它们能导致血红细胞的凝集，因此也被称为植物凝集素。蛋白酶抑制剂和外源凝集素是热不稳定的，经烘烤或湿热处理后能使凝集素和蛋白酶抑制剂失活，从而提高了蛋白质的消化率（图5-15)。②酶失活。适度热处理也能使一些酶失活，例如蛋白酶、脂酶、脂肪氧化酶、淀粉酶、多酚氧化酶及其他的氧化和水解酶，可避免酶促氧化产生不良的色泽和气味，使食品在保藏期不产生不良风味、酸败、质构变化和色泽变化。例如，大豆等油料种子富含脂肪氧化酶，在提取油或制备分离蛋白前的破碎过程中，此酶在分子氧存在的条件下催化多不饱和脂肪酸氧化而产生氢过氧化物，随后氢过氧化物分解释放出醛和酮，后者使大豆粉、大豆分离蛋白和浓缩蛋白产生不良风味，为了避免不良风味的形成，有必要在原料破碎前使脂肪氧化酶热失活。鸡蛋蛋白质含有蛋白酶抑制剂，如卵类黏蛋白（ovomucoid）和卵抑制剂（ovo inhibitor）；牛乳中也含有蛋白酶抑制剂，如血纤维蛋白溶酶原激活物的抑制剂（plasminogen activator inhibitor，PAI）和血纤维蛋白溶酶抑制剂（plasmin inhibitor，PI），它们来自于血液，当有水存在时，经适度的热处理，这些抑制剂都会失活。③改善食品的品质。热处理常产生一定的风味物质和色泽，有利于食品感官品质的提高，如美拉德反应产生的风味成分和色泽。

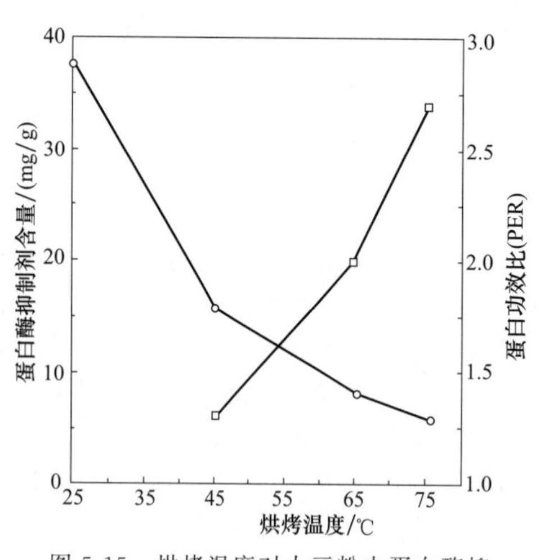

图5-15 烘烤温度对大豆粉中蛋白酶抑制剂活力（○）和PER（□）的影响

过度热处理对蛋白质品质的不利影响有以下两点。①降低营养价值。强热处理蛋白质时会发生氨基酸的脱氨、脱硫、脱二氧化碳反应，使氨基酸被破坏，从而降低了蛋白质的营养价值。当食品中含有还原糖时，赖氨酸残基可与它们发生美拉德反应，形成了在消化道中不被酶水解的 Schiff 碱，从而降低蛋白质的营养价值。非还原糖蔗糖在高温下水解生成的羰基化合物、脂肪氧化生成的羰基化合物，都能与蛋白质发生美拉德反应。强热处理还会导致赖氨酸残基与谷氨酰胺残基之间的反应，使蛋白质发生交联。在高温下长时间处理，蛋白质分子中的肽键在无还原剂存在时可发生转化，生成了蛋白酶无法水解的化学键，因而降低了蛋白质的生物利用率。②产生有害成分。如色氨酸在高于 200℃ 下处理会产生咔啉（carboline），该物质有强致突变作用。此外，美拉德反应后期也会产生类黑色素聚合物，存在有害性。

5. 6. 2　低温处理

食品在低温下贮藏可以达到延缓或抑制微生物繁殖、抑制酶活性和降低化学反应速度的目的。低温处理有以下两种方法。

① 冷藏　即将食品的贮藏温度控制在略高于食品的冻结温度，此时微生物的繁殖受到抑制，蛋白质较稳定，对食品风味的影响也小。

② 冷冻或冻藏　一般对蛋白质的营养价值无影响，但对蛋白质的品质往往有严重影响，例如肉类食品经冷冻、解冻，组织和细胞膜被破坏，并且蛋白质间产生了不可逆的结合，从而阻止了蛋白质和水之间的结合，导致肉类食品的质地变硬、持水性降低。又如，鱼蛋白非常不稳定，经过冷冻或冻藏以后，组织发生变化，肌球蛋白变性以后与肌动球蛋白结合导致肌肉变硬、持水性降低，解冻后鱼肉变得干且有韧性，同时由于鱼脂肪中不饱和脂肪酸含量一般较高，极易发生自动氧化反应，生成的过氧化物和游离基再与肌肉蛋白作用使蛋白质聚合，氨基酸也被破坏。再如牛乳中的酪蛋白在冷冻以后，极易形成解冻后不易分散的沉淀，从而影响感官质量。

蛋白质在冷冻条件下的变性程度与冷冻速度有关，一般来说，冷冻速度越快，形成的冰晶越小，挤压作用也小，变性程度也就越小。故此，在食品加工中一般都是采用快速冷冻的方法，尽量保持食品原有的质地和风味，而缓慢冷冻与此相反。

5. 6. 3　脱水处理

食品经过脱水（dehydration）以后质量减轻、水分活度降低，可有利于食品保藏稳定性，但脱水常需要加热和一定的时间，因而对蛋白质的品质也会产生一些有利和不利的影响。一般的脱水方式及对食品品质的影响有：

① 热风干燥　温度不高，脱水时间长，香味损失严重；温度高，易产生化学变化，可能影响肉品品质。通常脱水后的肉类、鱼类会变坚硬、复水性差，烹调后既无香味又感觉坚韧。

② 微波热风干燥　相比热风干燥，干燥速度快，时间短，对块状瘦肉内部干燥效果好，肉品干而不硬，但美拉德反应还存在。

③ 真空干燥　较热风干燥对肉类品质影响小，由于真空时氧气分压低，所以氧化速度慢，而且由于温度较低可以减少美拉德反应和其他化学反应的发生。

④ 滚筒干燥　通常使蛋白质的溶解度降低，并可能产生焦煳味。

⑤ 冷冻干燥　可使食品保持原有形状，食品具有多孔性，具有较好的回复性，但仍会使部分蛋白质变性，持水性下降，不过对蛋白质的营养价值及消化吸收率无影响，特别适合用于对生物活性蛋白的加工，例如益生菌所产的酶等。

⑥ 真空冷冻干燥　有利于食品蛋白质保持原有的天然品质，但能耗高，处理样品量少。

⑦ 微波真空冷冻干燥　速度快，蛋白质的风味、结构等品质保持完好，但能耗高，一般在高端食品中采用。

⑧ 喷雾干燥　由于液体食品以雾状进入快速移动的热空气，水分快速蒸发而成为小颗粒，颗粒物的温度很快降低，所以对蛋白质性质的影响较小。

5.6.4 辐射处理

辐射（irradiation）已在许多国家用于食品的保藏。辐射可以使水分子离解成游离基和水合电子，再与蛋白质作用，如发生脱氢反应、脱氨反应或脱二氧化碳反应。但蛋白质的二、三、四级结构一般不被辐射离解，总的来说，一般剂量的辐射对氨基酸和蛋白质的营养价值影响不大。

在强辐射情况下，水分子可以被裂解为羟游离基，羟游离基与蛋白质分子作用产生蛋白质游离基，它的聚合导致蛋白质分子间的交联，因此导致蛋白质功能性质的改变。

5.6.5 碱处理

食品加工中若用碱处理并配合热处理，特别是在强碱性条件下，会使蛋白质发生一些不良的变化，食品中蛋白质的营养价值严重下降，甚至产生安全性问题。

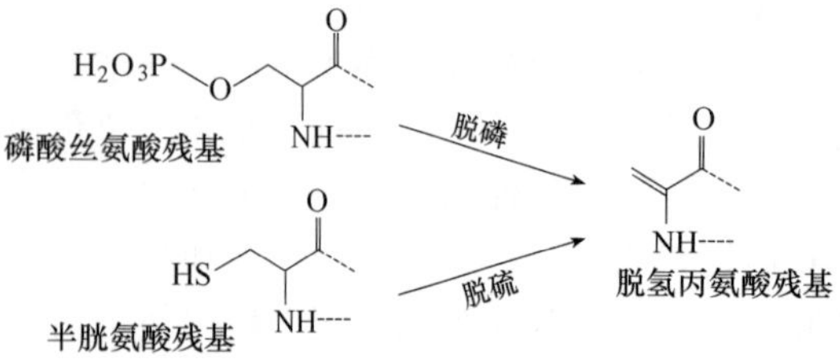

在较高的温度下碱处理蛋白质时，磷酸丝氨酸残基、半胱氨酸残基会分别发生脱磷、脱硫反应生成脱氢丙氨酸残基（图5-16）。

图 5-16　脱氢丙氨酸残基的形成

脱氢丙氨酸残基非常活泼，可与食品蛋白质中的赖氨酸残基、半胱氨酸残基发生加成反应，生成人体不能消化吸收的赖丙氨酸残基（LAL）和羊毛硫氨酸残基（图 5-17）。一些加工食品中赖丙氨酸残基（LAL）的含量见表 5-17。

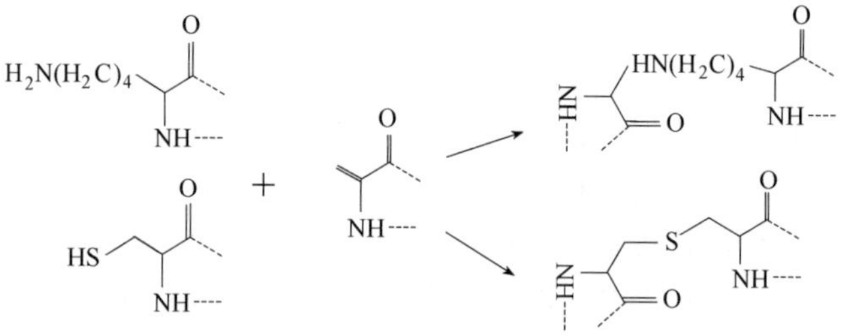

图 5-17　蛋白质中氨基酸残基的交联反应

表 5-17　一些加工食品中赖丙氨酸残基（LAL）的含量

食品	LAL 含量/(μg/g 蛋白质)	食品	LAL 含量/(μg/g 蛋白质)
燕麦	390	水解蛋白	40～500
乳(UHT)	160～370	大豆分离蛋白	0～370
乳(HTST)	260～1030	酵母提取物	120
卵白(加热)	160～1820	奶粉(喷雾干燥)	0
奶粉(婴儿食品)	150～640	干酪素钠盐	430～690

另外，在温度超过 200℃时的碱处理，会导致蛋白质氨基酸残基发生异构化反应，天然氨基酸的 L 型结构将有部分转化为 D 型结构，从而使得氨基酸的营养价值降低。该反应是

由于与羰基相连的碳原子（手性碳原子）发生脱氢反应，生成平面结构的负离子，再次形成氨基酸残基时，氢离子有两个不同的进攻位置，所以最终转化产物中D型和L型的理论比例是1∶1（图5-18）。由于大多数D型氨基酸不具备营养价值，人体又无法消化利用，所以必需氨基酸的外消旋化将会使其营养价值下降。另外剧烈的热处理还可能导致环状衍生物的形成，而环状衍生物可能具有强烈的诱变作用。

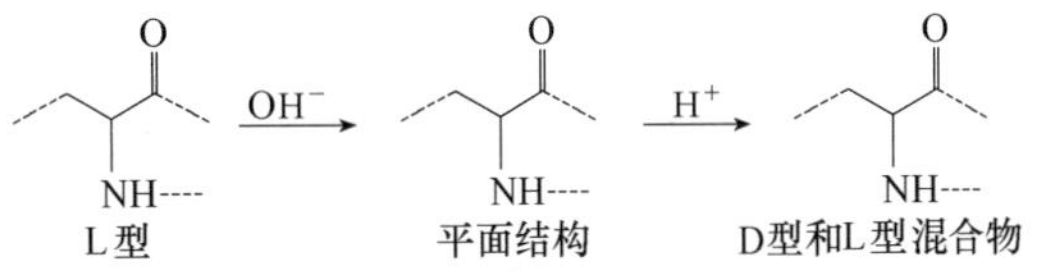

L型 $\xrightarrow{OH^-}$ 平面结构 $\xrightarrow{H^+}$ D型和L型混合物

图5-18 氨基酸的消旋化

5.6.6 氨基酸残基的氧化

一些氧化剂，例如过氧化氢、过氧化苯甲酰和次氯酸盐等经常作为漂白剂、杀菌剂和去毒剂被用于食品加工中。另外，在食品的加工或贮藏过程中还会产生内源氧化性化合物，它们包括食品经受辐射、脂肪经受氧化、化合物（例如核黄素和叶绿素）经受光氧化和食品经受非酶褐变期间产生的自由基等。再者，存在于植物蛋白质中的多酚类化合物被分子氧氧化，先生成醌，最终产生过氧化物。这些具有氧化性质的化合物可以对蛋白质中的敏感氨基酸残基进行氧化，敏感氨基酸残基有Met、Cys、Trp、His和Tyr等。例如含硫氨基酸的氧化产物可以是亚砜、砜等，而亚砜、砜在机体中的利用率很低或者不能被利用。此外，在过氧化酶（如酪氨酸酶或多酚氧化酶）和过氧化氢的作用下，酪氨酸残基会发生交联反应，生成交联蛋白（在胶原、弹性蛋白中已经证实其存在）。氧化后的氨基酸不仅生物利用率降低，甚至对生物体有害。

(1) 蛋氨酸的氧化

蛋氨酸易被各种过氧化物氧化成蛋氨酸亚砜。同蛋白质结合的蛋氨酸或游离的蛋氨酸与0.1mol/L过氧化氢在升高的温度下保温30min，导致蛋氨酸完全转化成蛋氨酸亚砜。在强的氧化条件下，蛋氨酸亚砜被进一步氧化成蛋氨酸砜，在一些情况下产生高磺基丙氨酸。

蛋氨酸一旦被氧化成蛋氨酸砜或高磺基丙氨酸就不能被人体消化和吸收。蛋氨酸亚砜在体内可被重新转变成蛋氨酸，但蛋氨酸亚砜在体内被还原成蛋氨酸的速度非常缓慢。实验证明，被0.1mol/L过氧化氢氧化的酪蛋白（将蛋氨酸完全转化成蛋氨酸亚砜）的蛋白质功效比（protein efficiency ratio，PER）和蛋白质净利用率（net protein utilization，NPU）比对照组酪蛋白的相应值约低10%。

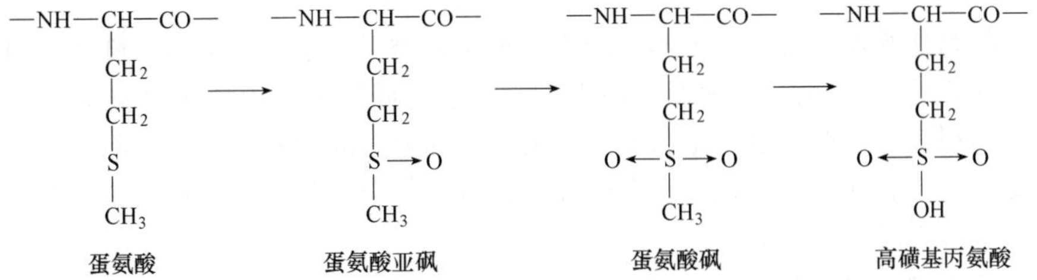

蛋氨酸 → 蛋氨酸亚砜 → 蛋氨酸砜 → 高磺基丙氨酸

(2) 酪氨酸的氧化

酪氨酸在过氧化物酶和过氧化氢作用下被氧化成二酪氨酸（图5-19）。已在天然蛋白质（如节肢弹性蛋白、弹性蛋白、角蛋白和胶原蛋白）中发现此类交联物。

(3) 色氨酸的氧化

由于色氨酸在一些生理功能中的作用，在加工食品中，其行为更加受到关注。在酸性、温和的氧化条件下，例如有过甲酸、二甲基亚砜或*N*-溴代琥珀酰亚胺（NBS）存在时，色氨酸

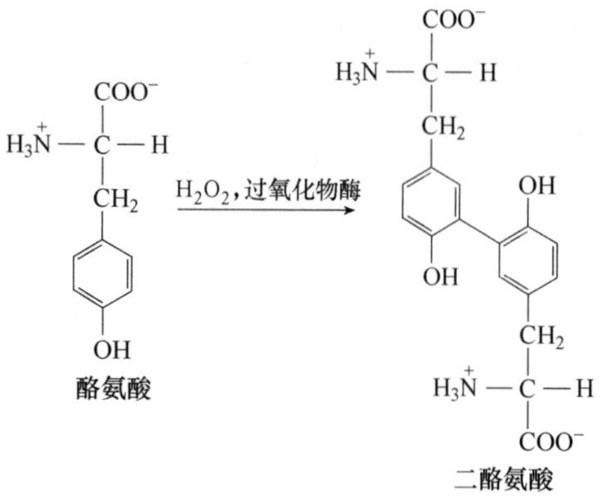

被氧化为β-氧代吲哚基丙氨酸。在酸性、激烈的氧化条件下，例如有臭氧、过氧化氢或过氧化酯存在时，色氨酸被氧化为N-甲酰犬尿氨酸、犬尿氨酸等不同产物（图5-20）。其中，犬尿氨酸毒性作用较强，实验表明它对动物有致癌作用。

除上述处理对蛋白质产生影响外，添加氧化剂（过氧化氢、过氧乙酸、次氯酸钠等）、脂类（不饱和脂肪酸氧化产物）、多酚（儿茶素、咖啡酸、棉酚、单宁、原花青素、黄酮类化合物等）、亚硝酸盐等，甚至蒸煮，都会对蛋白质的加工产生有利和不利的影响。

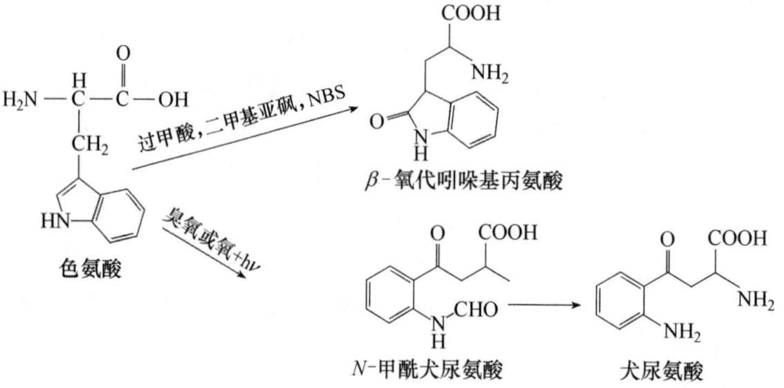

图5-19 酪氨酸的氧化产物

图5-20 色氨酸的氧化产物

5.7 蛋白质的改性

蛋白质改性（protein modification）就是利用生化因素（如化学试剂、酶制剂等）或物理因素（如热、射线、机械振荡等）使其氨基酸残基和多肽链发生某种变化，引起蛋白质大分子空间结构和理化性质改变，从而获得具有较好功能特性和营养特性的蛋白质。

5.7.1 物理改性

蛋白质的物理改性是指通过加热、冷冻、加压、磁场、电场、声场、机械作用（超微粉碎、挤压、均质等）、低剂量辐射及添加小分子双亲物质等物理手段来改善蛋白质的功能特性的方法。物理改性一般只改变蛋白质的高级结构和分子间的聚集方式，不涉及蛋白质的一级结构的变化，具有加工成本低、安全性高、无毒副作用、作用时间较短和营养价值损失较小等优点，有着广泛的应用前景。

(1) 传统的物理改性方法

传统的物理改性方法如加热、挤压、冷冻以及冻融等已经广泛应用于食品加工中。热处理是研究较早的蛋白质物理改性方法，热处理可以减弱氢键、静电作用力和范德华力等作用力的相互作用，导致蛋白质分子聚集和化学键发生改变，进而影响蛋白质的起泡性、凝胶性和乳化性质等。例如，蛋清蛋白轻度热处理会暴露出疏水基团和—SH基团，使表面疏水性提高，利于泡沫形成，而过度热处理则使蛋白质聚集，降低起泡性和乳化性。大豆分离蛋白经过3～5次冷冻-融解处理，其乳化性和乳化稳定性均能得到显著提升。挤压组织化处理

(texturization) 也是一种常见的蛋白质物理改性方法，大豆分离蛋白挤压处理后，蛋白质的三级和四级结构由折叠状变为直线状、二硫键增多，形成具有良好咀嚼性能和持水性的薄膜或纤维状产品，可以作为肉的替代物，在食品中具有广泛的应用。

(2) 新式物理改性方法

相较于传统物理改性方法，新的蛋白质物理改性方法如高压均质、超高压处理、脉冲电场、超声波、微波、电离辐射、紫外线等，具有低能耗、产品品质高等优点。

① 高压均质改性

在高压均质的过程中，物料同时受到高速剪切、高频振荡、空穴现象和对流撞击等机械力作用和相应的热效应，可诱导蛋白质大分子的物理、化学及结构性质发生改变。高压均质可以通过机械作用使蛋白质的粒径减小到微米或亚微米级范围，蛋白质的溶解性增加。主要原因可能是由于蛋白质的溶解性与粒径分布和电荷相关。一方面，高压均质导致蛋白质粒径减小，表面积增加，蛋白微粒与水分子之间的亲和作用增强；另一方面，蛋白质粒径减小后暴露了更多的带电基团，分子间静电排斥力增加，抑制蛋白微粒相互聚集。例如，鸡胸肌原纤维蛋白经 10^3MPa 均质处理后水溶性从 2%提高到 70%。另外，高压均质作用可以改变蛋白质的空间结构，导致其生物活性发生改变。研究发现高压均质可诱导鸡蛋蛋白解折叠和疏水区域暴露，部分区域聚合形成不稳定的蛋白质网络结构，其免疫反应活性降低，可能是高压均质诱导部分抗原表位隐藏，从而减少可能造成的食品过敏反应。

② 超高压改性

超高压处理是以水或其他流体介质为传压介质，采用 100MPa 以上压力，将物料置于超高压容器中，在一定温度下处理一段时间，从而改变物料性质的一项高新技术。在超高压条件下，蛋白质的离子键、氢键、疏水作用等非共价键被破坏或形成，疏水结合以及离子结合等因体积缩小而被切断或重新形成，蛋白质三级和四级结构发生改变以致蛋白质功能性质发生变化。不同压力处理对蛋白质结构的影响不同，一般在 100～200MPa 下，蛋白质变化是可逆的；但当压力超过 300MPa 时，蛋白质会发生氢键断裂，产生不可逆变性而改变蛋白质的三级结构。有研究发现在 100～500MPa 超高压范围内，大豆蛋白游离—SH 含量随处理压力提高而逐渐增加，其中 400MPa 高压处理可使部分蛋白质发生变性。超高压处理也会改变蛋白质的溶解性、起泡性、乳化性等功能特性。通过研究 100～600MPa 超高压对鹰嘴豆分离蛋白功能性的影响，发现随着压力的增大和处理时间的延长，鹰嘴豆分离蛋白的溶解性有不同程度下降，表面疏水性、乳化性和起泡性都显著提高。

③ 脉冲电场改性

脉冲电场处理 (pulsed electric field，PEF) 是指对两极间的食品物料反复施加高电压短脉冲 (典型为 20～80kV/cm) 进行处理的方法。脉冲电场技术处理诱导蛋白质改性是当今蛋白质改性研究的热点，其改性的主要机理是蛋白质的极性基团吸收电场能量产生自由基或聚集，导致蛋白质解折叠。产生的自由基会破坏蛋白质分子之间相互作用 (如范德华力、静电和疏水相互作用、氢键、二硫键和离子键等)，从而引起蛋白质结构和功能特性的改变。使用 25～35kV/cm PEF 处理蛋清蛋白，发现处理后蛋白质分子展开，疏水基团和巯基外露，蛋清蛋白的起泡和乳化功能提高。随着 PEF 处理电场强度和处理时间的增加，蛋白质表面疏水基团和巯基持续增多，发生疏水作用和二硫键交联作用，蛋白质之间形成聚集体，使其溶解度、起泡和乳化功能均降低。脉冲电场的强度和时间均对蛋白质的功能性有影响。

④ 超声波改性

超声波 (ultrasound) 是频率大于 20kHz 的声波，具有波动与能量的双重属性。超声波能够产生自由基、微流束效应以及空穴效应，使蛋白质展开并破坏蛋白质分子内的键，从而对蛋白质分子结构和功能性质产生影响。如，用超声波处理乳清蛋白和大豆蛋白后，二者的溶解性明显提高。一种观点认为蛋白质溶解性的提高是由于超声波的空化作用使得蛋白质结构展开，肽键断裂，蛋白质分子质量减小，更多的亲水性氨基酸处在外层；另一种观点认为，蛋白质的聚合将疏水性氨基酸残基掩蔽在聚合物中心，使外层亲水性氨基酸残基数量相对增加，溶解性提高。

5.7.2 化学改性

蛋白质的一级结构中含有一些具有反应活性的侧链，所以可以通过人为的化学反应，引入一些基团连接到氨基酸的侧链上，由此对蛋白质的功能性质产生明显的影响。然而，虽然侧链的化学修饰能提高蛋白质的功能性质，但是反应产生的其他衍生物可能是有毒的，因而有可能存在安全性方面的问题。化学修饰的其他问题还可能包括：蛋白质营养价值的降低，所使用的化学试剂的残留，以及消费者对改性蛋白的接受性等。

(1) 酰化作用

蛋白质的酰化反应早在 20 世纪 70 年代就为人们所应用，它是蛋白质的亲核基团（氨基和羟基）与酰化试剂相互反应，引入新的功能基团的过程。最为常见的酰化试剂有琥珀酸酐和乙酸酐。许多食品蛋白质，包括乳蛋白、卵蛋白等动物食品蛋白，以及来自小麦、燕麦、花生、棉籽、大豆和菜籽等的植物蛋白，都可以通过酰化来改善其功能特性。其它的酸酐也可以对蛋白质进行酰化作用，如柠檬酸酐、马来酸酐等。

进行酰化修饰时，蛋白质分子中电荷的分布被改变。由于酰化反应的主要作用位点是氨基酸残基上的氨基，如赖氨酸的 ε-氨基。因此反应的结果是，分子中原先带正电荷的氨基，被电中性的乙酰基或带负电荷的琥珀酰基所取代，分子中负电荷比例增加。与乙酰化相比，琥珀酸酰化引起蛋白质中负电荷的增加更为显著，因为反应产物中有羧基可解离而带负电荷。净负电荷的增加使得蛋白质分子的等电点向低 pH 移动。同时，导致了蛋白质分子中静电作用力改变，分子内的排斥力增大，蛋白质分子伸展，蛋白质分子的柔韧性增加，并导致了蛋白质-水的相互作用增加，使得蛋白质的溶解性、持水性、吸油性、乳化性、起泡性等功能性质发生改变。

$$\text{P}-\ddot{N}H_2 + (CH_3-C(=O))_2O \xrightarrow{pH>7} \text{P}-NH-C(=O)-CH_3 + CH_3-COOH$$

乙酸酐

$$\text{P}-\ddot{N}H_2 + \text{(succinic anhydride)}\ O=C(-CH_2-CH_2-)C=O\ (\text{ring }O) \xrightarrow{pH>7} \text{P}-NH-C(=O)-CH_2-CH_2-COOH$$

琥珀酸酐

酰化蛋白质一般比天然蛋白质更易溶解。如用琥珀酸酐酰化能提高溶解度较低的酪蛋白的溶解度。然而，琥珀酰化通常会损害蛋白质其他功能性质，这取决于改性的程度。例如，琥珀酰化蛋白质因强烈的静电排斥力而呈现不良的热胶凝性质。琥珀酰化蛋白质对水的高亲和力也降低了它们在油-水和气-水界面的吸附力，于是损害了它们的起泡和乳化性质。此外，由于引入了一些羧基，对于钙诱导的沉淀，琥珀酰化蛋白质比它的母体蛋白质更加敏感。

将长链脂肪酸连接在赖氨酰基残基的ε-氨基上能显著提高蛋白质的两性性质，通过脂肪酰氯或脂肪酸的 *N*-羟基琥珀酰亚胺酯与蛋白质反应能完成此反应。此类改性能促进蛋白质的亲油性和结合脂肪的能力，也能促使新胶束结构和其他类型的蛋白质聚集体的形成。

乙酰化和琥珀酰化为不可逆反应。琥珀酰基-赖氨酸异肽键能抵抗由胰消化酶催化的裂解，于是琥珀酰基-赖氨酸不易被肠黏膜细胞吸收。因此，琥珀酰化和乙酰化显著降低了蛋白质的营养价值。

(2) 磷酸化作用

蛋白质的磷酸化修饰，是指无机磷与蛋白质中特定的氨基酸残基上的氧原子连接形成新的化学键（O—Pi），或者与特定氨基酸残基上的氮原子连接形成新的化学键（N—Pi）。丝氨酸、苏氨酸、酪氨酸上的—OH，赖氨酸的ε-氨基、组氨酸和精氨酸的亚氨基是发生磷酸化反应的位点。对食品蛋白质的磷酸化修饰反应是以—OH位点为主。常用的磷酸化试剂有三氯氧磷、五氧化二磷和多聚磷酸钠等。虽然牛乳中的一些酪蛋白天然结合磷酸，并赋予酪蛋白一些独特性质，但是，大多数食品蛋白质并不结合磷酸，所以蛋白质的磷酸化作用可以赋予这些蛋白质新的功能性质。蛋白质的磷酸化修饰甚至可以导致蛋白质的交联反应，尤其是在高蛋白质浓度下。蛋白质磷酸化修饰时可能发生的反应如图5-21所示。

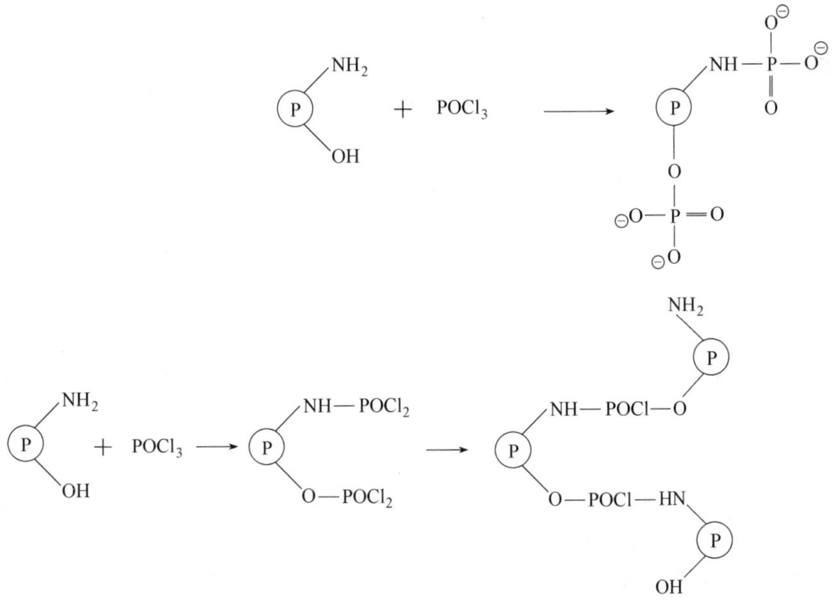

图5-21　蛋白质磷酸化修饰

整体上看，由于引进了带两个负电荷的磷酸基，同时减少了带一个正电荷的氨基，提高了蛋白质分子间的静电排斥力，改变了蛋白质分子构象，提高了蛋白质的溶解性能。并且，磷酸化修饰的蛋白质的等电点向更低的pH值范围移动。研究表明，蛋白质的磷酸化修饰可改变蛋白质的许多功能性质，如使用三氯氧磷进行磷酸化修饰，可提高酪蛋白、乳清蛋白、大豆蛋白的凝胶形成能力，而用多聚磷酸钠修饰，可增加大豆蛋白在酸性条件下的溶解性和乳化能力。用三氯氧磷修饰酪蛋白，修饰后的酪蛋白结合磷的量更高，达到9～12.5mmol P/mol酪蛋白。对蛋白质的营养价值来说，由于N-P键对酸不稳定，于是在胃部酸性条件下，*N*-磷酸化蛋白质或许被去磷酸化，而赖氨酰基残基再生。因此，化学磷酸化或许不会显著影响赖氨酸的消化率。

(3) 糖基化作用

蛋白质的糖基化作用是指将糖类物质以共价键与蛋白质分子上的氨基（主要为赖氨酸的

ε-氨基）或羧基相结合的反应。与使用的其他化学修饰技术相比，糖基化修饰蛋白质被看作是一个富有吸引力的蛋白质修饰技术，其原因在于，这是食品中一个自然发生的反应（美拉德反应的早期反应）。在蛋白质糖基化修饰时，需要通过控制所用的碳水化合物和蛋白质的类型、反应条件等因素，以优化修饰蛋白质的功能性质，同时尽量减少美拉德褐变产物，以及其他不希望产物的形成。

糖基化改性产物糖蛋白既有蛋白质的大分子特性，又具有糖类物质的亲水性，因而赋予了产物不同于未改性蛋白质的功能性质。已报道的糖基化蛋白功能特性改善包括溶解性、乳化性、起泡性、凝胶性、热稳定性和抗氧化、抗菌活性等。糖基化接枝反应改善蛋白质的溶解性是基于糖分子的引入可以增加亲水基团的数量，并增强蛋白质的空间稳定性，同时，亲水性多糖无规则线团结构对蛋白质的屏蔽效应也能减弱蛋白质聚集的趋势。如 β-葡聚糖与燕麦分离蛋白的共价复合物在等电点附近的溶解度可由 5.5%提高至 38.6%。蛋白质-多糖形成的共价复合物在胶体体系中具有乳化和稳定的双重作用。复合物的蛋白质部分吸附在油-水界面上，导致表面张力显著降低；接枝物的多糖分子链吸附在膜的周围，形成立体网络结构，增加了膜厚度和机械强度，而多糖的增稠和胶凝行为赋予了胶体稳定性，且分枝多糖提供的更大空间位阻可防止液滴聚集。

(4) 酯化作用

对蛋白质分子中的羧基进行修饰使其酯化，例如，在 0.1mol/L 盐酸存在下，用甲醇、乙醇酯化，可以对蛋白质分子中的带负电荷的羧基进行封闭，使得正电荷相对增加，修饰后的蛋白质的等电点向高 pH 移动。蛋白质分子构象发生了变化，从而影响了蛋白质的功能性质。已经有一些蛋白质酯化修饰后的构效关系被研究，包括牛血清蛋白、溶菌酶等。乙酯化的 β-乳球蛋白在油-水界面呈现良好的吸附和乳化稳定性。同时还发现 β-乳球蛋白酯化后与酪蛋白胶束存在强烈的相互作用，这种作用有助于形成干酪状的结构。

由于酯化反应发生在酸性氨基酸中，如谷氨酸、天冬氨酸，这些氨基酸在营养学上为非必需氨基酸，所以酯化修饰不会对蛋白质的营养价值产生太大影响。研究表明，甲酯、乙酯化 β-乳球蛋白的胰蛋白酶水解速率大于未修饰的 β-乳球蛋白，可能是由于分子内正电荷相对增加导致分子伸展的结果。

(5) 脱酰胺作用

脱酰胺作用即将蛋白质中天冬酰胺和谷氨酰胺脱去酰胺基生成天冬氨酸和谷氨酸。脱酰胺作用可通过化学方法如酸、碱或酶法进行。在食品蛋白质诸多化学改性方法中，脱酰胺改性较为突出，因为植物来源蛋白质含有大量酰胺基团。通过去除此类酰胺基团，可使其获得良好的溶解性、乳化性及发泡性等。

蛋白质的脱酰胺作用可有效改善植物蛋白（如大豆蛋白、面筋蛋白与燕麦蛋白等）的功能特性。采用酸水解对大豆蛋白去酰胺作用，改性后蛋白质溶解度显著增加，乳化性及起泡性也有所提高。进一步研究显示，此类功能特性变化是由于一些蛋白质的物化性质，如分子量、净电荷及表面疏水度等下降的缘故。用碱催化脱酰胺改性鲜有报道，这种方法虽速度快，但使蛋白质中氨基酸发生消旋作用，使必需氨基酸 L-对映体减少和消化率降低，并产生赖丙氨酸，毒理研究表明，赖丙氨酸对小鼠肾脏有毒害作用，因此研究甚少。

5.7.3 酶法改性

酶法改性的方式有很多种，酶法改性通常是蛋白酶的有限水解，改性的程度与酶量、底物浓度、水解时间等因素密切相关。通过蛋白酶催化的蛋白质水解作用能提高蛋白质的溶解度，这主要是由于形成了较少的、弱亲水的和较易溶剂化的多肽单位。同化学改性和物理改性相比，酶法改性具有以下几个方面的优点：①酶解过程速度快，条件十分温和，不会破坏蛋白质原有的功能性质；②酶解专一性强，可避免有害物质产生，但是酶改性蛋白质时，条件的控制非常严格；③水解最终产物经平衡后，含盐极少且最终产品的功能性质可通过选择特定的酶和反应因素加以控制；④蛋白水解物易被人体消化吸收且具有特殊的生理活性物质。

(1) 酶法水解

酶法水解是利用蛋白酶将蛋白质分子降解成肽以及更小的氨基酸分子的过程。由于蛋白质水解时总是伴随质子的释放与吸收，若要维持反应体系 pH 恒定，则必须随时加入一定量的酸或碱，而加碱的物质的量与水解肽键的物质的量成正比关系。这就构成了 pH-stat 方法的理论基础，该法可以连续跟踪反应中蛋白质水解度的变化。

蛋白质水解过程中被断裂的肽键数 h（mol/g）与给定蛋白质的总肽键数 h_{tot}（mol/g）之比称为水解度（DH）。

$$DH = h/h_{tot} \times 100\%$$

显然，水解反应中被断裂的肽键数最能反映蛋白酶的催化性能，因而该法比其他的蛋白质水解度定义方法（如 TCA 溶解度指数）更准确。

采用 pH-stat 方法，DH 可根据下式得到：

$$DH = B \times N_b \times 1/\alpha \times 1/M_p \times 1/h_{tot} \times 100\%$$

式中，B 为碱消耗量，L；N_b 为碱的物质的量浓度，mg/L；α 为 α-NH_2 的平均电离度；M_p 为蛋白质的质量（N×6.25），mg。

根据 DH 可以按以下方法进一步计算水解蛋白平均肽链长度（PCL）：

$$DH = 1/PCL \times 100\% \quad 或 \quad PCL = 100/(DH\%)$$

经酶水解后，蛋白质具有以下三种特性：分子量降低、离子性基团数目增加、疏水基团暴露。这样可使蛋白质的功能性质发生变化，从而达到改善乳化性、持水性、消化吸收性等目的。按照酶解程度（DH）和酶解产物分子质量分布，蛋白质酶解技术可以分为轻度酶解、适度酶解和深度酶解。蛋白质深度酶解产物主要是小肽和氨基酸，主要应用于调味品和营养配方。适度酶解和轻度酶解则被认为是限制性酶解，可实现酶解程度和酶解产物多样性的调控，主要应用于生产具有优良加工特性的功能性蛋白或具有特殊生理活性的肽。

影响蛋白质酶解的因素包括：酶特性、蛋白质的变性程度、底物和酶的浓度、pH、离子浓度、温度和抑制剂的存在与否等。其中酶的特性是关键因素，它影响着蛋白质酶解肽链的位点和区域。在食品蛋白质水解中使用的蛋白酶有胃蛋白酶、胰蛋白酶、胰凝乳蛋白酶、木瓜蛋白酶和微生物蛋白酶等。

对非专一性蛋白酶，如碱性蛋白酶，充分水解蛋白质，能够使原先溶解度低的蛋白质明显增溶，而水解产物中通常产生 2～4 个氨基酸残基的低分子量的肽。充分水解会明显削弱蛋白质的某些功能性质，如凝胶化、起泡和乳化性质。这类改性的蛋白质常应用于汤和酱油等需要溶解度极好的液态食品，或被用于消化能力差的人群。采用部位专一性酶（如胰蛋白酶或胰凝乳蛋白酶）或者采用控制水解时间的方法将食品蛋白质部分水解，往往能改进蛋白质的起泡和乳化等性质。某些蛋白质部分水解会导致溶解度瞬时下降，是由原先埋藏的疏水区域暴露所致。

蛋白质水解释放的一些低聚肽已被证明具有生理活性，像类鸦片（opioid）活性、免疫刺激活性和血管紧张肽转化酶的抑制活性。表 5-18 为存在于人和牛酪蛋白的胃蛋白酶消化物中生物活性肽的氨基酸顺序。在完整的蛋白质中，这些肽段并不具有生物活性，它们一旦从母体蛋白质中释出时就具有活性。这些肽的生理效应包括痛觉缺失、强直性昏厥、镇静、呼吸抑制、降低血压、调节体温、胃分泌抑制和性行为改变等。

表 5-18 从酪蛋白获得的类鸦片肽

肽	名称	来源和在氨基酸序列中的位置
Tyr-Pro-Phe-Pro-Gly-Pro-Ile	β-casomorphin 7	牛，β-酪蛋白(60～66)
Tyr-Pro-Phe-Pro-Gly	β-casomorphin 5	牛，β-酪蛋白(60～64)
Arg-Tyr-Leu-Gly-Tyr-Leu-Glu	α-casein exorphin	牛，α_{s1}-酪蛋白(90～96)
Tyr-Pro-Phe-Val-Glu-Pro-Ile-Pro	—	人，β-酪蛋白(51～58)
Tyr-Pro-Phe-Val-Glu	—	人，β-酪蛋白(51～56)
Tyr-Pro-Phe-Val-Glu	—	人，β-酪蛋白(51～55)
Tyr-Pro-Phe-Val	—	人，β酪蛋白(51～54)
Tyr-Gly-Phe-Leu-Pro	—	人，β-酪蛋白(59～63)

大多数食品蛋白质在水解时释放出苦味肽，直接影响食用时的接受性。肽的苦味与它们的平均疏水性有关。通常，平均疏水性值超过 5.85kJ/mol 的肽具有苦味，低于 5.43kJ/mol 的肽没有苦味。苦味的强度取决于蛋白质中氨基酸的组成、序列和蛋白质水解时所使用的酶。亲水蛋白质（如明胶）的水解物与疏水蛋白质（如酪蛋白和大豆蛋白）的水解物相比，苦味弱或没有苦味。嗜热菌蛋白酶（thermolysin）产生的水解蛋白比胰蛋白酶、胃蛋白酶和胰凝乳蛋白酶产生的水解蛋白具有较少苦味。

(2) 酶法交联

转谷氨酰胺酶（TG）、过氧化物酶（POD）、多酚氧化酶（PPO）和脂肪氧化酶（LOX）等都能使蛋白质发生交联作用。

转谷氨酰胺酶能在蛋白质之间引入共价交联，如下式。此酶催化酰基转移反应，导致赖氨酰胺基残基（酰基接受体）与谷氨酰胺残基（酰基给予体）形成共价交联。利用此反应能产生新形式的食品蛋白质以满足食品加工的要求。在高蛋白质浓度的条件下，转谷氨酰胺酶催化交联反应能在室温下形成蛋白质凝胶和蛋白质膜。利用此反应也能将赖氨酸或甲硫氨酸交联至谷氨酰胺残基，从而提高了蛋白质营养质量。

$$Ⓟ_1-(CH_2)_2-\overset{\overset{O}{\|}}{C}-NH_2+NH_2-(CH_2)_4-Ⓟ_2 \xrightarrow{\text{转谷氨酰胺酶}} Ⓟ_1-(CH_2)_2-\overset{\overset{O}{\|}}{C}-NH-(CH_2)_4-Ⓟ_2+NH_3$$

(3) 类蛋白反应

类蛋白反应（plastein reaction），又称胃合蛋白反应。这一术语被应用于蛋白质部分水解后再经木瓜蛋白酶或胰凝乳蛋白酶作用生成高分子量多肽。胃合蛋白反应是指一组反应，它包括蛋白质的最初水解，接着肽键的重新合成，参与作用的酶通常是木瓜蛋白酶或胰凝乳蛋白酶。在低底物（蛋白质）浓度和酶的最适作用 pH 条件下，蛋白质首先被木瓜蛋白酶部分水解，然后将含有酶的水解蛋白质浓缩至 30%～50%浓度范围保温，酶随机地将肽重新合成，产生新的多肽。胃合蛋白反应也可以按一步方式完成，即将 30%～35%浓度的蛋白质溶液和木瓜蛋白酶以及 L-半胱氨酸一起保温。由于胃合蛋白产物的结构和氨基酸顺序不同于原始的蛋白质，因此，它们的功能性质也发生了变化。当 L-甲硫氨酸也被加入至反应混合物，它能共价地并入新形成的多肽。于是，利用胃合蛋白反应能提高甲硫氨酸或赖氨酸缺乏的食品蛋白质的营养质量。

5.7.4　基因工程改性

基因工程法改性蛋白质是通过重组蛋白质的合成基因，从而改变蛋白质功能特性。但由于该技术周期长、见效慢，目前仍然处于实验室阶段。目前针对大豆蛋白的基因工程改性主要集中在以下几个方面：①改变大豆球蛋白的组成，提高其营养价值；②改变脂肪氧化酶同工酶组成，减少大豆产品的腥味；③改变脂肪合成酶系，使其脂类组成发生变化；④通过改造基因改变大豆中的抗营养因子。

思考题

1. 学习氨基酸、肽和蛋白质的基本性质对蛋白质或含蛋白质食物的加工有什么作用？
2. 什么是肽键？什么是蛋白质的一级结构、二级结构和高级结构？
3. 组成蛋白质的必需氨基酸有哪几种？对人体有什么作用？
4. 蛋白质的分类有几种？依据是什么？
5. 维持蛋白质的空间结构有哪几种作用力？
6. 什么是蛋白质的变性？影响蛋白质变性的因素有哪些？
7. 蛋白质变性、沉淀和水解的区别是什么？
8. 蛋白质变性对食品的组织结构有何作用？对食品的营养价值表现在哪些方面？
9. 蛋白质变性的特点是什么？
10. 如何利用蛋白质的变性加工食品？
11. 热处理对蛋白质有什么样的影响？高温、低温和蒸煮等处理蛋白质，对蛋白质有哪些影响？如何消除不利因素？
12. 蛋白质有哪些食品功能性？
13. 哪些因素影响蛋白质的水合性、界面性？
14. 温度如何影响蛋白质的起泡性和泡沫的稳定性？糖类、脂类物质对泡沫的稳定性有什么作用？
15. 常见的蛋白质有哪些？对人的营养需求性有什么作用？如何加工全价蛋白质产品？
16. 什么是蛋白质的组织化？人造肉与蛋白质有什么联系？
17. 加热对蛋白质有哪些有利和不利的影响？
18. 脱水有哪些方法？对蛋白质有什么样的影响？
19. 辐射处理对蛋白质有什么影响？机理是什么？是否影响蛋白质的营养性？
20. 蛋白质氧化与哪些氨基酸有关系？为什么？是否影响蛋白质的营养性？
21. 蛋白质改性有几种方式？原理是什么？
22. 为什么要进行蛋白质的改性？蛋白质的改性是否影响其营养性？
23. 蛋白质改性的前景如何？请举例说明。

第6章 酶

学习提要

熟悉和掌握酶的概念、本质、特性及其影响因素；了解酶的来源及其特点；掌握酶促反应的机理及其在食品加工中的应用、影响因素和对食品品质的影响；重点掌握酶在食品加工和保鲜中的原理和应用；了解和熟悉固定化酶的概念、固定方法、特性、优缺点、影响和应用等性质。

6.1 概述

酶（enzyme）存在于一切生物体内，控制着所有重要的生物大分子（蛋白质、多糖、脂类、核酸）和小分子（氨基酸、单糖、低聚糖和维生素）的合成和分解。因而理解和掌握酶在动植物原材料及其加工贮藏过程中的变化和作用十分重要。由于食品加工所需的主要原料是生物来源材料，包括鲜、湿、干的食物原料，除为了保持食品品质或钝化酶的活性外，重要的是如何利用内源酶（生物材料中存在的酶）和外源酶（外添加的酶）提高食品产品的产量和质量，或延长食品的货架期，这些应用显现了酶在食品加工中的作用和重要性。

6.1.1 酶的概念

6.1.1.1 酶的定义

自从1876年德国学者Kuhne首先引用“enzyme”词以来，一直沿用至今。随着科技的进步和人们对酶的种类、结构、性质深入研究和利用，酶的概念和内涵也发生了变化。1979年，Dixon和Webb在其著作中对酶的定义是：酶是一种由于其特异的活动能力而具有催化特性的蛋白质。此后，酶学研究者总结已有的研究结果，将酶定义为：酶是由生物活细胞所产生的，具有高效的催化活性和高度特异性（专一性）的蛋白质。然而，在20世纪80年代初，Cech和Altman等分别发现了具有催化功能的RNA——核酶（ribozyme），不仅打破了酶是蛋白质的传统概念，也开辟了酶学研究的新领域，基于这些核酸酶研究结果，修改后的酶的定义为：酶是由生物活细胞所产生的、具有高效性和专一性催化功能的生物大分子。

6.1.1.2 酶的分类与命名

目前，根据酶分子的化学组成，可将酶分为蛋白质类酶和核酸类酶。由于核酸类酶主要是用于生物基因改造研究中，而在食品工业中使用的酶，是以蛋白质的特性来描述生物催化作用，可以预测，现在或将来很长的时间内，食品加工使用的酶都是蛋白质类酶。

根据所催化反应的类型，将酶分成6大类：氧化还原酶类（oxidoreductases）、转移酶类（transferases）、水解酶类（hydrolases）、裂合酶类（lyases）、异构酶类（isomerases）、连接酶类（ligases）。

为了更好地认识酶的来源、应用、特性，研究工作者在归纳长期研究结果的基础上，将酶进行命名。目前，酶的命名有习惯命名法和国际系统命名法。

习惯命名法：①根据酶的作用底物命名，如蛋白酶、淀粉酶、脂肪酶等；②根据酶催化的反应性质命名，如氧化还原酶类、转移酶类、水解酶类、裂合酶类、异构酶类、合成酶类等；③结合酶作用底物和酶催化的反应性质命名，如乳酸脱氢酶；④在以上命名原则基础上加上酶的来源或某些特性，如胃蛋白酶、胰蛋白酶、木瓜蛋白酶等。

国际系统命名法比较冗长，使用不方便。目前主要根据酶催化反应的性质，将酶分为六大类，分别用阿拉伯数字 1、2、3、4、5、6 表示；再根据底物中被作用的部位或化学键等特点，将每一大类分为亚类、亚-亚类；最后，再排列各个具体的酶，前面冠以“EC”标志(为酶委员会“Enzyme Commission”的缩写)。酶的国际系统分类原则见表 6-1。

表 6-1 酶的国际系统分类原则

第一位数字(大类)	反应本质	第二位数字(亚类)	第三位数字(亚-亚类)	大类占有比例
氧化还原酶类	电子、氢转移	供体中被氧化的基团	被还原的受体	27%
转移酶类	基团转移	被转移的基团	被转移的基团的描述	24%
水解酶类	水解	被水解的键：酯键、肽键等	底物类型：糖苷、肽等	26%
裂合酶类	键裂开①	被裂开的键：C—S、C—N 等	被消去的基团	12%
异构酶类	异构化	反应的类型	底物的类别、反应的类别和手性的位置	5%
连接酶类	键形成并使 ATP 裂解	被合成的键：C—C、C—O 等	底物类型	6%

① 键裂开，此处指的是非水解地转移底物上的一个基团而形成双键及其逆反应。

6.1.1.3 酶的化学本质

酶是生物大分子，实际上生物体内除少数几种酶为核酸酶分子外，绝大多数的酶类都是蛋白质，因此，本章下面所提的酶都是指蛋白质类酶。

酶一般为球形蛋白质，具有一般蛋白质所具有的一、二、三、四级结构，也有两性电解质的性质，受外界因素影响易变性失活。酶与其他蛋白质不同之处在于有生物活性，有些酶完全由蛋白质构成，属于简单蛋白，称为单成分酶；有些酶除蛋白质成分外，还含有非蛋白质成分，属于结合蛋白，称为双成分酶。其中非蛋白质成分称为辅因子 (cofactor)，蛋白质部分称为酶蛋白 (apoenzyme)，此复合物叫全酶。辅因子一般起携带及转移电子、氢或功能基团的作用，其中与酶蛋白紧密结合的称为辅基 (prosthetic group)，常用透析法不能去除。在催化过程中，辅基与酶蛋白分离，只作为酶内载体起作用，通常是一些金属离子，如 K^+、Zn^{2+}、Cu^{2+} 等。辅酶 (coenzyme) 常作为酶间载体，将两个酶促反应连接起来，与酶结合比较松散，透析法可以除去，常见有 NAD^+ (辅酶Ⅰ：烟酰胺腺嘌呤二核苷酸) 和 $NADP^+$ (辅酶Ⅱ：磷酸烟酰胺腺嘌呤二核苷酸)，以及黄素单核苷酸 (FMN) 和黄素腺嘌呤二核苷酸 (FAD)，它们是氧化/还原反应的辅基，还有维生素 B_1、维生素 B_6、泛酸等维生素。酶的化学本质主要体现在：①酶是催化剂；②酶是生物催化剂。

酶分子的空间结构上含有特定的具有催化功能的区域，这个特殊的功能区称为酶的活性中心，与底物结合并发生反应的区域，常位于酶分子的表面，大多数为疏水区。酶的活性中心由结合基团和催化基团组成，结合基团负责与底物特异性结合，一般由一个或几个氨基酸残基组成；催化基团直接参与催化，促进底物发生化学变化，一般由 2～3 个氨基酸残基组成。结合基团和催化基团属于酶的必需基团，这些功能基团可能在一级结构上相差较远，但在空间结构上比较接近。对于不需要辅酶的酶来说，酶的活性中心是指起催化作用的基团在酶的三级结构中的位置；对于需要辅酶的酶来说，辅酶分子或辅酶分子的某一部分结构往往就是活性中心的组成部分。研究证明，酶在催化反应中并不是整个酶分子在起作用，起作用的只是其中的某一部分，如溶菌酶肽链的1～34个氨基酸残基切除后，其催化活性并不受影响，这说明了酶催化底物发生反应时，确实只有酶的某一特定部位在起作用。因此，把酶分子中能与底物直接起作用的特殊部分称为酶的活性中心，常见的活性基团有：Ser-OH、His-咪唑基、Asp-COOH、Cys-SH、Lys-NH_2、Gly-COOH、Tyr-羟苯基等。如果酶蛋白质变性，其立体结构被破坏，则活性中心构象相应受到破坏，酶则失去活力。

6.1.2 酶的特性

(1) 酶与一般化学催化剂相比

① 具有很高的催化效率　在反应前后酶本身无变化，与一般催化剂一样，用量少，催化效率高。

② 不改变化学反应的平衡点　酶对一个正向反应和其逆向反应速度的影响是相同的，即反应的平衡常数在有酶和无酶的情况下是相同的，酶的作用仅是缩短反应达到平衡所需的时间。

③ 降低反应的活化能　酶作为催化剂能降低反应所需的活化能，因为酶与底物结合成复合物后改变了反应历程，而在新的反应历程中过渡态所需的自由能低于非酶反应的能量。增加反应中活化分子数，促进了由底物到产物的转变，从而加快了反应速度。

(2) 酶作为生物催化剂的特性

① 催化效率高　以分子比表示，酶催化反应速率比非催化剂反应高10^8～10^{20}倍，比其他催化剂反应高10^7～10^{13}倍。

② 高度的专一性　酶与化学催化剂相比最大的区别就是酶具有专一性，即酶只能催化一种化学反应或一类相似的化学反应，酶对底物有严格的选择性。根据专一性的程度不同分为：a. 键专一性，这种酶只要求底物分子上有合适的化学键就可以起催化作用，而对键两端的基团结构没有严格要求；b. 基团专一性，除要求合适的化学键外，对作用键两端的基团也具有不同的专一要求，如胰蛋白酶仅对精氨酸或赖氨酸的羧基形成的肽键起作用；c. 绝对专一性，这种酶只对一种底物起催化作用，如脲酶，它只能作用于尿素，对非尿素物质没有催化作用；d. 立体化学专一性，很多酶只对某种特殊的旋光或立体异构体起催化作用，而对其对映体则完全没有作用，如D-氨基酸氧化酶与DL-氨基酸作用时，只有一半的底物（D型）被分解，因此可以用来分离消旋体化合物，延胡索酸酶只催化延胡索酸（反丁烯二酸）加水生成L-苹果酸。

③ 酶活性容易丧失　一般催化剂在一定条件下会失去催化能力，而酶较其他催化剂更加脆弱，更易失活。凡使蛋白质变性的因素，都能使酶失活，如强酸、强碱、高温、高压等。

④ 酶的催化可调节控制　作为生物催化剂，酶活性受到严格调控，方式很多，包括抑制剂调节、共价修饰、反馈调节、酶源激活及激素控制等。

⑤ 酶的催化活力与辅酶、辅基及金属离子有关　有些酶是复合蛋白质，其中小分子物质（辅酶、辅基及金属离子）与酶的催化活性密切相关，若将它们除去，酶就失活。

6.1.3 生物体中的酶

所有的生物体都含有许多种类的酶。食品加工以生物材料为原料，因而食品原料中自然含有数以百计的不同品种的酶。由于食物原料种类、生长的环境和条件、成熟度、组织器官不同，其内含酶的种类、含量存在很大的差别。这些酶在原料的生长、成熟中起重要作用，即使原料被收获后，酶仍然起作用，直到原料中酶的底物被耗尽或强加给原料的处理（改变

pH、加热和加入化学试剂等）导致酶变性失活时，酶不再起作用。在食品原料的保藏期间，如将酶和底物分开，当细胞结构解体时往往导致酶活力提高。如番茄成熟后，果胶酶活力的提高而使番茄组织软化；水蜜桃在常温下放置，快速软化汁液流失，是果胶酶和纤维素酶的作用；果蔬（苹果和马铃薯）在擦伤后，由于多酚氧化酶的作用而快速地褐变，这是因为多酚氧化酶作用的一个底物 O_2 易于从大气穿透损坏的果蔬皮层。

(1) 酶的分布

酶在生物体内的分布是不均匀的，不同种类、器官、发育时期，酶的种类和含量存在差别。在植物类原料中，如砀山梨中，过氧化物酶（peroxidase，POD）、苯丙氨酸解氨酶（phenylalanine ammonia lyase，PAL）和多酚氧化酶（polyphenol oxidase，PPO）的活性变化规律基本一致，其活性高峰都出现在幼果发育期，后随着果实发育逐渐下降；在莱阳茌梨果实细胞中，多酚氧化酶有 80%分布于细胞溶质部分，11%分布于线粒体中，约 6%存在于更小的亚细胞颗粒中。贮藏的香蕉呼吸跃变后果皮中的多酚氧化酶活性较跃变前低，果肉中的酶活性则跃变后较跃变前高 5～7 倍；谷氨酸脱羧酶（glutamate decarboxylase，GAD）的酶活力随香蕉的成熟而增加。柚果实中的超氧化物歧化酶（superoxide dismutase，SOD）在果实中呈区域分布，其中果皮占 84%左右，囊皮和汁胞中分别占 5%和 10%，果皮中酶的比活力明显高于其它部位。猕猴桃中叶片的 SOD 含量最高，种子其次，果肉最低。豇豆萌发种子（萌发 3 天）和幼苗（萌发 6 天）中的多胺氧化酶（polyamine oxidase，PAO）活性的分布特点显示：种子中 PAO 活性主要分布在胚芽，其次是子叶和胚轴，种皮和胚根中无 PAO 活性；幼苗中 PAO 活性主要集中在幼叶（含顶芽），其次是子叶和上胚轴，下胚轴和根中检测不到 PAO 活性。

动物体内特定器官含有特定种类的酶，对于消化酶，动物口腔中含 α-淀粉酶较多，胃、小肠中含有蛋白酶和脂肪酶较多。在动物的不同种类、不同生长期和器官中，酶的种类和含量不同。如猪在 26～150 日龄，长白猪和蓝塘猪全血中的谷胱甘肽过氧化物酶（glutathione peroxidase，GPX）活力随着龄期的增加而缓慢上升，至 150 日龄时达到最大值；蓝塘猪各龄期 GPX 活力高于长白猪 GPX 活力，30 日龄和 90 日龄 GPX 活力显著高于长白猪的 GPX 活力；90 日龄杜大长公猪 GPX 活力显著高于母猪的 GPX 活力；90 日龄健康杜大长猪 GPX 活力显著高于病猪的 GPX 活力；对不同组织 GPX 活力和比活力进行比较，发现猪的肾、脾、肝、肺、心和回肠等组织的 GPX 活力和比活力较高，可作为理想提取 GPX 的原材料。高山鼠兔的消化系统中的同工酶、酯酶、淀粉酶、乳酸脱氢酶活性的顺序为肝脏＞胰脏＞食道＞小肠＞盲肠＞大肠＞胃。奥尼罗非鱼淀粉酶、脂肪酶的活性分布从大到小依次为前肠、中肠、后肠；鱼体重从 55g 增至 122g，肠道淀粉酶活性急剧上升，体重从 122g 增至 225g，酶活性增幅减缓。青鱼和草鱼的肝脏和胰腺中酶的活性高于在消化道中相应酶的活性；同种鱼不同消化酶的分布有所差别。

(2) 酶活力的控制

在完整的细胞内，酶的活力是通过下列方式得到控制的：隔离分布在亚细胞膜内；被细胞器控制；酶结合于膜或细胞壁；酶作用的底物结合于膜或细胞壁；酶与底物分离，如将 O_2 从组织中排除。控制酶活力的其他方式还有：依靠酶原（在激活前是没有活性的）的生物合成和生理上重要的内源酶抑制剂。

成熟、擦伤、昆虫或微生物的感染、去皮、切割、切片、搅拌、冻结和解冻而引起的组织的部分解体会使酶和底物接近，从而酶能很快作用于底物，导致食品在色泽、质构、风味、芳香和营养价值的改变。如苹果、马铃薯去皮后在空气中很快褐变，鱼在室外高温放置易腐臭等。因此，热处理、低温保藏和酶抑制剂的使用对于稳定产品的质量很重要。

(3) 酶在食品原料中的含量

植物成熟过程中在酶的作用下经历合成和分解，组织多为纤维结构和次生代谢成分，细胞间和细胞内含有不同酶。聚半乳糖醛酸酶（polygalacturonase）、脂肪氧化酶（lipoxygenase）和过氧化物酶（peroxidase）在一些食品原料中相对含量如表 6-2 所示。聚半乳糖醛酸酶是导致果蔬组织软化的重要因素，表 6-2 显示，不同植物其含量差别很大，在番茄中聚半乳糖醛酸酶浓度很高，而在胡萝卜和葡萄中它的浓度为零。脂肪氧化酶在豆类中的浓度很高，而在小麦和花生中仅达到检出水平。虽然过氧化物酶存在于所有的果蔬中，然而从绿豆到利马豆中，酶的含量均有变化。

表 6-2 几种酶在不同食品原料中的相对含量

酶	食品原料	相对含量	酶	食品原料	相对含量
聚半乳糖醛酸酶	番茄	1.00	过氧化物酶	绿豆	0.47
	鳄梨	0.065		豌豆	0.35
	欧楂	0.027		小麦	0.02
	梨	0.016		花生	0.01
	菠萝	0.024		青刀豆	1.00
	胡萝卜	0		豆荚	0.72
	葡萄	0		菜豆	0.62
脂肪氧化酶	大豆	1.00		菠菜	0.32
	乌尔特豆	0.64		利马豆	0.15

多酚氧化酶普遍存在于植物中，在葡萄、洋李、无花果、枣、茶叶和咖啡豆中浓度高，其产生的作用是人们所期望的；在桃、苹果、香蕉、马铃薯和莴苣中，多酚氧化酶含量不低，其产生的褐变是人们不期望的。

同一种酶在同一品种的食品原料中的活力还取决于生物体的成熟度（或成长阶段）和生长的环境（尤其是植物所需的温度、水、土壤和肥料等）。所有这些条件都影响着作为食品原料的生物体中酶的活力。一般低温下酶的活力较弱，这是新鲜的食物原料在贮藏保鲜过程中普遍采用低温贮藏的原因。

(4) 同工酶

同工酶（isoenzyme）是指能催化同一种化学反应，但其酶蛋白本身的分子结构组成却有所不同的一组酶。这类酶存在于生物的同一种属或同一个体的不同组织中，甚至同一组织、同一细胞中。这些酶由两个或两个以上的亚基聚合而成，它们催化同一个反应，但它们的生理性质、理化性质及反应机理却不同。

6.2 影响酶催化反应的因素

无论是内源酶还是外源酶对食品加工和食品贮藏都有重要的影响，而要充分利用酶的特性使其达到最佳效果，对影响酶的外在因素的掌握和利用十分重要。除环境条件外，影响酶的因素很多，下面主要讨论底物浓度、酶的浓度、pH、温度、水分活度、激活剂、抑制剂和其他重要的影响因素。

6.2.1 底物浓度的影响

用酶促反应的初速度（v_0）对底物浓度（S）作图可得到图 6-1。从图中可以看出，当底物浓度较低时，反应速度与底物浓度的关系成正比，表现为一级反应（first order reaction）；随着底物浓度的增加，反应速度不是线性增加，而是呈混合级反应（mixed order reaction)；如果继续增加底物的浓度，曲线表现为零级反应（zero-order reaction），这时尽管底物浓度增加而反应速度却不再上升，底物浓度趋向一个极限，说明酶已被底物所饱和（saturation）。

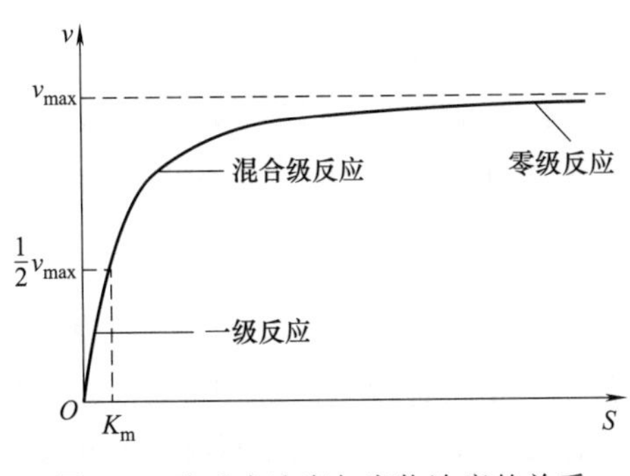

图 6-1 酶反应速度与底物浓度的关系

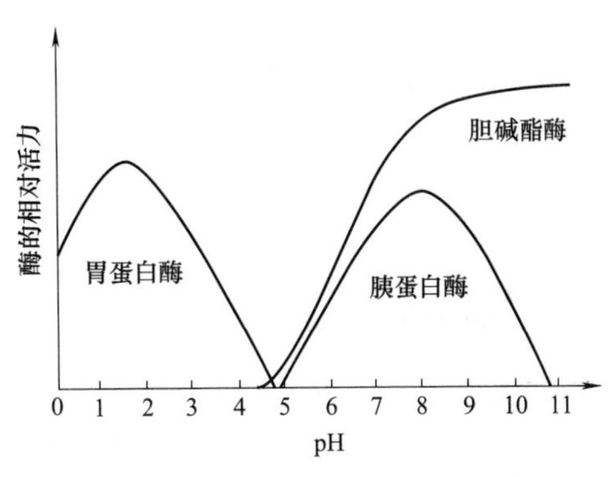

图 6-2 三种酶的 pH-酶活性曲线

6.2.2 pH 的影响

大部分酶的活力受其环境 pH 的影响，高于或低于某一特定 pH 值，反应速度下降，通常称此 pH 为酶反应最适 pH（optimum pH）。最适 pH 有时因底物种类、底物浓度、缓冲液成分、辅助因子、离子强度等不同而不同。而且常与酶的等电点不一致，因此，酶的最适 pH 并不是一个常数，只有在一定条件下才有意义，三种酶的 pH 酶活性曲线如图 6-2 所示。最适 pH 一般在 6～8 之间，动物多在 pH6.5～8.0 之间，植物及微生物多在 pH4.5～6.5 之间，但也有例外，胃蛋白酶最适 pH 为 1.5，肝脏中的精氨酸酶最适 pH 为 9.7，食品中酶的最适 pH 一般在 5.5～7.5 之间。酶的反应速度与 pH 的关系通常呈钟形曲线。表 6-3 是一些酶的最适 pH 值。

表 6-3 一些酶的最适 pH 值

酶	最适 pH 值	酶	最适 pH 值
酸性磷酸酯酶(前列腺腺体)	5	果胶裂解酶(微生物)	9.0～9.2
碱性磷酸酯酶(牛乳)	10	果胶酯酶(高等植物)	7
α-淀粉酶(人唾液)	7	黄嘌呤氧化酶(牛乳)	8.3
β-淀粉酶(红薯)	5	脂肪酶(胰脏)	7
羧肽酶 A(牛)	7.5	脂肪氧化酶-1(大豆)	9
过氧化氢酶(牛肝)	3～10	脂肪氧化酶-2(大豆)	7
纤维素酶(蜗牛)	5	胃蛋白酶(牛)	2
无花果蛋白酶(无花果)	6.5	胰蛋白酶(牛)	8
木瓜蛋白酶(木瓜)	7～8	凝乳酶(牛)	3.5
β-呋喃果糖苷酶(土豆)	4.5	聚半乳糖醛酸酶(番茄)	4
葡萄糖氧化酶(点青霉)	5.6	多酚氧化酶(桃)	6

pH 影响酶催化活性的原因可能有以下几个方面：

① 酸碱　过酸、过碱会影响酶蛋白的构象，甚至使酶变性失活。

② 最佳 pH 的稳定性　当 pH 改变，偏离酶的最适 pH 的酸碱环境不是很剧烈时，酶虽未变性，但活力受到影响。因为 pH 会影响底物分子的解离状态，也影响酶分子的解离状态。最适 pH 与酶活性中心结合底物的基团及参与催化的基团的 p*K* 值有关，也就是说，只

有最适 pH 能够满足酶的活力中心与底物基团结合，即只有一种解离状态最有利于酶与底物结合以及催化位点的作用，除此 pH 外，均会降低酶的催化活力。另外，pH 还影响到 ES（中间产物）的形成，从而降低酶活性。

③ 基团的解离　pH 不仅影响酶分子中基团的解离，从而影响酶分子的构象和专一性，而且影响底物分子的离子化状态，从而影响底物分子与酶的结合。

通常是通过测定酶催化反应的初速度和 pH 的关系来确定酶的最适 pH 值。然而在食品加工中酶作用的时间相当长，因而除确定酶的最适 pH 外，还应当考虑酶的 pH 稳定性。

6.2.3　温度的影响

温度对酶反应速度也有很大的影响，每一种酶都有一个最适温度。如图 6-3 所示，温度对酶促反应的影响存在两个方面：一方面与一般化学反应一样，随温度升高，反应速度加快；另一方面，随温度升高而使酶逐步变性，酶分子的空间构型发生变化，酶反应速度逐渐降低。如果温度超过一定值，酶完全变性失活。大部分酶在 60℃以上变性，少数酶能耐受较高的温度，如细菌淀粉酶在 93℃下活力最高，牛胰核糖核酸酶在 100℃仍不失活。一般情况下，动物细胞的酶的最适温度为 37～50℃，而植物细胞的酶的最适温度较高，为 50～60℃。

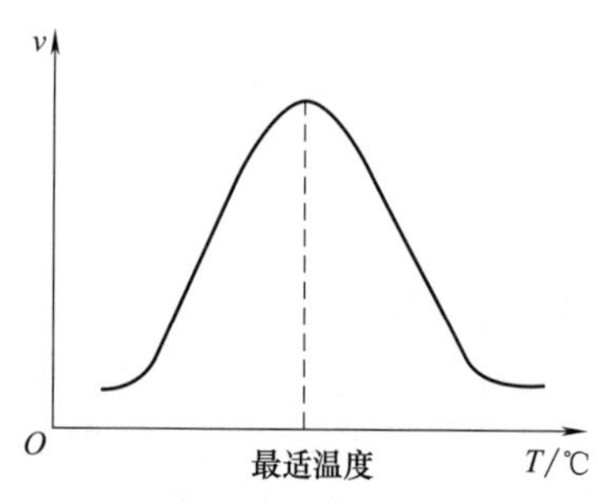

图 6-3　温度与酶反应速度的关系图

最适温度不是酶的特征物理常数，它不是一个固定值，与酶作用时间的长短、辅助因子、底物浓度、pH 等因素有关。酶在干燥状态下比在潮湿状态下，对温度的耐受力要高。在达到最适温度之前提高温度，可以增加酶促反应的速度。反应温度每提高 10℃，其反应速度与原来的反应速度之比称为反应的温度系数（temperature coefficient），用 Q_{10} 表示，对于许多酶来说，Q_{10} 多为 1～2，就是说每增加 10℃酶反应速度为原来反应速度的 1～2 倍。

温度对食品加工和贮藏的影响十分重要。对于内源酶来说，食品加工采用加热的方法导致食品中内源酶的失活，对无益的酶失活越快越好，但对有益的内源酶，需要最适的温度，发挥酶的最佳活力。对外加的酶，一方面酶需要一定的温度才具有很高的活力，温度越高酶活力越强，加工时间可以缩短（图 6-4），但高温酶易失活，这是研究人员热衷筛选高温酶的原因；另一方面在贮藏过程中，降低食品原料的温度抑制酶的活性，才能延长食品货架期，如水果、蔬菜等。但是，低温虽然能使酶的活力下降，避免了食品品质的损失，然而当温度降至生物原料中水的冰点温度以下时，水结冰，生物原料中原有溶液中溶质的浓度增加导致酶的浓度增加，因而酶活增加，食品生物原料原有组织结构破坏，这是食物原料冻害产生的重要原因之一。

通常为了掌握酶的特性，测定酶反应的活化能，如图 6-4 所示，先在不同温度下实验测定反应产物浓度与反应时间，从此图计算不同温度下酶催化反应的速度常数 k。图 6-5 是酶催化反应的速度常数 k 的对数 $\lg k$ 与 $1/T$ 关系图，从直线的斜率计算酶反应的活化能。图 6-4 所选择的温度是要保证所测定的初速度没有受到酶变性的影响，在所有的温度下酶必须被底物饱和，pH 必须是最适 pH。因而，无论是从动植物原料或微生物中提取的酶，还是纯化后的酶或商品酶，要掌握酶的最佳温度和反应的活化能，是要在过量底物和最适 pH 条件下进行的。

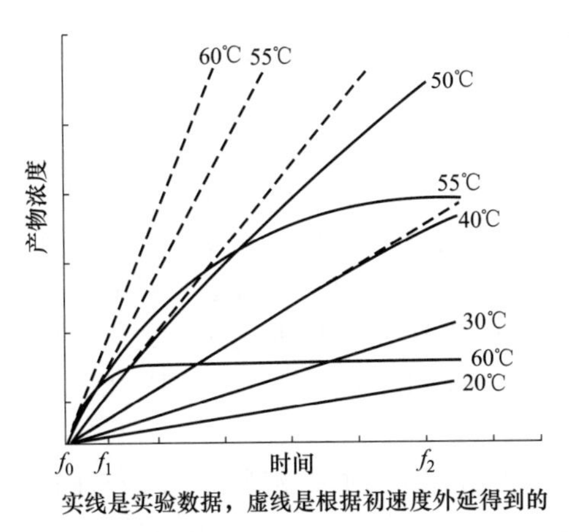

图 6-4 温度对酶催化反应产物形成速度的影响

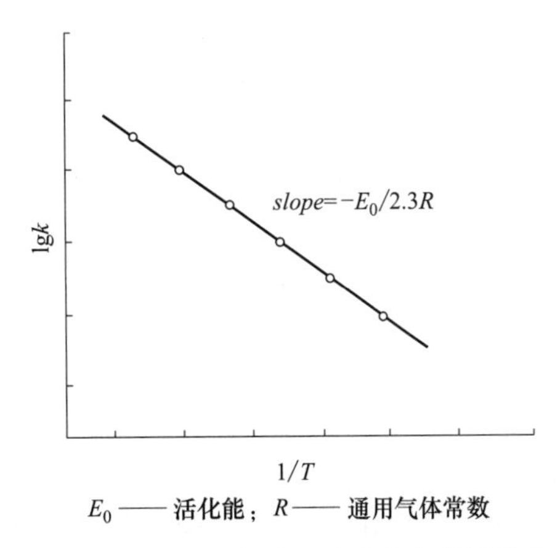

图 6-5 温度对酶催化反应速度常数的影响

6.2.4 水分活度的影响

无论在生物体内（主要是在细胞质、细胞膜、脂肪组织和电子输送体系等）还是体外（含水体系），酶反应都需要水作为媒介。酶反应的速率受水分活度的影响，如图 6-6 所示，当水分活度 a_w 低于 0.35（<1%水分含量）时，磷脂酶没有水解卵磷脂的活力，超过 0.35 时，酶活力呈非线性增加，在 a_w 为 0.9 时仍没有达到最高活力。在 a_w 高于 0.8（2%的含水量）时，β-淀粉酶才显示出水解淀粉的活力，在 a_w 为 0.95 时，酶的活力提高 15 倍。如溶菌酶蛋白含水量为 0.2g/g 时，酶开始显示催化活性，当含水量达到 0.4g/g 时，在整个酶分子的表面形成单分子水层，此时酶的活性提高，当含水量为 0.9g/g 时，溶菌酶活性达到极限，此时底物及产物分子扩散将不受限制。此外，有机溶剂对酶催化反应的影响主要是酶的稳定性和反应进行的方向（反应是可逆的）。

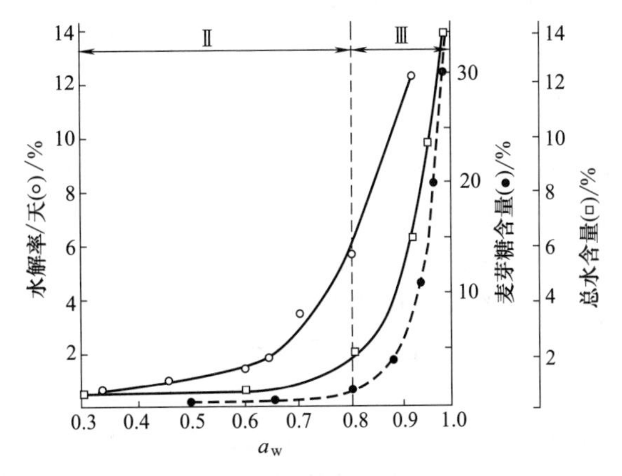

图 6-6 水分活度对酶活力的影响
○ 磷脂酶催化卵磷脂水解；● β-淀粉酶催化淀粉水解（用麦芽糖含量表示）；□ 总水分含量［50∶50（质量分数）蛋白质和碳水化合物］

6.2.5 酶浓度的影响

在酶促反应中，如果底物浓度足够大，足以使酶饱和，则反应速度与酶浓度成正比。对绝大多数酶来说，在一定的温度、pH 和底物浓度下，酶催化反应的速度至少在初始阶段随酶浓度的增加成线性增加。如果底物溶解度受到限制、底物中存在竞争性抑制剂、底物缓冲剂或反应体系有不可逆抑制剂如 Hg^{2+}、Ag^{+} 或 Pb^{2+} 等，也会影响酶与底物的作用，从而影响酶催化反应速度。

6.2.6 激活剂的影响

凡是能提高酶活性的物质，都称为激活剂。其中大部分是离子、离子基团和简单有机化合物，激活剂通常分为三大类。

(1) 无机离子

金属离子对很多酶的构象、底物与酶的结合等起作用，同时也影响溶液中路易斯酸的形成或作为电子载体参与催化反应的过程，从而起激活作用。

作为激活剂起作用的金属离子有 K^+、Na^+、Mg^{2+}、Ce^{4+}、Zn^{2+}、Fe^{2+} 和 Cu^{2+} 等，如催化水解磷酸酯键的酶，Mg^{2+} 通过亲电路易斯酸的方式作用，使底物或被作用物的磷酸酯基上的 P—O 键极化，以便产生亲核攻击。Ce^{4+} 可催化核酸磷酸酯键发生水解，其作用机理是 Ce^{4+} 与磷酸基配位，使 P 原子的电正性增大，并且 Ce^{4+} 的 4f 轨道与磷酸基的有关轨道形成新的杂化轨道，使 P 更易接受与 Ce^{4+} 配位的—OH 的亲核进攻而形成五配位中间体，与 Ce^{4+} 配位的水发生解离并起催化作用，进一步促使 P—O（5′）键或 P—O（3′）发生断裂。

阴离子和氢离子也有激活作用，但不明显，如 Cl^- 和 Br^- 对动物唾液中的 α-淀粉酶显现较弱的激活作用。

金属离子对酶的作用具有一定的选择性。一种金属离子对某种酶起激活作用，但对其他酶可能产生抑制作用，有时离子间存在拮抗效应。如 Na^+ 抑制 K^+ 的激活作用，Mg^{2+} 激活的酶常被 Ca^{2+} 所抑制，而 Zn^{2+} 和 Mn^{2+} 可代替 Mg^{2+} 起激活作用。此外，金属离子的浓度对酶的作用有影响，有的金属离子在高浓度时甚至可以从激活剂转为抑制剂，如 Mg^{2+} 在浓度为 $(5\sim10)\times10^{-3}$mol/L 时对 $NADP^+$ 合成酶有激活作用，但在 30×10^{-3}mol/L 时，则该酶活性下降。若用 Mn^{2+} 代替 Mg^{2+}，则在 1×10^{-3}mol/L 时对 $NADP^+$ 合成酶起激活作用，高于此浓度，酶活性下降，也不再有激活作用。

(2) 中等大小的有机分子

某些还原剂（半胱氨酸、还原型谷胱甘肽、氰化物等）能激活某些酶，如木瓜蛋白酶和D-甘油醛-3-磷酸脱氢酶，使酶中二硫键还原成硫氢基，从而提高酶活性。金属螯合剂 EDTA（乙二胺四乙酸）因能螯合酶中的重金属杂质，从而消除了这些离子对酶的抑制作用，这是在制备酶时要加入 EDTA 的原因。此外，如维生素 C、维生素 B_1、维生素 B_2、维生素 B_6 及巯基乙酸等有机分子对酶也起促进作用。

(3) 具有蛋白质性质的大分子物质

此类物质能起到酶原激活的作用，使原来无活性的酶原转变为有活性的酶。这些没有活性的酶的前身称为酶原（zymogen），使酶原转变为有活性酶的作用称为酶原激活（zymogen activation）。如胃蛋白酶原和胰腺细胞分泌的糜蛋白酶原、胰蛋白酶原、弹性蛋白酶原等分别在胃和小肠激活成相应的活性酶，促进食物蛋白质的消化。

6.2.7 抑制剂的影响

酶的抑制作用是指一些物质与酶结合后，使酶活力下降，但并不引起酶蛋白变性的作用。凡是降低酶催化反应速度的物质称酶的抑制剂。酶的抑制作用与酶的失活作用是不同的，酶失活是酶蛋白空间构象改变，属蛋白质变性；抑制酶活力是降低酶活性，酶的蛋白质整体结构保持完整。

食物原料中常存在酶抑制剂，如豆科种子中存在的胰蛋白酶抑制剂、胰凝乳蛋白酶抑制剂、淀粉酶抑制剂。另外，食物原料中还含有非选择性抑制较宽酶谱的组分，如酚类和芥末油，在其生长环境中携带的污染重金属、杀虫剂和其他的化学物质均可能成为酶的抑制剂。

食品加工及贮藏过程中也常采取一些抑制酶活性的工艺，如通常经过热处理以破坏酶结构抑制不需要的酶促反应，加入 SO_2 抑制酚酶活性，加入半胱氨酸解除维生素 C 对酵母蔗糖酶的抑制作用等。

除物理因子外，还有许多化学或生物化学抑制剂，这些抑制剂类似酶作用底物的结构，当与底物混合参与酶促反应时，会产生竞争性抑制作用。从抑制酶活性的动力学角度来说，抑制剂可分为两类：可逆性和不可逆性抑制剂。可逆性抑制剂与酶之间以非共价键发生作用，不涉及化学反应，利用透析或凝胶法除去抑制剂能恢复酶的活性。在反应体系中，可逆抑制剂与酶迅速建立平衡，表现出一定程度的抑制，其抑制程度取决于酶、抑制剂和底物的浓度，且在初速度范围内保持不变，而不可逆性抑制剂在这段时间内抑制程度增加。在不可逆抑制作用中，抑制剂与酶的活性中心发生了化学反应，抑制剂共价地连接在酶分子的必需基团上，形成不解离的中间复合物（EI），阻碍了底物的结合或破坏了酶的催化基团，不能用透析、超滤等物理方法除去抑制剂而使酶的活性恢复。可逆性抑制剂与游离状态的酶之间仅在毫秒内就可建立一个动态平衡，因此可逆抑制反应非常迅速。通常将可逆抑制分为竞争性抑制（competitive inhibition）、非竞争性抑制（non-competitive inhibition）和反竞争性抑制（anti-competitive inhibition）三种类型。竞争性抑制剂与游离酶的活性位点结合，从而阻止底物与酶的结合，是底物与抑制剂之间的竞争；非竞争性抑制剂不与酶的活性位点结合，而是与其他部位相结合，因此抑制剂可以等同地与游离酶或与酶-底物反应；反竞争性抑制作用不同于竞争性和非竞争性抑制反应，抑制剂不与游离酶直接结合，仅能与酶-底物复合物反应，形成一个或多个中间复合物，从而影响酶反应的速度。

6.2.8 其他因素的影响

酶活性除受到上述因素影响外，在食品加工过程中，如剪切力、超高压、辐照、电场及与有机溶剂混合等都可使酶蛋白结构发生改变，从而使酶存在：①完全及不可逆失活；②完全及可逆失活；③不完全及不可逆失活；④不完全及可逆失活的现象。

6.3 酶促褐变

在有氧的条件下，酚酶催化酚类物质形成醌及其聚合物的反应过程称为酶促褐变（enzymatic browning）。酶促褐变发生迅速，常发生在水果、蔬菜等新鲜植物性食物中。正常情况下，完整的果蔬组织中氧化还原反应是偶联进行的，但当果蔬等发生机械性的损伤，如削皮、切割、擦伤、虫咬、制浆或处于异常环境条件下（如受冻和受热）便会影响氧化还原作用的平衡，发生氧化产物的积累，引起变色。大多数情况下，酶促褐变不希望出现在食品中，如香蕉、苹果、梨、茄子、马铃薯等食物原料组织破坏后易产生褐变，但有些食物原料希望产生褐变增加风味和色泽，如茶叶、咖啡等。

6.3.1 酶促褐变的机理

植物组织中含有的酚类物质，在完整的细胞中作为呼吸传递物质，在酚-醌之间保持着动态平衡，当细胞被破坏后，氧气大量侵入，造成醌的形成和还原之间的不平衡，于是发生了醌类积累，醌再进一步氧化聚合形成了褐色色素，导致了褐变，如图 6-7 所示。酶促褐变需要酚类物质、多酚氧化酶和氧气共同参与，其中酚类物质被氧化成醌。多酚氧化酶能催化两种不同的反应，第一类是一元酚羟基化，生成相应的邻二羟基化合物，即羟基化反应；第二类是邻二酚氧化，生成邻苯醌。不管是一元酚还是多元酚，经酶促氧化后，最初产物均为邻苯醌。

酚酶的系统命名是邻二酚：氧-氧还原酶（EC 1.10.3.1）。此酶以 Cu^{2+} 为辅基，需以氧为受氢体，是一种末端氧化酶。酚酶的最适 pH 接近 7，耐热性好，依来源不同，100℃下钝化需 2～8min。

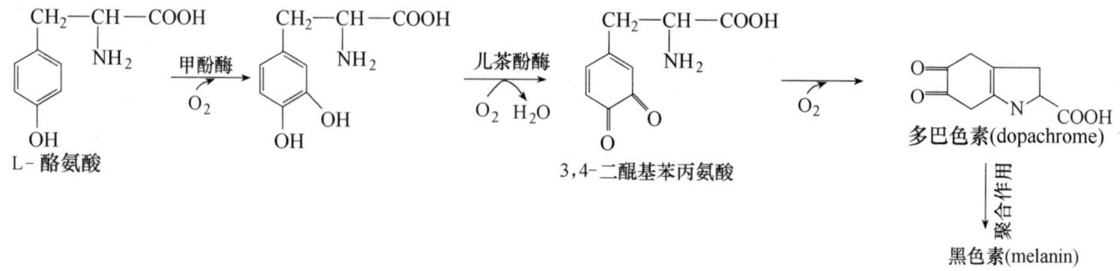

图 6-7 酶促褐变的机理

对于不同的食品原料，引起酶促褐变的底物和催化酶具有较大的差异。马铃薯中酚酶作用底物是其含量最高的酚类化合物——酪氨酸，这也是动物皮肤、毛发中黑色素形成的机制。在水果蔬菜中的酚酶底物以邻二酚类及一元酚类最丰富。一般来说，酚酶对邻羟基酚型结构的作用速度快于一元酚，对位二酚也可被利用，但间位二酚则不能作为底物，甚至还对酚酶有抑制作用。绿原酸（chlorogenic acid）是桃、苹果等水果褐变的关键成分。香蕉中主要的褐变底物是一种含氮的酚类衍生物，即 3,4-二羟基苯基乙胺（3,4-dihydroxyphenyl ethylamine）。氨基酸及类似的含氮化合物与邻二酚作用可产生颜色很深的复合物，其机理大概是酚先经酶促氧化成为相应的醌，然后醌与氨基发生非酶的缩合反应。在白洋葱、大蒜、韭葱的加工中常有粉红色的物质形成，其发生原因如前概述。可作为酚酶底物的还有其他一些结构比较复杂的酚类衍生物，如花青素、黄酮类、鞣质等，它们都具有邻二酚型或一元酚型的结构。此外，广泛存在于水果、蔬菜细胞中的抗坏血酸氧化酶和过氧化物酶也能引起酶促褐变。

6.3.2 酶促褐变的控制

食品加工中发生酶促褐变多数情况下需要抑制，少部分食品希望有褐变出现，如葡萄干、可可豆、红茶、咖啡等加工发生褐变有益于产品风味和色泽，而褐变对大多数食品产生不良影响，尤其是新鲜果蔬的色泽，必须加以控制。实践表明，改变底物控制褐变仅是实验中可实现，而现实中是不可能的，因而控制酶促褐变主要方法是：①钝化酶的活力；②改变酶作用的条件；③隔绝氧气的接触；④使用抗坏血酸等抑制剂。常用控制酶促褐变的方法有以下几种。

(1) 热处理法

水煮和蒸汽处理是目前使用最广泛的方法，而微波能、辐照能、远红外等应用为热力钝化酶活提供了更多的选择，可使组织内外一致迅速受热，对食物原料的质地和风味的保持极为有利。食品加热处理关键是最短时间内钝化酶活性，否则过度加热会影响食品的质量。相反，如果热处理不彻底，热烫虽破坏了细胞结构，但未钝化酶，反而加强酶和底物的接触而促进褐变。如白洋葱、韭葱如果热烫不足，变粉红色的程度比未热烫的还要厉害。一般情况下，70～90℃加热 7s 左右会使大部分酚氧化酶失去活性；用 46℃水处理番木瓜果实 90min，果实多聚半乳糖醛酸酶（PG）活性 3d 后降至 48%。

(2) 酸处理法

利用酸的作用控制酶促褐变也是广泛使用的方法。常用的酸有柠檬酸、苹果酸、磷酸和抗坏血酸等。它们的作用常是降低 pH 以控制酚酶的活力，因为酚酶的最适 pH 在 6～7 之间，pH 低于 3 时几乎无活性。

柠檬酸是使用最广泛的食用酸，对酚酶的作用表现在降低 pH 和螯合酚酶的辅基 Cu^{2+}，但作为褐变抑制剂来说，单独使用的效果不明显，常与抗坏血酸或亚硫酸联用，切开的水果常浸泡在这类酸的稀溶液中，该法对碱法去皮的水果有中和作用。苹果酸是苹果中主要的有机酸，在苹果汁中对酚酶的抑制作用要比柠檬酸强。抗坏血酸对酚酶的抑制更有效，其优势是高浓度无异味，对金属无腐蚀作用，本身就是一种维生素，具有营养价值。目前也有学者认为抗坏血酸能使酚酶本身失活，更多学者认为抗坏血酸在果汁中的抗褐变作用可能是作为抗坏血酸氧化酶的底物，在酶的催化下把溶解在果汁中的氧消耗了。据报道，在每千克水果制品中加入 660mg 抗坏血酸，即可有效控制褐变并减少苹果罐头顶隙中含氧量。

(3) 二氧化硫及亚硫酸盐处理

二氧化硫及常用的亚硫酸盐，如亚硫酸钠（Na_2SO_3）、亚硫酸氢钠（$NaHSO_3$）、焦亚硫酸钠（$Na_2S_2O_5$）、连二亚硫酸钠即低亚硫酸钠（$Na_2S_2O_4$）等都是广泛用于食品工业中的酚酶抑制剂，已应用在蘑菇、马铃薯、桃、苹果等加工中。在使用时，常直接将燃烧硫黄产生的 SO_2 气体处理水果、蔬菜，使 SO_2 较快渗入组织，而使用亚硫酸盐溶液的优点是方便。不管采取什么形式，只有游离的 SO_2 才能起作用。SO_2 及亚硫酸盐溶液在微偏酸性（pH 为 6）的条件下对酚酶抑制的效果最好。

二氧化硫法的优点是使用方便、效力可靠、成本低，有利于维生素 C 的保存，残存的 SO_2 可用抽真空、炊煮或使用 H_2O_2 等方法除去。缺点是使食品失去原色而被漂白（花青素被破坏）、腐蚀铁罐的内壁、有不愉快的嗅感与味感（残留浓度超过 0.064%即可感觉出来）、破坏维生素 B_1。

SO_2 对酶促褐变的控制机制尚无定论，有人认为是 SO_2 抑制了酶活性，有人认为是 SO_2 把醌还原为酚，还有人认为是 SO_2 和醌混合而防止了醌的聚合作用，这三种机制很可能都存在。

(4) 驱除或隔绝氧气

目前常用的措施有：①将去皮切开的水果、蔬菜浸没在清水、糖水或盐水中；②浸涂抗坏血酸液，在表面上生成一层氧化态抗坏血酸隔离层；③用真空渗透法把糖水或盐水渗入组织内部，驱出空气。苹果、梨等果肉组织间隙中具有较多气体的水果最适合用第③种方法。一般在 1.028×10^5 Pa 真空度下保持 5～15min，突然破除真空，即可将糖、盐强行渗入组织内部，从而驱出细胞间隙中的气体。

(5) 加酚酶底物类似物

用酚酶底物类似物如肉桂酸、对位香豆酸及阿魏酸等（图 6-8）可以有效地控制苹果汁的酶促褐变。在这三种同系物中，以肉桂酸的效率最高，浓度大于 0.5mmol/L 时即可有效控制处于大气中的苹果汁的褐变达 7h 之久。由于这三种酸都是水果、蔬菜中天然存在的芳香族有机酸，在安全上无多大问题。肉桂酸钠盐的溶解性好，价廉，控制褐变的时间长。

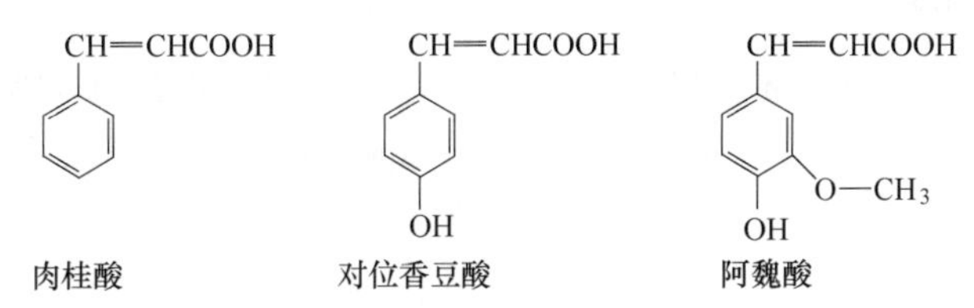

图 6-8 酚酶底物类似物结构示意图

6.4 酶在食品加工和保鲜中的作用

酶活性的利用对食品质量的影响非常重要。任何食物原料的生物体都经历了生长和成熟过程，这个过程均依赖酶的作用。不同成熟度的食物原料的采收、贮藏和加工条件也影响食品原料中各类酶催化的反应，从而影响食品的品质，产生两类不同的结果，即加快食品品质劣变，或提高食品的品质。除了存在食品原料中的内源酶外，包括人为添加的酶和受环境污染的微生物分泌的酶均归于外源酶，这些混合酶催化反应的产物，有的是人们所需要的，有的则是不需要的，甚至是有害的，因此，控制这些酶的活力有利于提高食品的质量、安全和货架期。

目前已有几十种酶成功地用于食品工业，如葡萄糖、饴糖、果葡糖浆的生产，蛋白质制品加工，果蔬加工，食品保鲜以及改善食品的品质与风味等。特别是食品发酵工业中，用酶取代化学试剂生产葡萄糖、氨基酸、核苷酸、有机酸等物质。应用的酶制剂主要有 α-淀粉酶、糖化酶（又称淀粉葡萄糖苷酶）、蛋白酶、葡萄糖异构酶、果胶酶、脂肪酶、纤维素酶、葡萄糖氧化酶等。自 20 世纪 50 年代以来，由于以淀粉酶、葡萄糖异构酶为基础制备葡萄糖的工艺获得成功，酶制剂也广泛应用于淀粉加工。近年来其他酶的应用，尤其是氧化还原酶的开发又为食品工业增添了新的活力，基因工程技术对食品用酶的生产也有很大的促进作用。表 6-4 是目前应用于食品工业中常见的酶制剂。

表 6-4 应用于食品工业中常见的酶制剂

酶	来源	主要用途
α-淀粉酶	枯草杆菌、米曲霉、黑曲酶	淀粉液化，制造葡萄糖，醇生产，纺织品退浆
β-淀粉酶	麦芽、巨大芽孢杆菌、多黏芽孢杆菌	麦芽糖生产，酿造啤酒，调节烘烤物的体积
糖化酶	根霉、黑曲霉、红曲霉、内孢霉	糊精降解为葡萄糖
蛋白酶	胰脏、木瓜、枯草杆菌、霉菌	肉软化，浓缩鱼胨，乳酪生产，啤酒去浊，香肠熟化，制蛋白胨
右旋糖苷酶	霉菌	牙膏、漱口水、牙粉的添加剂（预防龋齿）
纤维素酶	木霉、青霉	食品生产，发酵工艺，饲料加工
果胶酶	霉菌	果汁、果酒的澄清
葡萄糖异构酶	放线菌、细菌	生产高果糖浆
葡萄糖氧化酶	黑曲霉、青霉	保持食品的风味和颜色
柚苷酶	黑曲霉	水果加工，去除橘汁苦味
脂氧化酶	大豆	烘烤中的漂白剂
橙皮苷酶	黑曲霉	防止柑橘罐头及橘汁出现浑浊
氨基酰化酶	霉菌、细菌	由 DL-氨基酸生产 L-氨基酸
磷酸二酯酶	橘青霉、米曲酶	降解 RNA，生产单核苷酸
乳糖酶	真菌、酵母	水解乳清中的乳糖
脂肪酶	真菌、细菌、动物	乳酪的后熟，改良牛奶风味，香肠熟化
溶菌酶	蛋清	食品中抗菌物质

6.4.1 氧化还原酶

氧化还原酶的种类较多，但在食品工业中广泛应用的主要有葡萄糖氧化酶（glucose oxidase）、过氧化氢酶（catalase）和脂肪氧化酶（lipoxygenase）等。下面对食品工业应用的一些氧化酶进行简介。

（1）葡萄糖氧化酶

由真菌 *Aspergillus niger*、*Penicillium notatum* 产生的葡萄糖氧化酶能催化葡萄糖通过消耗空气中的氧而氧化。因此，该酶可用来除去葡萄糖或氧气，反应产生的过氧化氢有时可用作氧化剂，但通常被过氧化氢酶降解。

用葡萄糖氧化酶去除蛋奶粉生产过程中的葡萄糖可以避免美拉德反应的发生。同样，葡萄糖氧化酶用于肉和蛋白质食品有助于金黄色泽的产生。用葡萄糖氧化酶从密封系统中除去氧气可抑制脂肪氧化和天然色素的氧化降解。如，用葡萄糖氧化酶/过氧化氢酶溶液浸渍虾、蟹可防止其由粉红色到黄色的转变。另外，氧化反应所导致的香气变差也可能是因为该酶的加入得到缓解，从而延长柑橘类果汁、啤酒和葡萄酒的货架期。葡萄糖氧化酶对食品有多种作用，在食品保鲜及包装中最大的作用是除氧，延长食品的保鲜期。很多食品，尤其是生鲜食品，其保藏过程中或加工过程中，氧的存在使其保鲜程度受到很大的影响，除氧是食品保藏中的必要手段。除氧方法很多，利用葡萄糖氧化酶除氧是一种理想的方法。葡萄糖氧化酶具有对氧非常专一的理想的除氧作用。对于已经发生的氧化变质，可阻止进一步发展，或者在未变质时，能防止氧化发生。如啤酒加工过程中加入适量的葡萄糖氧化酶可以除去啤酒中的溶解氧和瓶颈氧，阻止啤酒的氧化变质。又如，防止白葡萄酒在多酚氧化酶的作用下而变色、果汁中的维生素C因氧化而破坏、多脂食品中脂类因氧化而酸败等。此外，也可有效地防止灌装容器内壁的氧化腐蚀。由于葡萄糖氧化酶催化过程不仅能使葡萄糖氧化变性，而且在反应中消耗掉多个氧分子，因此，它可作为脱氧剂广泛用于食品保鲜。

(2) 过氧化氢酶

过氧化氢是葡萄糖氧化酶处理食品时的副产物，过氧化氢酶能使过氧化氢分解。该酶也常用于罐装食品中，如用 H_2O_2 对牛奶进行巴氏消毒，可减少加热时间，消毒后的牛奶仍可以用来制作干酪，因为敏感的酪蛋白用上述方法并没有受到热破坏，多余的 H_2O_2 可以用过氧化氢酶清除。

(3) 脂肪氧化酶

将溶解有脂肪氧化酶的水直接加入到面粉中，将面团在常温下放置一定时间进行压延，与添加蛋白质和多糖类等面粉改良剂相比，添加脂肪氧化酶明显提高产品的弹性，改善口感，提高成品率，使面皮的质量得到改良，冷冻时面皮不易破裂。同时该酶可用于漂白面粉及改善生面团的流变学特性。脂肪氧化酶还可用于乳脂水解，包括乳酪和乳粉风味的增强、乳酪的熟化、代用乳制品的生产、奶油及冰淇淋的酯解改性等。该酶还能用于油脂工业，促进油脂水解，有利制皂；促进酯交换，有利酯改性；用于生物精炼，促进酯化等作用。

(4) 醛脱氢酶

大豆加工时发生不饱和脂肪酸的酶促氧化反应，其挥发性降解产物己醛等带有豆腥气。产生的醛经醛脱氢酶酶促氧化反应，可转变成羧酸，可以消除豆腥气。由于这些酸的风味阈值很高，所以不会干扰风味的改善。牛肝线粒体中的醛脱氢酶是众多酶中对正己醛的特异性最高的，建议在豆奶生产中使用。

(5) 丁二醇脱氢酶

啤酒发酵形成的联乙醯是影响风味的一个原因。来自 *Aerobacter aerogenes* 的丁二醇脱氢酶能将丁二酮还原成无味的 2,3-丁二醇，可以改变联乙醯对风味不好的影响。利用酵母细胞中丁二醇脱氢酶，采用凝胶包埋技术处理啤酒，就可避免细胞组分对啤酒的污染，又可消除联乙醯对啤酒风味的影响。

$$\underset{\text{丁二酮}}{CH_3—CO—CO—CH_3} + NADH + H^+ \xrightleftharpoons{\text{丁二醇脱氢酶}} \underset{\text{2,3-丁二醇}}{CH_3—\underset{OH}{CH}—\underset{OH}{CH}—CH_3} + NAD^+$$

6.4.2 水解酶

水解酶（hydrolase）是食品工业使用较多的酶之一，包括食品原料中的内源和外源水解酶。在食品加工或食物保鲜时，依照食物本身的特性、加工和保藏产品的目的，单独或复合使用水解酶。食品工业中采用较多的水解酶主要有以下几种。

(1) 蛋白酶

几乎所有的生物材料中都含有内切和外切蛋白酶。食品工业中使用的蛋白水解酶的混合物主要是肽链内切酶。这些酶的来源有动物器官、高等植物或微生物。不同来源的蛋白酶在反应条件和底物专一性上有很大差别。在食品加工中应用的蛋白酶主要有中性和酸性蛋白酶。这些蛋白酶包括木瓜蛋白酶、菠萝蛋白酶、无花果蛋白酶、胰蛋白酶、胃蛋白酶、凝乳酶、枯草杆菌蛋白酶、嗜热菌蛋白酶等（表 6-5）。蛋白酶催化蛋白质水解后生成小肽和氨基酸，有利于人体消化和吸收。蛋白质水解后溶解度增加，其他功能特性例如乳化能力和起泡性也随之改变。生产焙烤食品时，向小麦粉中加蛋白酶以改变生面团的流变学性质，从而改变制成品的硬度。蛋白酶在生面团处理过程中，可促进面筋软化，增加延伸性，减少揉面时间，省力，改善发酵效果。

表 6-5　在食品加工中常用的蛋白酶

类别	名称	来源	最适 pH	最佳稳定的 pH 范围
来源于动物的酶	胰蛋白酶①	胰脏	9.0②	3～5
	胃蛋白酶	牛的胃内壁	2	—
	凝乳酶	牛的胃内壁或基因工程微生物	6～7	5.5～6.0
来源于植物的酶	木瓜蛋白酶	热带瓜果树(番木瓜)	7～8	—
	菠萝蛋白酶	果实和茎	7～8	—
	无花果蛋白酶	无花果	7～8	—
来源于细菌的酶	碱性蛋白酶，如枯草杆菌蛋白酶	枯草芽孢杆菌	7～11	7.5～9.5
	中性蛋白酶，如嗜热菌蛋白酶	嗜热杆菌	6～9	6～8
	链霉蛋白酶	链霉菌属	—	—
来源于真菌的酶	酸性蛋白酶③	曲霉	3.0～4.0④	5
	中性蛋白酶	曲霉	5.5～7.5④	7.0
	碱性蛋白酶	曲霉	6.0～9.5④	7～8
	蛋白酶	毛霉	3.5～4.5④	3～6
	蛋白酶	根霉	5.0	3.8～6.5

① 胰蛋白酶、胰凝乳蛋白酶、许多含有淀粉酶和脂肪酶的肽酶的混合物；
② 酪蛋白为底物；
③ 许多内切肽酶和外切肽酶的混合物，包括氨基酸肽酶和羧肽酶；
④ 血红蛋白为底物。

在乳制品行业中，凝乳酶（rennin）导致酪蛋白凝块的形成。凝乳酶特别适合干酪的制造。不足之处是要从哺乳期小牛的胃中分离，资源有限。不过，现在已经可以从基因工程菌中生产该酶。来自 *Mucor miehei*，*M. pusillus* 和 *Endothia parasitica* 的蛋白酶可以取代该酶。

木瓜蛋白酶或菠萝蛋白酶能分解肌肉结缔组织的胶原蛋白，用于催熟及肉的嫩化。亟待解决的问题是如何使酶在肌肉组织中分布均匀。一个方法是在屠宰前将酶注射到血液中，另一个方法是将冻干的肉在酶溶液中再水化（rehydration）。

啤酒的冷后浑浊（cold turbidity）与蛋白质沉淀有关。可以用木瓜蛋白酶、菠萝蛋白酶或霉菌酸性蛋白酶水解蛋白，防止啤酒浑浊，延长啤酒的货架期。工业上蛋白酶应用的另一个例子是生产蛋白质完全或部分水解产物，如利用鱼蛋白的液化制造具有良好风味的物质。

生物活性肽（bioactive peptides）是指那些有特殊生理活性的肽类。按它们的主要来源，可分为天然存在的活性肽和蛋白质酶解活性肽。利用蛋白酶的水解可制备出多种不同功能的活性肽，乳蛋白经蛋白酶水解可分离得到大量具有免疫调节功能的活性肽；α-玉米醇溶蛋白、γ-玉米醇溶蛋白的酶解产物都有抗高血压作用，该肽为 Pro-Pro-Val-His-Leu 连接片段；从大豆中可制备出 Leu-Ala-Ile-Pro-Val-Asn-Lys-Pro、Leu-Pro-His-Phe、Ser-Pro-Tyr-Pro、Trp-Leu 具有抗氧化和抗菌性的活性肽。种类繁多的鱼蛋白氨基酸序列中，潜藏着许多具有生物活性的氨基酸序列，用特异的蛋白酶水解，就释放出有活性的肽段。从沙丁鱼中分离出的 C_8 肽（Leu-Lys-Val-Gly-Val-Lys-Gln-Tyr）及 C_{11} 肽（Tyr-Lys-Ser-Phe-Ile-Lys-Gly-Tyr-Pro-Val-Met）和从金枪鱼中分离出的 C_8 肽（Pro-Thr-His-Ile-Lys-Trp-Gly-Asp）具有降压功效。除了利用酶工程技术将农副产品加工的下脚料制作活性肽外，开发微生物制备活性肽的前景更广阔。

蛋白质酶解中一个引人关注的问题是要避免带来苦味的肽和（或）氨基酸的释放。除胶原外，这些物质会在大部分蛋白水解液中出现，尤其是水解产生的肽段分子量低于 6000 时。因此，加工过程中必须控制酶对蛋白质的水解程度，或者几种蛋白酶共同作用，使苦味肽进一步分解，以除去苦味。

（2）α-淀粉酶和 β-淀粉酶

细菌或酵母能产生淀粉酶，在麦芽制品中也含有淀粉酶。耐热细菌淀粉酶，尤其是 *Bacillus licheniformis* 的淀粉酶可用于玉米淀粉的水解。不同来源的淀粉酶耐热性不同（图 6-9），加入 Ca^{2+} 可以提高酶的水解速率。生产啤酒时在麦芽汁中加入 α-淀粉酶能加速淀粉降解。淀粉酶也可应用在焙烤行业中，利用它能够改善或控制面粉的处理品质和产品质量（如面包的体积、颜色、货架期）。面粉中添加 β-淀粉酶，可调节麦芽糖生成量，产生二氧化碳使面团气体保持平衡，添加 β-淀粉酶可改善糕点馅心风味，还可阻止糕点老化。

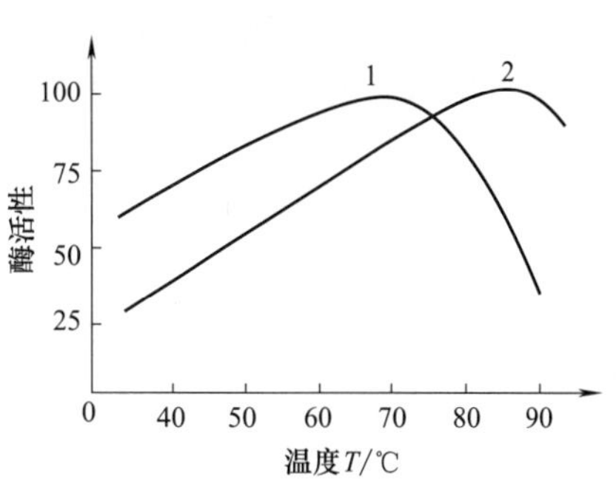

图 6-9 温度对 α-淀粉酶活性的影响
1—来自于 *Bacillus subtilis*；
2—来自于 *Bacillus licheniformis*

（3）葡聚糖-1,4-α-D-葡萄糖苷酶（葡萄糖淀粉酶）

葡萄糖淀粉酶（glucose amylase）从 1,4-α-D-葡萄糖的非还原端裂解 β-D-葡萄糖单位。支链淀粉中 α-1,6-分支键的水解速率是直链淀粉中 α-1,4-连接键的 1/30。葡萄糖淀粉酶可通过培养细菌或真菌制得。制备该酶时，转葡萄糖苷酶的去除很重要，后者催化葡萄糖转变成麦芽糖，继而降低淀粉糖基化过程中的葡萄糖产量。淀粉糖化步骤如图 6-10。该图的左边部分是一个纯粹的酶促反应，在耐热细菌 α-淀粉酶的催化下，淀粉出现膨胀、凝胶化和液化现象。淀粉酶作用产生的淀粉糖浆是含有葡萄糖、麦芽糖和糊精的混合物。

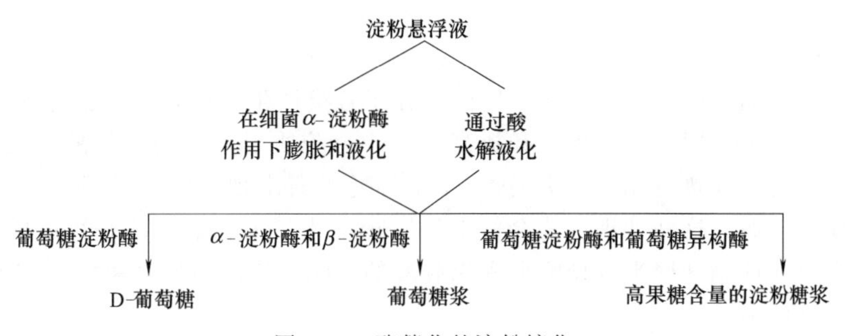

图 6-10 酶催化的淀粉糖化

（4）支链淀粉酶（异淀粉酶）

支链淀粉酶（pullulanase）应用在酿造业和淀粉水解中。与 β-淀粉酶联合，可用于生产高麦芽糖含量的淀粉糖浆。

（5）纤维素酶和半纤维素酶

纤维素酶的作用是水解纤维素，从而增加其溶解度和改善食品风味，在烘烤食品、水果和蔬菜泥生产、速溶茶加工中经常使用。目前所使用的纤维素酶主要是由微生物生产的，而且非常有效。纤维素酶根据它作用的纤维素不同和降解的中间产物可以分为四类。

① 内切纤维素酶（endocellulase）［1,4(1,3；1,4)-β-D-葡聚糖 4-葡聚糖水解酶)，EC 3.2.1.4］

内切纤维素酶对微晶粉末纤维素的结晶区没有活性，但是它们能水解底物（包括滤纸、可溶性底物，如羧甲基纤维素和羟甲基纤维素）的无定形区。它的催化特点是无规律水解β-葡萄糖苷键，使体系的黏度迅速降低，同时也有相对较少的还原基团生成。反应后期的产物是葡萄糖、纤维二糖和不同大小的纤维糊精。

② 纤维二糖水解酶（cellobiohydrolase）（1,4-β-D-葡聚糖纤维二糖水解酶，EC 3.2.1.91）

纤维二糖水解酶是外切酶，作用于无定形纤维素的非还原末端，依次切下纤维二糖。纯化的纤维二糖水解酶能水解大约 40％微晶粉末纤维素中可水解的键。相对于还原基团的增加，黏度降低较慢。内切纤维素酶和纤维二糖水解酶催化水解纤维素的结晶区，具有协同作用。

③ 外切葡萄糖水解酶（exo-glucohydrolase）（1,4-β-D-葡聚糖葡萄糖水解酶，EC 3.2.1.74）

外切葡萄糖水解酶可以从纤维素糊精的非还原末端水解葡萄糖残基，水解速率随底物链长的减少而降低。

④ β-葡萄糖苷酶（β-glucosidase）（β-D-葡萄糖苷葡萄糖水解酶，EC 3.2.1.21）

β-葡萄糖苷酶可裂解纤维二糖和从小的纤维素糊精的非还原末端水解葡萄糖残基。它不同于外切葡萄糖的水解酶，其水解速率随底物链长的减少而增加，以纤维二糖为底物时水解最快。

黑麦面粉的烘烤特性和黑麦面包的货架期可以通过部分水解黑麦戊聚糖而得到改善。戊聚糖酶（pentosanase）制剂是β-糖苷酶的混合物（1,3-和 1,4-β-D-木聚糖酶等）。用含有外切纤维素酶和内切纤维素酶、α-甘露糖酶和β-甘露糖酶以及果胶酶的酶液处理食物是一个既温和又节省的办法，通常应用的实例有：浓蔬菜汁、浓果汁的生产，茶叶的粉碎及脱水番茄汁的制备。

(6) 葡萄糖硫苷酶

十字花科植物如萝卜、油菜、褐色芥末或黑色芥末种子中的蛋白质含有硫代葡萄糖苷(glucosinolates)，也称芥子油苷，葡萄糖硫苷酶可将其水解成辛辣的芥末油。通常采用蒸汽蒸馏分离出芥末油。

(7) 果胶酶类

果胶酶是水果加工中最重要的酶，广泛存在于各类微生物中，可以通过固体培养或液体深层培养法生产，主要用于澄清果汁和提高产率。由胶质甲基酯酶释放的果胶酸在有 Ca^{2+} 时发生絮凝，该反应导致柑橘类果汁中“云样”凝絮的出现。在 90℃下加热该酶失活后，反应不再出现。然而，这种处理方式会使果汁风味恶化。关于橘皮的果胶酯酶的研究发现，该酶活性受竞争性抑制剂聚半乳糖醛酸和果胶酸的影响，因此可以在果汁中加入这些抑制剂阻止果汁浑浊度增加。

用果胶溶酶（pectolytic enzyme）澄清果汁和蔬菜汁的机制如下：产生浑浊的颗粒含有糖和蛋白质，在果汁的 pH3.5 条件下，颗粒中蛋白质的基团带有正电荷，而带有负电荷的果胶分子形成了颗粒的外壳，引起聚阴离子的聚集，部分暴露出的正电荷，可引起聚阳离子的聚集，最终导致絮凝。明胶（在 pH3.5 时带正电荷）对果汁的澄清作用可以被褐藻酸盐（在 pH3.5 时带负电荷）抑制，证明上述机理是正确的。此外，果胶酶类在食品加工中的作用也很重要，可以增加果汁、蔬菜汁和橄榄油的产量。脱果胶的果汁即使在酸糖共存的情况下，也不形成果冻，因此可用来生产高浓缩果汁和固体饮料。

（8）脂肪酶

微生物来源的脂肪酶可用来增强干酪制品的风味。牛奶中脂肪的有限水解可用于巧克力牛奶的生产。脂肪酶可使食品形成特殊的牛奶风味。脂肪酶可以通过甘油单酯和甘油双酯的释放来阻止焙烤食品的变味。生产明胶时，骨头的脱脂需要在温和条件下进行，脂肪酶催化的水解可以加速脱脂过程。

脂肪酶水解三酰甘油为相应的脂肪酸、甘油单酯、甘油双酯和甘油。根据立体专一性将脂肪酶分为1,3-型专一性、2-型专一性或非专一性脂肪酶。脂肪酶广泛分布在植物、动物和微生物中，一般是以液体形式存在，固体脂肪酶催化水解较慢。脂肪酶一般按下列方式水解三酰甘油：

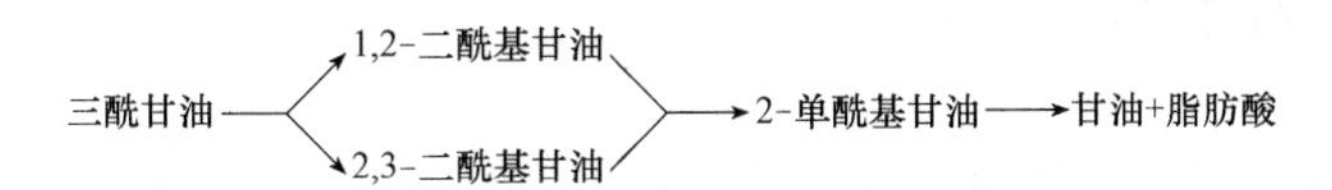

然而，也存在一些例外，这取决于酶的位置专一性和脂肪酸专一性。

（9）溶菌酶

溶菌酶（lysozyme）又称胞壁质酶或*N*-乙酰胞壁质聚糖水解酶，可以水解细菌细胞壁肽聚糖的β-1,4糖苷键，导致细菌自溶死亡。溶菌酶的分子量在14000左右，等电点为10.7～11.0，其纯品为白色粉状晶体，无臭、微甜，易溶于水和盐溶液，化学性质稳定，但遇碱易受破坏。它对革兰氏阳性菌、好氧性孢子形成菌、枯草杆菌、地衣型芽孢杆菌等都有抗菌作用，而对没有细胞壁的人体细胞不会产生不利影响，因此，适合于各种食品的防腐。另外，该酶还能杀死肠道腐败球菌，增加肠道抗感染力，同时还能促进婴儿肠道双歧乳酸杆菌增殖，促进乳酪蛋白凝乳，利于消化，所以又是婴儿食品、饮料的良好添加剂。溶菌酶对人体完全无毒、无副作用，具有抗菌、抗病毒、抗肿瘤的功效，是一种安全的天然防腐剂。在干酪的生产中，添加一定量的溶菌酶，可防止微生物污染而引起的酪酸发酵，以保证干酪的质量。新鲜的牛乳中含有少量的溶菌酶，每100mL牛乳中约含13mg溶菌酶，而人乳中含有40mg/mL溶菌酶。若在鲜乳或奶粉中加入一定量的溶菌酶，不但有防腐保鲜的作用，而且可达到强化婴儿乳品的目的，有利于婴儿的健康。

一些新鲜水产（如鱼、虾等）在含甘氨酸（0.1mol/L）、溶菌酶（0.05%）和食盐（3%）的混合液中浸渍5min后，沥去水分，保存在5℃的冷库中，9天后无异味、色泽无变化。溶菌酶现已广泛用于干酪、水产品、酿造酒、乳制品、肉制品、豆腐、新鲜果蔬、糕点、面条及饮料等防腐保鲜。

6.4.3 异构酶

在异构酶当中，葡萄糖异构酶非常重要。在淀粉糖浆生产中，可利用该酶得到高果糖含量的糖浆，以高纯葡萄糖浆为主要原料，采用异构酶法制备果葡糖液。通过基因重构所获耐高温的葡萄糖异构酶（glucose isomerase，GI）在高温下可将D-葡萄糖异构化为D-果糖，获得的高果糖浆可作为甜味剂应用于食品诸多领域；通过基因分子改造L-鼠李糖异构酶（L-rhamnose isomerase，L-RI）突变体，可获得生产D-阿洛糖的主要用酶。

6.4.4 转移酶

转谷氨酰胺酶（transglutaminase，TGase）催化肽连接的谷氨酸盐（酰基供体）的γ-羧基酰胺基团和氨基（酰基受体）间的酰基转移。游离氨基酸之间也发生该反应。蛋白质和肽通过这种方式交联。如果没有氨基，TGase可以催化蛋白质的谷氨酰胺脱氨基，以水作为酰基受体。

TGase在动物和植物代谢中的作用非常重要。对于蛋白凝胶的产生，来源于放线菌 *Streptoverticillium mobaraense* 的TGase有着特殊意义。与来源于哺乳类动物的TGase不同，该酶的活性与 Ca^{2+} 无关。已经研究清楚该酶含331个氨基酸的序列，活性中心可能有半胱氨酸残基，最适pH在5～8之间。低温下该酶仍有活性，在70℃迅速失活。蛋白质靠形成的ε-(γ-谷氨酰)赖氨酸的异肽间键（isopeptide bond）而交联，赖氨酸的生物可利用性没有受到影响。产生的蛋白凝胶的黏弹性不仅与蛋白质的类型和催化条件（TGase浓度、pH、温度、时间）有关，还与蛋白质的预处理如热变性有关。

6.5 酶对食品质量的影响

酶的作用对于食品质量的影响是非常重要的。实际上，没有酶或许就没有人类的食品。食品生物材料中的内源酶参与了原料的生长、发育和成熟的每一过程，不同的阶段内源酶的种类和数量是变化的，在食品加工与贮藏过程中，内源酶的种类和数量也是变化的，因此，控制这些酶的活力对于提高食品质量是至关重要的。同时，为了改变食品的特性，也可以在加工过程中将酶（外源酶）加入到食品原料中，使食品原料中的某些组分产生期望的变化。本节简要介绍酶对食品的色泽、质构、风味和营养品质的影响。

6.5.1 对色泽的影响

除食品内在营养与安全品质外，无论是新鲜食品原有的色泽还是加工后所产生的色泽，食品的颜色是消费者首先关注的感官指标，很大程度决定了食品是否被消费者接受。众所周知，新鲜的瘦肉必须是红色而不是紫色或褐色。瘦肉的红色是由于它含有氧合肌红蛋白（oxymyoglobin），当氧合肌红蛋白转变成脱氧肌红蛋白（deoxymyoglobin）时瘦肉呈紫色；当氧合肌红蛋白和脱氧肌红蛋白中的 Fe^{2+} 被氧化成 Fe^{3+} 时，生成高铁肌红蛋白（metmyoglobin），瘦肉呈褐色。在肉中酶催化的反应与其他反应竞争氧，这些反应产生的化合物能改变肉组织的氧化-还原状态和水分含量，因而会影响到肉的颜色。

莲藕从白色变为粉红色及马铃薯剖面褐变，都是由于所含多酚氧化酶和过氧化氢酶催化多酚类物质发生氧化的结果。绿色是许多新鲜蔬菜和水果的质量指标。有些水果成熟时绿色减少，红色、橘色、黄色和黑色取而代之。随着成熟度的提高，青刀豆和其他一些绿色蔬菜中的叶绿素的含量下降。这些变化均与酶的作用有关。导致水果和蔬菜中色素变化的三个关键的酶是脂肪氧化酶、叶绿素酶和多酚氧化酶。

(1) 脂肪氧化酶

脂肪氧化酶可作用于不饱和脂肪酸产生自由基，从而影响食品的品质，有些影响是有益的：用于小麦粉的漂白，制作面团时形成二硫键等作用。也有些影响是不利的：破坏叶绿素和胡萝卜素，使色素降解而发生褪色；产生具有青草味的不良风味；破坏食品中的维生素和蛋白质类化合物；使食品中的必需脂肪酸，如亚油酸、亚麻酸及花生二十碳四烯酸遭受氧化性破坏。

(2) 叶绿素酶

叶绿素酶（chlorophyllase）存在于植物和含叶绿素的微生物中，能催化叶绿素脱植醇形成脱植叶绿素和脱镁脱植叶绿素，这两种叶绿素的衍生物易溶于水，在含水食品中，使其产生色泽变化。

(3) 多酚氧化酶

多酚氧化酶（polyphenol oxidase，PPO）又称为酪氨酸酶（tyrosinase）、儿茶酚氧化酶（catechol oxidase）、多酚酶（polyphenolase）、酚酶（phenolase）、甲酚酶（cresolase）等，主要存在于植物、动物和一些微生物（主要是霉菌）中，能催化食品的褐变反应。在红茶发酵时，新鲜茶叶中多酚氧化酶的活性增大，催化儿茶素形成茶黄素和茶红素等有色物质，引起茶叶色泽的变化。

6.5.2 对食品质构的影响

食品组织结构主要与组成食品的生物大分子及其含水量有密切联系，是食品品质的一个非常重要的指标。水果和蔬菜的质地主要与复杂的碳水化合物有关，例如果胶物质、纤维素、半纤维素、淀粉和木质素；瘦肉主要与肌原纤维蛋白有关。然而影响碳水化合物结构的酶可能是一种或多种，它们对食品的质地起着重要作用，如水果后熟变甜和变软，就是酶催化降解的结果。蛋白酶的作用可能使动物和高蛋白植物食品的质地变软。

(1) 果胶酶

果胶是一些杂多糖的化合物，在植物组织中充当结构成分。果胶中主要的成分是半乳糖醛酸，通过α-1,4-糖苷键连接而成，半乳糖醛酸中约有2/3的羧基和甲醇进行了酯化反应。果胶酶可分为以下三种类型。

① 果胶酯酶

果胶酯酶（pectin esterase）可以水解果胶上的甲氧基基团，它存在于细菌、真菌和高等植物中，在柑橘和番茄中含量非常丰富，对半乳糖醛酸酯具有专一性。在果胶酯酶的催化反应中，果胶酯酶要求在其作用的半乳糖醛酸链的酯化基团附近有游离的羧基存在，此酶可沿着链进行降解直到遇到障碍为止。

② 聚半乳糖醛酸酶

聚半乳糖醛酸酶（polygalacturonase）主要作用于半乳糖醛酸分子内部的α-1,4-糖苷键，而外半乳糖醛酸酶可沿着链的非还原端将半乳糖醛酸逐个地水解下来，另一些半乳糖醛酸酶主要作用于含甲基的化合物（果胶），还有一些主要作用于含游离羧基的物质（果胶酸）上，这些酶为多聚甲基半乳糖醛酸酶和多聚半乳糖醛酸酶。内多聚半乳糖醛酸酶存在于水果和丝状真菌中，但不存在于酵母和细菌中；外半乳糖醛酸酶存在于植物如胡萝卜和桃，以及真菌、细菌中。

③ 果胶裂解酶

果胶裂解酶（pectin lyase）又称果胶转消酶（pectin transeliminase），可在葡萄糖苷酸分子的C4和C5处通过氢的转消除作用，将葡萄糖苷酸链的糖苷键裂解。果胶裂解酶是一种内切酶，只能从丝状真菌即黑曲霉中得到。

果胶是一种保护性胶体，有助于维持悬浮溶液中的不溶性颗粒而保持果汁混浊，为了保持混浊果汁的稳定性，常用高温短时杀菌法（HTST）或巴氏消毒法使其中的果胶酶失活。在番茄汁和番茄酱的生产中，用热打浆法可以很快破坏果胶酶的活力。商业上果胶酶可用来澄清果汁、酒等。大多数水果在压榨果汁时，果胶多则水分不易挤出，且榨汁浑浊，如用果胶酶处理，则可提高榨汁率而且使果汁澄清。加工水果罐头时应先热烫使果胶酶失活，可防止罐头贮存时果肉过软。许多真菌和细菌产生的果胶酶能使植物细胞间隙的果胶层降解，导致细胞的降解和分离，使植物组织软化腐烂，在果蔬中称为软腐病（soft rot）。

(2) 纤维素酶

水果和蔬菜中含有纤维素，它们的存在影响着细胞的结构。纤维素酶是否在植物性食品原料（如青刀豆）软化过程中起着重要作用仍然有争议。在微生物纤维素酶方面已做了很多的研究工作，这显然是由于它在转化不溶性纤维成为葡萄糖方面有潜在的重要性。

(3) 戊聚糖酶

半纤维素是木糖和阿拉伯糖（还含有少量其他的戊糖和己糖）的聚合物，它存在于高等植物中。戊聚糖酶存在于微生物和一些高等植物中，它水解木聚糖、阿拉伯聚糖和阿拉伯木聚糖，产生分子量较低的化合物。

小麦中含有浓度很低的戊聚糖酶，然而目前对它的性质了解甚少。目前在微生物戊聚糖酶方面做了较多的研究工作，已能提供商品微生物戊聚糖酶制剂。

(4) 淀粉酶

水解淀粉的淀粉酶存在于动物、高等植物和微生物中，因此，在一些食品原料的成熟、保藏和加工过程中淀粉被降解就不足为奇了。淀粉是决定食品的黏度和质构的一个主要成分，因此，在食品保藏和加工期间，它的水解是一个重要的变化。淀粉酶包括 3 个主要类型：α-淀粉酶、β-淀粉酶和葡萄糖淀粉酶。此外，还有一些降解酶（表 6-6）。

表 6-6 一些淀粉和糖原降解酶

种类	名称	作用的糖苷键	说明
内切酶（保持构象不变）	α-淀粉酶(EC 3.2.1.1)	α-1,4	反应初期产物主要是糊精，终产物是麦芽糖和麦芽三糖
	异淀粉酶(EC 3.2.1.68)	α-1,6	产物是线性糊精
	异麦芽糖酶(EC 3.2.1.10)	α-1,6	作用于α-淀粉酶水解支链淀粉的产物
	环状麦芽糊精酶(EC 3.2.1.54)	α-1,4	作用于环状或线性糊精，生成麦芽糖和麦芽三糖
	支链淀粉酶(EC 3.2.1.41)	α-1,6	作用于支链淀粉，生成麦芽三糖和线性糊精
	异支链淀粉酶(EC 3.2.1.57)	α-1,4	作用于支链淀粉生成异潘糖，作用于淀粉生成麦芽糖
	新支链淀粉酶(EC 3.2.1.1)	α-1,4	作用于支链淀粉生成异潘糖，作用于淀粉生成麦芽糖
	淀粉支链淀粉酶	α-1,4	作用于支链淀粉生成麦芽三糖，作用于淀粉生成聚合度为 2～4 的产物
外切酶（非还原端）	β-淀粉酶(EC 3.2.1.2)	α-1,4	产物为β-麦芽糖
	α-淀粉酶	α-1,4	产物为α-麦芽糖，专一外切α-淀粉酶的产物是麦芽三糖、麦芽四糖、麦芽五糖和麦芽六糖，并保持构象不变
	葡萄糖化酶(EC 3.2.1.3)	α-1,6	产物为β-葡萄糖
	α-葡萄糖苷酶(EC 3.2.1.20)	α-1,4	产物为α-葡萄糖
转移酶	环状麦芽糊精葡萄糖转移酶(EC 2.4.1.19)	α-1,4	由淀粉生成含 6～12 个糖单位的α-环糊精和β-环糊精

α-淀粉酶（α-amylase）存在于所有的生物中，它从淀粉（直链淀粉和支链淀粉）、糖原和环糊精分子的内部水解 α-1,4-糖苷键，水解产物中异头碳的构型保持不变。由于 α-淀粉酶是内切酶，因此它能显著地影响含淀粉食品的黏度，这些食品包括布丁和奶油酱等。唾液和胰 α-淀粉酶对于消化食品中的淀粉是非常重要的。一些微生物含有高浓度的 α-淀粉酶，其在高温下才会失活，它们对于以淀粉为基料的食品的稳定性会产生不良的影响。

β-淀粉酶（β-amylase）存在于高等植物中，它从淀粉分子的非还原性末端水解 α-1,4-糖苷键，产生 β-麦芽糖。由于 β-淀粉酶是端解酶，因此仅当淀粉中许多糖苷键被水解时，淀粉糊的黏度才会发生显著改变。β-淀粉酶作用于支链淀粉时不能越过所遇到的第一个 α-1,6-糖苷键，而作用于直链淀粉时能将它完全水解。如果直链淀粉分子含偶数葡萄糖基，产物中都是麦芽糖；如果淀粉分子含奇数葡萄糖基，产物中除麦芽糖外，还含有葡萄糖。因此β-淀粉酶单独作用于支链淀粉时，水解的程度是有限的。聚合度10左右的麦芽糖浆在食品工业中是一种很重要的配料。人体中的淀粉酶是一种巯基酶，它能被许多巯基试剂抑制。在麦芽中，β-淀粉酶常通过二硫键以共价方式连接至其它巯基上，因此，用一种巯基化合物（如半胱氨酸）处理麦芽能提高它所含的β-淀粉酶的活力。

(5) 蛋白酶

对于动物性食品原料，决定其质构的生物大分子主要是蛋白质。蛋白质在天然存在的蛋白酶作用下所产生的结构上的改变会导致这些食品原料质构上的变化，如果这些变化是适度的，则食品具有理想的质构。

① 组织蛋白酶

组织蛋白酶（cathepsin）存在于动物组织的细胞内，在酸性条件下具有活性。这类酶位于细胞的溶菌体内，它们区别于由细胞分泌出来的蛋白酶（胰蛋白酶和胰凝乳蛋白酶），已经发现五种组织蛋白酶，它们分别是用字母A、B、C、D和E表示。此外，还分离出一种组织羧肽酶（tissue carboxypeptidase）。

组织蛋白酶参与了肉成熟期间的变化。当动物组织的pH在宰后下降时，这些酶从肌肉细胞的溶菌体粒子中释放出来。据推测，这些蛋白酶透过组织，导致肌肉细胞中的肌原纤维以及胞外结缔组织，如胶原分解，它们在pH2.5～4.5范围内具有最高的活力。

② 钙活化中性蛋白酶

钙活化中性蛋白酶（calcium-activated neutral proteinase，CANP）是已被鉴定的一种重要的蛋白酶。已经证实存在着两种钙活化中性蛋白酶，即CANPⅠ和CANPⅡ，它们都是二聚体。两种酶含有相同的较小的亚基，分子量约为30000，并且都含有不同的较大的亚基，分子量为80000，在免疫特性方面有所不同，在结构上相符程度约50%。尽管钙离子对于酶的作用是必需的，但酶的活性部位中含有半胱氨酸残基的巯基，因此它归属于半胱氨酸（巯基）蛋白酶。50～100pmol/L Ca^{2+}可使纯的CANPⅠ完全激活，而CANPⅡ的激活需要1～2pmol/L Ca^{2+}，CANPⅡ激活需要的浓度比CANPⅠ低，应先被激活。肌肉CANP以低浓度存在，它在pH低至约为6时还具有作用。肌肉CANP可以通过分裂特定的肌原纤维蛋白质而影响肉的嫩化。这些酶很有可能是在宰后的肌肉组织中被激活，并在肌肉改变成肉制品的过程中同溶菌体蛋白酶协同作用。

与其他组织相比，肌肉组织中蛋白酶的活力是很低的，兔的心脏、肺、肝和胃组织的蛋白酶活力分别是腰肌的13、60、64和76倍。正是由于肌肉组织中的低蛋白酶活力才会导致成熟期间死后僵直体肌肉以缓慢的有节制和有控制的方式松弛，这样产生的肉具有良好的质构。如果在成熟期间肌肉中存在激烈的蛋白酶作用，那么不可能产生理想的肉的质构。

③ 乳蛋白酶

牛乳中主要的蛋白酶是一种碱性丝氨酸蛋白酶，它的专一性类似于胰蛋白酶。此酶水解β-酪蛋白产生疏水性更强的γ-酪蛋白，也能水解α_s-酪蛋白，但不能水解κ-酪蛋白。在乳酪成熟过程中乳蛋白酶参与蛋白质的水解作用。由于乳蛋白酶对热较稳定，因此，它的作用对于经超高温处理的乳蛋白的凝胶作用也有贡献。乳蛋白酶将β-酪蛋白转变成γ-酪蛋白这一过程对于各种食品中乳蛋白质的物理性质有重要的影响。在牛乳中还存在着一种最适pH在4左右的酸性蛋白酶，然而，此酶较易失活。

6.5.3 对食品风味的影响

除外源添加风味成分和食品加工过程中所产生风味成分外，酶对食品中风味的影响也很重要。在食品加工和贮藏过程中可以利用某些酶改变食品的风味，使原有的风味增强、减弱或失去，或者产生新的风味成分。如风味酶已广泛应用于改善食品的风味，将奶油风味酶作用于含乳脂的巧克力、冰淇淋、人造奶油等食品，可增强这些食品的奶油风味。此外，如不恰当的热烫处理或冷冻干燥，由于过氧化物酶、脂肪氧化酶等的作用，会导致青刀豆、玉米、莲藕、冬季花菜和花椰菜等产生明显的不良风味。当不饱和脂肪酸存在时，过氧化物酶能促进不饱和脂肪酸的过氧化物降解，产生挥发性的氧化风味化合物，导致油脂酸败。下面介绍几种影响食品风味的酶。

(1) 硫代葡萄糖苷酶

在芥菜和辣根中存在着芥子苷。在这类硫代葡萄糖苷中，葡萄糖基与糖苷配基之间有一个硫原子，其中 R 为烯丙基、3-丁烯基、4-戊烯基、苯基或其他的有机基团，烯丙基芥子苷最为重要。硫代葡萄糖苷在天然存在的硫代葡萄糖苷酶（glucosidase）作用下，导致糖苷配基的裂解和分子重排。产物中异硫氰酸酯是含硫的挥发性化合物，它与葱的风味有关。人们熟悉的芥子油即为异硫氰酸丙烯酯，是由丙烯基芥子苷经硫代葡萄糖苷酶的作用产生的。

$$R—C(—S—C_6H_{11}O_5)=N—O—SO_3^-K^+$$

(2) 过氧化物酶

过氧化物酶普遍存在于植物和动物组织中。在植物的过氧化物酶中，对辣根过氧化物酶（horseradish peroxidase，EC 1. 11. 1. 7）研究得最为彻底。如果不采取适当的措施使食品原料（如蔬菜）中的过氧化物酶失活，那么在随后的加工和保藏过程中，过氧化物酶的活力会损害食品的质量。未经热烫的冷冻蔬菜所具有的不良风味被认为是与酶的活力有关，这些酶包括过氧化物酶、脂肪氧化酶、过氧化氢酶、α-氧化酶（α-oxidase）和十六烷酰-辅酶 A 脱氢酶（palmitoyl-CoA dehydrogenase）。然而，根据线性回归分析未能发现上述酶中任何两种酶活力之间的关系或任何一种酶活力与抗坏血酸浓度之间的关系。

各种不同来源的过氧化物酶通常含有一个血色素（铁卟啉Ⅸ）作为辅基。过氧化物酶催化下列反应：

$$ROOH+AH_2 \xrightarrow{\text{过氧化物酶}} H_2O+ROH+A$$

反应物中的过氧化物（ROOH）可以是过氧化氢（H_2O_2）或一种有机过氧化物，如过氧化甲基（CH_3OOH）或过氧化乙基（CH_3CH_2OOH）。在反应中过氧化物被还原，而一种电子给予体（AH_2）被氧化。电子给予体可以是抗坏血酸、酚、胺类化合物。在过氧化物酶催化下，电子给予体被氧化成有色化合物，根据反应的这个特点可以设计分光光度法测定过氧化物酶的活力。

目前对过氧化物酶导致食品不良风味形成的机制还不十分清楚，Whitaker 认为应采用导致食品不良风味形成的主要酶作为判断食品热处理是否充分的指标。如脂肪氧化酶被认为是导致青刀豆和玉米不良风味形成的主要酶，而胱氨酸裂解酶是导致菜花不良风味形成的主要酶。由于过氧化物酶普遍存在于植物中，因此它的活力广泛地被采用为果蔬热处理是否充分的指标。

过氧化物酶在生物原料中的作用可能还包括下列几个方面：①作为过氧化氢的去除剂；②参与木质素的生物合成；③参与乙烯的生物合成；④作为果蔬成熟的促进剂。虽然上述酶的作用如何影响食品品质还不十分清楚，但是过氧化物酶活力的变化与一些果蔬的成熟和衰老有关已得到证实。

(3) 其他酶对食品风味的影响

脂肪酶在乳制品的增香过程中发挥着重要作用，在加工时添加适量脂肪酶可增强干酪和黄油的香味，将增香黄油用于奶糖、糕点等可节约黄油的用量。选择性地使用较高活力的蛋白酶和肽酶，再与合适的脂肪酶结合起来可以使干酪的风味强度比一般成熟的干酪要至少提高 10 倍。使用这种方法，干酪的风味是完全可以接受的，不会增加由于蛋白质酶过分水解产生的苦味。芝麻、花生烘烤后有很强的香气，其主要成分为吡嗪化合物、*N*-甲基吡咯、含硫化合物。加入脂肪氧化酶后，能有效地增加其香味。脂肪酶能够催化分解甘油酯，生成甘油和脂肪酸。因牛、羊、猪、禽不同种动物中脂肪酸组成不同，所以肉的风味不同。

柚皮苷是葡萄柚和葡萄柚汁产生苦味的物质，可以利用柚苷酶处理葡萄柚汁，破坏柚皮苷，从而脱除苦味，也有采用 DNA 技术阻碍柚皮苷生物合成的途径达到改善葡萄柚和葡萄柚汁口感的目的。

在原料中除了游离的香气成分外，还有更多的香气成分是以 D-葡萄糖苷形式存在的。一些糖苷酶通过水解香气的前体物质，可提高食品的香气。β-葡萄糖苷酶（EC 3.2.1.21）是指能够水解芳香基或烷基葡萄糖苷或纤维二糖的糖苷键的一类酶。利用内源或外源的 β-葡萄糖苷酶水解这些前体物质，可释放出香气成分，如利用 β-葡萄糖苷酶处理桃汁、红葡萄汁，可明显提高其香气。

6.5.4 对食品营养品质的影响

食品在加工与贮藏过程中一些酶活的变化对食品营养影响的研究已有诸多报道。已知脂肪氧化酶氧化不饱和脂肪酸，会引起亚油酸、亚麻酸和花生四烯酸这些脂肪酸含量的降低，同时产生过氧自由基和氧自由基，这些自由基将使食品中的类胡萝卜素（维生素 A 的前体物质）、生育酚（维生素 E）、维生素 C 和叶酸含量减少，破坏蛋白质中的半胱氨酸、酪氨酸、色氨酸和组氨酸残基，或者引起蛋白质交联。一些蔬菜（如西葫芦）中的抗坏血酸能够被抗坏血酸酶破坏。硫胺素酶会破坏氨基酸代谢中必需的辅助因子硫胺素。此外，存在于一些微生物中的核黄素水解酶能降解核黄素。多酚氧化酶不仅引起褐变，使食品产生人们不想要的颜色和味道，而且还会降低蛋白质中赖氨酸含量，造成营养价值损失。

超氧化物歧化酶（superoxide dismutase，SOD）是广泛存在于动植物体内的一种金属酶，包括含铜与锌的超氧化物歧化酶（Cu，Zn-SOD）、含锰的超氧化物歧化酶（Mn-SOD）和含铁的超氧化物歧化酶（Fe-SOD）。这 3 种 SOD 都有清除超氧化物阴离子自由基的作用。SOD 有诸多的生理作用，如清除过量的超氧化自由基，具有很强的抗氧化、抗突变、抗辐射、消炎和抑制肿瘤的功能等。SOD 添加到食品中有两方面作用：一是作为抗氧剂，如作为罐头食品、果汁的抗氧剂，防止过氧化酶引起的食品变质及腐烂现象；二是作为食品营养的强化剂。由于 SOD 有延缓衰老的作用，可以大大提高食品的营养价值，尤其是作为抗衰老的天然的添加剂，已被国外广泛应用。目前用 SOD 作为添加剂的有蛋黄酱、牛奶、可溶性咖啡、啤酒、口香糖等。国内添加 SOD 的商品有酸奶、果汁饮料、冷饮品、奶糖、口服液、啤酒等。

一些水解酶类可将大分子分解为可吸收的小分子，从而提高食品的营养。如植酸酶就可对阻碍矿物质吸收的植酸进行水解，可提高磷等无机盐的利用率。同时由于植酸酶破坏了植酸对蛋白质的亲和力，也能提高蛋白质的消化率。

采摘乳熟期的甜玉米脱粒后，加水打浆，经过滤加热糊化，向糊化液中加入 α-淀粉酶和糖化酶保温处理，即可得到甜玉米糖化液。在甜玉米糖化液中加入一定量的木瓜蛋白酶，加热保温一定时间，当达到酶解终点后，将酶解液制成产品，可提高产品中氨基酸的含量。

6.6 酶的固定化

6.6.1 固定化酶的概念及意义

固定化酶是20世纪50年代开始发展起来的一项新技术，最初是将水溶性酶与不溶性载体结合起来，成为不溶于水的酶的衍生物，所以曾称为“水不溶酶”和“固相酶”。但是后来发现，也可以将酶包埋在凝胶内或置于超滤装置中，高分子底物与酶在超滤膜的一边，而反应产物可以透过膜逸出，在这种情况下，酶本身仍处于溶解状态，只不过被固定在一个有限的空间内不能自由流动。因此，用水不溶酶或固相酶的名称就不恰当了。在1971年第一届国际酶工程会议上，正式建议采用“固定化酶”(immobilized enzyme)的名称。

所谓固定化酶，是指在一定空间内呈闭锁状态存在的酶，能连续地进行反应，反应后的酶可以回收重复使用。因此，不管用何种方法制备的固定化酶，都应该满足上述固定化酶的条件。如将一种不能透过高分子化合物的半透膜置于容器内，并加入酶及高分子底物，使之进行酶反应，低分子生成物就会连续不断地透过滤膜，而酶因其不能透过滤膜而被回收再用，这种酶实质也是固定化酶。

固定化酶与游离酶相比，具有下列优点：①极易将固定化酶与底物、产物分开；②可以在较长时间内进行反复分批反应和装柱连续反应；③在大多数情况下，能够提高酶的稳定性；④酶反应过程能够得到严格控制；⑤产物溶液中没有酶的残留，简化了提纯工艺；⑥较游离酶更适合于多酶反应；⑦可以增加产物的回收率，提高产物的质量；⑧酶的使用效率提高，成本降低。

与此同时，固定化酶也存在一些缺点：①许多酶在固定化时，需利用有毒的化学试剂使酶与支持物结合，这些试剂若残留在食品中对人类健康有很大的影响；②连续操作时，反应体系中常滋生一些微生物，利用食品的养分进行生长代谢，污染食品；③固定化时，酶活力有损失；④增加了生产成本，工厂初始投资大；⑤只能用于可溶性底物，而且较适合于小分子底物，对大分子底物不适宜；⑥与完整菌体相比，不适宜多酶反应，特别是需要辅助因子的反应；⑦胞内酶必须经过酶的分离程序。

6.6.2 固定化酶的制备方法

6.6.2.1 固定化酶的制备原则

已发现的酶有数千种。固定化酶的应用目的、应用环境各不相同，而且可用于固定化制备的物理手段、化学手段、材料等多种多样。制备固定化酶要根据不同酶、不同应用目的和应用环境来选择不同的方法，但是无论如何选择，确定什么样的方法，都要遵循几个基本原则。

① 必须注意维持酶的催化活性及专一性。酶蛋白的活性中心是酶的催化功能所必需的，酶蛋白的空间构象与酶活力密切相关。因此，在酶固定化过程中，必须注意酶活性中心的氨基酸不发生变化，也就是酶与载体的结合部位不应当是酶的活性部位，而且要尽量避免那些可能导致酶蛋白高级结构被破坏的条件。由于酶蛋白的高级结构是凭借氢键、疏水键和离子键等弱键维持，所以固定化时要尽量采取温和的条件，尽可能保护好酶蛋白的活性基团。

② 固定化应该有利于生产自动化、连续化。为此，用于固定化的载体必须有一定的机械强度，不能因机械搅拌而破碎或脱落。

③ 固定化酶应有最小的空间位阻，尽可能不妨碍酶与底物的接近，以提高产品的产量。

④ 酶与载体必须结合牢固，从而使固定化酶能回收贮藏，利于反复使用。

⑤ 固定化酶应有最大的稳定性，所选载体不与废物、产物或反应液发生化学反应。

⑥ 固定化酶成本要低，以利于工业使用。

6.6.2.2 固定化酶的制备方法

酶的固定化方法很多，但对任何酶都适用的方法是没有的。酶的固定化方法通常按照用于结合的化学反应的类型进行分类。

(1) 非共价结合法

① 结晶法

结晶法就是使酶结晶从而实现固定化的方法。对于晶体来说，载体就是酶蛋白本身。它提供了非常高的酶浓度。对于活力较低的酶来说，这一点就更具优越性。酶的活力低不仅限制了固定化技术的运用，而且当酶的活力低时，通常使用酶的费用较昂贵。当提高酶的浓度时，就提高了单位体积的活力，并因此缩短了反应时间。但是这种方法也存在局限性，不断重复循环中，酶会有损耗，从而使得固定化酶浓度降低。

② 分散法

分散法就是通过酶分散于水不溶相中从而实现固定化的方法。对于在水不溶的有机相中进行的反应，最简单的固定化方法是将干粉悬浮于溶剂中，并且可以通过过滤和离心的方法将酶进行分离和再利用。然而，如果酶分布不好，将引起传质现象。导致活力低的一个原因在于目前还没有完整的酶粉末的保存状况和体系。比如酶由于潮湿和反应产生的水使贮存的冻干粉变得发黏并使酶的颗粒较大。另外，在有机溶剂中，酶的构象和稳定性也能影响其活力。尽管酶在水体系中有较高的乙酰化活力，而在甲苯中其活力较低。脂肪酶在冻干的过程中失去活力。冻干时，添加聚乙二醇（PEG）将会显著提高酶活力，PEG 能使酶在有机相中高度分散。将酶与 PEG 共价连接能得到最好的结果，而添加载体材料（如硅藻土）也会提高酶活力。

③ 物理吸附法

酶被物理吸附在不溶性载体上的一种固定化方法。此类载体很多，无机载体有多孔玻璃、活性炭、酸性白土、漂白土、高岭石、氧化铝、硅胶、膨润土、羟基磷灰石、磷酸钙、金属氧化物等；天然高分子载体有淀粉、白蛋白等；最近，大孔型合成树脂、陶瓷等载体也十分引人关注；此外还有具有疏水基的载体（丁基或己基-葡聚糖凝胶）可以疏水性吸附酶；以及以单宁作为配基的纤维素衍生物等载体。物理吸附法也能固定微生物细胞，并有可能在研究此法中开发出固定化增殖微生物的优良载体。

物理吸附法具有酶活性中心不易被破坏和酶高级结构变化少的优点，因而酶活力损失很少。若能找到适当的载体，这是很好的固定化酶的方法。但缺点是酶与载体相互作用弱、酶易脱落等。

④ 离子结合法

这是酶通过离子键结合于具有离子交换基的水不溶性载体的固定化方法。用于此法的载体有阴离子交换剂如 DEAE-纤维素、DEAE-葡聚糖凝胶（最早用于工业化生产）、Amberlite IRA-410、IRA-900，阳离子交换剂如 CM-纤维素、Amberlite CG-50、IRC-50、IR-120、Dowex-50 等。

离子结合法的操作简单，处理条件温和，酶的高级结构和活性中心的氨基酸残基不易被破坏，能得到酶活回收率较高的固定化酶。但是载体和酶的结合力比较弱，容易受缓冲液种类或 pH 的影响，在离子强度高的条件下进行反应时，酶往往会从载体上脱落。离子结合法也能用于微生物细胞的固定化，但是由于微生物在使用中会发生自溶，故用此法要得到稳定的固定化微生物较为困难。

(2) **化学结合法**

① 共价结合法

共价结合法是酶与载体以共价键结合的固定化方法，是载体结合法中报道最多的方法。归纳起来有两类：一是将载体有关基团活化，然后与酶有关基团发生偶联反应；另一类是在载体上接上一个双功能试剂，然后将酶偶联上去。可与载体共价结合的酶的功能团有 α-氨基或 ε-氨基，α、β 或 γ 位的羧基、巯基、羟基、咪唑基、酚基等。参与共价结合的氨基酸残基不应是酶催化活性所必需的，否则往往造成固定后的酶活力完全丧失。

共价结合法与离子结合法或物理吸附法相比，其优点是酶与载体结合牢固，一般不会因底物浓度高或存在盐类等原因而轻易脱落。但是该方法反应条件苛刻，操作复杂，而且由于采用了比较剧烈的反应条件，会引起酶蛋白高级结构变化，破坏部分活性中心，因此往往不能得到比活力高的固定化酶，酶活回收率一般为 30%左右，甚至酶对底物的专一性等性质也会发生变化。

所用载体分三类：天然有机载体（如多糖、蛋白质、细胞）、无机物（玻璃、陶瓷等）和合成聚合物（聚酯、聚胺、尼龙等）。其活化方法依载体性质各不相同。

② 交联法

交联法就是用双功能或多功能试剂使酶与酶之间，或微生物与微生物细胞之间交联的固定化方法。此法与共价结合法一样也是利用共价键固定酶，所不同的是它不使用载体。参与交联反应的酶蛋白的功能团有 N 末端的 α-氨基、赖氨酸的 ε-氨基、酪氨酸的酚基、半胱氨酸的巯基和组氨酸的咪唑基等。作为交联剂的有形成席夫碱的戊二醛，形成肽键的异氰酸酯，发生重氮偶合反应的双重氮联苯胺或 N,N'-乙烯双马来亚胺等。最常用的交联剂是戊二醛，其反应如下（E 表示酶或微生物）：

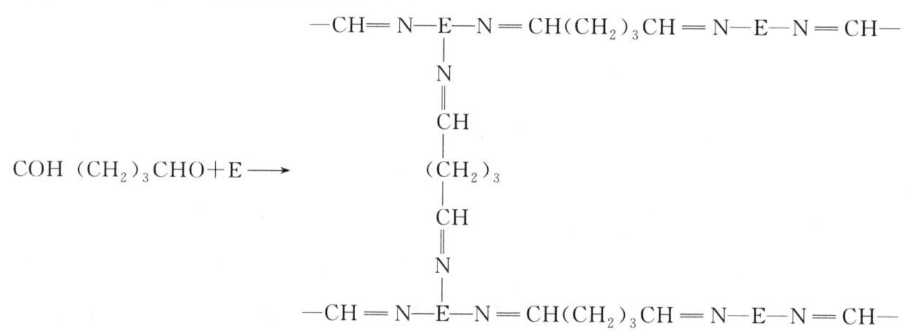

交联法反应条件比较剧烈，固定化的酶活回收率一般较低，但是尽可能降低交联剂的浓度和缩短反应时间将有利于固定化酶比活力的提高。

(3) **包埋法**

包埋法可分为网格型和微囊型两种：将酶或微生物包埋在高分子凝胶细微网格中的称为网格型；将酶或微生物包埋在高分子半透膜中的称为微囊型。包埋法一般不需要与酶蛋白的氨基酸残基进行结合反应，很少改变酶的高级结构，酶活回收率较高，因此可以应用于许多酶、微生物和细胞器的固定化，但是在包埋时发生化学聚合反应，酶易失活，必须巧妙设计反应条件。由于只有小分子可以通过高分子凝胶的网格扩散，并且这种扩散阻力还会导致固定化酶动力学的改变，降低酶活力，因此，包埋法只适合作用于小分子底物和产物的酶，对于那些作用于大分子底物和产物的酶是不适合的。

通常采用惰性的载体材料。载体上酶的活性范围很广，它是由结合上去的酶（通常为载体材料质量的 0.1%～10%）和酶的活力（0.1～500U/mg）决定的。因此，可以通过调整结合到特定载体上的酶的数量，来调节反应体积和载体之间的平衡。然而，惰性载体的孔将保留一定数目的产品，并需要一些洗脱步骤，这将会导致稀释作用和产生较高的生产费用。

① 网格型

载体材料有聚丙烯酰胺、聚乙烯醇和光敏树脂等合成高分子化合物以及淀粉、蒟蒻粉（魔芋粉）、明胶、胶原、海藻酸和角叉菜胶等天然高分子化合物。高分子化合物的合成常采用单体或预聚物在酶或微生物存在下聚合的方法，而溶胶状天然高分子化合物则在酶或微生物存在下凝胶化。网格型包埋法是在固定化微生物中用得最多、最有效的方法。

② 微囊型

微囊型固定化酶通常是直径为几微米到几百微米的球状体，颗粒比网格型要小得多，比较有利于底物和产物扩散，但是反应条件要求高，制备成本也高。制备微囊型固定化酶有下列几种方法。

a. 界面沉淀法。利用某些高聚物在水相和有机相的界面上溶解度极低而形成皮膜将酶包埋。如，先将含高浓度血红蛋白的酶溶液在水互不溶的有机相中乳化，在油溶性的表面活性剂存在下形成油包水的微滴，再将溶于有机溶剂的高聚物加入乳化液中，然后加入一种不溶解高聚物的有机溶剂，使高聚物在油-水界面上沉淀、析出、形成膜，将酶包埋，最后在乳化剂的帮助下由有机相移入水相。此法条件温和，酶失活少，但要完全除去膜上残留的有机溶剂很麻烦。作为膜材料的高聚物有硝酸纤维素、聚苯乙烯和聚甲基烯酸甲酯等。

b. 界面聚合法。利用亲水性单体和疏水性单体在界面发生聚合的原理包埋酶。例如，将含10%血红蛋白的酶溶液与1，6-己二胺的水溶液混合，立即在含1%斯盘-85（span-85）的氯仿-环乙烷中分散乳化，加入溶于有机溶液的癸二酰氯后，便在油-水界面上发生聚合反应，形成尼龙膜，将酶包埋。除尼龙膜外，还有聚酰胺、聚脲等形成的微囊。此法制备的微囊大小能随乳化剂浓度和乳化时搅拌速度而自由控制，制备过程所需时间非常短。但在包埋过程中由于发生化学反应会引起酶失活。

c. 二级乳化法。酶溶液先在高聚物（常用乙基纤维素、聚苯乙烯等）有机相中乳化分散，乳化液再在水相中分散形成次级乳化液，当有机高聚物溶液固化后，每个固体球内包含着多滴酶液。此法制备比较容易，但膜比较厚，会影响底物分散。

此外，还有脂质体包埋法，由表面活性剂和卵磷脂等形成液膜包埋酶，其特征是底物或产物的膜透过性不依赖于膜孔径大小，而只依赖于对膜成分的溶解度，因此可加快底物透过膜的速度。理想的固定化方法要有温和的化学条件，固定化酶的量大，在小体积内为酶-底物接触提供大量的表面积，具有化学稳定性、机械稳定性。

6.6.3 固定化对酶性质的影响

由于固定化也是一种化学修饰，酶本身的结构会受到不同程度的影响，同时酶固定化后，其催化作用由均相移到异相，由此带来的扩散限制效应、电荷效应、空间障碍、载体性质造成的分配效应等因素必然对酶的性质产生影响。

(1) 固定化对酶活力的影响

固定化酶的活力在多数情况下比天然酶小，其专一性也可能发生变化。如用羧甲基纤维素做载体固定的胰蛋白酶，对高分子底物酪蛋白的活力只有原酶的30%，而对低分子底物苯酞精氨酸-对硝基酰替苯胺的活力可保持80%。所以，一般认为高分子底物受到空间位阻的影响比低分子底物大。

在同一测定条件下，固定化酶的活力要低于等摩尔原酶的活力的原因可能是：①酶分子在固定化过程中，空间构象会改变，甚至影响了活性中心的氨基酸；②固定化后，酶分子空间自由度受到限制（空间位阻），会直接影响到活性中心对底物的定位作用；③内扩散阻力使底物分子与活性中心的接近受阻；④包埋时酶被高分子物质半透膜包围，大分子底物不能透过膜与酶接近。但有个别例外，酶固定化后比原酶活力提高，可能是偶联过程中酶得到化学修饰，或固定化过程提高了酶的稳定性。

(2) 固定化对酶稳定性的影响

稳定性是关系到固定化酶在应用中的关键问题，多数情况下，酶经过固定化后其稳定性都有所提高。有研究报道，选择 50 种固定化酶，与原酶的稳定性进行比较，发现其中有 30 种酶经固定化后稳定性提高了，12 种酶无变化，只有 8 种酶稳定性降低。然而，目前尚未找到固定化方法与稳定性间的规律性，因而预测酶固定化后的稳定性结果有待进一步研究。通常酶固定化后稳定性提高表现在：①热稳定性提高，作为生物催化剂，与普通化学催化剂一样，温度越高，反应速度越快，但是，酶（除核酸酶外）是蛋白质组成的，一般对热不稳定，因此，酶实际上不能在高温条件下进行反应，而固定化酶耐热性提高，使酶最适温度提高，酶催化反应能力在较高的温度下进行，加快反应速度；②对各种有机试剂及酶抑制剂的稳定性提高，提高固定化酶对各种有机溶剂的稳定性，使本来不能在有机溶剂中进行的酶反应成为可能；③不同 pH（酸度）、蛋白酶、贮存条件和操作条件都对固定化酶的稳定性有影响，如青霉素酰化酶在不同 pH 的缓冲液中，于 37℃保温 16h 测定酶活力，固定化酶在 pH5.5～10.3 活力稳定，而未固定酶（游离酶）仅在 pH7.0～9.0 稳定，固定化酶的 pH 稳定性明显优于游离酶。

固定化后酶稳定性提高的原因可能有以下几点：①固定化后酶分子与载体多点连接，可防止酶分子伸展变性；②酶活力的缓慢释放；③抑制酶的自降解，将酶与固态载体结合后，由于酶失去了分子间相互作用的机会，从而抑制了降解。

(3) 固定化对酶最适温度的影响

酶反应的最适温度是酶热稳定性与反应速度共同决定的。由于固定化后，酶的热稳定提高，所以最适温度也随之提高，这是非常有利的结果。

(4) 固定化对酶最适 pH 影响

酶由蛋白质组成，其催化活性对外部环境特别是 pH 非常敏感。酶固定化后，对底物作用的最适 pH 常发生偏移。一般来说，用带负电荷载体（阴离子聚合物）制备的固定化酶，其最适 pH 较游离酶偏高，这是因为多聚阴离子载体会吸引溶液中阳离子，包括 H^+，使其附着于载体表面，结果是固定化酶扩散层 H^+ 浓度比周围的外部溶液高，即偏酸，这样外部溶液中的 pH 必须向碱性偏移，才能抵消微环境作用，使其表现出酶的最大活力。反之，使用带正电荷的载体其最适 pH 向酸性偏移。

(5) 固定化对酶的米氏常数（K_m）影响

固定化酶的表观米氏常数随载体的带电性能变化。当酶结合于电中性载体时，由于扩散限制造成表观 K_m 上升，可是带电载体和底物之间的静电作用会引起底物分子在扩散层和整个溶液之间不均一分布。由于静电作用，与载体电荷性质相反的底物在固定化酶微环境中的浓度较低时，也可达到最大反应速度，即固定化酶的表观 K_m 值显著增加。简单说，由于高级结构变化及载体影响引起酶与底物亲和力变化，从而使 K_m 变化。这种 K_m 变化又受到溶液中离子强度影响：离子强度升高，载体周围的静电梯度逐渐减小，K_m 变化也逐渐缩小以至消失。例如在低离子浓度条件下，多聚阴离子衍生物-胰蛋白酶复合物对苯甲酰氨酸乙酯的 K_m 比原酶小 96.8%，但在高离子浓度下，接近原酶的 K_m。

6.6.4 固定化酶在食品中的应用

固定化酶尽管有许多优点，但真正用于食品加工与贮藏中的不多，在食品分析中应用较多，原因在于固定化使用的试剂和载体成本高、固定化效率低、稳定性差、连续操作使用的设备比较复杂。淀粉转化为果糖是最有意义的体系。在淀粉转化的过程中需要将淀粉颗粒加热到105℃使之被破坏，但是由于淀粉膨胀，溶液的黏度太高，不利于酶的催化反应进行，如果此时使用热稳定性相对较高的地衣芽孢杆菌（*Bacillus licheniformis*）产生的α-淀粉酶，那么能将淀粉进行水解到DP＝10，但是在如此高的温度下，淀粉和溶剂中的任何微生物都会遭到破坏，因此，上述途径毫无意义。如果将葡萄淀粉酶和葡萄糖异构酶固定在柱状反应器上，对淀粉进行水解和异构化催化反应，则是十分有利的，而且相对较稳定，至于柱子的污染和再生也不存在问题。此外，在食品加工中应用的还有氨酰基转移酶、天冬氨酸酶、延胡索酸酶和α-半乳糖苷酶等固定化酶。一些国家将乳糖酶固定在载体上，用以水解牛乳中的乳糖为半乳糖和葡萄糖，生产不含乳糖的牛乳以满足乳糖酶缺乏的人群的需要。

思考题

1. 什么是酶？按照催化反应，酶可分几类？酶反应的本质是什么？
2. 什么是内源酶和外源酶？
3. 有哪些因素影响酶的活性？
4. 酶是如何命名的？意义是什么？
5. 与一般催化剂相比，酶作为催化剂有哪些特性？
6. 什么是同工酶？
7. 动植物等生物材料中的酶有什么不同？
8. 酶促褐变的机理是什么？如何控制酶促褐变？
9. 举例说明，酶在食品加工和保鲜中的作用。
10. 酶促褐变对食品的品质有什么影响？如何利用酶促褐变？
11. 酶是如何影响食品的质构特性？
12. 什么是酶的激活剂？酶的激活剂如何分类？其对酶有什么影响？
13. 什么是酶的抑制剂？抑制原理什么？在食品中如何利用抑制剂？
14. 举例说明，淀粉酶、蛋白酶、脂肪酶在食品加工中的作用，及其对食品营养特性的影响。
15. 举例说明纤维素酶在食品加工的作用和前景。
16. 简述脂肪氧化酶在食品加工和贮藏中的特性及控制方法。
17. 什么是固定化酶？酶的固定有哪些方法？
18. 酶的固定化原则是什么？固定化对酶的性质有什么影响？
19. 固定化酶有什么优缺点？
20. 简述固定化酶在食品工业中的应用途径及特点。

第7章 维生素

学习提要

重点掌握维生素的种类及其在机体中的主要作用；熟悉维生素的基本结构特征和理化性质，以及水溶性维生素和脂溶性维生素在食品原料中的分布规律、特点；掌握维生素在食品加工、贮藏过程中的变化规律及影响其含量的因素；了解维生素对人膳食营养的重要性、意义及保存维生素的方法。

7.1 概述

7.1.1 维生素的概念

维生素（vitamin）旧称“维他命”，是多种不同类型、具有不同化学结构和生理功能的低分子量有机化合物。人体每日对维生素的需要量虽然很少，但它却是维持机体生命所必需的物质。它在体内的作用包括以下几个方面：①作为辅酶或辅酶的前体（烟酸、维生素 B_1、维生素 B_2、生物素、泛酸、维生素 B_6、维生素 B_{12} 以及叶酸等）；②抗氧化剂，作为抗氧化保护体系的组分（抗坏血酸、某些类胡萝卜素及维生素 E）；③遗传调节因子，基因调控过程中的影响因素（维生素 A、维生素 D 等）；④行使某些特定功能，如维生素 A 对视觉、抗坏血酸对各类羟基化反应以及维生素 K 对特定羧基化反应等的影响。目前，已经发现了几十种维生素和类维生素，而与人体健康和营养有关的维生素大约有 20 种。

维生素及其前体存在于天然食物原料中。与食物原料相比，加工后的食物中维生素含量实际上较低，这是由于许多维生素稳定性差，且在食品加工、贮藏过程中损失较大。因此，要尽可能最大限度地保存食品中的维生素，避免其损失或与食品中其他组分发生反应，应从原料的收获和选择、贮藏与加工方法、食品添加物的选择、食物的运销等方面全面考虑。

7.1.2 维生素的特点及稳定性

维生素于 19 世纪被发现。1897 年，艾克曼（Eijkman Christian）发现人只吃精磨的白米会患脚气病，而食用未经碾磨的糙米能治疗这种病，并发现可治脚气病的物质能用水或酒精提取，且称这种物质为“水溶性 B”。1906 年证明食物中含有除蛋白质、脂类、碳水化合物、无机盐和水以外的“辅助因素”，其量很小，但为动物生长所必需。

维生素虽然参与体内能量代谢，但本身并不参与机体内各种组织器官的组成，也不能为机体提供能量，它们的作用主要是以辅基或辅酶形式参与机体细胞物质代谢和能量代谢的调节。人体新陈代谢过程极其复杂，其与酶的催化作用密切相关，而酶产生活性必须要有辅酶参加。已知许多维生素是酶的辅酶或者是辅基的组成分子。因此，维生素是维持和调节机体正常代谢的重要物质，人体缺乏维生素时会引起机体代谢紊乱，导致特定的缺乏症或综合征，如缺乏维生素A时易患夜盲症。

人体所需的维生素大部分不能在体内合成，或者即使能合成但合成的量也很少，不能满足人体的正常需要，而且维生素本身也在不断地代谢，所以必须从食物中摄取。从食品化学的角度看，有些维生素作为还原剂、自由基淬灭剂等会影响食品的化学性质。另外，大多数维生素以一类结构相关、营养功能类似的化合物形式存在，同一种维生素的不同形式之间的稳定性存在巨大差异。现有的研究中对维生素的稳定性和性质有了较为深入的了解，但是目前对维生素在复杂的食品环境中的变化研究较少。

食品中维生素含量的高低，除与原料的品种、成熟度等属性有关外，与原料栽培的环境、土肥情况、肥水管理、光照时间和强度、植物采后处理或动物宰后的生理也有一定关系；此外，还受加工前的预处理、加工方式、贮藏时间和温度等各种因素的影响，其损失程度取决于各种维生素的稳定性。因此，在食品加工与贮藏过程中应最大限度地减少维生素的损失，并保证产品的安全性。每一种维生素因其结构不同，其在酸、碱、光、热、氧化剂与还原剂、湿度等环境中的稳定性也存在差异。表7-1总结了部分维生素在不同条件下的稳定性。

表7-1 维生素稳定性概况

维生素	酸	碱	光	热	湿度	氧化剂	还原剂	最大烹调损失/%
维生素A	+	—	++	+	—	++	—	40
维生素D	+	+	++	+	—	++	—	40
维生素E	—	+	+	+	—	+	—	55
维生素K	—	++	++	—	—	+	—	5
维生素C	+	++	—	+	+	++	—	100
维生素B_1	—	++	+	+	+	—	—	80
维生素B_2	—	++	++	—	—	—	+	75
烟酸	—	—	—	—	—	—	+	75
维生素B_6	+	+	+	—	—	—	—	40
维生素B_{12}	++	++	+	+	+	—	++	10
泛酸	++	++	—	+	+	—	—	50
叶酸	+	+	+	—	—	++	++	100
生物素	+	+	—	—	—	—	—	60

注：—几乎不敏感；+敏感；++高度敏感。

7.1.3 维生素的生物利用率

维生素的生物利用率（bioavailability of vitamins）是指所摄入的维生素，经肠道吸收在体内起的代谢功能和被利用的程度。广义上生物利用率包括所摄取的维生素吸收和利用两个方面，并不涉及摄入前维生素的损失。影响维生素生物利用率的因素包括：①膳食的组成，它可影响维生素在肠道内的停留时间、黏度、乳化性质和pH；②维生素的形式，维生素的吸收速度和程度、消化前在胃及肠道中的稳定性、转化为活性代谢物或辅酶形式的难易程度以及代谢功效等方面因维生素形式的不同而各不相同；③特定维生素与膳食组成（如蛋白质、淀粉、膳食纤维、脂肪）的相互作用，此作用会影响维生素在肠道内的吸收。人们通过膳食摄入维生素后，影响维生素生物利用率的因素很复杂，除膳食结构外，还受个体差异的影响。

7.1.4 维生素的分类

维生素及其前体化合物均属于维生素家族，种类众多，目前所知有几十种，都是小分子有机化合物；它们的化学结构复杂且无共同性，有脂肪族、芳香族、脂环族、杂环族和甾环族化合物等。同时，维生素的生理功能各异，有的维生素参与所有细胞的物质与能量的转移过程；它们作为生物催化剂（酶的辅助因子）而起着各种生理作用，如B族维生素；有的维生素则专一性地作用于高等有机体的某些组织，如维生素A对视觉起作用、维生素D对骨骼构成起作用、维生素E具有抗不育症作用、维生素K具有凝血作用等。由于维生素的化学结构复杂、生理功能各异，因而无法按结构或功能对其进行分类。

早期因缺少对维生素性质的了解，一般按其发现先后顺序命名，如维生素A、维生素B、维生素C、维生素D、维生素E等。或根据其生理功能特征、化学结构特点等命名，如维生素C又称抗坏血酸；维生素 B_1 因分子结构中含有硫和氨基，也称为硫胺素。后来人们根据维生素在脂类溶剂或水中的溶解性特征，将其分为两大类：脂溶性维生素（fat-soluble vitamin）和水溶性维生素（water-soluble vitamin）。脂溶性维生素包括维生素A、维生素D、维生素E、维生素K，水溶性维生素包括维生素C和B族维生素，如表7-2所示。

表7-2 维生素的分类、生理功能及主要来源

分类			俗名	生理功能	主要来源
水溶性维生素	B族维生素	维生素 B_1	硫胺素，抗神经炎维生素	抗神经炎，预防脚气病	酵母、谷类、肝脏、胚芽
		维生素 B_2	核黄素	促进生长，预防唇炎、舌炎、脂溢性皮炎	酵母、肝脏
		维生素 B_3	泛酸	促进代谢	肉类、谷类、新鲜蔬菜
		维生素PP、维生素 B_5	烟酸，烟酰胺，尼克酸，抗糙皮病维生素	预防糙皮病，形成辅酶Ⅰ和辅酶Ⅱ的成分	酵母、米糠、谷类、肝脏
		维生素 B_6	吡哆醇，抗皮炎维生素	与氨基酸代谢有关	酵母、米糠、谷类、肝脏
		维生素H	生物素	促进脂类代谢，预防皮肤病	肝脏、酵母
		维生素 B_{11}	叶酸	预防恶性贫血	肝脏、植物叶
		维生素 B_{12}	氰钴素，钴胺素	预防恶性贫血	肝脏
	维生素C		抗坏血酸	预防及治疗维生素C缺乏症，促进细胞间质生长	蔬菜、水果
脂溶性维生素		维生素A	视黄醇	预防表皮细胞角化，促进生长，预防眼干燥症（俗称干眼病）	鱼肝油、绿色蔬菜
		维生素D	骨化醇，抗佝偻病维生素	调节钙、磷代谢，预防佝偻病	鱼肝油、牛奶
		维生素E	生育酚，生育维生素	预防不育症	谷类胚芽及其油
		维生素K	凝血维生素	促进血液凝固	肝脏、绿色蔬菜

水溶性维生素易溶于水而不溶于非极性有机溶剂，无需消化，直接从肠道吸收后，通过循环系统到达机体需要的组织中，多余的部分大多由尿排出，在体内储存甚少。脂溶性维生素易溶于非极性有机溶剂，而不易溶于水，经胆汁乳化，在小肠吸收，由淋巴循环系统进入到体内各器官。体内可储存大量脂溶性维生素，排泄率不高。维生素A和维生素D主要储存在肝脏，维生素E主要存在于体内脂肪组织，维生素K储存较少。

有些化合物在化学结构上类似某种维生素，经过简单的代谢反应即可转变成维生素，此类物质称为维生素原。如β-胡萝卜素能转变为维生素A，7-脱氢胆固醇可转变为维生素 D_3，但要经过许多复杂代谢反应才能形成。此外，还有类似维生素，如胆碱、肉毒碱、吡咯喹啉醌、乳清酸、牛磺酸、肌醇等，也被称为“其他微量有机营养素”。

7.2 脂溶性维生素

脂溶性维生素分子中仅含有碳、氢、氧三种元素，均为非极性疏水的异戊二烯衍生物，溶于脂肪及脂溶剂，不溶于水。脂溶性维生素的存在与吸收均与脂肪有关，在食物中常与脂类共存，并随脂类一同吸收。任何增加脂肪吸收的措施，均可增加脂溶性维生素的吸收；当脂类吸收不足时，脂溶性维生素的吸收也相应减少，甚至出现缺乏症；吸收的脂溶性维生素可以在肝脏储存，如果摄入过多会出现中毒症状。脂溶性维生素易受光、热、湿、酸、碱、氧化剂等破坏而失效。

7.2.1 维生素 A

(1) 结构与存在

维生素 A 是一类由 20 个碳构成的有机化合物，其羟基可被酯化成酯或转化为醛或酸，也可以游离醇的状态存在，主要有维生素 A_1（视黄醇，retinol）及其衍生物（醛、酸、酯）、维生素 A_2（脱氢视黄醇，dehydroretinol）（图 7-1）。维生素 A 的活性形式主要是视黄醇及其脂类，视黄醛、视黄酸次之。视黄醇醋酸酯也广泛用于食品营养强化。

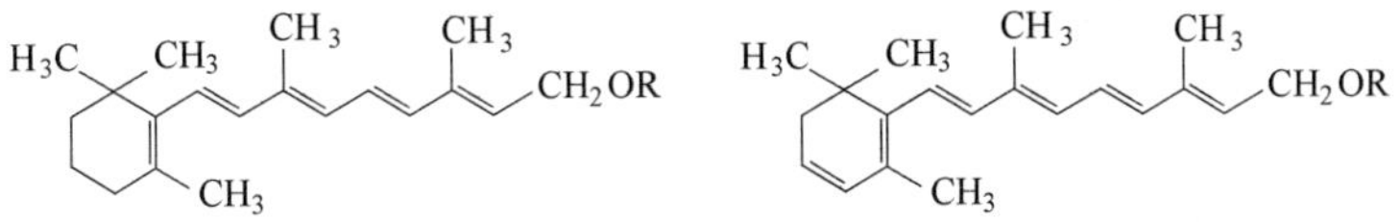

维生素A_1　　　　维生素A_2

R=H或$COCH_3$(醋酸酯)或$CO(CH_2)_{14}CH_3$(棕榈酸酯)

图 7-1 维生素 A 的化学结构

维生素 A_1 结构中存在共轭双键（异戊二烯类），因而有多种顺、反立体异构体。食品中的维生素 A_1 主要是全反式结构，其生物效价最高；维生素 A_2 的生物效价只有维生素 A_1 的 40%；1,3-顺异构体（新维生素 A）的生物效价是维生素 A_1 的 75%。新维生素 A 在天然维生素 A 中约占 1/3，在人工合成的维生素 A 中很少。

食品中维生素 A 的含量可用国际单位（international units，IU）表示。1IU＝0.344μg 维生素 A 醋酸酯＝0.549μg 维生素 A 棕榈酸酯＝0.600μg β-胡萝卜素。目前，维生素 A 的含量常用视黄醇当量（retinol equivalents，RE）来表示，即 1RE＝1μg 视黄醇。

维生素 A 主要存在于动物组织中，维生素 A_1 在动物和海鱼中存在，维生素 A_2 存在于淡水鱼中。蔬菜中没有维生素 A，但所含的类胡萝卜素进入动物体内可转化为维生素 A，通常称之为维生素 A 原或维生素 A 前体，其中以 β-胡萝卜素转化效率最高，1 分子 β-胡萝卜素可转化为 2 分子维生素 A。富含维生素 A 或维生素 A 原的食品通常是呈现红色、黄色和绿色的蔬菜和红、黄色的水果，如胡萝卜、番茄、菠菜、豌豆苗、青椒、芒果、柑橘类水果等；动物性食品如蛋类、动物肝脏、牛奶、乳制品等（表 7-3）。膳食中维生素 A 和维生素 A 原的比例最好为 1∶2。

表 7-3 一些食物中维生素 A 和维生素 A 原的含量　　单位：μg/100g

食物名称	维生素 A	维生素 A 原	食物名称	维生素 A	维生素 A 原
牛肉	3	0.04	桃	0	0.34
奶酪(干酪)	152	0.07～0.11	洋白菜	0	0.10
鸡肉	92	0.01～0.15	花椰菜(煮熟)	0	2.5
纯牛奶(全脂)	54	0.01～0.06	菠菜(煮熟)	0	6.0
番茄(罐头)	0	0.5			

注：见杨月欣.《中国食物成分表标准版》. 第 6 版/第二册. 2019, 8。

(2) 性质

维生素 A 为淡黄色结晶，不溶于水，溶于脂肪和脂类溶剂。在一般的加热、弱酸和碱性条件下稳定，在无机强酸中不稳定；在无氧条件下，加热至 120℃，可保持 12h 仍很稳定，在有氧条件下，加热 4h 即失活；维生素 A 与维生素 E、磷脂共存较稳定。在食品加工和贮藏中，维生素 A 和维生素 A 原由于分子结构高度不饱和，对光、氧和氧化剂敏感，高温和金属离子可加速其分解，金属铜、铁对维生素 A 的破坏作用较强。在缺氧条件下，维生素 A 和维生素 A 原可能发生许多变化，尤其是β-胡萝卜素通过顺反异构化而转变为新β-胡萝卜素，使营养价值降低，蔬菜烹调和罐装时即发生该反应。有氧时β-胡萝卜素先氧化生成 5,6-环氧化物，然后异构为 5,8-环氧化物。光、酶及脂质过氧化物的共同氧化作用导致β-胡萝卜素的大量损失。光氧化的产物主要是 5,8-环氧化物。高温时β-胡萝卜素分解形成一系列芳香化合物，其中最重要的是紫罗烯（ionene），它与食品风味的形成有关。图 7-2 是维生素 A 在加工、贮藏过程中的变化，其变化也可以说是β-胡萝卜素的变化过程。脱水食品在贮藏过程中，易被氧化而失去维生素 A 和维生素 A 原的活性。a_w 和氧的浓度较低时，则类胡萝卜素损失小。

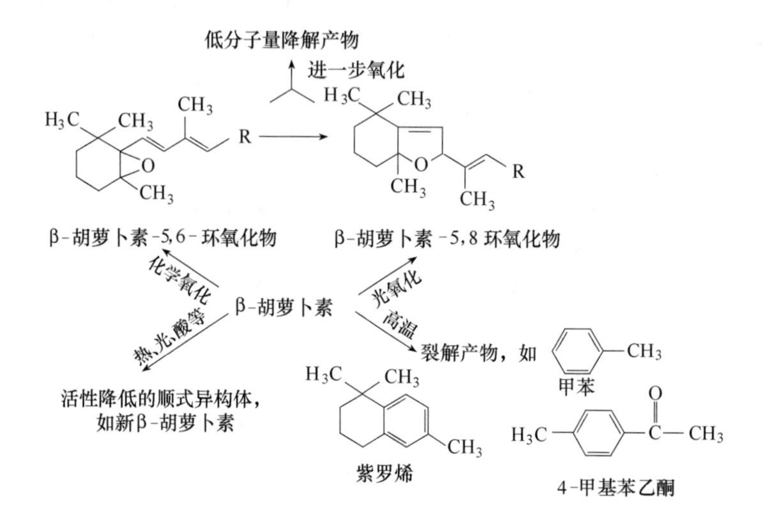

图 7-2 维生素 A 在加工、贮藏过程中的变化

(3) 生理功能

维生素 A（包括胡萝卜素）最主要的生理功能是：维持视觉，促进生长，增强生殖力，清除自由基，在延缓衰老、防止心血管疾病和肿瘤方面发挥作用。维生素 A 缺乏最早出现的症状是夜间视力减退，严重的则导致夜盲症、眼干燥症，出现皮肤干燥、毛囊角化、毛囊丘疹、毛发脱落，呼吸道、消化道、泌尿道和生殖道感染，特别是儿童容易发生呼吸道感染和腹泻，使生长发育变得迟缓。维生素 A 摄入过量，可引起急性中毒、慢性中毒及致畸毒性。急性中毒表现为恶心、呕吐、嗜睡；慢性中毒比急性中毒常见，表现为食欲不振、毛发脱落、头痛、耳鸣、腹泻等。中毒多发生在长期误服过量的维生素 A 浓缩剂的儿童。

除非出现脂肪吸收障碍，视黄醇可被有效吸收。视黄醇乙酸酯和棕榈酸酯与非酯化视黄醇的吸收效率相同。含有非吸收性的疏水物质如某些脂肪替代物的食品，会造成维生素 A 的吸收障碍。除了视黄醇和作为维生素 A 原的类胡萝卜素在利用上固有的差异外，许多食品中的类胡萝卜素只有很少一部分在肠道中吸收。类胡萝卜素专一地结合为类胡萝卜素蛋白或包埋于难消化的植物基质中会造成吸收障碍。在人体试验中，胡萝卜中的β-胡萝卜素与

纯 β-胡萝卜素相比，只有 21%的血浆 β-胡萝卜素响应值，花椰菜中的 β-胡萝卜素显示同样的低生物利用率。

7.2.2　维生素 D

(1) 结构与存在

维生素 D 是一类固醇衍生物，又称为钙化醇、抗软骨病维生素或抗佝偻病维生素。已确定结构的有 6 种，即维生素 D_2、维生素 D_3、维生素 D_4、维生素 D_5、维生素 D_6、维生素 D_7。天然维生素 D 主要包括维生素 D_2（麦角钙化醇，ergocalciferol）和维生素 D_3（胆钙化醇，cholecalciferol），它们的结构十分相似。维生素 D 是固醇类物质，具有环戊烷多氢菲结构。各种维生素 D 在结构上极为相似，仅支链 R 不同（图 7-3）。

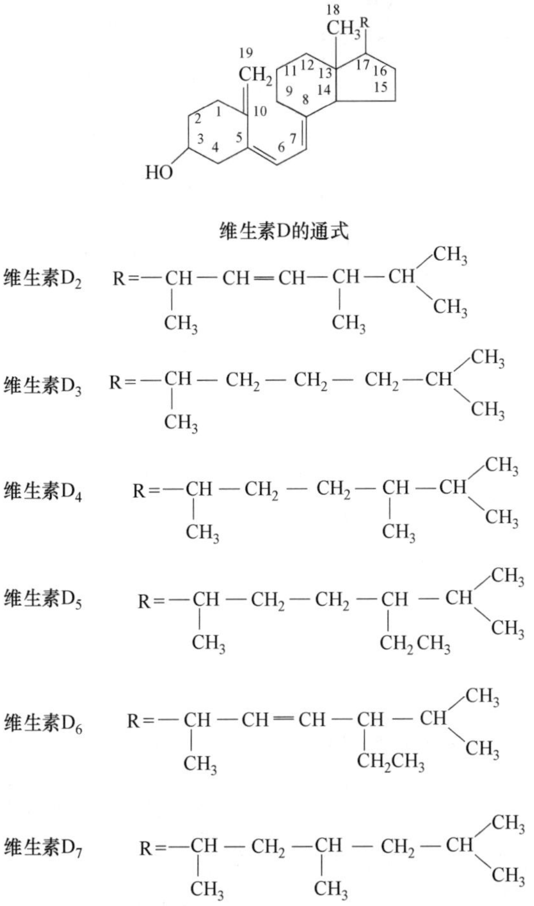

维生素D的通式

维生素D_2　$R = -CH(CH_3)-CH=CH-CH(CH_3)-CH(CH_3)_2$

维生素D_3　$R = -CH(CH_3)-CH_2-CH_2-CH_2-CH(CH_3)_2$

维生素D_4　$R = -CH(CH_3)-CH_2-CH_2-CH(CH_3)-CH(CH_3)_2$

维生素D_5　$R = -CH(CH_3)-CH_2-CH_2-CH(CH_2CH_3)-CH(CH_3)_2$

维生素D_6　$R = -CH(CH_3)-CH=CH-CH(CH_2CH_3)-CH(CH_3)_2$

维生素D_7　$R = -CH(CH_3)-CH_2-CH(CH_3)-CH_2-CH(CH_3)_2$

图 7-3　维生素 D 的结构式

维生素 D 在食物中常与维生素 A 伴存。鱼类脂肪及动物肝脏中含有丰富的维生素 D，其中海产鱼肝油中的含量最多，蛋黄、牛奶、奶油次之。植物性食品、酵母中所含的麦角固醇，经紫外线照射后转化为维生素 D_2，鱼肝油中也含有少量的维生素 D_2。人和动物皮肤中所含的 7-脱氢胆固醇，经紫外线照射后可转化为维生素 D_3。维生素 D 的生物活性形式为 1,25-二羟基胆钙化醇，1μg 维生素 D 相当于 40IU。

维生素 D 比较稳定，在加工和贮藏时很少损失。消毒、煮沸及高压灭菌对其活性无影响；冷冻贮存对牛乳和黄油中维生素 D 的影响不大。维生素 D 的损失主要与光照和氧化有关，其光解机制可能是直接光化学反应，或由光引发的脂肪自动氧化间接涉及反应。结晶的维生素 D 对热稳定，但在油脂中容易形成异构体，食品中油脂氧化酸败时也会使维生素 D 破坏。

维生素 D_3 广泛存在于动物性食品中，鱼肝油中含量最高，鸡蛋、牛乳、黄油、干酪中含量较少。一般情况下，仅从普通食物中获得充足的维生素 D 是不容易的，而采用日光浴的方式是机体合成维生素 D 的一个重要途径。植物中不含维生素 D，但大多数植物中含有固醇，不同的固醇经紫外线照射后可变成相应的维生素 D，因此这些固醇又称为维生素 D 原。各种维生素 D 原与所形成的维生素 D 的关系，见表 7-4。

表 7-4　维生素 D 原与所形成的维生素 D 的关系

维生素 D 原的名称	维生素 D 原的支链 R 的结构	维生素 D 的名称	相对生物学效价
麦角固醇(ergosterol)	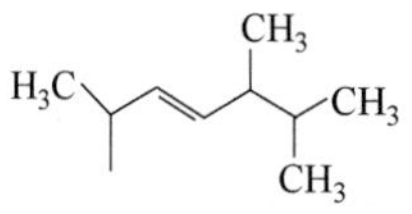 CH_3 H_3C CH_3 CH_3	维生素 D_2，麦角钙化醇(ergocalciferol)	1
7-脱氢胆固醇(7-dehydrocholesterol)	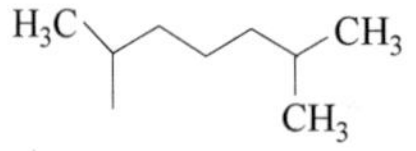 H_3C CH_3 CH_3	维生素 D_3，胆钙化醇(cholecalciferol)	1
22-双氢麦角固醇(22-dihydroergosterol)	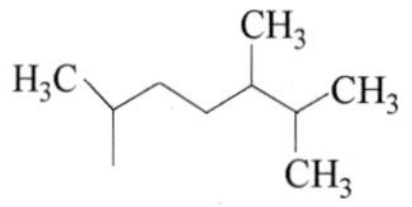 CH_3 H_3C CH_3 CH_3	维生素 D_4，双氢麦角钙化醇(dihydroergocalciferol)	1/2～1/3
7-脱氢谷固醇(7-dehydrositosterol)	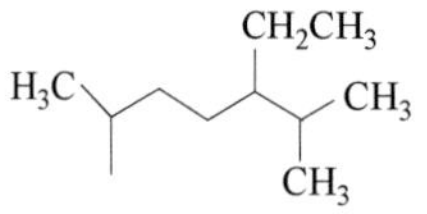 CH_2CH_3 H_3C CH_3 CH_3	维生素 D_5，谷钙化醇(sitocalciferol)	1/40
7-脱氢豆固醇(7-dehydrogenasol)	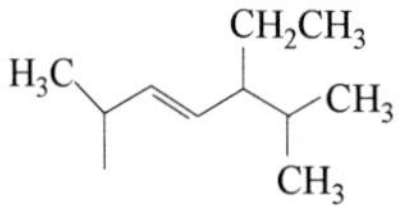 CH_2CH_3 H_3C CH_3 CH_3	维生素 D_6，豆钙化醇(stigmacalciferol)	1/300
7-脱氢菜籽固醇(7-dehydrogenated rapeseed sterol)	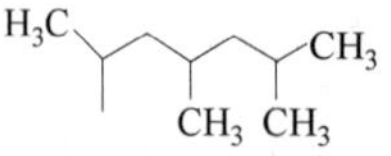 H_3C CH_3 CH_3 CH_3	维生素 D_7，菜籽钙化醇(campecalciferol)	1

(2) 性质

维生素 D 是无色晶体，不溶于水，而溶于脂类溶剂。其性质相当稳定，不易被酸、碱或氧破坏，有耐热性，但可被光及过度加热（160～190℃）所破坏。

(3) 生理功能

维生素 D 的重要生理功能是调节机体钙、磷的代谢，维持正常的血钙水平和磷酸盐水平；促进骨骼和牙齿的生长发育；维持血液中正常的氨基酸浓度；调节柠檬酸的代谢。人体缺乏维生素D时，儿童易患佝偻病，成人易患骨质疏松症。

通过食物来源的维生素D一般不会过量。但长期摄入过量维生素D可能会产生副作用甚至中毒。维生素D中毒症包括高血钙症、高尿钙症、厌食、恶心、呕吐、口渴、多尿、皮肤瘙痒、肌肉乏力、关节疼痛等。妊娠期和婴儿初期过多摄取维生素D，可引起婴儿体重偏低，严重者可造成智力发育不良及骨硬化。预防维生素D中毒的最有效方法是避免滥用。

7.2.3 维生素E

(1) 结构与存在

各种维生素E都是苯并二氢吡喃的衍生物，其基本结构如图7-4；不同的维生素E，其支链都相同，只是苯核上甲基的数目和位置各有差异，见表7-5。

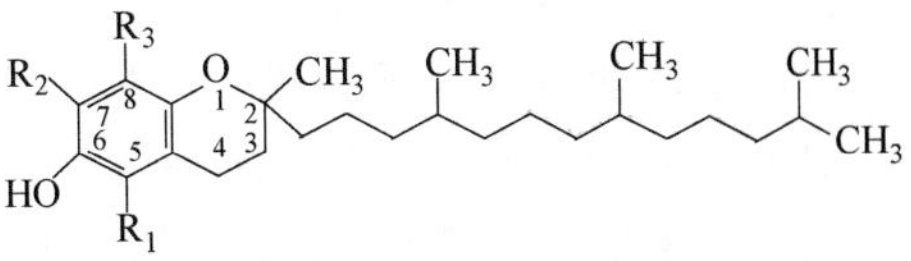

图7-4 维生素E的基本结构

表7-5 生育酚的种类及生理效价

侧链	名称	R_1	R_2	R_3	存在植物种类	相对生理效价
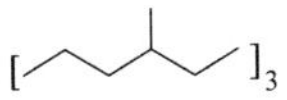	α-生育酚	$-CH_3$	$-CH_3$	$-CH_3$	小麦胚芽	1
	β-生育酚	$-CH_3$	$-H$	$-CH_3$	小麦胚芽	0.5
	γ-生育酚	$-H$	$-CH_3$	$-CH_3$	玉　米	0.2
	δ-生育酚	$-H$	$-H$	$-CH_3$	大　豆	0.1
	Σ-生育酚	$-CH_3$	$-CH_3$	$-H$	稻　米	0.5
	η-生育酚	$-H$	$-CH_3$	$-H$	稻　米	0
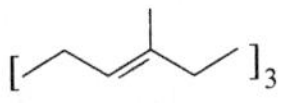	ε-生育酚	$-CH_3$	$-H$	$-CH_3$	玉　米	0.5
	Σ_1-生育酚	$-CH_3$	$-CH_3$	$-CH_3$	稻　米	0.5

维生素E又称抗不育维生素或生育酚（tocopherol）。自然界中已知具有维生素E功效的物质有8种，其中α-、β-、γ-、δ-四种生育酚较为重要，以α-生育酚的生理效价最高。通常所说的维生素E即指α-生育酚。

维生素E的含量也用国际单位表示。1个国际单位维生素E等于1mg的DL-α-生育酚乙酸酯，1mg D-α-生育酚等于1.49IU。

维生素E广泛分布于自然界，主要存在于植物性食品中，在玉米油、棉籽油、花生油、芝麻油以及菠菜、莴苣叶、甘薯等食品中含量较多；在蛋类、鸡（鸭）肫、豆类、坚果、种子、绿叶蔬菜中含量中等；在鱼、肉等动物性食品，水果，其它蔬菜中含量较低（表7-6）。

表7-6 植物油和某些食品中各种生育酚的含量

来源	食品	α-T	α-T3	β-T	β-T3	γ-T	γ-T3	δ-T3
植物油/(mg/100g)	葵花子油	56.4	0.013	2.45	0.207	0.43	0.023	0.087
	花生油	0.013	0.007	0.039	0.394	13.1	0.03	0.922
	豆油	17.9	0.021	2.80	0.437	60.4	0.078	37.1
	棉籽油	40.3	0.002	0.196	0.87	38.3	0.089	0.457
	玉米胚芽油	27.2	5.37	0.214	1.1	56.6	6.17	2.52
	橄榄油	9.0	0.008	0.16	0.417	0.471	0.026	0.043
	棕榈油	9.1	5.19	0.153	0.4	0.84	13.2	0.002
其他/(μg/mL或μg/g)	婴儿配方食品(皂化)	12.4		0.24		14.6		7.41
	菠菜	26.05	9.14					
	牛肉(mg/100g)	0.68						
	面粉	8.2	1.7	4.0	16.4			
	大麦	0.02	7.0		6.9		2.8	

注：T为生育酚；T3为生育三酚。

(2) 性质

维生素 E 为透明的淡黄色油状液体，不溶于水而溶于脂肪及脂类溶剂，不易被酸、碱及热破坏，在无氧时加热至 200℃也很稳定，但极易被氧化（主要在羟基及氧桥处氧化）。对白光相当稳定，但易被紫外线破坏。它在紫外线 259nm 处有一吸收光带。由于维生素 E 很容易被氧化，因而能起抗氧化剂的作用。

对于能正常消化和吸收脂肪的个体而言，维生素 E 类物质的生物利用率通常相当高。α-生育酚乙酸酯的生物利用率以摩尔（mol）为单位几乎与 α-生育酚完全相同，除非在高剂量时 α-生育酚乙酸酯的酶酯解受到限制。

(3) 生理功能及缺乏症状

维生素 E 与动物的生殖功能有关。动物缺乏维生素 E 时，其生殖器官受损而导致不育。雄性呈睾丸萎缩，不能产生精子；雌性虽仍能受孕，但易死胎，或胚胎的神经肌肉功能失调，导致早期流产。

(4) 稳定性与降解

食品在加工、贮藏和包装过程中，一般都会造成维生素 E 的大量损失。如，将小麦磨成面粉及加工玉米、燕麦和大米时，维生素 E 损失约 80%；在分离、除脂或脱水等加工步骤中，以及油脂精炼和氧化过程中也能造成维生素 E 损失。又如，脱水可使鸡肉和牛肉中 α-生育酚损失 36%～45%，但猪肉却损失很少或不损失。另外，制作罐头导致肉和蔬菜中生育酚量损失 41%～65%，炒坚果破坏 50%，食物经油炸生育酚损失 32%～70%。但由于生育酚不溶于水，在漂洗中不会随水流失。贮藏时食品中维生素 E 都有不同程度的损失，其损失的多少与贮藏期间食品中 a_w、温度、时间等有关。a_w 与维生素 E 降解的关系与不饱和脂肪酸相似，在单分子水层值时降解速率最小，高于或低于此 a_w，维生素 E 的降解速率均增大。有研究表明，在 23℃下贮存一个月的马铃薯片加工后生育酚损失 71%，贮存两个月损失 77%；当把马铃薯片冷冻于－12℃下，生育酚一个月损失 63%，两个月损失 68%。

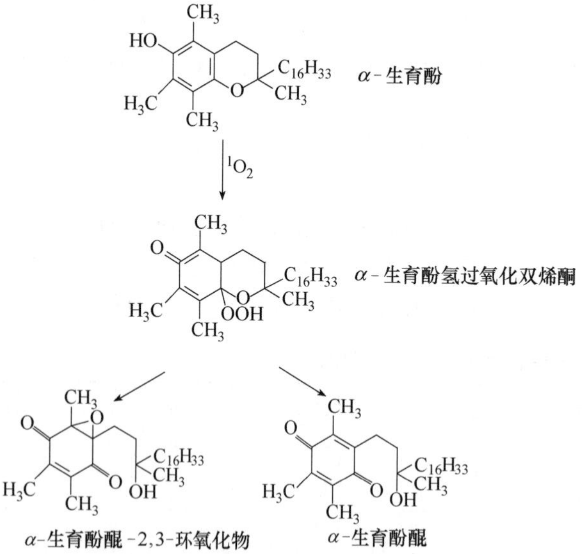

由于单重态氧能攻击生育酚分子的环氧体系，使之形成氢过氧化物衍生物，再经过重排，产生 α-生育酚醌和 α-生育酚醌-2,3-环氧化物（图 7-5），因此维生素 E 是一种单重态氧抑制剂。正是因为维生素 E 具有消除自由基、单重态氧等作用，所以其是食品的天然抗氧化剂。此外，维生素 E 的氧化通常伴随着脂肪氧化，也就是说维生素 E 在抗脂肪氧化的同时，它本身被氧化损失，如 α-生育酚在清除脂肪酸氧化过程中产生的过氧自由基时，它本身被氧化成 α-生育酚氧化物、α-生育酚醌及 α-生育酚氢醌（图 7-6）。

α-生育酚 → $^1O_2$ → α-生育酚氢过氧化双烯酮 → α-生育酚醌-2,3-环氧化物；α-生育酚醌

图 7-5 α-生育酚与单线态氧的反应历程

7.2.4 维生素 K

维生素 K 又称为凝血维生素。天然的维生素 K 已发现有两种：一种是从苜蓿中提出的

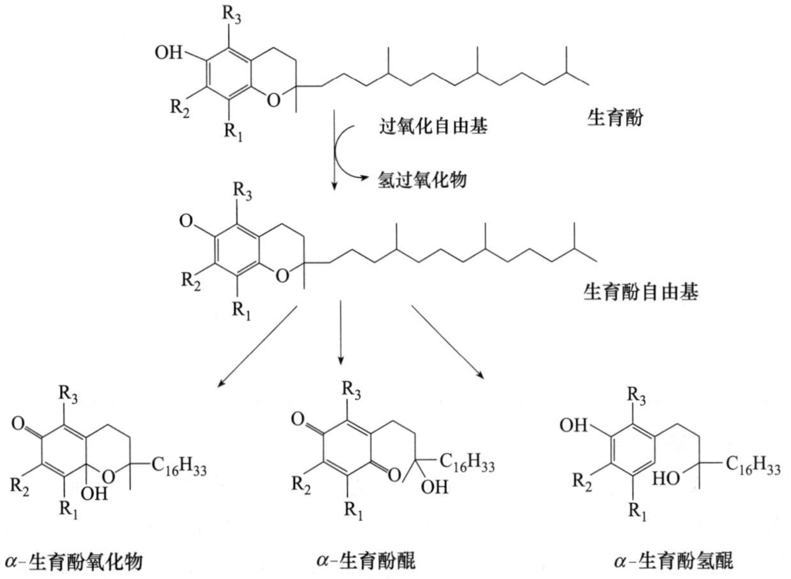

生育酚

过氧化自由基

氢过氧化物

生育酚自由基

α-生育酚氧化物　　α-生育酚醌　　α-生育酚氢醌

图 7-6　α-生育酚的氧化降解途径

油状物，称为维生素 K_1；另一种是从腐败的鱼肉中获得的结晶体，称为维生素 K_2。

维生素 K 多存在于植物组织中，蔬菜如苜蓿、白菜、菜花、菠菜、青菜等，其维生素 K_1 的含量都特别丰富；维生素 K_2 是许多细菌的代谢产物，腐鱼肉含维生素 K_2 最多；人和哺乳动物的肠道细菌也能合成维生素 K。

(1) 结构与存在

维生素 K_1 和维生素 K_2 都是 2-甲基-1,4-萘醌的衍生物，不同之处仅在于侧链上。其化学构造式如下：

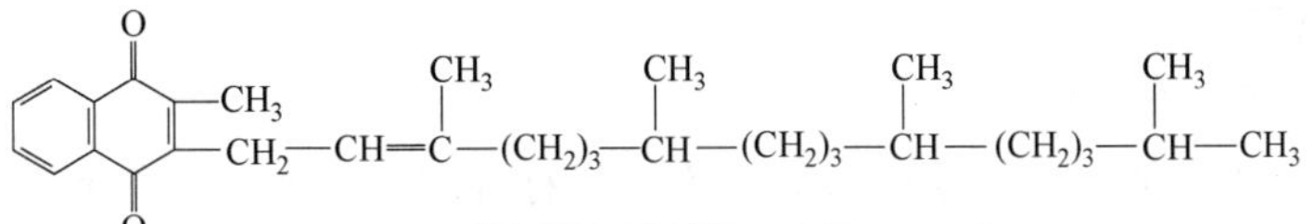

维生素K_1(叶绿醌，phylloquinone)

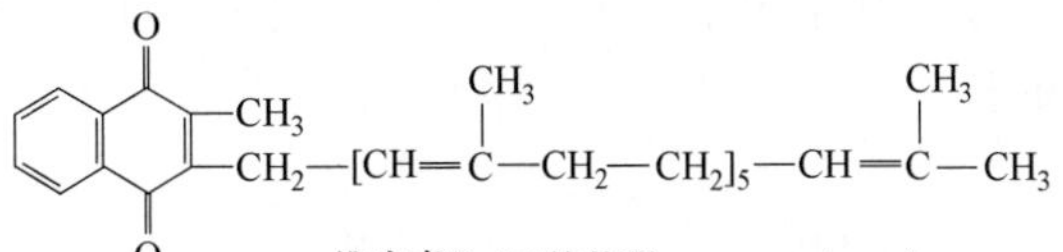

维生素K_2(甲基萘醌，menaquinone)

维生素 K 的来源有两个：一个是由肠道细菌合成，占 50%～60%；另一个是食物，占 40%～50%。维生素 K 含量高的食品是绿叶蔬菜，其次是奶类、肉类，水果、谷类含量低（表 7-7）。

(2) 性质

维生素 K 都是脂溶性物质。维生素 K_1（$C_{31}H_{46}O_2$）为黏稠的黄色油状物，其醇溶液冷却时可呈结晶状析出，熔点为－20℃；维生素 K_2（$C_{41}H_{56}O_2$）为黄色结晶体，熔点为 53.5～54.5℃。维生素 K_1 和维生素 K_2 均有耐热性，但易被碱和光破坏，必须避光保存，维生素

K_2 较维生素 K_1 更易于氧化。

表 7-7 一些食物中维生素 K 的含量 单位：$\mu g/100g$

动物食品	含量	谷类	含量	蔬菜	含量	水果、饮料	含量
牛奶	3	小米	5	甘蓝	200	苹果酱	2
乳酪	35	全麦	17	洋白菜	125	香蕉	2
黄油	30	面粉	4	生菜	129	柑橘	1
猪肉	11	面包	4	豌豆	19	桃	8
火腿	15	燕麦	20	菠菜	89	葡萄干	6
熏猪肉	46	绿豆	14	萝卜缨	650	咖啡	38
牛肝	92			土豆	3	可口可乐	2
猪肝	25			南瓜	2	绿茶	712
鸡肝	7			番茄	5		

(3) 生理功能及缺乏症

维生素 K 的主要功能是促进血液凝固，因为它是促进肝脏合成凝血酶原（prothrombin）的必需因素。如果缺乏维生素 K，则血浆内凝血酶原含量降低，便会使血液凝固时间加长。肝脏功能失常时，维生素 K 即失去其促进肝脏凝血酶原合成的功效。此外，维生素 K 还有增强肠道蠕动和分泌的功能。

7.3 水溶性维生素

水溶性维生素分子中除碳、氢、氧外，还有氮、硫、钴等元素；易溶于水而不溶于脂肪及脂类溶剂；在满足了组织需要后，在体内仅有少量储存，较易从尿中排出；绝大多数以辅酶或辅基的形式参加各种酶系统，在中间代谢的很多环节发挥重要作用；缺乏症状出现快；营养状况大多可以通过血液或尿进行评价；毒性很小。

7.3.1 维生素 B_1

(1) 结构与存在

维生素 B_1 又称为硫胺素（thiamine），由一个嘧啶分子和一个噻唑分子通过亚甲基连接而成。硫胺素的主要功能形式是焦磷酸硫胺素（简称 TPP），即硫胺素焦磷酸酯。各种结构形式的硫胺素都具有维生素 B_1 活性，各种形式硫胺素的结构见图 7-7。硫胺素分子中有两个碱基氮原子，一个在初级氨基基团中，另一个在具有强碱性质的四级胺中，因此，硫胺素能与酸类反应生成相应的盐。

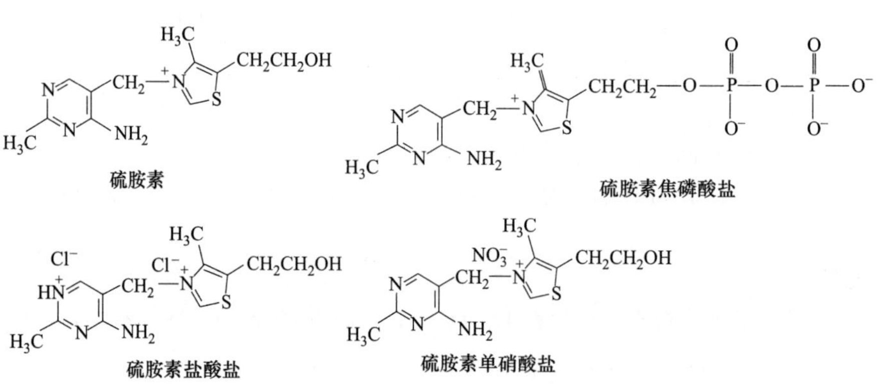

图 7-7 各种形式硫胺素的化学结构

维生素 B_1 常在粮食的皮层，如表 7-8 所示，随着粮食的精加工，维生素 B_1 的损失增大。

表 7-8 粮食中维生素 B_1 的含量 单位：mg/100g 干物质

名称	维生素 B_1 含量	名称	维生素 B_1 含量
小麦	0.37～0.61	马铃薯	0.08～0.1
麸皮	0.7～2.8	糙米	0.3～0.45
麦胚	1.56～3.0	米胚	3.0～8.0
面粉(出粉率 85%)	0.3～0.4	玉米	0.3～0.45
面粉(出粉率 73%)	0.07～0.1	大豆	0.1～0.6
面粉(出粉率 60%)	0.07～0.08	豌豆	0.36

硫胺素在烹调过程中会因浸出而损失（表 7-9）。硫胺素在宰后的鱼类和甲壳动物中不稳定，过去认为是由于其中存在的硫胺素酶造成的，现在研究发现，在金枪鱼、鲤鱼、猪肉和牛肉的肌肉组织中存在促使硫胺素降解的血红素蛋白。

表 7-9 一些食品经加工处理后硫胺素的保留率

食品	加工处理	保留率/%
谷物	膨化	48～90
马铃薯	水中浸泡 16h 后油炸 在亚硫酸溶液中浸泡 16h 后油炸	55～60 19～24
大豆	用水浸泡后在水中或碳酸盐溶液中煮沸	23～52
蔬菜	各种热处理	80～95
肉	各种热处理	83～94
冷冻、油炸鱼	各种热处理	77～100

硫胺素广泛分布于动植物食品中，在动物内脏、鸡蛋、马铃薯、核果及全粒小麦中含量较丰富（表 7-10）。

表 7-10 一些食品中硫胺素的含量 单位：mg/100g

食品	含量	食品	含量	食品	含量
麦胚粉	3.50	葡萄	0.04	绿豆	0.25
标准粉	0.28	莴苣	0.02	黄豆	0.41
特一粉	0.17	葵花子	0.36	猪瘦肉	0.54
小米	0.33	花生	0.72	鸡蛋	0.09

(2) 性质

硫胺素是 B 族维生素中最不稳定的。在中性或碱性条件下易降解；对热和光不敏感；酸性条件下较稳定。食品中其他组分也会影响硫胺素的降解，如单宁能与硫胺素形成加成物而使之失活；SO_2 或亚硫酸盐对其有破坏作用；胆碱使其分子裂开，加速其降解；而蛋白质和碳水化合物对硫胺素的热降解有一定的保护作用，这是由于蛋白质与硫胺素的硫醇形式形成了二硫化物，从而阻止其降解。图 7-8 为硫胺素降解的过程。

(3) 生理功能及缺乏症

维生素 B_1 的主要功能是以辅羧酶的形式参加单糖代谢中间产物 α-酮酸（例如丙酮酸、α-酮戊二酸）的氧化脱羧反应。人体缺乏维生素 B_1 时，血液组织内便有丙酮酸累积。同时过量的丙酮酸可以阻止脱氢酶对乳酸的作用，这样又造成乳酸的积累，以致新陈代谢不正常，从而影响神经组织的正常功能。维生素 B_1 对于维持正常糖代谢起着十分重要的作用，它的缺乏使糖代谢受阻碍。食品中的维生素 B_1 几乎能被人体完全吸收和利用，可参与糖代谢和能量代谢，并具有维持神经系统和消化系统正常功能、促进发育的作用。人类食物中缺

乏维生素 B_1 或摄入不足时，最初神经系统功能失常，脑力体力容易疲乏，消化不良，食欲不振。轻者表现为肌肉乏力、精神淡漠和食欲减退；继续发展则成多发性神经炎，即脚气病（beriberi）；可引起心脏功能失调、心力衰竭和精神失常，这时身体衰弱，下肢浮肿，神经麻痹，肌肉失去收缩能力；严重者可引起死亡。维生素 B_1 的另一功能是促进年幼动物的发育，它对幼小动物的影响较维生素 A 更加显著。

维生素 B_1 对于我国居民又尤为重要，这是因为淀粉类粮食是我国居民的主要食物来源。营养学家的研究证明，人体每天对维生素 B_1 的需要量，与人体每天所消耗的碳水化合物的数量成正比。如果消耗 1g 碳水化合物，就需要 1μg 的维生素 B_1。

（4）稳定性与降解

维生素 B_1 是所有维生素中最不稳定的一种。其稳定性易受 a_w、pH、温度、离子强度、缓冲液以及其他反应物的影响。维生素 B_1 的降解历程多是在两环之间的亚甲基碳上发生亲核取代反应，因此强亲核试剂如 HSO_3^- 易导致维生素 B_1 的破坏。维生素 B_1 在碱性条件下

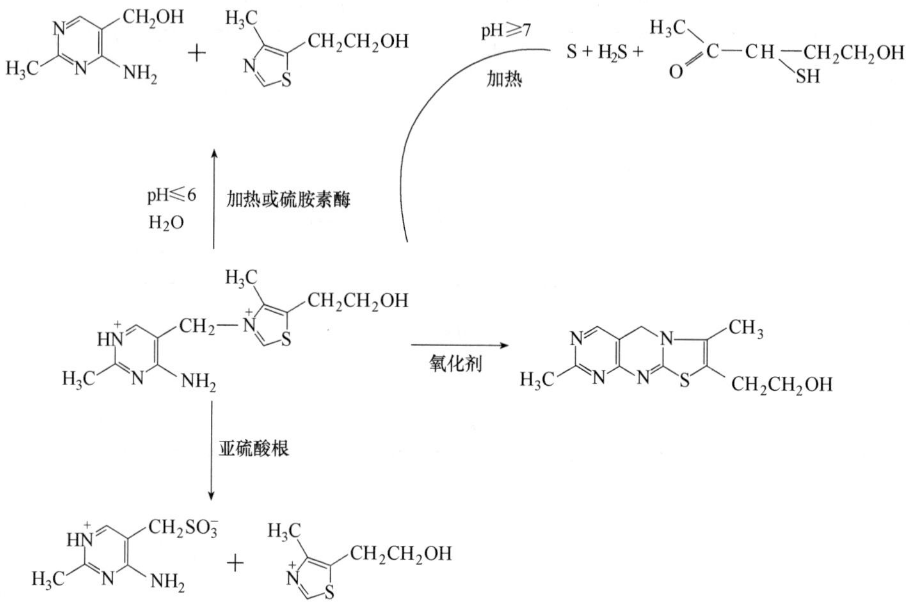

图 7-8　维生素 B_1 的降解过程

发生的降解和与亚硫酸盐作用发生的降解反应是类似的（图 7-8），两者均生成降解产物 5-（β-羟乙基）-4-甲基噻唑以及相应的嘧啶取代物（前者生成羟甲基嘧啶，后者为 2-甲基-5-磺酰甲基嘧啶）。维生素 B_1 在低 a_w 和室温时相当稳定。例如早餐谷物食品在 a_w 为 0.1～0.65 和 37℃以下贮存时，其维生素 B_1 的损失几乎为零。在 45℃时反应加速；当 45℃、a_w 在 0.2～0.5 范围时，随 a_w 的增加，维生素 B_1 的降解加快；当 a_w 为 0.5 左右时，其降解达到最大值，随后水分活度继续增加，维生素 B_1 降解速率下降（图 7-9）。

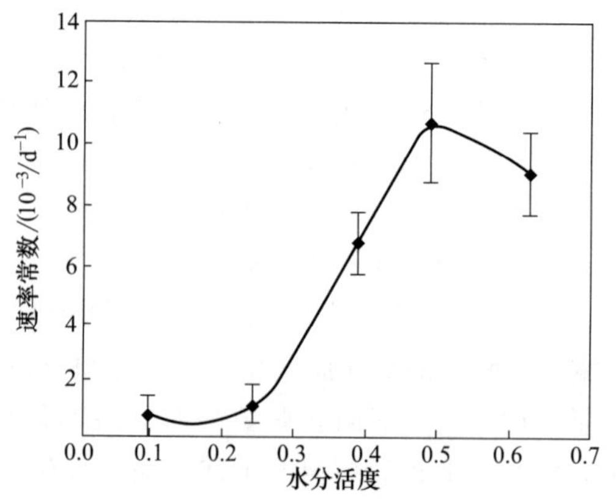

图 7-9　早餐谷物食品在 45℃贮藏条件下维生素 B_1 的降解速率与体系中水分活度的关系

7.3.2 维生素 B_2

(1) 结构与存在

维生素 B_2 又称为核黄素(riboflavin),是D-核糖醇与7,8-二甲基异咯嗪的缩合物(图7-10)。自然状态下常是磷酸化的,在机体代谢中起辅酶的作用。核黄素的生物活性形式是黄素单核苷酸(flavin mononucleotide,FMN)和黄素腺嘌呤二核苷酸(flavin adenine dinucleotide,FAD),二者是细胞色素还原酶、黄素蛋白等的组成部分。FAD起着电子载体的作用,在葡萄糖、脂肪酸、氨基酸和嘌呤的氧化中起重要作用。两种活性形式之间可通过食品或胃肠道中的磷酸酶催化而相互转变。

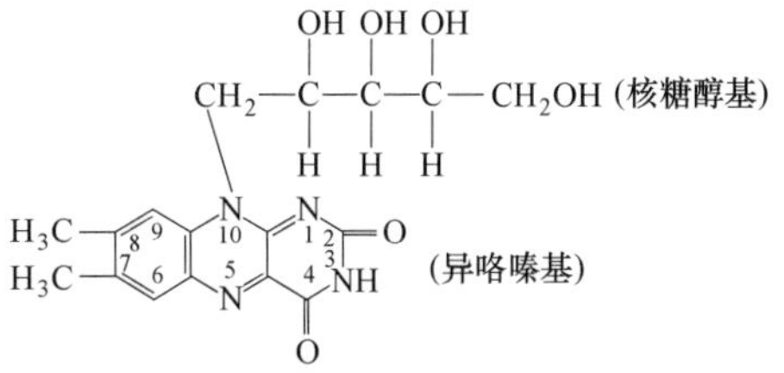

核黄素(7,8-二甲基-9-核醇异咯嗪)

图7-10 维生素 B_2 的结构式

食品中核黄素与磷酸和蛋白质结合形成复合物。动物性食品富含核黄素,尤其是肝、肾和心脏;奶类和蛋类中含量较丰富;豆类和绿色蔬菜中也有一定量的核黄素(表7-11)。

表7-11 一些食品中核黄素的含量 单位:mg/100g

食品	含量	食品	含量	食品	含量
标准粉	0.05	猪肝	2.02	绿豆	0.11
小米	0.10	牛乳(全脂)	0.12	黄豆	0.20
辣椒	0.02	鸡肉	0.07	花生仁(生)	0.13
西瓜	0.04	黄鳝	0.98		

注:杨月欣.《中国食物成分表标准版》.第6版.第一册、第二册.2019,8。

(2) 性质

核黄素是橙黄色的针状结晶,熔点为282℃,味苦,微溶于水(室温,100mL水中溶解12mg),易溶于碱性溶液。核黄素的水溶液具有黄色的荧光,在紫外线与可见光中,它的最大吸收光带位于225nm、269nm、273nm、455nm和565nm等处。据此即可作核黄素的定量分析。核黄素对热很稳定,天然干燥状态下核黄素的抗热能力比维生素 B_1 更强。例如,干燥酵母在一定压力下加热至120℃,经过几小时,维生素 B_1 全部丧失,而维生素 B_2 则全部保存下来。核黄素对光和紫外线都不稳定,特别是在碱性及高温条件下更易于破坏。在碱液中经光作用产生光黄素(lumiflavin),它与核黄素具有同样的颜色和荧光。在酸性或中性溶液中则生成具有蓝色荧光的光色素(lumichrome)。

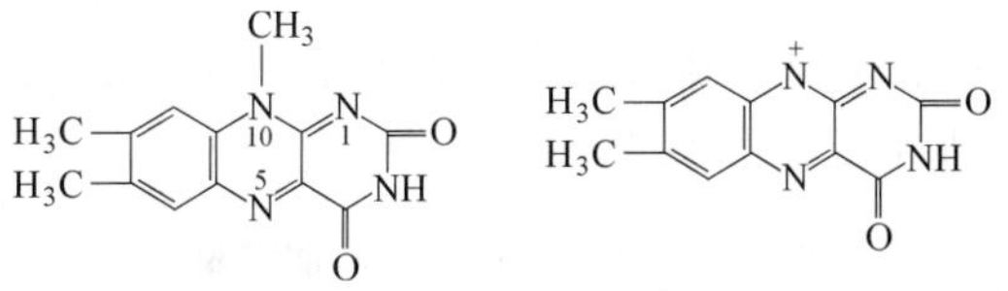

光黄素(7,8,10-三甲基异咯嗪) 光色素(7,8-二甲基异咯嗪)

核黄素的异咯嗪环上(上式结构式中),第1位和第5位氮原子与活泼的双键相连,能接受氢而被还原,还原后很易被再脱氢,因此,在生物氧化过程中有递氢作用,参与体内各种氧化还原反应。

(3) 生理功能及缺乏症

维生素 B_2 的主要生理功能是构成黄素酶和其他许多脱氢酶的辅酶所必需的物质。这些辅酶广泛参与体内各种氧化还原反应,能促进糖、脂肪及蛋白质的代谢。人类食物中如果缺少维生素 B_2 则呼吸能力减弱,整个新陈代谢受阻碍。儿童最易表现出生长停止,成人则出现口腔炎、口角炎、角膜炎、皮炎等病症。

(4) 稳定性与降解

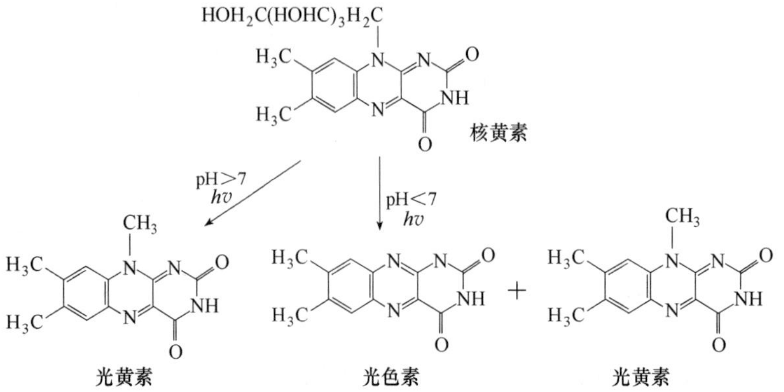

图 7-11 核黄素的光化学变化

核黄素具有热稳定性，不受空气中氧的影响，在酸性溶液中稳定，但在碱性溶液中不稳定，光照射容易分解。若在碱性溶液中光照射，可导致核糖醇部分的光化学裂解生成非活性的光黄素及一系列自由基；在酸性或中性溶液中光照射，可形成具有蓝色荧光的光色素和不等量的光黄素（图 7-11）。光黄素是一种比核黄素更强的氧化剂，它能加速其它维生素的破坏，特别是维生素 C 的破坏。牛乳如受光影响产生“日光臭味”，就是上述反应的结果。

在大多数加工或烹调过程中，食品中的核黄素是稳定的。据各种加热方法对六种新鲜或冷冻食品中核黄素稳定性影响的研究显示，核黄素的保留率常大于 90%，其中豌豆或利马豆无论是经过热烫或其他加工，核黄素保留率仍在 70%以上。

7.3.3 泛酸

泛酸广泛存在于生物界，故又名遍多酸（pantothenic acid），它是 B 族水溶性维生素的一种。糙米中含泛酸 1.7mg/100g，小麦含 1.0～1.5mg/100g，玉米含 0.46mg/100g，人体肠道细菌及植物都能合成泛酸。

(1) 结构与存在

泛酸的化学名称为 *N*-(*α*，*γ*-二羟基-*β*，*β*-二甲基丁酰)-*β*-氨基丙酸。其构造式如下：

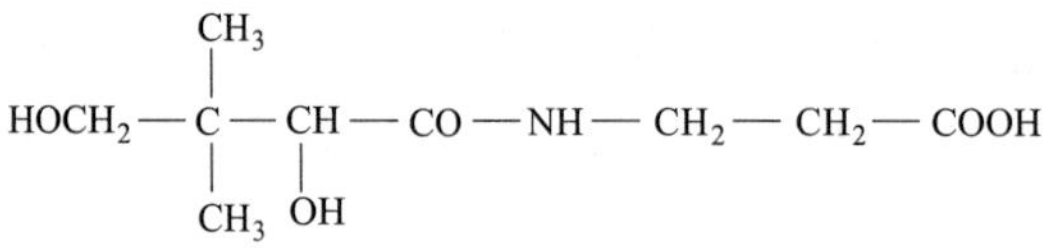

$$HOCH_2-C(CH_3)_2-CH(OH)-CO-NH-CH_2-CH_2-COOH$$

泛酸在肉、肝脏、肾脏、水果、蔬菜、牛奶、鸡蛋、酵母、全麦和核果中含量丰富，动物性食品中的泛酸大多呈结合态（表 7-12）。

表 7-12 一些食品中泛酸的含量 单位：mg/100g

食品	含量	食品	含量
干啤酒酵母	7.9	荞麦	5.6
牛肝	2.0	菠菜	3.0
蛋黄	4.5	烤花生	2.1
小麦麸皮	4.8	全乳	4.0

(2) 性质

泛酸为淡黄色黏性物，溶于水和醋酸，不溶于氯仿和苯。在中性溶液中对湿热、氧化和还原都稳定。酸、碱、干热可使它分裂为 *β*-丙氨酸及其它产物。泛酸的钙盐为无色粉状晶体，微苦，溶于水，对光和空气都稳定，但在 pH 值为 5～7 的溶液中可被加热破坏。

在生物体内，泛酸呈结合状态，即与 ATP 和半胱氨酸经过一系列反应可合成乙酰基转移酶的辅酶（辅酶 A，CoA），因此，CoA 是泛酸的主要活性形式。

（3）生理功能

泛酸的生理功能是以乙酰辅酶 A 形式参加糖类、脂类及蛋白质的代谢，起转移乙酰基的作用，多种微生物的生长都需要泛酸。

（4）稳定性与降解

泛酸在中性溶液中较为稳定，在酸性溶液中易分解，在 pH4～6 范围，分解速率常数随 pH 降低而增加。鉴于游离泛酸的热不稳定与强吸湿性，生产上多应用其钙盐。泛酸在食品中含量变化除与原料有关外，还与加工方法有关。牛乳经巴氏消毒和灭菌，泛酸损失一般低于 10%；干乳酪比鲜牛乳中泛酸损失要低；蔬菜中泛酸的损失主要是由于清洗过程，一般损失为 10%～30%。膳食中泛酸在人体内的生物利用率约为 51%，然而还没有证据显示这会导致严重的营养问题。

7.3.4 维生素 B_5

维生素 B_5 又称烟酸、维生素 PP 或抗癞皮病因子，是吡啶 3-羧酸及其衍生物的总称，包括烟酸（亦称尼克酸，nicotinic acid）和烟酰胺（亦称尼克酰胺，nicotinamide）两种化合物。它们的天然形式均有相同的烟酸活性。

（1）结构与存在

烟酸和烟酰胺都是吡啶衍生物，在生物体内主要以烟酰胺的形式存在。它们的结构式如下：

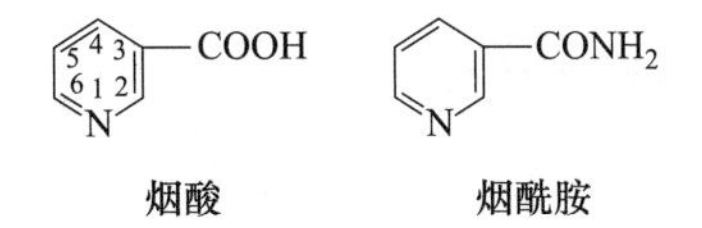

烟酸　　烟酰胺

烟酸广泛存在于动植物体内，酵母、肝脏、瘦肉、牛乳、花生、黄豆中含量丰富，谷物皮层和胚芽中含量也较高（表 7-13）。

表 7-13　一些食品中烟酸的含量　　单位：mg/100g

食品	含量	食品	含量	食品	含量
黑米	7.9	羊肝	22.1	鸡肉	5.6
标准粉	2.0	猪肝	15.0	洋葱	3.0
花生	4.5	猪肾	8.0	黄豆	2.1
葵花子	4.8	牛肉	6.3	蘑菇	4.0

（2）性质

烟酸和烟酰胺都是无色针状结晶体。前者的熔点为 235.5～236℃，微溶于水，易溶于乙醇；后者的熔点为 129～131℃，易溶于水。烟酸是维生素中最稳定的一种，不为光、空气及热所破坏，在酸性或碱性溶液中亦很稳定。烟酰胺在酸性溶液中加热即变成烟酸。烟酸与溴化氰作用产生黄绿色化合物，可作为定量的基础。烟酸和烟酰胺环上第 4 和第 5 碳位间的双键可被还原，因此有氧化型和还原型。

烟酰胺在生物体中，可与磷酸核糖焦酸结合转化为烟酰胺腺嘌呤二核苷酸（nicotinamide adenine dinucleotide，NAD），或称二磷酸吡啶核苷酸（diphospho-pyridine nucleotide，DPN），即辅酶Ⅰ（CoⅠ）。NAD 再被 ATP 磷酸化可产生烟酰胺腺嘌呤二核苷酸磷酸（nicotinamide adenine dinucleotide phosphate，NADP），或称为三磷酸吡啶核苷酸（tri-phosphopyridine nucleotide，TPN)，即辅酶Ⅱ（CoⅡ）。

(3) 生理功能及缺乏症

烟酰胺是辅酶Ⅰ和辅酶Ⅱ的主要成分。而辅酶Ⅰ和辅酶Ⅱ是脱氢酶的辅酶，它们都有带氢和脱氢两种状态，在生物氧化过程中起着传递氢的重要作用。

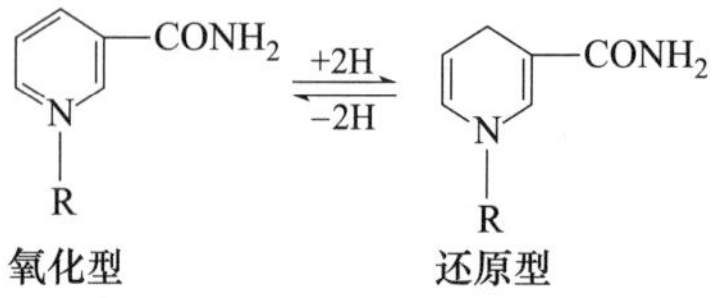

$CONH_2$ $\underset{-2H}{\overset{+2H}{\rightleftharpoons}}$ $CONH_2$

氧化型 还原型

人体缺乏烟酸时会引起糙皮病（pellagra)。最先是皮肤发痒发炎，常常在两手、两颊、左右额及其他裸露部位出现对称性皮炎，临床表现为“三D症”，即皮炎（dermatitis)、腹泻（diarrhea）和痴呆（dementia)，同时还伴有胃肠功能失常、消化不良等，严重时则引起神经错乱，甚至死亡。糙皮病常发生在以玉米为主食又缺乏必要副食的地区，因为玉米中的烟酸与糖形成复合物，阻碍了在人体内的吸收和利用，碱处理可以使烟酸游离出来。

(4) 稳定性与降解

烟酸在食品中是最稳定的维生素。但蔬菜经非化学处理，例如修整和淋洗，也会产生与其他水溶性维生素同样的损失。猪肉和牛肉在贮藏过程中烟酸的损失是由生物化学反应引起的，而烤肉则不会带来损失，不过烤出的液滴中含有肉中烟酸总量的26%。乳类加工中几乎没有损失。

7.3.5 维生素 B_6

维生素 B_6 又称吡哆素，包括吡哆醇（pyridoxine)、吡哆醛（pyridoxal）和吡哆胺（pyridoxamine）三种化合物。

(1) 结构与存在

吡哆醇、吡哆醛和吡哆胺都是吡啶的衍生物。其结构式如下：

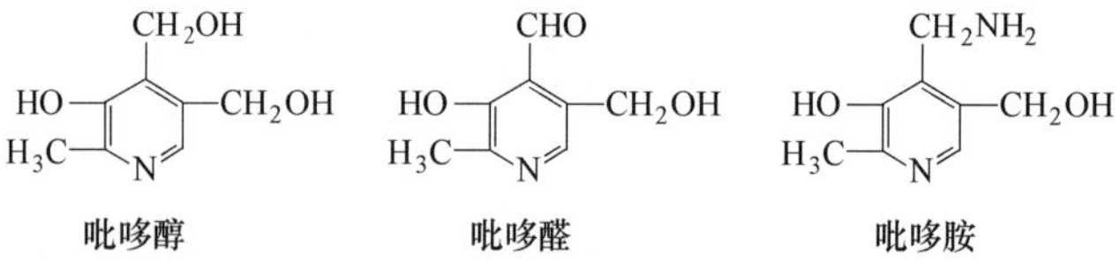

吡哆醇 吡哆醛 吡哆胺

维生素 B_6 在动植物界中分布很广，麦胚、米糠、大豆、花生、酵母、肝脏、鱼、肉等含量都比较多。

维生素 B_6 在加工过程中会有不同程度的损失。据研究，液体牛乳和配制牛乳在灭菌后，维生素 B_6 活性比加工前减少一半，且在贮藏的7～10天内仍继续下降。据报道，用高温短时巴氏消毒（HTST，92℃，2～3s）和煮沸2～3min消毒，维生素 B_6 仅损失30%；但瓶装牛乳在119～120℃消毒13～15min，则维生素 B_6 减少84%；采用高温瞬时灭菌，维生素 B_6 的损失很小。

对不同工艺、不同加工方式的食品进行贮藏后研究其中维生素 B_6 的损失发现，罐装蔬菜常温贮藏维生素 B_6 的损失60%～80%，冷藏损失40%～60%；海产品和肉制品在加工及罐装过程中，维生素 B_6 的损失为45%；水果和水果汁冷藏时，损失15%；谷物加工成各类谷物食品时，维生素 B_6 损失为50%～95%。

(2) 性质

维生素 B_6 为无色晶体，易溶于水及酒精，在酸液中稳定，在碱液中易被破坏，在空气中也稳定，易被光破坏。吡哆醇耐热，吡哆醛和吡哆胺不耐高温。

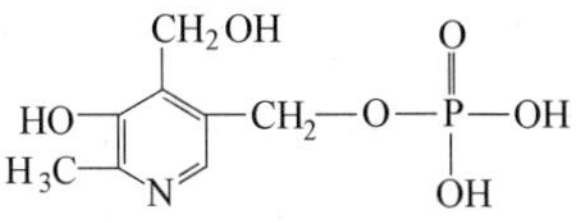

磷酸吡哆醇 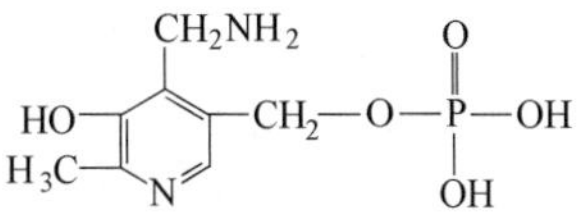　　磷酸吡哆胺

在动物组织中吡哆醇可转化为吡哆醛或吡哆胺，它们都可通过磷酸化形成各自的磷酸化合物。吡哆醛与吡哆胺、磷酸吡哆醛与磷酸吡哆胺都可以互变，最后都以活性较强的磷酸吡哆醛和磷酸吡哆胺的形式存在于生物体中，构成"氨基酸脱羧酶"和"氨基转移酶"所必要的辅酶。

(3) 生理功能及缺乏症

维生素 B_6 的功能是作为辅酶的成分参加生物体中多种代谢反应，是氨基酸代谢中多种酶的辅酶。长期缺乏维生素 B_6，会引起皮肤发炎，并使中枢神经系统和造血系统受到损害。

(4) 稳定性与降解

维生素 B_6 的三种形式都具有热稳定性，其中吡哆醛最为稳定，通常用来强化食品营养。维生素 B_6 在氧存在下经紫外光照射后可转变为无生物活性的 4-吡哆酸。维生素 B_6 在碱性条件下易分解，在酸性条件下较稳定。如，在低 pH 条件下（如 0.01mol/L HCl）所有形式的维生素 B_6 都是稳定的，但当 $pH>7$ 时，维生素 B_6 不稳定，其中吡哆胺损失最大。

维生素 B_6 在热作用下与氨基酸作用可生成席夫碱（图 7-12），当在酸性条件下席夫碱会进一步解离。此外，这些席夫碱还可以进一步重排生成多种环状化合物。

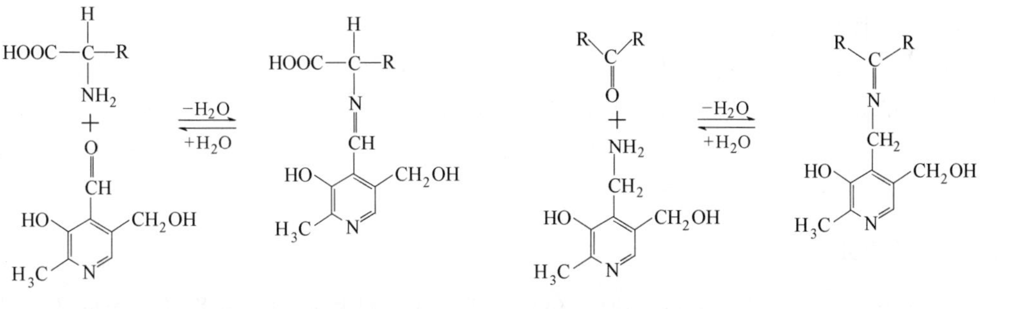

吡哆醛　　席夫碱　　吡哆胺　　席夫碱

图 7-12　吡哆醛、吡哆胺的席夫碱结构的形成

7.3.6 维生素 H

维生素 H 即生物素，在自然界存在的有 α-及 β-生物素两种。前者存在于蛋黄中，后者存在于肝脏中。

(1) 结构与存在

生物素为含硫维生素，具有噻吩与尿素相结合的骈环，并带有戊酸侧链。其结构如图 7-13 所示。

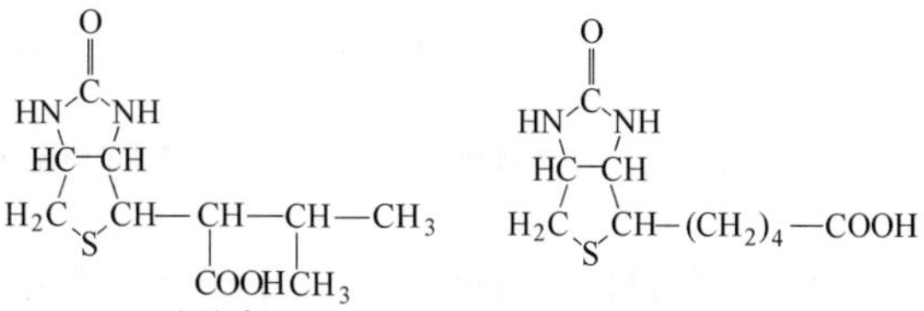

α-生物素　　β-生物素

图 7-13　生物素的结构式

生物素分布于动植物组织中，一部分以游离状态存在，大部分同蛋白质结合。卵白的抗生物素蛋白就是一种与生物素结合的蛋白质。许多生物都能自身合成生物素，人体肠道细菌也能合成部分生物素。

生物素广泛存在于动物性、植物性食品中，在肉、肝、肾、牛奶、蛋黄、酵母、蔬菜中含量丰富（表 7-14）。生物素在牛奶、水果和蔬菜中呈游离态，而在动物内脏、种子和酵母中与蛋白质结合。生物素可因食用生鸡蛋清而失活，这是由一种称为抗生物素的糖蛋白引起的，它能与生物素牢固结合形成抗生物素的复合物，使生物素无法被生物体利用，加热可破坏这种拮抗作用。

表 7-14　一些食品中生物素的含量　　单位：μg/100g

食品	含量	食品	含量
苹果	0.9	蘑菇	16.0
大豆	3.0	柑橘	2.0
牛肉	2.6	花生	30.0
牛肝	96.0	马铃薯	0.6
乳酪	1.8～8.0	菠菜	7.0
牛乳	1.0～4.0	番茄	1.0
莴苣	3.0	小麦	5.2

（2）性质

生物素为无色的细长针状结晶，熔点为 232～233℃，能溶于热水和乙醇，但不溶于乙醚及氯仿。对光、热、酸稳定，但高温和氧化剂可使其破坏，同时丧失生理活性。

（3）生理功能及缺乏症

生物素为多种羧化酶的辅酶，在 CO_2 的固定反应中起着 CO_2 载体的作用。人体一般不易缺乏生物素，因为除了可以从食物中获得部分生物素外，肠道细菌还可合成一部分。人类若缺乏生物素可导致皮炎、肌肉疼痛、感觉过敏、怠倦、厌食、轻度贫血等。

（4）稳定性与降解

生物素虽对光、氧稳定，但强酸、强碱会导致其降解。某些氧化剂（如过氧化氢）使生物素分子中的硫氧化，生成无活性的生物素或生物素硫氧化物。此外，生物素环上的羰基也可与氨基发生反应。在食品加工和贮藏中，生物素的损失较小，发生的损失主要是由于溶于水而流失，也有部分是由于酸碱处理和氧化造成的。

7.3.7　维生素 B_{11}

维生素 B_{11} 又名叶酸（folic acid），包括一系列化学结构相似、生物活性相同的化合物。其分子结构中包括蝶啶、对氨基苯甲酸和谷氨酸三部分。

（1）结构与存在

维生素 B_{11} 是由蝶啶（pteridine）、对氨基苯甲酸及 L-谷氨酸连接而成。其结构式如下：

H_2N—(蝶啶环，OH)—CH_2—NH—C_6H_4—CO—NH—CH(COOH)—CH_2—CH_2—COOH

蝶啶　　对氨基苯甲酰基　　L-谷氨酸酰基

叶酸的分布较广，绿叶蔬菜、肝、肾、菜花、酵母中含量都较多，其次为牛肉、麦粒等。绿色蔬菜和动物肝脏中富含叶酸，乳中含量较低。蔬菜中的叶酸呈结合型，肝中的叶酸呈游离态。人体肠道中可合成部分叶酸。人体缺乏叶酸可引起巨幼红细胞性贫血、高半胱氨酸血症；孕早期缺乏叶酸，可导致胎儿神经管畸形，并使孕妇的胎盘早剥现象发生率明显升高；儿童可见有生长发育不良。叶酸虽为水溶性维生素，但大量服用也会产生毒副作用。

(2) 性质

叶酸为鲜黄色晶体，微溶于水，在水溶液中易被光破坏，在酸性溶液中耐热。叶酸的5、6、7、8位置，在NADP·H_2存在下，可被还原成四氢叶酸（tetrahydrogen folic acid，缩写为THFA）。四氢叶酸的第5或第10氮位可与多种一碳单位（包括甲酸基、甲醛和甲基）结合，作为它们的载体，然后转给其他受体，供合成新的物质之用。它对于核酸的蛋白质的生物合成都很重要。四氢叶酸的几种衍生物稳定性顺序为：5-甲酰基-四氢叶酸＞5-甲基-四氢叶酸＞10-甲基-四氢叶酸＞四氢叶酸。在叶酸的氧化反应中，铜离子和铁离子起催化作用，而铜离子的作用大于铁离子。四氢叶酸氧化降解后，转化为蝶啶类化合物和对氨基苯甲酰谷氨酸（图7-14），失去生物活性。

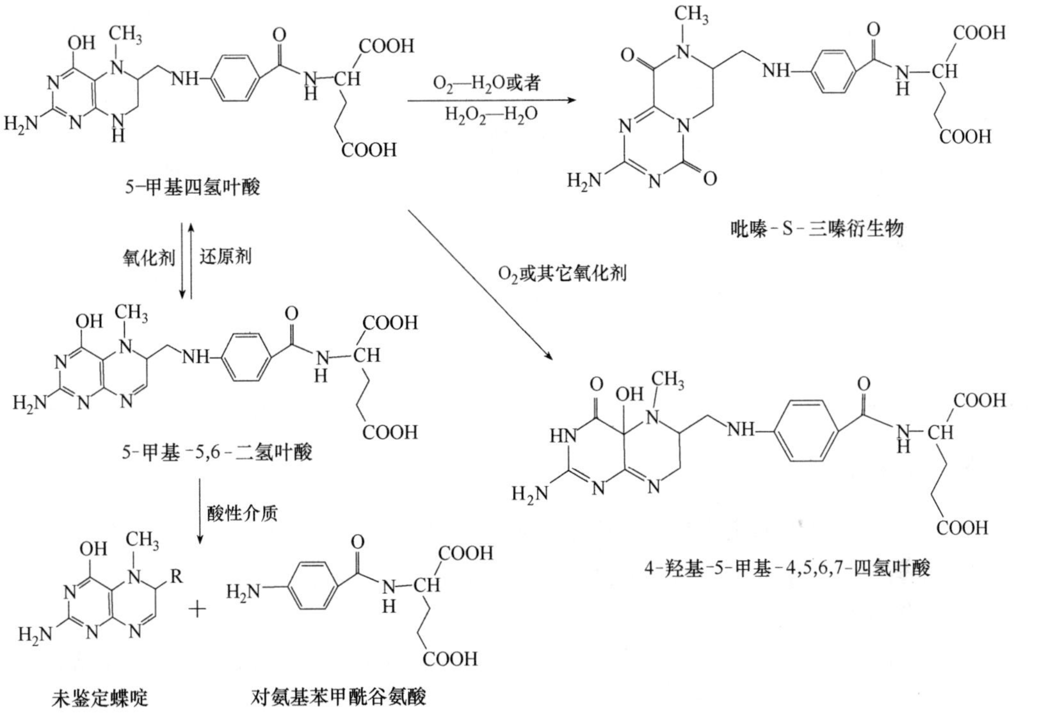

5-甲基四氢叶酸

O_2—H_2O或者 H_2O_2—H_2O

吡嗪-S-三嗪衍生物

氧化剂 还原剂

O_2或其它氧化剂

5-甲基-5,6-二氢叶酸

4-羟基-5-甲基-4,5,6,7-四氢叶酸

酸性介质

未鉴定蝶啶 对氨基苯甲酰谷氨酸

图7-14 5-甲基-四氢叶酸的氧化分解

(3) 生理功能及缺乏症

由于叶酸间接与核酸和蛋白质的生物合成有关，缺乏时可引起血液等方面的疾病。如，鸡缺乏叶酸时患贫血，抗病力降低，有时缺乏叶酸患恶性贫血、舌炎和肠胃病等。人类肠道细菌能合成叶酸，故一般不易患缺乏症。

(4) 稳定性与降解

叶酸在厌氧条件下对碱稳定。但在有氧条件下，遇碱会发生水解，水解后的侧链生成氨基苯甲酸-谷氨酸（PABG）和蝶啶-6-羧酸，而在酸性条件下水解则得到6-甲基蝶啶。叶酸酯在碱性条件下隔绝空气水解，可生成叶酸和谷氨酸。叶酸溶液暴露在日光下亦会发生水解形成PABG和蝶啶-6-羧醛，此6-羧醛经辐射后转变为6-羧酸，然后脱羧生成蝶啶，核黄素和黄素单核苷酸（FMN）可催化这些反应。

二氢叶酸（FH_2）和四氢叶酸（FH_4）在空气中容易氧化，对pH也很敏感，在pH8～

12 和 pH1～2 最稳定。在中性溶液中，FH_4 与 FH_2 同叶酸一样迅速氧化为 PABG、蝶啶、黄嘌呤、6-甲基蝶啶和其他与蝶啶有关的化合物。在酸性条件下，FH_4 比在碱性溶液中氧化更快，其氧化产物为 PABG 和 7,8-二氢蝶呤-6-羧醛。硫醇和抗坏血酸盐这类还原剂能使 FH_2 和 FH_4 的氧化减缓。

不同食品类型及加工方式对叶酸的损失程度都不同（表 7-15）。如，牛乳经高温短时巴氏消毒（92℃，2～3s），总叶酸酯大约有 12%损失；经煮沸消毒 2～3min，其损失为 17%；瓶装牛乳消毒（119～120℃，13～15min）产生的损失很大，约 39%；牛乳经预热后再通入 143℃蒸汽 3～4s 进行高温短时消毒，总叶酸酯量只有 7%损失。

表 7-15　各种加工方式引起食品中叶酸的损失情况

食品	加工方式	叶酸活性的损失/%
蛋类	油炸、煮炒	18～24
肝	烹调	无
大西洋庸鲽	烹调	46
花菜	煮	69
胡萝卜	煮	79
肉类	γ-辐射	无
葡萄柚汁	罐装或贮藏	可忽略
番茄汁	罐装	50
	暗处贮藏(1 年)	7
	光照贮藏(1 年)	30
玉米	精制	66
面粉	碾磨	20～80
肉类或菜类	罐装和贮藏(3 年)	可忽略
	罐装和贮藏(5 年)	可忽略

7.3.8　维生素 B_{12}

维生素 B_{12} 是含钴的化合物，又称钴维生素或钴胺素（cobalamin）。至少有五种，一般所称的维生素 B_{12} 是指分子中钴同氰结合的氰钴胺素（cyanocobalamin）。

(1) 结构与存在

维生素 B_{12} 是含三价钴的多环系化合物。其结构式如图 7-15：钴胺素包括氰钴胺素（与

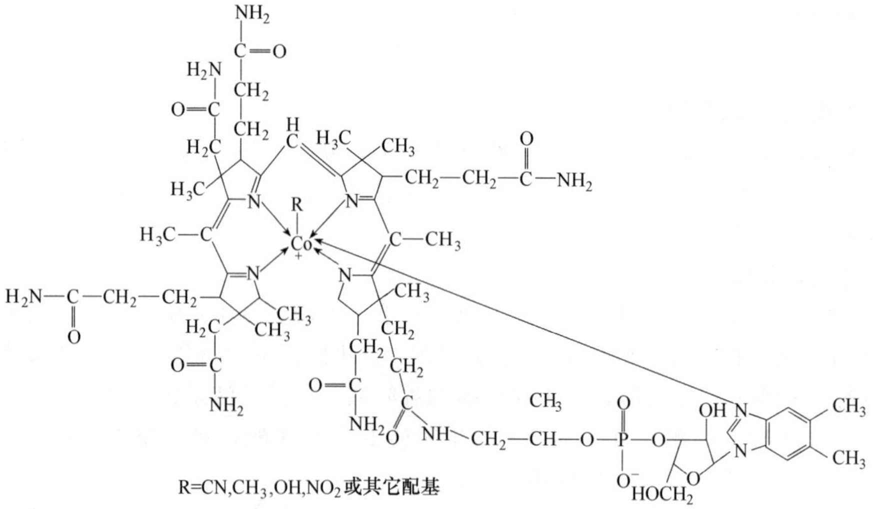

R=CN,CH_3,OH,NO_2或其它配基

图 7-15　维生素 B_{12} 的化学结构

Co 连接的基团为-CN)、羟基钴胺素（Co-OH)、水化钴胺素（Co-H_2O)、亚硝基钴胺素（Co-NO_2)、甲基钴胺素（Co-CH_3）等。

植物性食品中维生素 B_{12} 很少，其主要来源是菌类食品、发酵食品以及动物性食品如肝脏、瘦肉、肾脏、牛奶、鱼、蛋黄等（表 7-16）。人体肠道中的微生物也可合成一部分供人体利用。天然维生素 B_{12} 是与蛋白质结合存在的，需要热或蛋白酶分解成游离状态才能被吸收。

表 7-16　食品中维生素 B_{12} 的含量

食品	维生素 B_{12} 含量/(μg/100g 湿重)
器官(肝脏、肾、心脏)、贝类(蛤、蚝)	＞10
脱脂浓缩乳、某些鱼、蟹、蛋黄	3～10
肌肉、鱼、乳酪	1～3
液体乳、切达乳酪、农家乳酪	＜1

(2) 性质

维生素 B_{12} 为粉红色针状结晶，熔点很高，溶于水、乙醇和丙醇，不溶于氯仿。晶体及其水溶液（pH 值在 4.5～5 以内）都相当稳定，强酸和强碱下极易分解，日光、氧化剂和还原剂都可使之破坏。

(3) 生理功能及缺乏症

维生素 B_{12} 以辅酶的形式参加体内各种代谢。它作为甲基载体参加蛋氨酸和胸腺嘧啶的生物合成，间接参与酸和蛋白质的合成。它与叶酸的作用是相互的，它可以增加叶酸的利用率来促进核酸和蛋白质的合成，从而促进红细胞的发生和成熟。

肠道的维生素 B_{12} 需要与胃黏膜所分泌的特殊黏蛋白（又称内源因素）结合才能被吸收。若内源因素缺乏，维生素 B_{12} 吸收时发生障碍，便可引起恶性贫血，并可出现神经系统、舌、胃黏膜的病变。

(4) 稳定性及降解

维生素 B_{12} 的水溶液在室温无光照下是稳定的，最适宜 pH 范围是 4～6，在此范围内，即使高压加热，也仅有少量损失。在碱性溶液中加热，能定量地破坏维生素 B_{12}。还原剂如低浓度的巯基化合物，能防止维生素 B_{12} 破坏，但用量较多以后，则又起破坏作用。维生素 C 或亚硫酸盐也能破坏维生素 B_{12}。在溶液中，维生素 B_1 与尼克酸的结合可缓慢地破坏维生素 B_{12}；铁与来自维生素 B_1 中具有破坏作用的硫化氢接合，可以保护维生素 B_{12}，三价铁盐对维生素 B_{12} 有稳定作用，而低价铁盐则导致维生素 B_{12} 的迅速破坏。

7.3.9 硫辛酸

硫辛酸（lipoic acid）为含硫的 C_8 脂肪酸，有氧化和还原两种形式，结构式见图 7-16。

硫辛酸溶于水，为微生物和原生动物生长发育所必需，故一般被列入 B 族维生素。人体能合成。肝和酵母菌中硫辛酸的含量甚高。硫辛酸是丙酮酸脱氢酶和 α-酮戊二酸脱氢酶的辅酶，有转移酰基的作用。

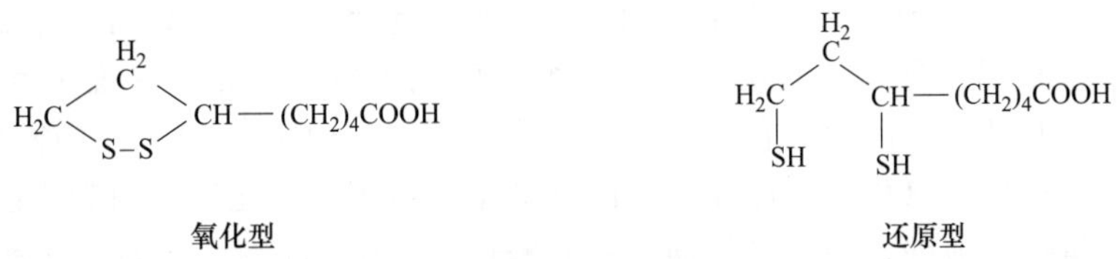

氧化型：H_2C、$C(H_2)$、S—S 成环，CH—$(CH_2)_4COOH$

还原型：$H_2C(SH)$—$C(H_2)$—CH(SH)—$(CH_2)_4COOH$

氧化型　　**还原型**

图 7-16　硫辛酸的结构式

7.3.10 维生素 C

(1) 结构与存在

维生素 C 又名抗坏血酸（ascorbic acid），是一个羟基羧酸的内酯，具有烯二醇结构，有较强的还原性。维生素 C 有四种异构体（图 7-17），即 D-抗坏血酸、D-脱氢抗坏血酸、L-抗坏血酸和 L-脱氢抗坏血酸，其中 L-抗坏血酸的生物活性最高。

维生素 C 主要存在于新鲜水果和蔬菜中，水果中以红枣、山楂、柑橘类含量较高，蔬菜中以绿色蔬菜如辣椒、菠菜等含量丰富；野生果蔬如苜蓿、沙棘、猕猴桃和酸枣等维生素 C 含量尤为丰富；动物性食品中只有牛奶和肝脏中含有少量维生素 C（表 7-17）。

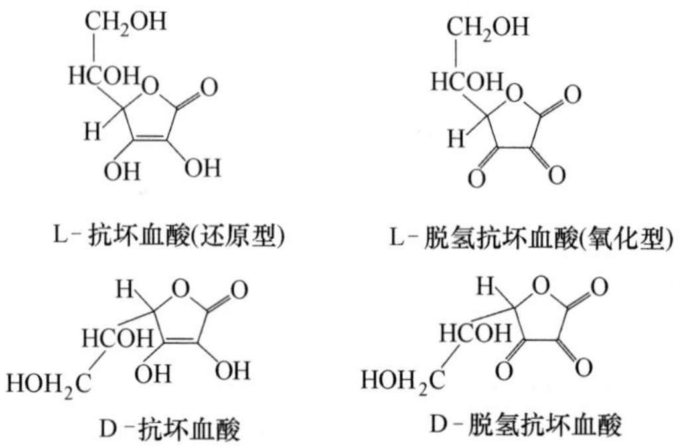

L-抗坏血酸(还原型)　L-脱氢抗坏血酸(氧化型)

D-抗坏血酸　D-脱氢抗坏血酸

图 7-17　维生素 C 的各种结构

表 7-17　一些食品中维生素 C 的含量　单位：mg/100g

食品名称	含量	食品名称	含量	食品名称	含量
冬季花椰菜	113	番石榴	300	土豆	73
黑葡萄	200	青椒	120	菠菜	220
卷心菜	47	甘蓝	500	南瓜	90
柑橘	220	山楂	190	番茄	100

只要能经常吃到足够的蔬菜和水果，并注意采用合理的烹调方法（尽可能保持新鲜和生食），一般不会缺乏维生素 C。膳食中维生素 C 长期缺乏会导致维生素 C 缺乏症，严重的患者可发生精神异常，包括多疑症、抑郁症和癔症。重症维生素 C 缺乏可出现内脏出血而危及生命。维生素 C 很少引起明显的毒性，但当一次口服数克剂量时，可能出现腹泻、腹胀。

抗坏血酸的主要膳食来源为水果、蔬菜、果汁以及营养强化食品。已有实验表明，在经蒸煮过的西蓝花、橘瓣和橘子汁中抗坏血酸的生物利用率与被人体服用的化学合成的维生素、矿物质片剂中的生物利用率相同。总的来说在大多数果蔬中，抗坏血酸被人体的利用程度非常高。

(2) 性质

维生素 C 为无色片状晶体，熔点为 190～192℃，比旋光度为＋22°；味酸，溶于水和乙醇。由于分子具有两个烯醇式羟基，在水溶液中可以离解生成氢离子，故呈酸性。加热或光线照射，易使维生素 C 破坏。在溶液中，特别是在含有金属离子，如 Cu^{2+}、Fe^{3+} 等的溶液中，即使是微量的金属离子，也能促使它的分解。在酸性溶液中特别是草酸或偏磷酸的溶液中，维生素 C 相当稳定。一般常利用这一特性从生物组织中提取维生素 C。

维生素 C 是一种强烈的还原剂，易被氧化成脱氢维生素 C。维生素 C 与脱氢维生素 C 在体内能相互转变。因此，它能在生物氧化作用中，构成一种氧化还原体系。此外，在食品工业中广泛用作抗氧化剂，而在面团改良剂中又可用作氧化剂。因为它能被抗坏血酸氧化酶氧化为脱氢抗坏血酸，后者可使面团中—SH 氧化为二硫键，从而使面筋强化。脱氢抗坏血酸被水化即转变为 2,3-二酮古洛糖酸，后者无生物活性。

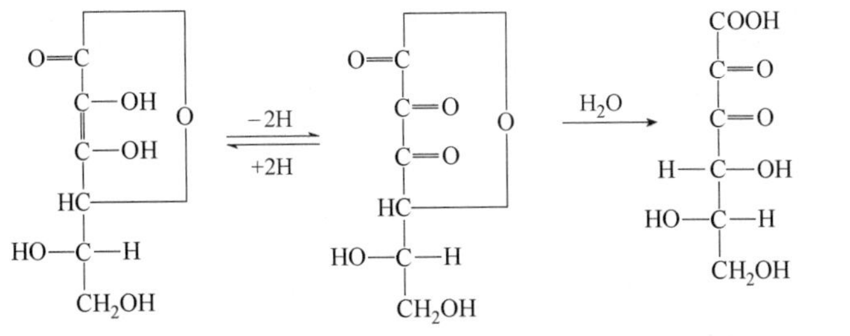

L-抗坏血酸（还原型） ⇌(−2H / +2H) L-脱氢抗坏血酸（氧化型） →(H_2O) 2,3-二酮古洛糖酸

L-抗坏血酸可还原 2,6-二氯酚溶液（蓝色）使之褪色，亦可与 2,4-二硝基苯肼结合生成有色的脎。这些反应都可作为维生素 C 的定性与定量的基础。

(3) 生理功能及缺乏症

维生素 C 可促进各种支持组织及细胞间黏合物的形成；能在细胞呼吸链中作为细胞呼吸酶的辅助物质，促进体内氧化作用，它既可作供氢体，又可作受氢体，在体内重要的氧化还原反应中发挥作用。此外，维生素 C 还有增强机体抗病能力及解毒作用。

由于人体内不能合成自身所需的维生素 C，当人体缺乏维生素 C 时，可能会引起多种症状，其中最显著的是维生素 C 缺乏症，表现最初是皮肤局部发炎、食欲不振、呼吸困难和全身疲倦，后来则是内脏、皮下组织、骨端或齿龈等处的微血管破裂出血，严重的可导致死亡。

(4) 稳定性与降解

维生素 C 极易受温度、pH、氧、酶、盐和糖的浓度、金属催化剂（特别是 Cu^{2+} 和 Fe^{3+}）、a_w、维生素 C 的初始浓度以及维生素 C 与脱氢维生素 C 的比例等因素的影响而发生降解。尽管维生素 C 在厌氧情况下非酶氧化较慢，但在弱酸或弱碱性尤其是碱性情况下，通过维生素 C 酮式→酮式阴离子→二酮式古洛糖酸而发生降解（图 7-18）。

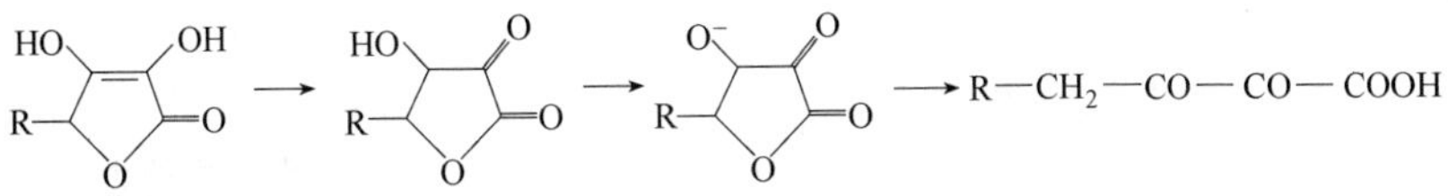

→ R—CH_2—CO—CO—COOH

图 7-18 维生素 C 降解产生二酮式古洛糖酸的反应历程示意图

二酮式古洛糖酸通过转化产生多种产物，如还原酮类、糠醛、呋喃-2-羧酸等。在有氨基酸存在的情况下，维生素 C、脱氢维生素 C 和它们的降解产物会进一步发生美拉德反应，产生褐色产物（图 7-19）。

维生素 C 具有强的还原性，因而是食品中一种常用的抗氧化剂，例如利用维生素 C 的还原性使邻醌类化合物还原，从而有效抑制酶促褐变而作为面包中的改良剂。由于维生素 C 具有较强的抗氧化活性，常用于保护叶酸等易被氧化的物质。此外维生素 C 还可以清除单重态氧、还原氧和以碳为中心的自由基，以及使其他抗氧化剂（如生育酚自由基）再生。维生素 C 在食品贮藏过程中的变化常可用作指示食品贮藏的质量变化大小。由于维生素 C 对热、pH 和氧敏感，且易溶于水，因此，维生素 C 在加工和贮藏过程中常会造成较多损失。图 7-20～图 7-22 分别是不同加热时间、不同加工方式和贮藏过程中 a_w 与维生素 C 破坏速率的关系。

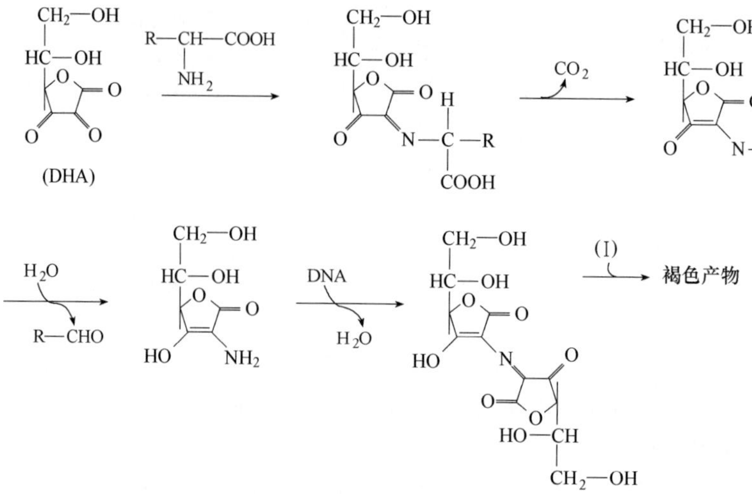

图 7-19　维生素 C 褐变的反应历程示意图

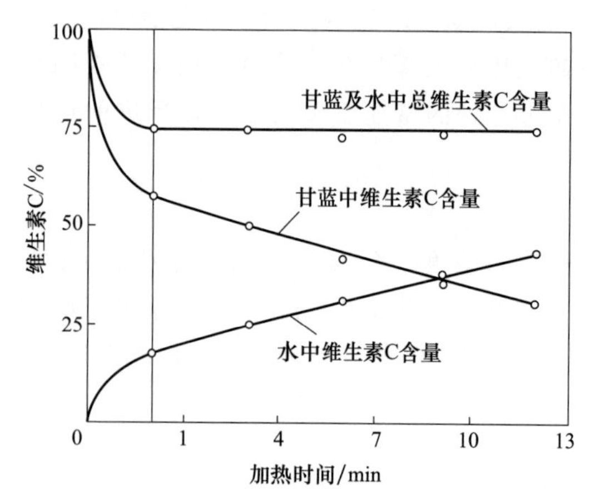

图 7-20　热烫甘蓝中维生素 C 与时间关系

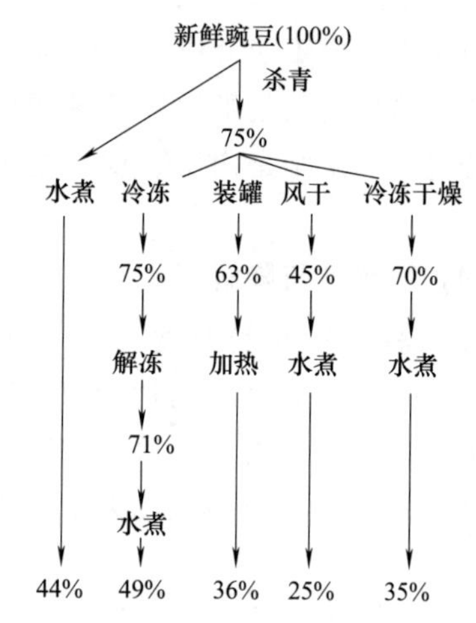

图 7-21　不同加工方式对豌豆中维生素 C 的保存率的影响

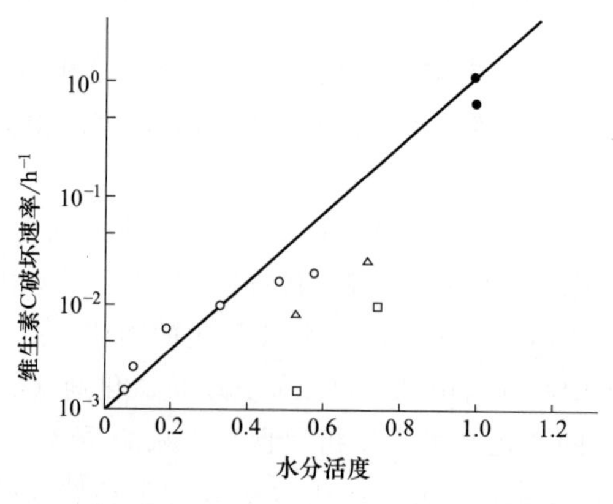

图 7-22　贮藏过程中水分活度与维生素 C 破坏速率的关系

○橙汁晶体；●蔗糖溶液；△玉米、大豆乳混合物；□面粉

7.4 维生素在食品加工与贮藏过程中的变化

食物原料的多样性决定了食品加工方式和食品种类的多样性。食品的物理加工方式除漂洗外，还有去皮、分割、热处理、挤压及其不同加工精度等；化学方式主要是酸碱处理、外源性化学添加物；此外，还有酶法处理、微生物加工等方式，这些加工方式均对食物原料所含的维生素有影响。同时，食物原料或食品的贮藏温度、时间、是否避光等也是影响维生素含量的重要因素。当然，食物原料的种类、采收成熟度、生产环境及动物宰杀后的处理方式等因素对食品中维生素含量也有非常重要的影响。

7.4.1 食品原料本身的影响

(1) 原料成熟度与部位对维生素含量的影响

水果、蔬菜中维生素含量随作物的遗传特性、成熟期、生长地及气候的不同而异。在果蔬成熟过程中，维生素的含量由其合成和降解的速度决定。例如，番茄中抗坏血酸含量在未成熟的某个时期最高（表7-18）；大部分蔬菜与番茄的情况相反，成熟度越高，维生素含量越高，辣椒中的抗坏血酸含量就是在成熟期最高；胡萝卜中类胡萝卜素的含量随品种不同差异很大，但成熟期对其并无显著影响。

表7-18　成熟度对番茄中抗坏血酸含量的影响

开花后周数	平均质量/g	颜色	抗坏血酸/(mg/100g)
2	33.4	绿	10.7
3	57.2	绿	7.6
4	102	绿-黄	10.9
5	146	红-黄	20.7
6	160	红	14.6
7	168	红	10.1

植物的不同部位，维生素含量也不同（表7-19）。一般来说，植物的根部维生素含量最低，其次是果实和茎，含量最高的部位是叶片。对果实而言，表皮维生素含量最高，由表皮到果心，维生素含量依次递减。

表7-19　谷物的不同部位中几种维生素的相对组成

谷物部位/%	硫胺素/%	核黄素/%	尼克酸/%	谷物部位/%	硫胺素/%	核黄素/%	尼克酸/%
籽壳	1	5	4	胚芽	2	12	1
糊粉	32	37	82	总外层	97	68	88
盾盖	62	14	1	内胚乳	3	32	12

动物制品中的维生素含量与动物的物种及食物结构有关。如B族维生素在肌肉中的浓度取决于肌肉从血液中汲取B族维生素并将其转化为辅酶形式的能力；在饲料中补充脂溶性维生素，肌肉中脂溶性维生素的含量就会增加。

(2) 采后（宰后）食品中维生素的含量变化

食品从采收或屠宰到加工这段时间，营养价值会发生明显的变化。因为许多维生素的衍生物是酶的辅助因子（cofactor），易受酶，尤其是动、植物死后释放出的内源酶所降解。细胞受损后，原来分隔开的氧化酶和水解酶会从完整的细胞中释放出来，从而改变维生素的化学形式和活性。例如，维生素 B_6、维生素 B_1 或维生素 B_2 辅酶的脱磷酸化反应，维生素 B_6 葡萄糖苷的脱葡萄糖基反应，聚谷氨酰叶酸酯的去共轭作用，都会影响植物采收后或动物屠宰后维生素的含量和存在状态，其变化程度与贮藏加工过程中的温度高低和时间长短有关。一般而言，维生素的净浓度变化较小，主要是引起生物利用率的变化。脂肪氧化酶的氧化作用可以降低许多维生素的含量，而抗坏血酸氧化酶则专一性地引起抗坏血酸的损失。豌豆从采收到运往加工厂贮水槽的1h内，所含维生素会发生明显的还原反应。新鲜蔬菜如果处理不当，在常温或较高温度下存放24h或更长时间，维生素也会发生严重损失。如果在采后或宰后采取适当的处理方法，如科学的包装、冷藏运输等措施，果蔬和动物制品中维生素的变化就会减少。

7.4.2 食品加工前预处理的影响

(1) 切割、去皮

植物组织经过修整或细分（如水果去皮），均会导致维生素的部分丢失。苹果皮中抗坏血酸的含量比果肉高，凤梨心比其他部分含有更多的维生素C，胡萝卜表皮层的烟酸含量比其它部位高，土豆、洋葱和甜菜等植物的不同部位也存在维生素含量的差别。因而在修整这些蔬菜和水果以及摘去菠菜、花椰菜、芦笋等蔬菜的部分茎、根时，会造成部分维生素的损失。一些食品在去皮过程中，由于使用强烈的化学物质，如碱液处理，使外层果皮的维生素破坏，如桃子去皮。

(2) 清洗、热烫

水果和蔬菜在清洗时，一般维生素的损失很少，但要注意避免挤压和碰撞；也要尽量避免切后清洗造成水溶性维生素的大量流失。对于化学性质较稳定的水溶性维生素（如泛酸、烟酸、叶酸、核黄素等），溶于水而流失是最主要的损失途径。

大米在淘洗过程中会损失部分维生素，这主要是由于维生素主要存在于米粒表面的浮糠中。大米淘洗后B族维生素的损失率为60%，总维生素损失率为47%；淘洗次数越多，淘洗时用力越大，B族维生素损失越多。

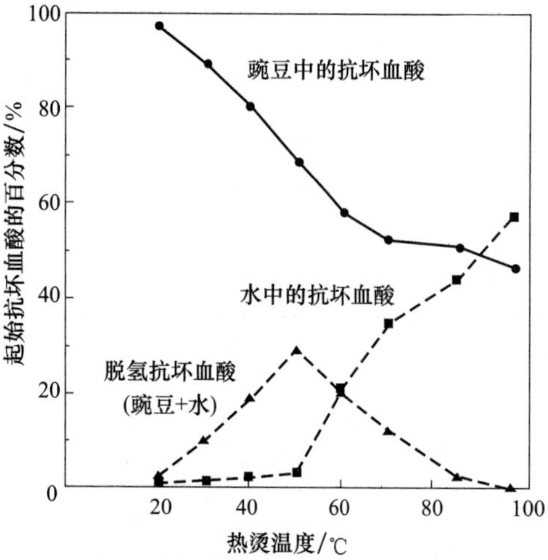

热烫（烫漂）是水果和蔬菜加工中不可缺少的处理方法，目的在于钝化影响产品品质的酶类、减少微生物污染、排除组织中的空气，有利于食品贮存期间保持维生素的稳定（表7-20）。热烫的方式有热水、蒸汽和微波。烫漂会造成水溶性维生素发生损失，损失程度与pH、烫漂时间和温度、含水量、切口表面积、烫漂类型及成熟度有关。通常高温短时烫漂维生素损失较少；烫漂时间越长，维生素损失越大。食品切分越细，单位质量表面积越大，维生素损失越多。不同烫漂类型对维生素影响的顺序为热水＞蒸汽＞微波。热水烫漂会造成水溶性维生素的大量流失，随温度升高，损失量显著增加（图7-23）。

图7-23 豌豆在不同温度水中热烫10min后抗坏血酸的变化

表7-20 青豆烫漂后贮存维生素的损失

处理方式	维生素C/%	维生素B_1/%	维生素B_2/%
烫漂	90	70	40
未烫漂	50	20	30

7.4.3 食品加工过程中的影响

(1) 谷类食品在研磨过程中维生素的损失

研磨是谷物特有的加工方式。谷类在研磨过程中，维生素会发生不同程度的损失。其损失程度依胚乳和胚芽与种子外皮分离的难易程度而异，难分离的研磨时间长，损失率高，反之则损失率低。因此，研磨对各种谷物种子中维生素的影响不一样，即使同一种谷物，各种维生素的损失率也不尽相同。此外，不同的加工方式对维生素损失的影响也有差异，谷物精制程度越高，维生素损失越严重。例如，小麦在碾磨成面粉时，出粉率不同，维生素的存留程度也不同（图 7-24）。

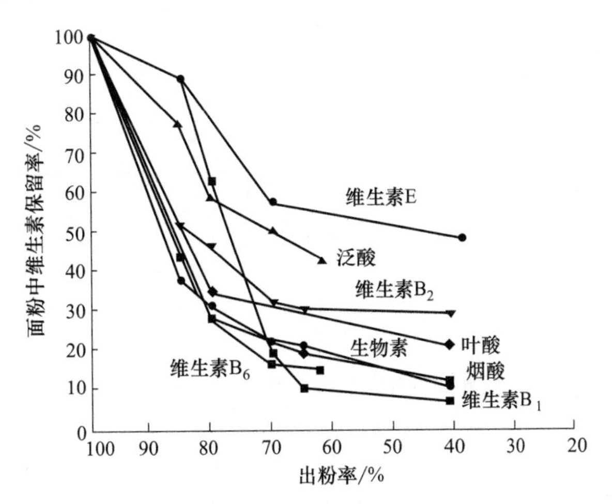

图 7-24 小麦出粉率与维生素保留率之间的关系

(2) 化学药剂（包括食品添加剂）**处理对维生素含量的影响**

由于加工的需要，常常向食品中添加一些化学物质，其中有的能引起维生素损失。二氧化硫（SO_2）、亚硫酸盐、亚硫酸氢盐、偏亚硫酸盐可以防止水果和蔬菜的酶促褐变和非酶褐变；作为还原剂可防止抗坏血酸氧化；在葡萄酒加工中起抗微生物的作用，但会破坏维生素 B_1 和维生素 B_6。

在肉制品加工中，为了改善肉制品的颜色，通常添加硝酸盐和亚硝酸盐作为发色剂。而菠菜、甜菜等蔬菜本身就含有高浓度的硝酸盐，通过微生物作用而产生亚硝酸盐。亚硝酸盐不但能与抗坏血酸迅速反应，而且还能破坏类胡萝卜素、维生素 B_1 和叶酸等。

作为杀虫剂的环氧乙烷和环氧丙烷，可使害虫的蛋白质和核酸烷基化，从而达到杀虫目的，但也导致了一些维生素的失效，不过常规使用时并未造成食品中总体维生素的严重损失。

食品在配料时，由于其他原料的加入会带来酶的污染，从而影响维生素的稳定性。例如，加入植物性配料，会把抗坏血酸氧化酶带入成品；用海产品作为配料，可带入硫胺素酶。

果蔬加工中，添加的有机酸可减少维生素 C 和维生素 B_1 的损失；碱性物质会增加维生素 C、维生素 B_1 和叶酸等的损失。

不同维生素之间也相互影响。例如，食品中添加维生素 C 和维生素 E 可降低胡萝卜素的损失。

7.4.4 食品贮藏过程的影响

(1) 贮藏温度

食品在贮藏期间，维生素的损失与贮藏温度关系密切（表 7-21）。例如，罐头食品冷藏保存一年后，维生素 B_1 的损失低于室温保存。

冷冻是最常用的食品贮藏方法。冷冻一般包括预冷冻、冷冻储存、解冻 3 个阶段，维生素的损失主要包括储存过程中的化学降解和解冻过程中水溶性维生素的流失。例如，蔬菜经冷冻后，维生素会损失 37%～56%；肉类食品经冷冻后，泛酸的损失为 21%～70%；肉类解冻时，汁液的流失使维生素损失10%～14%。

表7-21 不同贮藏方式贮藏过程中维生素的损失情况

贮藏方式	蔬菜样品	维生素损失率/%[①]				
		维生素A	维生素 B_1	维生素 B_2	烟酸	维生素C
冷冻贮藏[②]	10	12[④]	20	24	24	26
		0～50[⑤]	0～61	0～45	0～56	0～78
灭菌后贮藏[③]	8	10	67	42	49	51
		0～32	56～83	14～50	31～56	28～67

①贮藏前，所有产品均进行了热加工及脱水处理；
②蔬菜样品分别是芦笋、利马豆、四季豆、椰菜、花椰菜、青豌豆、马铃薯、菠菜、抱子甘蓝和嫩玉米棒；
③蔬菜样品分别是芦笋、利马豆、四季豆、青豌豆、马铃薯、菠菜、抱子甘蓝和嫩玉米棒；
④平均值；
⑤为变化范围。

(2) 贮藏时间

食品贮藏的时间越长，维生素损失就越大。在贮藏期间，食品中脂质的氧化产生的氢过氧化物、过氧化物和环过氧化物，能够氧化生育酚、抗坏血酸等易被氧化的维生素，导致维生素活性的损失。氢过氧化物分解产生的含羰基化合物，能造成一些维生素（如硫胺素、泛酸）的损失。糖类非酶褐变产生的高度活化的羰基化合物，也能以同样的方式破坏某些维生素。

(3) 包装材料

包装材料对贮藏食品中维生素的含量有一定影响。例如，透明包装的乳制品在贮藏期间，维生素 B_2 和维生素D会发生损失。

(4) 辐照

辐照是利用原子能射线对食品原料及其制品进行灭菌、杀虫、抑制发芽和延期后熟等，目的是延长食品的保存期，尽量减少食品中营养的损失。辐照对维生素有一定的影响。水溶性维生素对辐照的敏感性主要取决于它们是处在水溶液中还是食品中，是否受到其它组分的保护等。维生素C对辐照很敏感，其损失随辐照剂量的增大而增加（表7-22）。在B族维生素中，维生素 B_1 最易受到辐照的破坏，辐照对烟酸的破坏较小。脂溶性维生素对辐照的敏感程度大小依次为维生素E>胡萝卜素>维生素A>维生素D>维生素K。

表7-22 不同辐照剂量对维生素C和烟酸的影响

维生素	辐照剂量/kGy	维生素浓度/(μg/mL)	保存率/%
维生素C	0.1	100	98
	0.25	100	85.6
	0.5	100	68.7
	1.5	100	19.8
	2.0	100	3.5
烟酸	4.0	50	100
	4.0	10	72.0
维生素C+烟酸	4.0	10	14.0(烟酸)、71.8(维生素C)

7.5 食品中维生素的增补

7.5.1 维生素增补的目的和意义

食品中含有多种营养素，但种类不同，其分布和含量也不相同。此外，在食品的生产、加工和保藏过程中，营养素往往遭受损失，有时甚至造成某种或某些营养素的大量缺失。如精碾米和精磨小麦粉，碾制时有多种维生素损失，而且加工精度越高，损失越大，有的维生素损失高达70%以上；牛乳在加热灭菌时维生素 B_{12} 损失10%～30%。所以在食品加工过程中要进行维生素的增补与强化。

维生素种类繁多，但在食品中普遍缺乏，且维生素大多不稳定、活性不强，进行维生素增补和营养强化除弥补加工过程损失外，还要提高其稳定性。

(1) 弥补某些天然食物中维生素的缺陷

由于人们饮食习惯和居住地区条件等不同，可能会出现某些营养成分的不足，造成营养失衡；需要有针对性地进行食品营养强化，补充所缺维生素，提高食品的营养价值，预防营养不良，增进人体健康。

(2) 预防地方性维生素缺乏症

针对地方性维生素缺乏症进行食品营养强化，增补所缺少的维生素。从预防医学角度看，食品营养强化对预防和降低维生素缺乏症很有意义，如添加维生素 B_1 预防食米地区脚气病等。

(3) 补充食品在加工、贮存等过程中营养素的损失

(4) 满足特殊人群的营养需要，适应不同人群生理及职业的需求

不同年龄、性别、工作性质及不同生理、病理状况的人，所需维生素有所不同，对食品进行不同的维生素增补与强化可分别满足其营养需要。如，钢铁公司高温作业的人，可增补维生素A、B族维生素和维生素C，改善其营养状况，从而减轻疲劳，增加工作效率。

(5) 简化膳食处理，方便摄食

天然的单一食物所含营养单一，要获得全面营养就需要进食多种食物，将不同食物进行搭配，制成方便食品或快餐食品。如许多国家在面包、大米、面粉等主食中强化维生素 B_1、维生素 B_2、赖氨酸、色氨酸等；在乳制品中强化维生素A、维生素D、维生素C、维生素 B_1、维生素 B_2、维生素 B_6、维生素 B_{12} 及烟酸等，制成调制乳粉，满足广大消费者及婴儿的需求。

7.5.2 维生素增补的基本原则

对食品增补维生素可以改善食品的质量、提高营养价值，但必须遵守一些基本原则。

(1) 目的明确，针对性强

进行维生素增补之前，首先要清楚食品的食用对象和增补目的，即食用对象的营养状况、摄食食品的种类和习惯、维生素缺乏的种类及原因。我国居民经常食用精白米、面，导致维生素 B_1 的不足，应考虑在米、面中增补维生素 B_1；而婴幼儿、乳母食品中应考虑增补维生素D。

(2) 符合营养学原理

增补过维生素的食品所含维生素的比例保持平衡，既能满足人体需要，又不造成浪费。

(3) 确保食品的食用安全性和营养有效性

维生素增补剂的质量、纯度必须符合食品卫生有关规定，而且还要有一定的营养效应，因此对其使用量要求规定上限和下限。

(4) 保持食品原有的风味和感官性状

维生素增补剂有其自身的色、味等感官性状，如果食品载体选择不当，会损害食品原有的风味和感官质量；而选择适当的食品载体，就可以大大提高食品的质量。例如，用β-胡萝卜素对黄油、奶油、干酪、冰激凌、糖果、果汁饮料进行增补，用维生素C对果汁饮料、肉制品进行增补，不但可以增加这些食品的营养，而且大大改善其感官质量。

(5) 稳定性高，价格合理

维生素增补剂会受温度、光照、氧气等的影响而发生变化，一部分被破坏，降低增补效果，因而需要改进加工工艺、改善增补剂本身的稳定性。例如，用抗坏血酸磷酸酯代替抗坏血酸、用维生素 A 棕榈酸酯代替维生素 A；将增补剂微胶囊化后再添加；在对大米进行维生素增补时，采用真空浸吸或干燥米粒外用胶质涂膜包裹等方法。

7.5.3 粮食制品中维生素营养增补

粮食是人们日常生活的主要食物来源，涉及种类很多，主要包括水稻、小麦、玉米等作物。我国国民食用最多的粮食是小麦和大米。小麦粉是我国北方地区居民的主要食物来源，也是众多加工食品的基础原料。以小麦粉制成的食品种类繁多，风味各异，它有其他粮食作物不可代替的优势，深受我国各地区居民的喜爱。而稻米也是世界上最主要的粮食作物之一。

在小麦和稻米碾磨过程中，维生素和矿物质大多进入麸皮和米糠中，加工精度越高，营养成分损失也越多。因此，面粉成为营养强化剂首选的食品载体之一。美国和西欧一些国家曾规定精白米、面粉、面包、通心粉、面条等必须进行维生素增补后才能销售，增补的维生素主要有维生素 B_1、维生素 B_2、烟酸和维生素 D。有 58 个国家在面粉中强化了铁和叶酸。2002 年底，国家公众营养与发展中心组织国内营养专家，参照国际营养强化的标准，针对中国人群的特点确定了面粉的强化配方，即“7+1”强化工程。“7+1”强化工程中添加的营养素有维生素 B_1、维生素 B_2、叶酸、尼克酸、钙、铁、锌等 7 种人体所需的基本微量营养素，维生素 A 为推荐添加物。

思考题

1. 什么是维生素？它们有哪些共同的特性？
2. 食品中的维生素有什么主要作用？
3. 维生素如何分类？水溶性维生素和脂溶性维生素有什么区别？
4. 哪种维生素最稳定？哪种维生素最不稳定？
5. 维生素在加热情况下会发生什么变化？在有氧条件下的变化是什么？
6. 影响维生素 C 降解的因素有哪些？
7. 在食品贮藏过程中，维生素的损失与哪些因素有关？
8. 维生素 E 的稳定性如何？在食品工业中有什么作用？
9. 比较水溶性维生素的稳定性，说明为什么少量亚硫酸盐可以保护贮藏果汁中的维生素 C？
10. 从人体对维生素需求的角度看，多晒太阳有什么益处？
11. 加工条件或加工方式对维生素有哪些影响？如何减少食品中维生素的损失？
12. 食品中为什么要补充维生素？对人体健康有什么益处？请举例说明。
13. 请举例说明如何满足特殊人群或特殊工作性质的人所需维生素的要求。
14. 请你提出在日常生活中提高维生素的摄入量的几点建议。

矿物质元素

学习提要

矿物质元素是食物的重要组成部分，其种类和含量是评价食品营养价值的重要指标之一。熟悉和掌握食品中矿物质的定义、分类、功能性及存在状态，有助于理解这些矿物质在体内的营养性和毒性效应。本章重点要掌握影响动植物食物原料中矿物质元素含量的原料种类、生长环境、加工及贮藏方式等因素，为食物原料加工过程中矿物质元素的变化、配制食品加工所需矿物质元素的搭配提供理论基础，特别是对某些食物中矿物质元素先天不足，通过营养强化的方式弥补其中某些矿物质元素的含量是十分必要的。

8.1 概述

矿物质又称为灰分或无机盐，通常是指动植物体经过高温灰化之后，有机物成为气体逸去，而剩余的成分为不挥发性的残渣，这种残渣称为粗灰分。从元素组成来看，食品中的矿物质通常是指食品中除了以有机化合物形式存在的C、H、O、N之外其它的无机元素成分。在人体和动物体内，矿物质总量一般占体重的4%～5%，是人和动物不可缺少的成分。

食品中矿物质的种类和含量是评价食品营养价值的重要指标之一。目前，自然界中存在约92种天然化学元素，其中动植物食品在生产过程中可以从自然界中吸收、富集约60种矿物质元素。在这些矿物质元素中，现已发现约25种存在于正常的活细胞中，是构成人体组织、维持正常生命活动所必需的。食品中矿物质元素的重要性在于人体不能自身合成，必须从食物中获取以满足机体新陈代谢、生长发育和维持生命活动所需。

8.1.1 食品中矿物质元素的定义和分类

根据在人体内的含量水平和人体需要量的差异，食品中的矿物质元素可以分为3类，如图8-1所示。

矿物质元素
- 常量元素或宏量元素（main elements），＞50mg/d：氧（O）、碳（C）、氢（H）、氮（N）、钙（Ca）、磷（P）、硫（S）、钠（Na）、钾（K）、镁（Mg）、氯（Cl）
- 微量元素（trace elements），＜50mg/d：铁（Fe）、碘（I）、氟（F）、锌（Zn）、硒（Se）、铜（Cu）、锰（Mn）、铬（Cr）、钼（Mo）、钴（Co）、镍（Ni）
- 超微量元素（ultra-trace elements）：铝（Al）、砷（As）、钡（Ba）、铋（Bi）、硼（B）、溴（Br）、镉（Cd）、铯（Cs）、锗（Ge）、汞（Hg）、锂（Li）、铅（Pb）、铷（Rb）、锑（Sb）、硅（Si）、钐（Sm）、锡（Sn）、锶（Sr）、铊（Tl）、钛（Ti）、钨（W）

图8-1　食品中矿物质元素的分类

其中，常量元素在体内总含量约占人体元素总量的99.95%，这也是常量元素、宏量元素称谓的来源。余下元素是微量元素（包括超微量元素），其总含量约占人体元素总量的0.05%。从营养和健康的角度出发，根据其营养性的不同大致可分为三种类型。①必需元素（essential element），是维持生命体正常代谢所必不可少的，除C、H、O、N之外，目前认为包括铁、碘、铜、锌、硒、钼、钴、铬8种元素，在膳食中这些元素摄入不足，会导致缺乏症的发生，如缺铁导致贫血；缺硒出现白肌病；缺碘易患甲状腺肿大等。有时，摄入过量会产生毒性，如硒、钼、钴等，轻微过量就会出现毒性症状，这种不足或过量发生病态症状如图8-2所示。②非必需元素（nonessential element），它们存在于生物体中，但是目前尚未有充足证据证明其是生命必需的，如铝、锡、硼、铷、钡、铌、锆、稀土元素等，这类元素的特征是：含量很少时对生命体的生理活动是有益的，但摄入量稍大时表现有害性，有时称为潜在的有益元素或辅助元素。③有毒元素（toxic element），这些元素在很低的含量时即表现出对机体的毒害作用，包括汞、铅、砷、镉、锑等。当然，目前对矿物质元素的分类是基于人们现有的研究和认识相对划分的，随着科学的进步，人们对这些元素的认识会更加深入。有时依据在食品中含量的多少分为常量元素、微量元素和超微量元素，而对食品中那些非必需的有害元素称为污染元素（contamination elements），或有毒微量元素（toxic trace elements）。

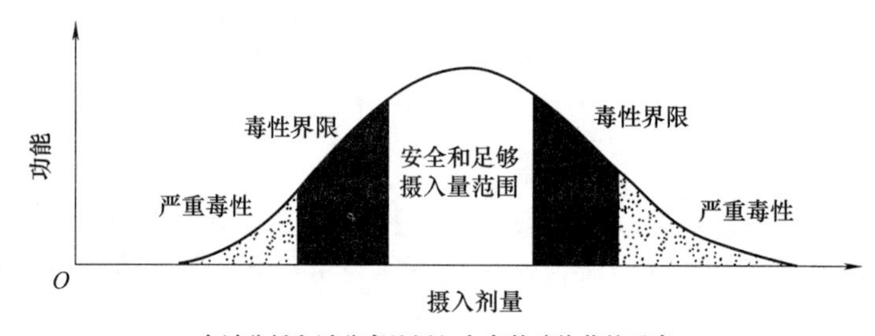

图8-2　矿物质的摄入剂量和相关生理功能之间的关系

8.1.2　食品中矿物质元素存在的形式

矿物质元素在食品中的存在状态，根据其层次不同可以分为：溶解态和非溶解态、胶态和非胶态、有机态和无机态、离子态和非离子态、配位态和非配位态、高价态和低价态、稳定态和不稳定态、活性态和非活性态等。

矿物质元素的溶解性取决于元素本身的性质。元素周期表中的ⅠA族、ⅦA族在食品中主要以游离的离子形式存在，尤其是一价元素都成为可溶性盐，大部分解离成为离子的形式，如阳离子K^+、Na^+，阴离子Cl^-、F^-。多价元素则以离子、不溶性盐形式和胶体溶液形成动态平衡而存在。在肉、乳中矿物质常以此种形式存在。ⅡA族部分以游离的离子形式存在，Mg^{2+}、Ca^{2+}的卤化物是可溶的，但它们的氢氧化物及盐是难溶物，如磷酸盐、植酸盐、碳酸盐等。ⅥA族以阴离子形式存在，如SO_4^{2-}，其ⅠA族元素的硫酸盐是可溶的，有些硫酸盐是难溶物，如$CaSO_4$。矿物质元素的溶解性还受食品中pH的影响，一般来说，食品的pH越低，矿物质元素的溶解性越大。

矿物质元素的不同化合态可能直接影响其生理作用。食品中的矿物质元素常常具有不同的价态，表现出不同的氧化还原性，并且在一定条件下可以相互转化，从而影响其生理功能，表现出不同的营养性或有害性。如Fe^{2+}很容易被人体吸收利用，而Fe^{3+}却很难被利用。Cr^{3+}是人体必需的营养元素，而Cr^{6+}是有毒的，甚至是致癌物，如$Cr_2O_7^{2-}$则有强致癌性。As^{3+}比As^{5+}更易与蛋白质中的巯基发生反应，表现出更大的毒性。因此，在评价某些矿物质元素的营养性及毒性效应时，除了考虑它们的剂量外还应考虑它们的存在形式。一般来讲，矿物质元素在生物体内呈游离态是很少见的，它们往往以螯合态形式存在。

食物中矿物质元素的存在状态会影响其营养性。如膳食中血红素铁数量虽然少于非血红素铁，但是其吸收率却比非血红素铁高2～3倍，且很少受膳食中其他因素的影响。许多因素可促进或抑制非血红素铁的吸收，如维生素C。肉类中存在的一些因子也可促进非血红素铁的吸收，而全谷类和豆类组成的膳食中铁的吸收较差。

食物中的蛋白质、氨基酸、有机酸、核酸、核苷酸、肽和糖等有机物能与矿物质元素形成不同类型的配合物，从而有利于矿物质元素的溶解，如氨基酸钙。常用微量元素与氨基酸形成配合物的方法来提高其水溶性；也可以利用某些有机物与有害金属元素形成难溶性配合物来消除其毒害性，如可以利用柠檬酸与铅形成难溶性配合物的原理治疗铅中毒。金属离子多以螯合物形式存在于食品中，螯合物形成的特点是：配位体至少提供两个配位原子与中心金属离子形成配位键，配位体与中心金属离子多形成环状结构。在螯合物中，常见的配位原子是O、S、N、P等原子。在食品中常见的环状螯合物有四元环、五元环、六元环的螯合物，如叶绿素、血红素、维生素B_{12}、钙酪蛋白等。

8.1.3 矿物质元素的功能作用

与食品中其他营养素如水分、蛋白质、碳水化合物和脂类相比，矿物质在食品中的含量相对较少，但在人体中发挥的作用极为重要。矿物质元素的功能发挥涉及复杂的机理和相互作用关系，研究发现矿物质元素之间或与其他营养素之间存在协同、拮抗或既协同又拮抗的复杂相互关系，这种相互关系影响着它们的生物有效性。如饮食中Ca/P比例为1∶1时，Ca和P的吸收效果最好；Fe与Zn、Zn与Cu是与健康相关的典型拮抗例子，膳食中Fe/Zn比从1∶1到22∶1变动时，对Zn吸收的抑制作用逐渐增强，增加膳食中Zn的水平，会降低Cu的吸收。矿物质元素的缺乏肯定会表现出某种症状。同时，与其他有机营养素不同的是，矿物质元素在体内不能合成，全部来自于膳食，除了排泄外，也不能在体内代谢消失。表8-1列出了矿物质元素在人体中的主要功能。

表8-1 矿物质元素的主要功能简介

元素	矿物质元素的主要功能
硼(B)	促进生长，是植物生长所必需的
氟(F)	与骨骼的生长有密切关系
铁(Fe)	组成血红蛋白、肌红蛋白、细胞色素及其它酶的辅助因子等
锌(Zn)	与多种酶、核酸、蛋白质的合成有关
碘(I)	甲状腺素的成分
铜(Cu)	许多金属酶的辅助因子，铜蛋白的组成成分
硒(Se)	构成谷胱甘肽过氧化物酶的组成成分，与肝功能及肌肉代谢等有关
锰(Mn)	酶的激活，并参与造血过程
钼(Mo)	钼酶的主要成分

续表

元素	矿物质元素的主要功能
铬(Cr)	主要起胰岛素加强剂的作用，促进葡萄糖的利用
镁(Mg)	酶的激活、骨骼成分等
硅(Si)	有利于骨骼形成
磷(P)	ATP组成成分
钴(Co)	维生素 B_{12} 组成成分
钙(Ca)	骨骼成分，神经传递等
硫(S)	蛋白质组成成分
钾(K)	电化学及信使功能，胞外阳离子
钠(Na)	电化学及信使功能，胞外阳离子
氯(Cl)	电化学及信使功能，胞外阴离子

① 构成机体的重要组成成分。机体中的矿物质主要存在于骨骼中，如99%的钙元素（以羟磷灰石的形式），50%～60%的镁元素和大量的磷元素存在于骨骼、牙齿中，用于维持骨骼的刚性。此外，体液中普遍含有钠和钾元素，硫和磷还是蛋白质的组成元素。

② 维持细胞间溶液的渗透压和机体的酸碱平衡。矿物质与蛋白质一起维持细胞内外的渗透压平衡，对体液的储留和移动起重要作用，其中无机盐起主要作用。当向体内输入溶液时，需要输入与体液具有相同渗透压的溶液，避免破坏体液的渗透压。此外，还有碳酸盐、磷酸盐等组成的缓冲体系与蛋白质等一起构成了机体的酸碱缓冲体系，以维持机体的酸碱平衡，保持体内的pH为7.35～7.45。

③ 保持肌肉及神经的兴奋性。K^{+}、Na^{+}、Ca^{2+}、Mg^{2+}等离子以一定的比例存在时，对维持神经、肌肉组织的兴奋性、细胞膜的通透性具有重要作用。Na^{+}、K^{+}使兴奋性增加，Ca^{2+}、Mg^{2+}使兴奋性降低；另外，钙与钾、钠、镁等协同作用，可以保持心肌的正常功能。

④ 对机体具有特殊的生理作用。矿物质元素是机体内许多酶和重要生物活性物质的组成成分。如铁是细胞色素氧化酶系的组成成分，铜是多酚氧化酶的组成成分，锌、镁等的存在则是多种水解酶所必需的。许多激素和生长因子也含有微量元素，如甲状腺含碘，胰岛素中含有锌。体内许多生化反应和物质代谢也需要矿物质元素的参与，如体内磷酸化作用需要磷酸参与，铁参与血红蛋白中氧的运输等。

⑤ 对食品感官品质的作用。矿物质对于改善食品的感官品质具有重要作用，如磷酸盐类对于肉制品的保水性、黏着性的作用，在肉制品中添加三聚磷酸钠或焦磷酸钠等可以增加肉的持水性，并可防止脂肪酸败。钙离子对于一些凝胶的形成和食品质地的硬化等，如使用硫酸钙（或氯化镁）溶液点豆浆做豆腐，氯化钙常用作果蔬腌制的硬化剂、脆化剂等。

此外，聚磷酸盐能与多价金属离子起螯合作用，如聚磷酸盐可以与肌肉蛋白质牢固结合的Ca^{2+}和Mg^{2+}进行螯合，使蛋白质中的羧基被释放出来，由于羧基间静电的作用，使蛋白质结构松弛，并可吸收较多的水。在果蔬罐头加工过程中，锌离子作为护色剂可起到护色作用；在蚕豆罐头中添加聚磷酸盐可以促进豆皮软化（与豆皮中的钙螯合）；磷酸盐还能稳定果蔬色素和防止啤酒浑浊等。

8.2　食品中的矿物质元素

8.2.1　粮油类食物

粮食和油料加工而成的各种食品是人类最主要的食物来源。相对于碳水化合物、蛋白质、脂肪等营养素，粮油类食品原料中矿物质元素的含量相对较少，只有1%～7%。表8-2列出了常见粮油食品原料中矿物质元素的含量。不同品种的粮油原料的果实或种子，所含矿物质元素的种类差别比较大。同一种粮油原料所含矿物质元素的含量相对稳定，但是随着作物生产条件如气候条件、土壤、水源、化肥、农业管理等因素的不同会有所差别。对于颗粒物料来说，一般皮层的矿物质元素含量高且种类比较多，越接近心部，矿物质元素的含量越低且种类越少。

表 8-2　常见粮油食品原料中矿物质元素的含量

原料	矿物质含量/%	原料	矿物质含量/%	原料	矿物质含量/%
稻谷	2.7	高粱	1.7	豇豆	3.0
小麦	2.1	玉米	1.7	菜豆	4.3
黑麦	2.0	荞麦	3.9	绿豆	4.0
大麦	2.7	大豆	5.5	扁豆	3.1
燕麦(去壳)	2.0	花生仁	2.5	饭豆	3.3
黍	2.7	蚕豆	2.8	油茶籽	5.4
粟米	1.4	豌豆	7.4	棉籽	4.4
葵花子	3.8	甘薯(鲜)	0.9	椰子仁	2.0
芝麻	5.0	亚麻籽	3.5	赤豆	2.9

表8-3列出了常见谷类食物中主要矿物质元素含量的变化情况，食物原料经加工后，矿物质元素含量均有不同程度的下降，全粉中矿物质元素的含量高于精粉中的含量。小麦或面粉中的矿物质主要包括钙、钠、磷、铁、钾等，它们主要以无机盐形式存在。小麦籽粒中钙、铁、钾等含量丰富，比大米高2～5倍。小麦和小麦粉中的矿物质常用灰分来表示。矿物质元素在小麦籽粒的不同部位分布是不均匀的，主要分布在麸皮和胚部，如皮层中糊粉层的灰分最高，占整个麦粒灰分总量的56%～60%，胚的灰分占5%～7%，胚乳部分仅为0.28%～0.39%。由于矿物质元素在小麦籽粒中大部分分布在麸皮层，因而不同加工等级的面粉其灰分含量不同，据此，常用灰分含量的多少初步对小麦粉进行等级划分，灰分含量越少，说明麸皮含量越少，小麦粉的加工精度越高。

表 8-3　常见谷类食物中主要矿物质元素的含量　　单位：mg/100g

原料	主要矿物质元素的含量				
	Ca	P	Fe	Na	K
全粒小麦	24	350	3.1	2	460
强力粉	25	100	1.2	2	100
黑麦全粉	38	330	3.0	2	500
黑麦粉	20	130	2.0	1	160

续表

原料	主要矿物质元素的含量				
	Ca	P	Fe	Na	K
全粒大麦	40	340	3.0	1	440
大麦片	24	140	1.5	2	200
全粒燕麦	55	320	4.6	4	520
燕麦片	30	360	3.4	3	360
荞麦粉	17	400	2.8	2	410
全粒稻谷	10	300	1.1	2	250
糙米	8	220	0.8	2	170
精白米	6	140	0.5	2	110
全粒玉米	2	290	2.3	3	290
精小米	11	190	2.3	3	330
精黄米	11	240	1.8	2	180
高粱米	9	330	3.0	2	510

稻谷中所含的矿物质元素主要存在于稻壳、胚和皮层中，而胚乳中含量极少。稻壳中的矿物质元素主要是硅，磷、钾、镁、钠、碘和锌主要集中于糊粉层，钙主要分布在稻谷的胚乳即大米中。玉米籽粒中含有0.7%～1.3%的矿物质，含量最多的是磷、钾，主要分布在玉米胚芽和种皮中，约80%的矿物质在胚芽中。大豆中矿物质含量一般在4.0%～5.5%，含量最高为钾、磷、钙、镁等。这些无机盐含量因大豆的品种和种植条件的不同而有一定的差异。

8.2.2 动物来源食物

动物来源的食物主要是各种肉制品、乳制品和蛋制品。表8-4列出了常见的畜禽肉、乳及蛋中矿物质元素的含量。肉类中的矿物质含量一般为0.7%～2.0%，这些无机盐在肉中有的以单独游离态存在，如镁离子、钙离子；有的以螯合状态存在，如肌红蛋白中的铁、核蛋白中的磷等；肉中的钾和钠元素几乎全部存在于软组织及体液之中，铁主要存在于肌红蛋白和血红蛋白中，钙的含量相对较低。这些矿物质元素对于维持肌肉细胞的功能和肉的理化性质具有重要作用，如钾和钠与细胞膜通透性有关，铁离子作为肌红蛋白和血红蛋白的结合成分，参与氧化还原，影响肉色。此外，肉中还含有微量的锰、铜、锌、镍等。

表8-4 常见畜禽肉、乳及蛋中矿物质元素的含量

畜禽肉	矿物质含量/%	乳	矿物质含量/%	蛋	矿物质含量/%
牛肉	0.92	荷兰牛乳	0.68	鸡蛋	1.1
羊肉	1.92	短角牛乳	0.73	鸭蛋	1.1
肥猪肉	0.72	西门塔尔牛乳	0.71	鹅蛋	0.7
瘦猪肉	1.10	爱尔夏牛乳	0.68	鸽蛋	1.1
马肉	0.95	更赛牛乳	0.74	火鸡蛋	0.9
鹿肉	1.20	水牛乳	0.84	鹌鹑蛋	1.2
兔肉	1.52	牦牛乳	0.89		
鸡肉	0.96	秦川牛乳	0.76		
鸭肉	1.19	山羊乳	0.81		

乳中的矿物质含量大多在0.7%左右，主要是钾、钙、硫、磷、氯、铁、钠、镁及其他微量元素。它们大多以无机盐或有机盐的形式存在，其中以磷酸盐、酪酸盐和柠檬酸盐存在的数量最多；钠大部分以氯化物、磷酸盐和柠檬酸盐的离子溶解状态存在，而钙、镁与酪蛋白、磷酸和柠檬酸结合，一部分呈胶态，另一部分呈溶解状态；磷是乳中磷蛋白、磷脂和有机酸酯的组成成分。

在蛋制品中，蛋清中钾、钠和氯等离子含量较高，磷和钙的含量要少于蛋黄中。蛋黄是蛋中最有营养的部分，含有1.0%～1.5%的矿物质，其中以磷最为丰富，占无机成分总量的60%以上，其次为钙（约13%），此外还含有铁、硫、钾、钠和镁。蛋黄中的铁易被吸收，常作为婴儿早期的补铁食品。

8.2.3　果蔬类食物

果蔬原料中矿物质元素含量存在差别，果中皮层和心部含矿物质元素较多，在蔬菜中根、茎、叶含量也存在较大的差别。但是果蔬中的矿物质多以磷酸盐、硫酸盐、碳酸盐或以有机物结合的盐的形式存在，如蛋白质中含有的硫和磷、叶绿素中含有的镁等。表8-5列出了一些常见果蔬中主要矿物质元素的含量。

表8-5　常见果蔬中主要矿物质元素的含量　　单位：mg/100g

果蔬	矿物质元素含量			果蔬	矿物质元素含量		
	钙	磷	铁		钙	磷	铁
毛豆	100	219	6.4	苹果	11	9	0.3
马铃薯	11	59	0.9	梨	5	6	0.2
白萝卜	49	34	0.5	桃	8	20	1.0
胡萝卜	19	23	1.9	杏	26	24	0.6
洋葱	40	50	1.8	葡萄	4	15	0.2
蒜	5	44	0.4	橙子	26	15	0.2
大白菜	33	42	0.4	草莓	32	41	1.1
菠菜	70	34	2.5	香蕉	10	35	0.8
番茄	8	37	0.4	樱桃	6	31	5.9

8.3　影响食品中矿物质元素变化的因素

食物种类不同，其矿物质元素种类和含量差别比较大。即使是同一种食物原料加工而成的食品，由于原料的生产环境、成熟度、加工方式、加工精度和贮藏方式等因素的差异，其所含的矿物质元素的含量也会不同。此外，矿物质元素在食物加工过程中作为直接或间接的添加剂也会进入到最终的产品中。归纳起来，食物中矿物质元素主要受两方面因素的影响：一是食品原料中矿物质元素含量；二是加工及贮藏方式。表8-6列举了一些常见食品中矿物质元素的组成。

表8-6　部分食品中矿物质元素的组成

食品	矿物质含量								
	Ca/(mg/100g)	Mg/(mg/100g)	P/(mg/100g)	Na/(mg/100g)	K/(mg/100g)	Fe/(mg/100g)	Zn/(mg/100g)	Cu/(mg/100g)	Se/(μg/100g)
炒鸡蛋	57.0	13.0	269.0	290.0	138.0	2.1	2.0	0.1	8.0
白面包	125.0	21.4	107.1	514.3	110.7	2.9	0.7	0.1	28.6

续表

食品	矿物质含量								
	Ca/(mg/100g)	Mg/(mg/100g)	P/(mg/100g)	Na/(mg/100g)	K/(mg/100g)	Fe/(mg/100g)	Zn/(mg/100g)	Cu/(mg/100g)	Se/(μg/100g)
全麦面包	71.4	92.9	264.3	642.9	178.6	5.4	3.6	0.4	57.1
无盐熟通心粉	7.1	18.6	54.3	1.4	31.4	1.4	0.6	0.1	27.1
米饭	10.2	42.9	82.7	5.1	42.9	0.4	0.6	0.0	13.3
速食米饭	19.3	12.5	42.0	3.4	36.4	1.1	0.3	0.1	9.4
熟黑豆	27.9	70.9	139.5	1.2	354.7	2.3	1.2	0.2	8.0
红腰果	28.1	44.9	141.6	2.2	400.0	3.4	1.0	0.2	2.1
全脂乳	119.3	13.5	93.4	49.2	151.6	0.0	0.4	0.0	1.2
脱脂乳	123.3	11.4	100.8	51.4	165.7	0.0	0.4	0.0	2.7
美国乳酪	607.0	23.3	734.9	1414.0	160.5	0.5	3.0	0.0	8.8
低脂酸乳	182.8	4.4	143.6	66.1	233.9	0.1	0.9	0.0	2.4
冰淇淋	131.3	13.4	100.0	86.6	191.0	0.1	1.0	0.0	7.0
带皮烤马铃薯	9.9	27.2	56.9	7.9	417.8	1.4	0.3	0.3	0.9
去皮煮马铃薯	7.4	19.3	40.0	5.2	328.1	0.3	0.3	0.2	0.9
花椰菜生茎	47.7	25.2	65.6	27.2	324.5	0.9	0.4	0.1	0.2
花椰菜熟茎	46.1	24.1	58.9	26.1	291.7	0.8	0.4	0.0	0.2
生碎胡萝卜	27.3	14.5	43.6	34.5	323.6	0.5	0.2	0.1	1.5
熟冻胡萝卜	28.8	9.6	26.0	58.9	157.5	0.5	0.3	0.1	1.2
番茄	4.9	11.4	24.4	8.9	222.0	0.5	0.1	0.1	0.5
罐装番茄汁	9.3	10.9	19.1	361.2	220.2	0.5	0.2	0.1	0.2
解冻橘汁	9.1	9.6	16.0	1.1	190.4	0.1	0.1	0.0	0.6
橘子	39.7	9.9	13.7	0.0	180.9	0.2	0.1	0.0	0.5
苹果	7.2	4.3	7.2	0.7	115.2	0.2	0.1	0.0	0.4
去皮香蕉	6.1	28.1	19.3	0.9	395.6	0.4	0.2	0.1	1.0
烤牛肉	5.9	24.7	207.1	58.8	358.8	1.9	4.4	0.1	—
烤鸡脯	15.3	29.4	228.2	74.1	256.5	1.1	0.9	0.0	—
烤鸡腿	11.8	23.5	183.5	90.6	242.4	1.3	2.8	0.1	—
煮熟鲑鱼	7.1	30.6	275.3	65.9	375.3	0.6	0.5	0.1	—
罐装带骨鲑鱼	238.8	29.4	325.9	538.8	271.8	1.1	1.1	0.1	—

8.3.1 原料的种类和生长环境对食品中矿物质元素的影响

食品的原料来源主要包括植物源、动物源和微生物源，其中前两种原料是食品加工的主要来源。植物源食品原料中矿物质元素的含量主要受植物品种和生长环境的影响，如土壤中矿物质元素的含量、地区分布、季节、水源、施用的肥料、杀虫剂、农药及空气状况等。例如，在同一果园中生长的不同品种的猕猴桃，生长环境基本相同，但是各品种间矿物质元素的含量均有不同程度的差别，其中钙、磷、铜和锰等差别最大。再如，不同产地（东北、湖南、海南）种植的绿豆，其锌、铁、钙、镁、钾等含量显著不同，说明产地环境等因素对食品中矿物质含量有重要影响（表 8-7）。另外，同一品种、相同产地的食品原料，季节不同，其矿物质含量亦有很大差异，如季节不同，茶叶中 Zn、Fe、Ca、Mg、Cu 等含量存在较大的差别。

表 8-7　产地及季节对食品原料中矿物质含量的影响　　单位：μg/g

绿豆中矿物质元素的含量					
产地	Zn	Fe	Ca	Mg	K
东北	20.1	56.4	870.0	1311.5	6397.4
湖南	24.5	54.9	750.2	1669.3	7155.2
海南	35.2	52.5	647.0	1780.3	8575.3
茶叶中矿物质元素的含量					
季节	Zn	Fe	Ca	Mg	Cu
春季	596.1	53.8	851.6	101.1	26.6
夏季	261.2	46.1	1153.0	101.2	14.9
秋季	329.1	41.6	2318.3	106.5	18.9

与植物源食品相比，动物源食品原料中矿物质元素的变化相对较小。一般情况下，动物饲料的变化仅对肉、乳和蛋中的矿物质浓度产生很小的影响，这或许与动物体内的平衡机制能够调节其组织中必需矿物质元素的浓度有关。影响动物源食品原料中矿物质元素含量的因素主要有品种、饲料、环境和动物的健康状况等。首先，不同动物之间矿物质元素含量不同，如牛肉中铁的含量高于鸡肉，海产贝类中碘和硒含量较高。另外，产地环境也明显影响动物源食品中矿物质元素含量，如宁夏产的牛乳粉中锌、镁含量高于黑龙江产的牛乳粉，但是锰和铜的含量相对较低。即便是同一种动物，不同部位之间矿物质含量也会有很大差异，如动物肝脏富含各种微量元素，鸡腿部的红色肌肉中铁的含量要明显高于胸部的白色肌肉。

8.3.2　加工对食品中矿物质元素的影响

加工过程的清洗、烫漂、烹调、碾磨、水煮、罐藏等会造成食物中矿物质元素含量的变化。但是，这种变化与食品加工对维生素的影响有本质的不同，矿物质元素比维生素更稳定，许多矿物质不会被热、光、氧、pH 值等因素破坏，因此在食品加工过程中矿物质元素变化大多不是由于化学反应引起的，而是由于矿物质元素的流失或与其他物质形成不适宜人体吸收的化学形态，或是在加工过程中矿物质元素作为直接或间接的添加剂引入食物而引起的。

在食品加工过程的原料预处理中，如蔬菜在加工前通常要进行去叶处理，果品通常要进行去皮脱壳、或者去核处理等。由于在很多植物性食物中，皮、壳、核以及外层叶或绿叶部分通常是其矿物质含量最高的部分，这些操作都会引起矿物质元素的损失。很多矿物质元素如钾、钠、氯等，在水中的溶解度很高，因此淋洗会造成这部分矿物质元素的流失。例如，在果蔬加工中常常要用到烫漂处理，在沥滤时也会引起某些矿物质的损失。表 8-8 列出了烫漂对菠菜中某些矿物质元素和物质含量的影响，这种变化主要与矿物质元素和物质在水中的溶解度有关。钙元素含量的增加或许与用水硬度较高（含大量的钙和镁）有关。

表 8-8　烫漂对菠菜中某些矿物质元素和物质含量的影响

矿物质元素和物质	含量/(g/kg)		损失率/%
	未烫漂	烫漂	
钾	69	30	56
钠	5	3	40
钙	22	23	0
镁	3	2	33
磷	6	4	33
亚硝酸盐	25	8	68

食品加工过程是造成食品中矿物质损失的主要因素。在谷物类食品的加工过程中，碾磨是造成矿物质含量损失的最主要因素。谷粒中含有 30 多种矿物质元素，但它们主要集中在外层的胚粉层、糊粉层和皮层部分，而胚乳中心部分矿物质元素的含量较低。在谷物的精制加工（碾磨）过程中，外层的胚粉层、糊粉层和皮层部分基本被除去，因此，碾磨越精细矿物质元素的损失就越大。但各种不同的矿物质损失程度有所不同，小麦碾磨成面粉的过程中，锰、锌和铁元素的损失较大（表 8-9）。在精制大米时，随着加工精度的升高，钠、镁、铝、钾、钙等元素大量损失。在食物的烹调过程中，矿物质损失通常也较大，这种损失主要是矿物质溶于水导致的，如制作捞面时，钾等可溶性矿物质损失可达 30%以上，而钙和铁等不溶性元素损失较小。

表 8-9　小麦碾磨成面粉过程中矿物质元素的损失情况

矿物质元素	全麦/%	面粉/%	胚芽/%	麸皮/%	从全麦到面粉的损失率/%
铁	43	10.5	67	47～78	76
锌	35	8	101	54～130	78
锰	46	6.5	137	64～119	86
铜	5	2	7	7～17	60
硒	0.6	0.5	1.1	0.5～0.8	17

8.3.3　贮藏方式对食品中矿物质元素的影响

在食物的贮藏过程中，所用的金属容器和包装材料也可能会造成部分微量矿物质元素含量增加，如牛乳中镍含量增加主要是由于加工所用的不锈钢容器，而罐装食品中铁含量的增加主要是由于使用了镀锡铁罐。表 8-10 所示，罐头的液态和固态食品中，部分矿物质元素的含量变化，是食品接触包装材料所致，因而 Al、Sn 和 Fe 的含量均有所增加。

表 8-10　蔬菜罐头中矿物质元素的分布　　单位：g/kg

名称	罐①	组分②	Al	Sn	Fe
绿豆	La	L	0.10	5	2.80
		S	0.70	10	4.80
菜豆	La	L	0.07	5	9.80
		S	0.15	10	26

续表

名称	罐①	组分②	Al	Sn	Fe
小粒青豌豆	La	L	0.04	10	10
		S	0.55	20	12
旱芹菜心	La	L	0.13	10	4.00
		S	1.50	20	3.40
甜玉米	La	L	0.04	10	1.00
		S	0.30	20	6.40
蘑菇	P	L	0.01	15	5.10
		S	0.04	55	16

①La—涂漆罐头；P—素铁罐头；②L—液体；S—固体。

8.4　矿物质元素的生物有效性

评价食物中矿物质元素的生物有效性是一个复杂的过程。目前，测定矿物质元素生物有效性的方法有化学平衡法、生物测定法、体外试验法和同位素示踪法，其中放射性同位素示踪法是一种较为理想的检测人体对矿物质元素利用的方法。它利用放射性核素作为示踪剂对矿物质元素进行标记，用以追踪检测其在受试动物体内的吸收及代谢情况。该方法简便、灵敏度高，定位定量准确，特别是在检测过程中不影响体内的生理过程，获得的分析结果符合生理条件，因而已经被广泛应用于测定家畜饲料中矿物质元素的利用率。

8.4.1　影响矿物质元素生物有效性的因素

矿物质元素在体内的生物利用率受很多因素的影响，主要包括以下几个方面。

(1) 矿物质元素在水中的溶解度和存在状态

一般来讲，矿物质元素的水溶性越好，越利于机体的吸收利用。因为几乎所有的营养元素都是溶解在水中并在水中进行代谢的，所以矿物质的生物有效性在很大程度上取决于它们在水中的溶解度。如钙离子与氨基酸、乳糖形成可溶性的络合物，其钙的生物有效性将大大提高；但是，如果与草酸结合形成草酸钙，由于草酸钙的溶解度很小，钙的生物利用率大大下降。矿物质元素的存在形式也影响其生物有效性，如食品中的铁以血红素铁和非血红素铁两种类型存在，血红素铁主要存在于动物性食品中，其生物有效性比非血红素铁高，吸收过程也不受其他膳食因素的干扰。

(2) 矿物质元素之间的相互作用

机体对矿物质元素的吸收有时会发生拮抗作用，这可能与它们的竞争载体有关，如过多的铁吸收将会影响锌、锰等矿物质元素的吸收；镉、铜、钙和亚铁离子也可抑制锌的吸收。另外，Ca/P 比例影响 Ca 对 P 的吸收效果；Fe 与 Zn、Zn 与 Cu 之间存在拮抗性等。

(3) 矿物质元素与食品中其他成分之间的相互作用

膳食中乳糖、蔗糖、葡萄糖、有机酸、核酸、肽、蛋白质和氨基酸可与矿物质元素形成可溶性低分子物质，从而有利于矿物质元素的溶解，提高生物有效性。抗坏血酸能将三价铁还原为二价铁，并将铁螯合成可溶性小分子络合物，促进铁的吸收。膳食纤维由于能结合阳离子铁、钙等，摄入过多可干扰矿物质元素的吸收。茶、咖啡以及菠菜中的多酚类化合物能抑制铁、锌的吸收。动物性食品中锌生物利用率较高，维生素 D 可促进锌和钙的吸收。植物性食品中存在的草酸和植酸等多价阴离子，能与二价金属离子形成极难溶解的草酸盐和植酸盐，而不能被小肠吸收利用，降低人体对矿物质元素的生物利用率。

(4) 螯合作用

金属离子可以与不同的配位体作用，形成相应的配合物或者螯合物。矿物质元素形成螯合物的能力与其本身的特性有关。在食品体系中，螯合物不仅可以提高或降低矿物质的生物有效性，而且还可以发挥其他的作用，如防止铁离子、铜离子的助氧化作用。一些必需微量元素以某种配合物形式加入食品中可有效提高其生物有效性，如在食品中强化铁，常用EDTA（乙二胺四乙酸）铁钠进行营养强化。

(5) 人体的生理状态

人体对矿物质元素的吸收具有调节能力，以达到维持机体环境的相对稳定。如在食品中缺乏某种矿物质元素时，它的吸收率会提高；在食品中供应充足时，吸收率会降低。此外，机体的状态，如疾病、年龄、个体差异等均会造成机体对矿物质元素利用率的变化。如缺铁性贫血人群对铁的吸收率提高；女性对铁的吸收率比男性高。钙吸收率随着年龄增长而减少，妊娠期主动和被动钙吸收均增加，胃酸会降低不溶性钙盐的溶解度，而降低钙的生物有效性。体力活动可促进钙和铁的吸收，活动较少或长期卧床的老人、病人，钙的吸收率会降低。

(6) 食物的营养组成

食物的营养组成也会影响人体对矿物质的吸收，如肉类食品中矿物质元素的吸收率较高，而谷物中矿物质元素的吸收率与之相比就较低。因而，膳食食物的多样性不仅营养全面，而且有利于对矿物质元素的吸收。

8.4.2 几种主要矿物质元素的生物有效性

(1) 钙

钙是机体内含量最丰富的无机元素，正常人体内钙含量为1000～1500g，相当于体重的1.5%～2.0%，其中99%以上的钙以羟基磷灰石［$Ca_{10}(PO_4)_6 \cdot (OH)_2$］的形式存在于骨骼、牙齿中；其余不到1%的钙，一部分与柠檬酸螯合或与蛋白质结合，另一部分则以离子状态分布于软组织、细胞外液和血液中，统称为混溶池钙。

正常情况下，膳食中钙的吸收率为20%～30%。钙的吸收率受食物中钙水平、维生素D、乳酸、蛋白质、氨基酸和脂肪等因素影响。乳糖、某些蛋白水解产生的多肽（如酪蛋白磷酸肽）和氨基酸（如赖氨酸、精氨酸等）能与钙形成可溶性络合物，有利于钙吸收；乳糖还可被肠道微生物分解发酵产酸，降低肠道pH值，利于钙的吸收。脂肪酸与钙结合形成脂肪酸钙，影响钙的吸收；膳食中钙磷比例适宜有利于钙的吸收，而食物中碱性磷酸盐可与钙形成难溶的钙盐而影响钙吸收；一些植物性食品中的植酸和草酸含量高（如圆叶菠菜等），易与钙形成难溶的植酸钙和草酸钙，不利于钙的吸收；另外，膳食纤维中的糖醛酸残基可与钙螯合，干扰钙吸收。

钙的主要食物来源是奶和奶制品、豆类、硬果类，一些绿色蔬菜类以及鱼虾也是钙的较好来源。表8-11列出了一些含钙较丰富的食物。

表8-11 一些含钙较丰富的食物　　单位：mg/100g

食物	钙含量	食物	钙含量	食 物	钙含量
牛奶	120	河蚌	306	黑芝麻	780
奶酪	590	鲜海参	285	花生仁	284
鸡蛋黄	140	苜蓿	713	紫菜	264
虾皮	991	荠菜	294	海带(湿)	241
虾米	555	苋菜	187	黑木耳	247
豆腐	240～277	银耳	380		

(2) 磷

正常人体内磷的含量约为1%，膳食需要量在0.8～1.2g。体内85%～90%磷与钙结合存在于骨骼和牙齿中，10%的磷以有机磷脂、磷蛋白、磷脂的形式存于软组织及细胞膜中。

磷在食物中分布较为普遍和丰富，因而很少因为膳食原因引起营养性磷缺乏。磷在食物中的分布很广，如瘦肉、蛋、奶、动物的肝和肾等含磷量很高，海带、紫菜、芝麻酱、花生、干豆类、坚果等磷含量也很丰富。但粮谷中的磷主要是以植酸磷的形式存在，如果不经过加工处理，吸收利用率较低。

(3) 钾

人体内钾的含量约占无机盐总量的5%，其中约98%的钾存在于细胞液内，是细胞内最主要的阳离子。细胞内的钾离子有离子态和结合态，结合态钾主要与蛋白质结合或与糖、磷酸盐结合，细胞外的钾主要以离子态存在。大部分食物都含有钾，各种水果、蔬菜、家禽和鱼类都是钾的良好来源。每100g的紫菜、黄豆、冬菇、小豆和竹笋中钾的含量都在800mg以上，是较好的膳食钾来源。

(4) 铁

正常人体内铁含量因年龄、性别和营养状况等不同而有较大差异，一般含铁量为3～5g，其中男性平均为3.8g，女性为2.3g。铁在体内主要以功能性铁（70%）和储备铁（30%）两种形式存在。功能性铁大部分存在于血红蛋白、肌红蛋白中，少部分存在于含铁的酶和运输铁中；储备铁主要以铁蛋白和含铁血黄素的形式存在于肝、脾和骨髓中。

食物中的铁主要是以三价铁的形式存在，膳食中有许多因素可以影响铁的吸收。抗坏血酸能将三价铁还原成二价铁，并将铁螯合成可溶性小分子络合物，促进铁的吸收；氨基酸如胱氨酸、半胱氨酸、赖氨酸、组氨酸等对植物性铁的吸收有利；碳水化合物如乳酸、蔗糖、葡萄糖以及脂类等有利于铁的吸收。植物性食品中的草酸、植酸能与铁形成不溶性盐，抑制铁的吸收；膳食纤维由于能结合阳离子铁、钙等，摄入过多可干扰铁的吸收；食物中多酚类化合物能抑制铁的吸收。

肠道内铁的浓度、体内铁的储备量及人体生理状况也影响铁的吸收。当肠道内铁浓度增加时，其吸收下降。由于生长、月经和妊娠等引起人体对铁需要量增加时，可促进铁的生物有效性。

(5) 锌

成人体内锌含量为2～4g，从每天的膳食中获得6～22mg锌。锌几乎与所有水平上的蛋白质和氨基酸代谢有关，人体中至少有80多种酶是由锌作为辅助因子；锌还具有与巯基的亲和力，而巯基是决定蛋白质结构的重要因素。锌的生物有效性受多种因素影响，当体内缺锌时，锌的吸收率增高。植物性食物中的植酸、鞣酸或者纤维素等均干扰锌的吸收，镉、铜、钙和亚铁离子可抑制锌的吸收。动物性食品中的锌利用率较高，一般贝壳类海产品（如海蛎肉、蛏干、扇贝、牡蛎等）、红肉类、动物内脏等都是锌的良好来源；蛋类、干果、豆类、花生、燕麦等锌含量也较丰富，但蔬菜和水果中含锌量较低。发酵谷物制品中因酵母能破坏其中的植酸盐，锌的吸收率高于未发酵制品。

8.5 酸性食品和碱性食品

人体吸收的矿物质元素，由于它们的性质不同，在生理上则有酸性和碱性的区别。属于金属元素的钠、钾、钙、镁等，在人体内氧化生成带阳离子的碱性氧化物，如Na_2O、K_2O、CaO、MgO等，含这些带阳离子金属元素较多的食品，在生理上称为碱性食品。食品中所含的另一类矿物质元素为非金属元素，如磷、硫、氯等，它们在人体内氧化后生成带阴离子的酸根，如 PO_4^{3-}、SO_4^{2-} 等，含有带阴离子非金属元素较多的食品，在生理上称它们为酸性食品。较早的酸碱理论认为：酸是任何可以提供质子的物质，碱是任何可以接受质子的物质。这一理论能较好地解释无机化学中的简单化学变化，但无法解释缺少质子的情况下复杂的生理作用，如各种金属离子参与的生化反应。因此，食品在生理上是酸性还是碱性，可以通过食品灰化后，用酸或碱液进行中和来确定。Lewis 建立的酸碱理论认为所有的阳离子和类阳离子都具有明显的 Lewis 酸性，即任何分子、基团或离子，只要含有电子结构未饱和的质子，可以接受外来的电子对的物质，称为酸；碱的定义则是凡含有可以给予电子对的分子、基团或离子。任何矿物质都有阴离子和阳离子，各种微量元素参与复杂的生物化学反应，可以利用 Lewis 的酸碱理论解释。不同价态的同一元素，可以通过形成多种复合物参与不同的生化过程，因而显示不同的营养价值。

在食品营养学上，食物的酸碱性不是根据人们品尝食物时产生的味觉及口感划分的，而是根据食物在人体内最终代谢产物来划分，即根据代谢产物中含钙、镁、钾、钠等阳离子，或磷、硫、氯等在人体内氧化后生成酸根阴离子等区分酸碱食品。如柠檬、柑橘等味觉虽然酸，但是经人体代谢后，有机酸变为二氧化碳和水排出体外，剩下的金属阳离子占优势，因此它们是碱性食品；肉、鱼、禽、蛋等虽无酸味，但经人体代谢后，产生的硫、磷等元素的阴离子较多，因此它们是酸性食品。

常见的酸性食品有①肉类：猪、羊、牛、兔、禽等；②禽蛋类：鸡、鸭、鹅蛋类；③海鲜类：虾、蛤蜊、河鱼、海鱼等；④谷类：大米、小米、大麦、荞麦、面粉等；⑤坚果类：花生、榛子、核桃等；⑥动植物油类；⑦精制加工食品：面包、甜食、巧克力等。

常见的碱性食品有①水果类：苹果、桃、梨、桔、葡萄、李、柚、杏、柿、山楂、草莓、石榴、橙、柠檬、菠萝、香蕉、椰子、樱桃、干枣、西瓜、橄榄、芒果、无花果等；②蔬菜类：豆角、菠菜、莴笋、萝卜、土豆、藕、洋葱、南瓜、青菜、油菜、甜菜、芦笋、西兰花、花菜、甘蓝、胡萝卜、芹菜、大蒜、香菜、黄瓜、青椒、生菜、莴笋、毛豆、山芋、番茄、豌豆、胡椒、蘑菇、茄子、青豆、甘薯、西葫芦、卷心菜等；③食用菌类、海带、海藻类等；④坚果类：杏仁、栗子等；⑤豆制品类：豆腐、豆腐干、豆芽等；⑥其他：新鲜水果汁、蔬菜汁、椰奶、酸奶、可可、茶叶、咖啡、牛奶、乳制品等。

8.6 矿物质元素的食品营养强化

食物中的各种营养素是人类繁衍生息的主要物质基础，但是几乎没有一种食物可以提供人体必需的全部矿物质元素。食品中矿物质的生物有效性不仅与总量有关，而且与其存在状态有密切关系。同时，食品在加工、储运、烹调等过程中的营养损失，会导致人体摄入矿物质元素不足，出现相应营养缺乏症状或疾病。当食物中必需矿物质元素的量或者生物有效性降低，可采取营养强化的方式来提高食品营养价值。目前，针对不同年龄、不同职业及不同性别等，食品或营养液等产品中矿物质元素的营养强化层出不穷，且成为世界各国营养学和食品科学的主要研究方向。

8.6.1 矿物质元素的食品强化

根据不同人群的营养需要，或者为了弥补某类食物中矿物质元素的先天不足，通过向食品中添加一种或几种外源性矿物质元素或富含矿物质元素的天然食物成分用以提高食物营养价值的方法，称为矿物质元素的食品强化。其中，添加的某些矿物质或富含这些矿物质元素的原料称为营养强化剂。通过强化，可补充食品在加工与贮藏中矿物质的损失，满足不同人群生理和职业的需求，方便摄食以及预防和减少矿物质缺乏症。因此，我国有关部门专门制定了《食品营养强化剂使用标准》(GB 14880—2012)。

根据营养强化的目的不同，食品中矿物质的强化主要有以下三种形式。

① 矿物质的恢复（restoration）：添加矿物质使其在食品中的含量恢复到加工前的水平。

② 矿物质的强化（fortification）：添加一种或多种矿物质营养素，使该食品成为一种优良的营养素来源。

③ 矿物质的增补（enrichment）：选择性地添加某种矿物质，使其达到规定的营养标准要求。

食品进行矿物质强化需遵循以下原则，即从营养、卫生、经济效益和实际需要等方面全面考虑。

① 结合实际，有明确的针对性。在对食品进行矿物质强化时必须结合当地实际，要对当地的食物种类进行全面的分析，同时对人们的营养状况作全面细致的调查和研究，尤其要注意地区性矿物质缺乏症，然后科学地选择需要强化的食品、矿物质强化的种类和数量。

② 选择生物利用率较高的矿物质。在进行矿物质营养强化时，最好选择生物利用率较高的矿物质，如钙强化剂有氯化钙、碳酸钙、磷酸钙、硫酸钙、柠檬酸钙、葡萄糖酸钙和乳酸钙等，其中人体对乳酸钙的生物利用率最高，强化时应尽量避免使用难溶解、难吸收的矿物质，如植酸钙、草酸钙等。还可使用某些含钙的天然物质如骨粉、蛋壳粉，因为骨粉含钙30%左右，其钙的生物可利用率为83%；蛋壳粉含钙38%，其生物利用率为82%。

③ 应保持矿物质和其他营养素间的平衡。食品进行矿物质强化时，除考虑选择的矿物质具有较高的可利用性外，还应保持矿物质与其他营养素间的平衡。若强化不当会造成食品各营养素间的不平衡，影响矿物质以及其他营养素在体内的吸收与利用。

④ 符合安全卫生和质量标准。食品中使用的矿物质强化剂要符合有关的卫生和质量标准，同时还要注意使用剂量。

⑤ 不影响食品原来的品质属性。食品中大多数需要色、香、味等感官性状，在进行矿物质强化时不应损害食品原有的感官性状而致使消费者不能接受。根据不同矿物质强化剂的特点选择被强化的食品与之配合，这样不会产生不良反应，而且还可提高食品的感官品质和商品价值。如，铁盐色黑，当用于酱或酱油强化时，因这些食品本身具有一定的颜色和味道，在合适的强化剂量范围内，不会使人们产生不愉快的感觉。

⑥ 经济合理，有利于推广。矿物质强化的目的主要是提高食品的营养和保持人们的健康。一般情况下，食品的矿物质强化需要增加一定的成本，因此，在强化时应注意成本和经济效益相平衡，否则不利于推广，达不到应有的目的。

食品强化是防治全球矿物质营养不良的最有效和最经济的手段之一。我国通过向食盐中加碘的强化方式提高了人体的碘摄入量，显著降低了由碘缺乏导致的甲状腺肿大和其他症状。目前，各种各样的矿物质强化的食物如面包和牛奶等产品已在市场上较为普遍。

目前，我国明确规定可以作为强化剂的矿物质元素共有10种，分别是铁、钙、锌、碘、硒、铜、镁、锰、钾、氟。在进行矿物质元素的营养强化时，必须考虑到矿物质的生物利用性，以及易与其他营养素发生不利的相互作用等因素。因此，在选择强化剂时，除了考虑强化剂中矿物质元素的含量和生物有效性外，还应考虑产品配方中的其他原料和营养素的特性。

8.6.2 几种矿物质元素常用的强化剂

(1) 铁

目前，我国许可使用的铁强化剂有硫酸亚铁、碳酸亚铁、焦磷酸铁、柠檬酸铁、富马酸亚铁、葡萄糖酸亚铁、琥珀酸亚铁、氯化高铁血红素、柠檬酸亚铁、柠檬酸铁铵、乳酸亚铁、乙二胺四乙酸铁钠、还原铁、电解铁、铁卟啉。其中，乙二胺四乙酸铁钠作为一种新型铁强化剂，由于其较高的吸收率和良好的改善效果，已在预防和控制缺铁性贫血中取得了较好效果。在进行铁强化时，必须充分考虑以下两点。

① 铁的溶解性。硫酸亚铁、乳酸亚铁和葡萄糖酸亚铁是可溶性最好的铁强化剂，常用于强化软饮料；富马酸亚铁、琥珀酸亚铁等水溶性较差，但其用于食品时更加稳定，不会带来其它感官问题，因而也较为常用。

② 铁的生物利用性。一般而言，无机铁较有机铁更易吸收，Fe^{2+} 比 Fe^{3+} 易于吸收，因此多以亚铁盐作为营养强化剂；血红素铁较非血红素铁更易吸收，因而氯化高铁血红素和铁卟啉也较为常用。一些用于食品强化的铁源及其生物利用率见表 8-12。

表 8-12 一些常用的食品强化的铁源及其生物利用率

物质	分子式	铁含量/(g/kg)	相对生物效价①	
			人类	老鼠
硫酸亚铁	$FeSO_4 \cdot 7H_2O$	200	100	100
乳酸亚铁	$Fe(C_3H_5O_3)_2 \cdot 3H_2O$	190	106	—
磷酸铁	$FePO_4 \cdot xH_2O$	280	31	3～46
焦磷酸铁	$Fe_4(P_2O_7)_3 \cdot 9H_2O$	250	—	45
柠檬酸铁铵	$Fe_xNH_4(C_6H_8O_7)_x$	165～185	—	107
元素铁	Fe	960～980	13～90	8～76

① 相对生物效价是指相对于硫酸亚铁的生物利用率，硫酸亚铁的生物学效价被设定为 100。

(2) 钙

影响钙营养强化剂强化效果的两个基本指标是生物可利用率和溶解性。理想的钙强化剂首先是可溶的。一般而言，有机酸盐（如柠檬酸盐）中钙的生物利用率高于无机酸盐，但是无机酸盐中钙含量较高。此外，维生素 D 等可促进钙的吸收利用率，酪蛋白磷酸肽可促进钙的吸收。因此，钙强化剂与维生素共同使用可增强钙强化效果。目前，我国许可使用的钙强化剂有活性钙、生物碳酸钙或碳酸钙、氯化钙、磷酸氢钙、乙酸钙、乳酸钙、柠檬酸钙、葡萄糖酸钙、苏糖酸钙、甘氨酸钙、天冬氨酸钙等。

(3) 锌

锌强化剂主要有硫酸锌、氯化锌、氧化锌、乙酸锌、乳酸锌、柠檬酸锌、葡萄糖酸锌和甘氨酸锌等。它们呈无色或白色，具有不同的水溶性。

(4) 硒

硒强化剂除化学合成的硒酸钠和亚硒酸钠外，近年来很多富硒农产品也逐渐涌入市场，像富硒酵母、硒化卡拉胶、富硒大米、富硒茶叶、硒蛋白等。一般而言，有机硒化合物的毒性要低于无机硒化合物，能更有效地在体内被利用。

(5) 其他矿物质元素

我国许可使用的碘强化剂主要有碘化钾、碘酸钾和碘化钠，主要应用于食盐及婴幼儿食品中。硫酸铜和葡萄糖酸铜是常用的铜强化剂。此外，硫酸镁、硫酸锰、葡萄糖酸钾等也是常用的营养强化剂。

1. 矿物质在食品中存在的主要形式有哪些？
2. 什么是必需矿物质元素？什么是功能性矿物质元素？什么是有害矿物质元素？
3. 食品矿物质元素的分类及其在体内的功能有哪些？
4. 食品中矿物质元素的含量主要受哪些因素的影响？
5. 什么是酸性食品？什么是碱性食品？如何判断食品的酸碱性？
6. 食品加工对食物中矿物质元素有哪些影响？
7. 矿物质元素对食品有哪些作用？
8. 矿物质元素强化的原则是什么？
9. 什么是矿物质元素的营养强化？强化的方式有哪些？
10. 影响矿物质元素的生物有效性的因素有哪些？
11. 试述铁在食物中的存在形式及对吸收率的影响。
12. 食品中常见的矿物质元素强化有哪些？请举例说明矿物质元素强化的意义。

参 考 文 献

［1］ 汪东风. 食品化学［M］. 2版. 北京：化学工业出版社，2018.

［2］ 江波，杨瑞金. 食品化学［M］. 2版. 北京：中国轻工出版社，2018.

［3］ 黄泽元，迟玉杰. 食品化学［M］. 北京：中国轻工业出版社，2017.

［4］ 谢笔钧. 食品化学［M］. 2版. 北京：科学出版社，2004.

［5］ 何东平. 油脂化学［M］. 北京：化学工业出版社，2013.

［6］ 何东平. 油脂精炼与加工工艺学［M］. 北京：化学工业出版社，2012.

［7］ Gaikwad K K，Singh S，Ajji A. Moisture absorbers for food packaging applications［J］. Environmental Chemistry Letters，2019，17（2）：609-628.

［8］ 陈俊芳，周裔彬，白丽，等. 水分、温度、时间和pH对板栗淀粉颗粒形态的影响［J］. 食品研究与开发，2010，31（3）：40-45.

［9］ Zhang Y，Zhou Y B，Cao S N，et al. Preparation，release and physicochemical characterisation of ethyl butyrate and hexanal inclusion complexes with β- and γ-cyclodextrin［J］. Journal of Microencapsulation，2015，32（7）：711-718.

［10］ Yang L P，Xia Y S，Tao Y C，et al. Multi-scale structural changes in lintnerized starches from three coloured potatoes［J］. Carbohydrate Polymers，2018，188：228-235.

［11］ 汪雪芳，杨瑞楠，薛莉，等. 28种功能性食用油脂肪酸组成研究［J］. 食品安全质量检测学报，2017，8（11）：4336-4343.

［12］ 连小燕，钟振声. 3种方法提取的玉米油品质差异［J］. 中国油脂. 2012，37（4）：15-19.

［13］ 张惠君，王兴国，金青哲. 3种海洋鱼油脂肪酸组成及其位置分布［J］. 食品与机械，2017，33（9）：59-63.

［14］ 朱建龙，薛静，宋恭帅，等. 4种粗鱼油的品质分析比较［J］. 中国油脂，2016，41（8）：92-95.

［15］ 王青，孙金月，郭溆，等. 7种特种油脂的脂肪酸组成及抗氧化性能［J］. 中国油脂，2017，42（6）：125-128.

［16］ 梅文泉，汪禄祥，方海仙，等. 8种云南植物油脂肪酸的气相色谱-质谱测定［J］. 分析试验室，2016，35（12）：1432-1437.

［17］ 韩雪源，张延龙，牛立新，等. 不同产地'凤丹'牡丹籽油主要脂肪酸成分分析［J］. 食品科学，2014，35（22）：181-184.

［18］ 邱建生，张彦雄，许杰，等. 小果油茶油脂成分分析及评价［J］. 种子，2014，33（10）：54-57.

［19］ 杨青坪，梁少华，杨瑞楠. 不同产地米糠油理化特性与组成分析研究［J］. 河南工业大学学报（自然科学版）2015，36（3）：25-31.

［20］ 郝希成，汪丽萍，张蕊. 菜籽油脂肪酸成分标准物质的研制［J］. 中国油脂，2011，36（6）：68-71.

［21］ 李琦，刘勇，刘坚，等. 菜籽油脂肪酸组成特征指标及大豆油掺伪后不合格判定的研究［J］. 中国粮油学报，2014，29（8）：117-123.

［22］ 杨昌彪，张运依，李占彬，等. 菜籽油中主要脂肪酸成分的检测分析［J］. 江苏农业科学，2015，43（11）：392-395.

［23］ 魏永生，郑敏燕，耿薇，等. 常用动、植物食用油中脂肪酸组成的分析［J］. 食品科学，2012，33（16）：188-193.

［24］ 黄磊，邹孝强，郑莉，等. 淡水鱼油性质测定及其在人乳替代脂市场的应用研究［J］. 中国油脂，2018，43（1）：131-135.

［25］ 郑畅，杨湄，周琦，等. 高油酸花生油与普通油酸花生油的脂肪酸、微量成分含量和氧化稳定性［J］. 中国油脂，2014，39（11）：40-43.

［26］ 周海荣，王乃富，杨丽萍，等. 瓜蒌籽油的营养特性及精炼工艺［J］. 食品研究与开发，2017，38（14）：96-99.

［27］ 赵小云，管中华，李齐激，等. 瓜蒌籽中脂肪酸组成型态及抗氧化活性［J］. 食品工业科技，2014，35（10）：177-180+185.

［28］ 杨永坛，陈刚，杨悠悠，等. 花生油质量安全问题与控制技术［J］. 食品科学技术学报，2015，33（2）：11-18.

［29］ 夏义苗，王欣，毛锐，等. 基于理化指标及主成分分析的葵花籽油品质综合评价指标的建立［J］. 分析测试学报，2015，34（9）：999-1007.

［30］ 周雅丹，张国治，范璐，等. 米糠油、花生油和大豆油识别方法研究［J］. 河南工业大学学报（自然科学版），2014，35（5）：56-61.

［31］ 喻凤香，林亲录，黄中培，等. 米糠油制备及其脂肪酸的气相色谱分析［J］. 食品研究与开发，2013，34（3）：72-75.

[32] 王美霞，周大云，马磊，等. 棉籽油脂肪酸组成分析与评价 [J]. 食品科学，2016，37 (22)：136-141.
[33] 李雪，曹君，白新鹏，等. 水合法提取罗非鱼鱼油及其脂肪酸组成分析 [J]. 中国油脂，2017，42 (10)：5-11.
[34] 孙春晓，乔洪金，王际英，等. 鱼油与微藻和植物油脂肪酸成分比较及其替代策略分析 [J]. 广西科学，2016，23 (2)：125-130.
[35] Wang X Q，Zeng Q M，Verardo V，et al. Fatty acid and sterol composition of tea seed oils：Their comparison by the "FancyTiles" approach [J]. Food Chemistry，2017，233：302-310.
[36] Wei X B，Xue J Q，Wang S L，et al. Fatty acid analysis in the seeds of 50 *Paeonia ostii* individuals from the same population [J]. Journal of Integrative Agriculture，2018，17 (8)：1758-1767.
[37] 王燕，石强，薛志东. 蛋白质结构域划分方法及在线服务综述 [J]. 广州大学学报 (自然科学版)，2019，18 (1)：20-29.
[38] 叶树集，李传召，张佳慧，等. 生物分子结合水的结构与动力学研究进展 [J]. 物理学报，2019，68 (1)：77-93.
[39] 畅鹏，杜鑫，杨东晴，等. 蛋白质热聚集行为机理及其对蛋白质功能特性影响的研究进展 [J]. 食品工业科技，2018，39 (24)：318-325.
[40] 董铭，白云，李月秋，等. 脉冲电场对食品蛋白质改性作用的研究进展 [J]. 食品工业科技，2019，40 (2)：293-299.
[41] 陈怡璇，焦阳. 冻藏及解冻过程对水产品品质的影响 [J]. 食品安全质量检测学报，2019，10 (2)：306-311.
[42] 康怀彬，邹良亮，张慧芸，等. 高温处理对牛肉蛋白质化学作用力及肌原纤维蛋白结构的影响 [J]. 食品科学，2018，39 (23)：80-86.
[43] 何玮，陈健，赵一夫，等. 油茶粕蛋白提取工艺的研究 [J]. 河南工业大学学报 (自然科学版)，2019，40 (3)：13-19.
[44] 计晓曼，马传国，王伟，等. 改性对蛋白质理化性质的影响 [J]. 粮食与油脂，2015，28 (1)：16-19.
[45] Dai Y W，Weng J P，George J P，et al. Three-component protein modification using mercaptobenzaldehyde derivatives [J]. Organic Letters，2019，21 (10)：3828-3833.
[46] 陈佳俊，陈自卫，张文立，等. L-鼠李糖异构酶的研究进展及应用前景 [J]. 食品与发酵工业，2018，44 (6)：263-270.
[47] 杨爽，倪秀珍. 高山鼠兔消化系统中酶的分布和活性分析 [J]. 黑龙江畜牧兽医，2018 (12)：200-204.
[48] 闵婷，谢君，郑梦林，等. 果蔬采后酶促褐变的机制及控制技术研究进展 [J]. 江苏农业科学，2016，44 (1)：273-276.
[49] 于志鹏，赵文竹，刘静波. 鸡蛋清中功能蛋白及活性肽的研究进展 [J]. 食品工业科技，2015，36 (7)：387-391.
[50] 杨键，龙丽娟. 酶催化功能混杂性研究进展 [J]. 广西科学，2018，25 (3)：253-257.
[51] 刘晓林，刘梅杰，董涛. 酶催化剂的应用 [J]. 广东化工，2017，44 (10)：87-88.
[52] 柯彩霞，范艳利，苏枫，等. 酶的固定化技术最新研究进展 [J]. 生物工程学报，2018，34 (2)：188-203.
[53] 姜炎甫，邹树平，轩秀玲，等. 酶的化学糖基化修饰的研究进展 [J]. 2017，25 (6)：1-6.
[54] 李霞，崔文甲，弓志青，等. 酶的新型固定化方法及其在食品中的应用研究 [J]. 食品工业，2016，37 (10)：217-220.
[55] 韦震，于胜爽，李国强. 酶在加工食品保鲜中的应用 [J]. 中国果菜，2017，37 (1)：1-3.
[56] 潘丽，张守文，谷克仁. 酶在食品工业中应用的研究进展 [J]. 粮食与油脂，2016，29 (5)：1-4.
[57] 蒋一鸣. 酶在食品中的应用研究进展 [J]. 轻工科技，2018，34 (4)：13-14.
[58] 李华佳，李可，袁怀瑜，等. 猕猴桃采后冷害及其防控技术研究进展 [J]. 西华大学学报 (自然科学版)，2018，37 (3)：17-23.
[59] 贾东旭，周霖，王腾，等. 耐高温葡萄糖异构酶重组菌发酵与转化条件研究 [J]. 食品与发酵工业，2017，43 (7)：13-19.
[60] 徐慧诠，张文森，林舒婷，等. 葡萄糖浆异构酶法制备果葡糖浆的工艺研究 [J]. 福建师大福清分校学报，2017 (5)：57-67.
[61] 阮晓慧，韩军岐，张润光，等. 食源性生物活性肽制备工艺、功能特性及应用研究进展 [J]. 2016，42 (6)：248-253.
[62] 王琲，缪冶炼，陈介余，等. 香蕉果皮中谷氨酸脱羧酶的活力及分布 [J]. 中国食品学报，2014，14 (3)：211-217.
[63] 刘金，冯定远，王林川，等. 猪体内谷胱甘肽过氧化物酶分布及动态变化研究 [J]. 华南农业大学学报，2014，

35 (5)：19-24.

[64] 徐亚元，周裔彬，万苗，等. 脱脂米糠抗氧化肽的制备工艺研究 [J]. 中国油脂，2014，39 (2)：28-32.

[65] Meng L，Li W，Bao M，et al. Promoting the treatment of crude oil alkane pollution through the study of enzyme activity [J]. International Journal of Biological Macromolecules，2018，119：708-716.

[66] Zhang Y，He S D，Benjamin K S. Enzymes in food bioprocessing-novel food enzymes，applications，and related techniques [J]. Current Opinion in Food Science，2018，19：30-35.

[67] Kaushal J，Mehandia S，Singh G，et al. Catalase enzyme：application in bioremediation and food industry [J]. Biocatalysis and Agricultural Biotechnology，2018，16：192-199.

[68] Guo L. Sweet potato starch modified by branching enzyme，β-amylase and transglucosidase [J]. Food Hydrocolloids，2018，83：182-189.